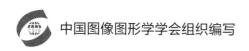

中国图像图形学学会组织编写

DIGITAL IMAGE FORENSICS

数字图像取证

廖鑫　乔通　董理　陈艳利　陈嘉欣　秦拯 ◎ 编著

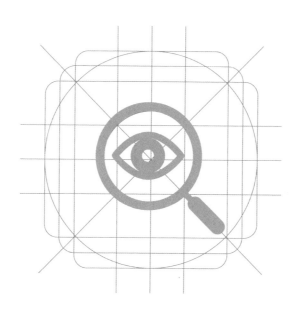

復旦大學 出版社

序

在数字时代,数字图像作为视觉信息的主要传播媒介,为人们的信息交流提供了极大的便利。然而,随着图像处理技术的不断发展,数字图像的编辑、修改和生成变得越来越容易,一些恶意的篡改可能会对人们的认知产生混淆,对图像的可信性提出质疑。为了确保数字图像的真实性和来源可靠性,数字图像取证技术应运而生。该技术旨在通过对数字图像进行分析,确保图像内容的真实性和图像来源的可靠性。

作为图形图像处理领域的从业者,我对数字图像取证技术的重要性深有体会,特别是在2023年,图像生成模型大爆发的年度,政府部门、产业界、学术界等各领域都对图像取证表现了前所未有的关注。本书《数字图像取证》问世恰逢其时,由图像内容取证、图像来源取证、新型多媒体取证三大部分组成,全面系统地介绍了数字图像取证关键技术及其最新发展趋势。第一部分以图像内容取证为主题,详细介绍了图像编辑和篡改中常用的取证方法。从不改变图像语义的图像压缩取证、图像润饰取证,到改变图像语义内容的图像篡改操作取证,每一章节都深入探讨了典型方法的原理与过程。这一部分的研究对于维护图像真实性和完整性具有重要的意义。第二部分聚焦于图像来源取证,对图像来源取证类型进行了分类,归纳成像设备的指纹特征。从监督模型的学习算法到非监督模型的算法,这部分系统地介绍了图像来源识别和图像来源聚类任务的进展。这一部分的研究为数字图像的溯源任务提供了技术支撑。第三部分关注新型多媒体取证,着重介绍了近年来流行的基于人工智能的新型篡改。从深度伪造到图像合成,再到在线社交网络空间下的取证问题以及图像操作链取证问题,本书详细介绍了这些新型伪造技术的工作原理,总结近年来新型多媒体取证的典型范式与方法，并探讨了人工智能为图像取证带来的新的安全风险与挑战，为广大图像取证从业者提供了诸多有益参考。

  本书不仅是多所高校的教师与科研人员共同努力的成果，也是对多媒体内容安全领域主要研究方向的全面而深入的梳理。我相信，无论是网络空间安全及相关学科的学生，还是从事多媒体安全相关研究的专业人员，都能在本书中找到有价值的知识。最后，衷心祝愿本书能够成为数字图像取证领域的重要参考之作，为各界读者提供有益指引，促进数字图像取证领域的不断发展与创新。

中国工程院院士、中国图象图形学学会理事长

2024 年 2 月

前　言

数字图像取证技术在许多方面具有重要意义,其研究与发展能够降低图像造假给社会带来的不良影响,维护公共信任秩序,打击不良图像造假犯罪行为。例如,在司法部门,这种技术可以作为验证图像真实性的有力证据,用于鉴别嫌疑人陈述、确定意图或验证文件,并作为固化和保存证据的重要工具。数字图像取证技术可为信息网络空间安全保驾护航。网络空间中,图像篡改事件频发。被篡改的图像可能会混淆人们的观感,严重时将扰乱网络空间的公共秩序。数字图像取证技术可以通过技术手段以正视听,维护网络空间安全秩序。本书介绍数字图像的取证技术及其发展趋势,主要包括三大部分:第1编为图像内容取证,第2编为图像来源取证,第3编为新型多媒体取证。以下分章节对本书进行概述,方便读者快速了解本书主要内容。

第1章为绪论,介绍了数字图像取证的背景及意义。本章主要包括数字图像形成及处理基础、数字图像取证任务,以及取证技术的一般框架。本章还介绍了数字图像取证研究现状以及未来发展方向。

第2章至第5章为本书第1编——图像内容取证。第1编主要介绍图像编辑和篡改中常用的取证方法,包括不改变图像语义的JPEG压缩取证、图像修饰/润饰取证以及改变图像语义内容的图像篡改操作取证。

第2章主要介绍图像编辑和篡改中常用的操作,主要分为JPEG压缩、图像修饰/润饰操作以及图像内容篡改操作三个部分。本章详细介绍了上述这些操作的原理及过程。

第3章为JPEG压缩取证,根据图像的JPEG压缩次数,主要从JPEG双压缩检测和JPEG重压缩次数检测两个方面介绍JPEG压缩取证。

第4章为图像修饰/润饰操作取证,主要从缩放取证、模糊取证、中值滤波取证以及对比度增强取证四个方面展开介绍。

第5章为图像篡改操作取证,该技术主要是为了完成鉴定图像真实性和完整性的任务。本章主要从拼接取证、复制-粘贴取证以及图像修复取证三个方面展开介绍。

第6章至第9章为本书第2编——图像来源取证。第2编主要对图像来源取证类型进行分类,归纳成像设备的指纹特征;根据所使用的特征类别以及技术手段不同,对图像来源识别以及图像来源聚类任务的进展分别进行介绍。

第6章主要介绍来源取证类型,包括基于监督模型的学习算法和基于非监督的模型算法。本章详细介绍了来源匹配及识别问题和来源聚类问题各自的难点以及研究现状,并介绍了一些用于来源识别的标准数据集。

第7章为成像设备指纹。本章详细阐述两类成像设备指纹:传统指纹特征和新型指纹特征。传统指纹特征主要包括镜头像差特征、色差特征、PRNU、CFA模式和插值处理产生的指纹特征、JPEG压缩痕迹以及图像头文件等;新型指纹特征则主要包括CNN、Noiseprint和统计特征。

第8章为来源识别研究进展。图像的来源识别问题,即判断一幅图像是否由特定的相机所拍摄或给定图像是由哪一部成像设备所获取。本章详细介绍了基于成像过程指纹的来源识别、基于PRNU的来源识别、基于统计模型的来源识别、基于深度神经网络的来源识别和CG合成图像来源识别。

第9章为来源聚类研究进展。数字图像的来源聚类是对一组图像根据其拍摄的设备进行来源有关的聚类。由于无法获取图像拍摄设备的先验知识,因此需要在无监督的场景下进行聚类分析。本章先介绍聚类的基本算法,例如图论聚类、K-means聚类、谱聚类,再详细介绍基于PRNU的来源聚类。

第10章至第13章为本书第3编——新型多媒体取证。这部分先是介绍基于AI的新型篡改类型,并简要梳理针对此类新型图像篡改进行的取证工作。然后,针对在线社交媒体这一典型网络空间环境,介绍其出现的安全风险与挑战,以及目前面向社交媒体取证的相关代表性工作。最后,针对复杂操作链场景,介绍图像处理历史估计的相关代表性工作。

第10章为新型篡改类型。随着深度学习在计算机视觉领域取得的重大成功,以DeepFake、GAN、图像彩色化、人脸欺骗攻击为代表的新型伪造技术开始出现在各种类型的数字图像/视频编辑当中。本章详细介绍了这四种新型伪造技术的工作原理,并深入研究这些篡改类型中存在的技术漏洞。

第11章为深伪视频/图像取证。本章分别介绍了针对深伪视频/图像取证方法、GAN合成图像取证方法、图像彩色化取证方法和人脸欺骗攻击取证方法。本章还详细介绍了基于传统的机器学习的检测方法和基于深度神经网络的检测方法。

第12章为面向社交媒体取证。随着移动互联网和自媒体平台的迅速发展,在线社交网络平台成了伪造虚拟身份、发布篡改图像、散播谣言等活动的主要渠道。本章针对在线社交网络环境下的社交身份识别、社交位置真伪识别以及图像篡改检测定位、相机源识别三个问题分别介绍各自的研究现状以及相关方法。

第13章为图像操作链取证。实际的图像伪造过程往往涉及多种篡改操作,这些操作以一定的拓扑顺序组成一个图像操作链。本章针对经历多重篡改的图像,详细介绍了操作类型识别方法、操作顺序鉴定方法、操作参数估计方法和篡改区域定位方法。

本书是国内多所高校的教师与科研人员共同努力的结果,力求对多媒体内容安全中的几个主要研究方向做全面深入的介绍。本书既可作为网络空间安全及相关学科与专业的本科生和研究生的教材,也可为从事多媒体安全相关研究的专业人员提供参考。

最后,感谢复旦大学出版社为本书问世所提供的帮助。同时,还特别感谢参与编写本书的青年学者与研究生同学们(排名不分先后):彭琳、薛瑶、王玉梅、田杨、陈思亮、陈敦云、吴印文、谢世闯、乔明磊、王邵祥、吴佳晟、梁威鹏、李红棒、吴思凡、季潇剑、陈家乐、刘婷。

目 录

第 1 章　绪论

1.1　数字图像取证概述·····001
1.2　数字图像形成及处理基础·····003
　　1.2.1　数字图像成像一般流程·····003
　　1.2.2　常见图像编辑操作·····004
1.3　数字图像取证任务·····006
　　1.3.1　主动图像取证·····007
　　1.3.2　被动图像取证·····008
1.4　数字图像取证一般框架·····010
1.5　数字图像取证研究现状·····010
　　1.5.1　图像内容取证·····011
　　1.5.2　图像来源取证·····017
　　1.5.3　新型多媒体取证·····020
1.6　数字图像取证未来发展方向·····024
注释·····027

第1编　图像内容取证

第2章　图像常见编辑手段

2.1　JPEG 压缩 035
2.2　图像修饰/润饰操作 036
　　2.2.1　缩放操作 036
　　2.2.2　模糊操作 037
　　2.2.3　中值滤波操作 038
　　2.2.4　对比度增强操作 039
2.3　图像篡改操作 041
　　2.3.1　拼接操作 041
　　2.3.2　复制-粘贴操作 041
　　2.3.3　图像修复操作 043
2.4　小结 044
注释 045

第3章　JPEG 压缩取证

3.1　JPEG 双压缩检测 046
　　3.1.1　基于 JPEG 块伪影和 DCT 系数周期性的双压缩检测算法 046
　　3.1.2　基于四元数离散余弦变换域的改进马尔可夫压缩检测算法 054
　　3.1.3　基于 DCT 直方图滤波和误差函数的双压缩检测算法 059
3.2　JPEG 多重压缩次数检测 066
　　3.2.1　基于 Benford 系数的 JPEG 压缩次数检测算法 067
　　3.2.2　基于第一位数字特征的多重 JPEG 压缩检测算法 070
　　3.2.3　基于信息理论框架的 JPEG 压缩次数检测算法 073

3.3 小结·······077
注释·······078

第4章 图像修饰/润饰操作取证

4.1 缩放取证·······079
  4.1.1 基于EM算法的图像缩放检测方法·······079
  4.1.2 基于二阶导数方差周期性的图像缩放检测方法·······084
  4.1.3 基于归一化能量密度的图像缩放检测方法·······088
  4.1.4 基于能量特征分析的图像缩放检测CNN方法·······091

4.2 模糊取证·······095
  4.2.1 基于数字图像边缘特性的形态学滤波取证技术·······096
  4.2.2 基于奇异值信息的图像模糊区域自动检测与分类技术·······098
  4.2.3 基于不同类型局部模糊度量的图像模糊检测与分类技术·······101

4.3 中值滤波取证·······104
  4.3.1 基于纹理性像素特征的中值滤波取证·······105
  4.3.2 基于中值滤波残差特征的中值滤波取证·······108
  4.3.3 基于深度学习的中值滤波取证·······116

4.4 对比度增强取证·······121
  4.4.1 基于峰谷特征的对比度增强取证·······122
  4.4.2 基于线性模型的对比度增强取证·······128
  4.4.3 基于深度学习的对比度增强取证·······132

4.5 小结·······138
注释·······139

第5章 图像篡改操作取证

5.1 拼接取证·······141
  5.1.1 基于噪声水平不一致的拼接取证·······141
  5.1.2 基于模糊类型不一致的拼接取证·······146

5.1.3　基于光照不一致的拼接取证 ……………………… 152
　　　5.1.4　基于深度学习的拼接取证 …………………………… 156
　5.2　复制-粘贴取证 ………………………………………………… 161
　　　5.2.1　基于图像块的复制-粘贴取证 ………………………… 161
　　　5.2.2　基于关键点的复制-粘贴取证 ………………………… 165
　　　5.2.3　基于深度学习的复制-粘贴取证 ……………………… 176
　5.3　图像修复取证 …………………………………………………… 179
　　　5.3.1　基于零连通特征的修复取证 …………………………… 179
　　　5.3.2　基于拉普拉斯变换的修复取证 ………………………… 185
　　　5.3.3　基于深度学习的修复取证 ……………………………… 190
　5.4　小结 ……………………………………………………………… 195
　注释 …………………………………………………………………… 198

第 2 编　图像来源取证

第 6 章　来源取证类型

　6.1　来源匹配及识别 ………………………………………………… 205
　6.2　来源聚类 ………………………………………………………… 207
　6.3　用于来源识别的标准数据集 …………………………………… 208
　　　6.3.1　Dresden ………………………………………………… 208
　　　6.3.2　RAISE …………………………………………………… 210
　　　6.3.3　Vision …………………………………………………… 210
　6.4　小结 ……………………………………………………………… 213
　注释 …………………………………………………………………… 214

第 7 章　成像设备指纹

　7.1　传统指纹特征 …………………………………………………… 215
　　　7.1.1　镜头像差 ………………………………………………… 215
　　　7.1.2　镜头色差 ………………………………………………… 217

- 7.1.3 PRNU ... 219
- 7.1.4 CFA 模式和插值 ... 221
- 7.1.5 JPEG 压缩痕迹 ... 222
- 7.1.6 图像头文件 ... 224
- 7.2 新型指纹特征 ... 224
  - 7.2.1 CNN ... 224
  - 7.2.2 Noiseprint ... 226
  - 7.2.3 统计特征 ... 228
- 7.3 小结 ... 240
- 注释 ... 241

第8章 来源识别

- 8.1 基于成像过程指纹的来源识别 ... 245
  - 8.1.1 镜头径向畸变 ... 245
  - 8.1.2 镜头色差 ... 250
  - 8.1.3 CFA 模式和插值 ... 253
  - 8.1.4 JPEG 压缩痕迹 ... 259
  - 8.1.5 图像头文件 ... 261
- 8.2 基于 PRNU 的来源识别 ... 262
- 8.3 基于统计模型的来源识别 ... 276
  - 8.3.1 问题描述 ... 277
  - 8.3.2 LRT ... 279
  - 8.3.3 GLRT ... 282
  - 8.3.4 性能分析 ... 285
- 8.4 基于 CNN 的来源识别 ... 293
- 8.5 CG 合成图像来源识别 ... 307
  - 8.5.1 去马赛克痕迹 ... 308
  - 8.5.2 PRNU 二值相似度 ... 311
  - 8.5.3 深度学习 ... 314
  - 8.5.4 统计特征 ... 318
- 8.6 小结 ... 321

注释 323

第 9 章 来源聚类

9.1 来源聚类的基本算法 329
　9.1.1 图论聚类算法 329
　9.1.2 K-means 聚类算法 331
　9.1.3 谱聚类算法 334
9.2 基于 PRNU 的来源聚类 339
　9.2.1 NCuts 339
　9.2.2 CCC 343
　9.2.3 SSC 345
　9.2.4 BCSC 348
9.3 小结 351
注释 352

第 3 编　新型多媒体取证

第 10 章 新型篡改类型

10.1 深度伪造 355
10.2 GAN 生成 359
10.3 图像彩色化 361
10.4 人脸欺骗攻击 362
10.5 小结 363
注释 364

第 11 章 深伪视频/图像取证

11.1 深度伪造视频取证 365
　11.1.1 基于传统图像取证的方法 365

  11.1.2 基于生理信号特征的方法 ······ 367
  11.1.3 基于数据驱动的方法 ······ 368
 11.2 GAN 生成图像取证 ······ 370
  11.2.1 GAN 生成图像检测算法 ······ 371
  11.2.2 GAN 模型溯源算法 ······ 374
 11.3 图像彩色化取证 ······ 375
  11.3.1 基于传统机器学习的检测方法 ······ 375
  11.3.2 基于深度神经网络的检测方法 ······ 376
 11.4 人脸欺骗攻击取证 ······ 378
  11.4.1 基于传统手工特征的检测方法 ······ 379
  11.4.2 基于深度神经网络的检测方法 ······ 379
 11.5 小结 ······ 381
 注释 ······ 384

第 12 章　面向社交媒体取证

 12.1 社交身份真伪识别 ······ 388
 12.2 社交位置信息真伪识别 ······ 390
 12.3 在线社交网络环境下图像内容取证 ······ 393
  12.3.1 社交网络场景下的篡改检测与定位 ······ 394
  12.3.2 社交网络场景下的来源检测 ······ 401
 12.4 小结 ······ 406
 注释 ······ 407

第 13 章　图像操作链取证

 13.1 操作类型识别 ······ 409
 13.2 操作顺序鉴定 ······ 413
 13.3 操作参数估计 ······ 417
 13.4 篡改区域定位 ······ 421
 13.5 小结 ······ 423
 注释 ······ 424

第 1 章

绪 论

1.1 数字图像取证概述

视觉是人类获取外部世界信息的最主要的途径之一。人类获取的信息中,大约有70%来源于视觉。常言道"一图胜千言",与文本内容相比,图像更加直观并能传递更多信息。数千年来,人类一直在探索能将自己的所见保存为图像的方法。从照相术的发明,到数码相机的出现,再到近年来智能手机的大规模普及,科技的发展使得图像的采集变得极为便利。随着互联网和在线社交网络的发展,数字图像已经在人们的生活中无处不在。人人都用之记录现场,分享生活。

尽管数字图像带来诸多好处,但是它也带来了严重的安全问题。曾经,由于图像修改编辑难度较大,人们对看到的图像有一种潜在的信任,即俗话说的"有图有真相"(seeing is believing,眼见为实)。但随着计算机视觉技术的发展,各种高级的图像编辑软件和工具层出不穷。这些工具为用户提供了方便快捷、效果自然逼真的编辑合成功能,并且几乎不会留下视觉可辨的痕迹。图像编辑软件的本意是促进艺术交流、美化图片或者影视娱乐,但在一些比较严肃的场合,例如政治新闻报道、保险理赔、法院呈堂证供、学术研究报道等,一些别有用心者篡改图像、虚构事实,恶意散布虚假信息,借此攫取利益,甚至误导群众认知,造成不良社会舆情。例如,早些年的"华南虎""青藏铁路藏羚羊"等伪造图像严重误导了人们的认知(如图1-1)。

(a) 华南虎假新闻照片　　　　　　(b) 藏羚羊假新闻照片

图 1-1　国内图像造假事件示例

(资料来源:石泽男.基于深度学习的数字图像内容篡改定位算法研究[D].吉林大学博士学位论文,2021.)

在国际上,伪造图像的事件也层出不穷。如图 1-2 所示,伊朗发布的导弹发射照片,通过复制-粘贴增加导弹发射数量,引起国际社会对其地区局势安全的担忧。

伊朗经篡改的导弹发射照片
(注:左为原始图,右为篡改图)

图 1-2　新闻报道中的图像篡改典型示例

(资料来源:林祥,李建华,王士林,等.简述图像被动取证技术[J]. Engineering, 2018, 4(01): 66-89.)

可见,数字图像内容的真实性越来越不能得到保证,也越来越受到人们的质疑。各种与图像伪造有关的事件也不断提醒着人们关注图像内容安全。因此,图像真伪鉴别已经成为信息安全领域的一个研究热点。网络上传播的海量图像数据,到底哪些内容是真实可信的? 这成为一个亟待回答的问题。数字图像盲取证就是为了保护数字图像安全而尝试作出的回答。与主动嵌入水印来认证保护图像的方法不同,数字图像盲取证不预先嵌入水印,而是直接对数字图像进行分析,从数据源中提取出关键证据,从而对图像的真实性进行检测与认证。

数字图像盲取证技术在许多方面具有重大意义。首先,数字图像盲取证技术的研究和发展能够降低伪造图像给社会带来的各种不良影响,有助于维护公共信任秩序,打击图片伪造犯罪行为。特别是在民事法庭或刑事法庭等司法部门,得到真实性验证的嫌疑人行为的图像,既可以作为支持或者推翻犯罪事实的有力证据,用来鉴别嫌疑人陈述、确定意图或认证文件,也可以作为固化和保全取证侦查及审判过程的重要手段。其次,数字图像盲取证技术可为信息网络空间安全保驾护航。网络中的图像篡改事件屡见不鲜,情节较轻时会混淆人们的视听,严重时则扰乱信息网络空间的公共秩序,数字图像盲取证技术可以通过技术手段以正视听,及时制止谣言散播,震慑不法分子篡改行为,维护网络空间安全秩序,为建设可信安全的网络环境提供技术支撑。

1.2 数字图像形成及处理基础

1.2.1 数字图像成像一般流程

在数码相机流行之前,成像主要靠传统相机。传统相机使用胶卷作为其记录信息的载体,胶卷通常使用银盐感光材料,真实世界场景光线投影到胶片上感光,光线在胶片上进行不同程度的感光(即曝光),从而形成影像底板,之后经过化学冲洗能得到照片。而数码相机不使用实物胶卷,其"胶卷"就是其成像感光器件。光线通过镜头投影到感光元件上,感光元件通过光电转换最终形成的是数字图像。数字图像,又称数码图像或数位图像,是二维图像用有限数字数值像素——数组或矩阵表示,其光照位置和强度都是离散的。后续如无特殊说明,"图像"一词特指数字图像。目前,数字图像的形成通常由一整套复杂的数字成像处理器(image signal processor,ISP)完成。

一般来说,数字图像相机成像的核心是使用感光元件,将光信号转变为电信号,再经模/数转换后存储。典型的数字图像成像过程如图 1-3 所示。首先,成像场景发出的光子通过相机镜头到达设备前端,色彩滤波阵列(color filter array,CFA)收集单一色彩通道的光谱信息,其余颜色通道采用特定 CFA 插值算法填充。其次,光信号被图像传感器转换为电信号。图像传感器是数码相机的核心。目前核心成像部件主要分为两种:一种是电荷耦合元件(charge coupled device,CCD);另一种是互补金属氧化物半导体(complementary metal oxide semiconductor,CMOS)器件。图像传感器使用一种高感光度的半导体材料制成,能把光线转变成电荷,即将光信号转换成电信号,最后通过相机内部的模数转换器(A/D converter)将其转换为数字信号。这些携带原始信息的数字信号即为常见的 RAW 格式图像。由于感光元器件对光子的响应不一致,在感光成像时会不可避免地引入加性噪声(如散粒噪声、读出噪声和暗电流等)和乘性噪声(如光响应非均匀性噪声),这些噪声模式构成设备的固有指纹。此外,由于镜头元件生产工艺所带来的瑕疵,硬件安装过程中所产生的误差和不同图像后处理算法产生的噪声,经过图像后处理操作(如去马赛克、白平衡、伽马校正)后,成像设备获得一幅非压缩格式图像。在保证可容忍的失真范围内,设备还会引入压缩算法[如 JPEG(joint photographic expert group)压缩],减少图像占用的存储空间。上述每个阶段都会在最终形成的图像中引入特定痕迹,而这些痕迹可以作为图像取证的线索。

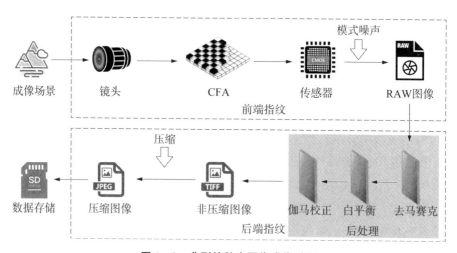

图 1-3 典型的数字图像成像过程

(资料来源:乔通,姚宏伟,潘彬民,等.基于深度学习的数字图像取证技术研究进展[J].网络与信息安全学报,2021,7(05):13-28.)

1.2.2 常见图像编辑操作

本书针对不同的图像处理操作类型,重点介绍 JPEG 压缩、图像修饰/润饰操作以及图像内容篡改操作。

1.2.2.1 JPEG 压缩

JPEG 压缩是目前使用最广泛的图像有损压缩方法,JPEG 图像在社交媒体中广泛应用。微信、微博等社交平台都会对上传的图像进行 JPEG 压缩以便于存储和传输。且大部分消费级终端(如智能手机)默认采用 JPEG 格式输出图像。图像在其生命期内的各个阶段如采集、编辑、传输、显示等,均可能经历 JPEG 压缩(图1-4),从而留下 JPEG 压缩痕迹。因此,针对 JPEG 压缩开展取证研究具有重要现实意义。

图1-4 JPEG 压缩广泛存在采集、编辑、传输、显示阶段

1.2.2.2 图像修饰/润饰操作

图像润饰(image retouching),主要是指利用图像处理算法对图像中的内容进行细节处理,从而隐藏图像中某些重要细节或者掩盖图像篡改痕迹,使篡改区域边缘更加自然,在视觉上不引起人注意。润饰操作一般不会改变图像本身语义信息。常见的润饰操作包括:缩放、模糊、中值滤波、对比度增强(直方图均衡化)、锐化等。图像润饰可以对图像的局部明暗以及饱和度进行处理。例如:局部模糊可以柔化硬边缘或减少图像中的细节;锐化可以增强图像中相邻像素之间的差值对比,提高图像的清晰度。直方图均衡化对图像的局部或者全部区域调整色彩饱和度,如果是灰度图像,则会通过灰阶远离或者靠近中间灰色来增加或降低对比度。此外,图像处理中的图像增强(image enhancement)也可视为图像润饰操作的一种,其主要是通过改变图像的亮度、光线、对比度及色相等,以突出图像的部分区域。该方法通常情况也下不会涉及图像语义信息变换,多数只为了增强图像的整体可赏性。

1.2.2.3 图像内容篡改操作

图像内容篡改最常见的两种操作是图像合成(image composition)与图像修复(image inpainting)。其中图像合成还可分为两种:一种是指把两幅不同图像中部分区域合成到一幅图像中,也称图像拼接(image splicing);另一种将同一幅图像中的一部分区域复制并粘贴到图像的其他区域,以达到突出或掩盖目标物体的目的,也称复制-粘贴(copy-move)篡改。图像修复操作使用原始图像其他区域,或者使用图像处理算法将有语义信息的部分区域或者物体进行覆盖,将物体去除,从而达到删除图像内容的目的。图像修复技术本意是用来修补照片中的破损、去除遮挡的文字等信息。然而,恶意用户可以使用图像修复技术来对图像中的某些区域进行覆盖,通过对指定的图像待删除区域进行填充,从而达到移除图像关键内容的目的。

1.2.2.4 其他图像编辑篡改操作

除了以上常见图像编辑/篡改操作外,现实生活中的图像篡改也出现了一些新趋势,例如计算机生成图像、图像重摄以及复合图像操作等。

计算机生成图像是指利用程序代码生成的图片,而不是通过相机拍摄的真实场景。随着深度学习的发展,特别是生成对抗网络(generative adversarial network,GAN)的出现,计算机生成图像已达到以假乱真的地步,出现了可以根据用户输入语义,生成相应图像场景、高清人脸等内容的技术。其中典型的代表是深度伪造(DeepFake),通过计算机生成的方式,生成一些不存在的人物与场景,给正常的生活与社会秩序带来极大挑战。

图像重摄(image recapture),又称图像翻拍,这类图像是指利用图像获取工具,如照相机、扫描仪等,对展示的电子版图像进行二次获取,得到新的数字图像。由于图像篡改后,其电子版会残留篡改痕迹(多数痕迹人眼无法感知,但是算法可以很好地侦测出来)。为了进一步掩盖篡改痕迹,篡改者可以将篡改后的图像展示在显示设备上或打印出来,再进行图像拍摄,保存电子版,这样经过二次获取的图像为图像取证工作带来了极大挑战。

复合图像操作(compound image forgery)是指对图像进行多种篡改操作。为了使得经篡改的图像看起来更为逼真,篡改者通常会对篡改图像进行多种篡改操作或者后处理操作。比如图像拼接篡改后,为了使得合成图像的前景与后景风格一致,通常会进行一些图像和谐化的操作,或者针对图像拼接边缘进行模糊润饰。复合图像操作可以减少篡改操作留下来的处理痕迹,破坏篡改图像的一些统计特征(如噪声、直方图),增大图像篡改检测与定位的难度。

1.3 数字图像取证任务

如图 1-5 所示,图像取证技术一般可分为主动取证(active forensics)与被动取证(passive forensics)。主动取证技术是指人为设计并主动地向图像中添加数字签名、数字水印等认证信息。在后续取证检测中,检测人员将提取预先嵌入的水印或签名信息,并通过判断嵌入的信息是否受损以鉴定图像的真实性及完整性。被动取证,也称盲取证(blind forensics),是一种不依赖预先嵌入信息来鉴别图像内容真伪或者来源的技术。

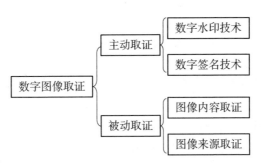

图 1-5　数字图像取证任务分类

主动取证技术通常使用数字水印,在尽量不影响原有信息的前提下将水印信息直接嵌入数字图像中,同时应尽量保持原有图像载体修改不易被感知。但是水印嵌入不可避免地会对图像的原始信息造成一定破坏,并且必须依靠图像发行方的支持,在认证的时候也需要发行方的水印提取技术支持。互联网上的图像也不可能全都提前进行水印嵌入处理。这些特点大大限制了主动式取证在真实图像取证场景的应用。因此,更多的人选择被动取证方法。通过分析图像生成/修改阶段所留下的特定线索或模式,发现图像是否造假。和主动取证方法相比,被动取证方法不依赖先验或预设信息,在图像取证领域中应用范围更广。本书主要关注图像盲取证技术,但为了完整性,下文也简要介绍一下图像的主动取证。

1.3.1　主动图像取证

基于数字签名的取证技术　如图 1-6 所示,该技术主要基于公钥加密系统,其基本工作流程为:发送方使用私钥对已提取的图像数字摘要进行加密从而得到数字签名,并将该签名附加在原始图像之后一同进行发送。接收方对收到的图像重新提取数字摘要并生成签名,随后与经公钥解密后的数字签名进行对比,如果不一致则说明该图像可能经历过篡改。虽然数字签名能够起到鉴别图像真伪的作用,但是它需要占用额外的信道,因此很容易暴露图像保护这一动作。恶意第三方若注意到这一点便可以对其进行捕获、分析及修改,使之失效。

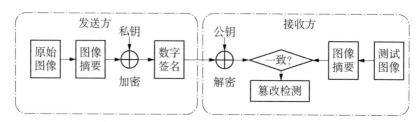

图 1-6 基于数字签名的取证一般流程

基于数字水印的取证技术 如图 1-7 所示,该技术的工作原理为:发送方在图像中嵌入数字水印,接收方在接收图像后提取其中水印,根据水印信息的完整性来对图像进行鉴别。与数字签名技术相比,数字水印技术将鉴别信息隐藏于原始图像中,不需要使用边信道。但由于嵌入水印会造成图像的某些统计特征发生变换,恶意第三方还是可以使用隐写分析等技术进行侦测,分析出传输的图像是否含有认证信息,从而进行针对性破坏。

图 1-7 基于数字水印的取证技术一般流程

虽然数字签名和水印技术可以实现图像取证功能,但是多数图像获取设备并不支持数字签名和认证水印嵌入,篡改者获取的原始图像中,绝大多数也并不包含预嵌入的信息。因此,在实际应用中,更多的是需要对图像进行被动取证。

1.3.2 被动图像取证

如图 1-8 所示,目前对图像盲取证技术研究主要针对两大类问题:一是图像来源取证;二是图像内容取证。数字图像来源取证的核心问题是如何利用图像的统计分布信息来确定数字图像拍摄来源,其中包含两个层次:第一层鉴定数字图像来源于计算机生成图像或自然拍摄图像;第二层鉴定自然拍摄图像的成像设备(包括设备品牌、型号、个体)。通常这些研究广泛应用于个体识别、身份认证以及溯源取证。数字图像完整性取证分析主要研究数字图像内

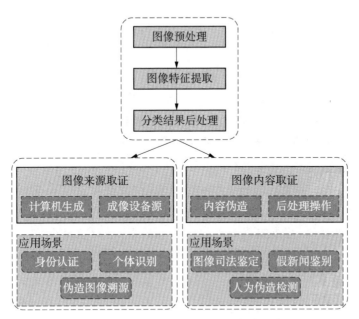

图 1-8 数字图像取证框架

(资料来源:乔通,姚宏伟,潘彬民,等.基于深度学习的数字图像取证技术研究进展[J].网络与信息安全学报,2021,7(05):13-28.)

容是否被篡改,这些篡改包括复制-粘贴、拼接、物体删除,以及其他数字图像后处理操作,包括中值滤波、重采样、JPEG压缩等。通过分析数字图像完整性,我们可以鉴定新闻报道中的伪造图像和法庭上呈现的伪造证据,以及对抗人脸识别系统的假脸攻击等,进而保障图像内容信息的真实可靠。

图像来源取证 为了对数字图像的完整性进行鉴别,很重要的一个方面是对拍摄数字图像时使用的设备进行识别。在数字图像的拍摄或存储过程中,不同的拍摄设备会在数字图像中留下不同的特征或痕迹,这些特征或痕迹可以作为拍摄设备的指纹信息,从而对拍摄设备的品牌、型号,甚至是同一型号的不同个体进行识别。

图像内容取证 被动式的盲取证通过检测篡改图像中的操作痕迹来鉴别图像。常见的图像伪造和篡改包括增强、润饰、区域复制和拼接合成等。总体来说,图像篡改一般要经历四个操作步骤:获取原始图像→执行篡改操作→后处理→重编码、压缩操作。各种操作都会留下篡改痕迹,图像取证技术正是通过检测这些痕迹判断图像是否经过篡改,以及经历何种篡改。

1.4 数字图像取证一般框架

被动取证基于以下依据来检测图像伪造:图像采集或存储过程中会在原始图像中遗留某些固有的模式特征,或者在图像存储或编辑过程中会留下某些特定的模式特征。通过分析上述模式特征,我们可以验证图像的真实性。

数字图像被动取证技术是指在不包含任何预嵌入信息的前提下,仅仅凭借对图像自身所具有的统计特性进行分析,来对其原始性、完整性以及真实性进行鉴别。尽管图像伪造和篡改操作在视觉上通常难以察觉,但是这些操作会引起图像统计特性上的变化,通过对这些变化进行检测,我们可以达到鉴别图像真伪的目的。根据待分析的效应对一幅图像进行建模并提取特征,随后基于图像成像过程、图像篡改知识、自然图像统计特性等进行取证算法设计,最终完成篡改检测与区域定位。图 1-9 展示了数字图像被动取证的一般流程。

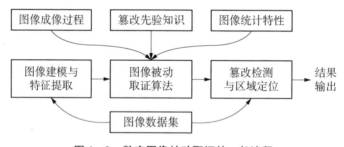

图 1-9 数字图像被动取证的一般流程

1.5 数字图像取证研究现状

数字图像取证相关研究已经超过 20 年。最初主要为学术界研究探索,2010 年后,随着以移动互联网为代表的数字经济的发展,图像数据极大增加,信息科技公司也越来越多地关注图像取证技术。国内对数字图像取证进行研究的高校和科研院所主要包括但不限于北京邮电大学、北京交通大学、大连理工大学、中国科学院信息工程研究所、湖南大学、中国科学技术大学、同济大学、上海交通大学、复旦大学、上海大学、四川大学、南京信息工程大学、杭州电子科技大学、宁波大学、中山大学、深圳大学、澳门大学等。在国际上,研究院校包括加州大学伯克利分校、纽约州立大学宾汉姆顿分校、哥伦比亚大学、那不勒斯费德里克二世大学等。此外,美国国防部的国防高级研究计划局 2016 年实施了名为 MediFor 的多媒体取证研究项目,以促进对媒体完整性的研究。该项目在检测方法和参考数据集方面取得了重要成果。2011 年,欧盟发起的 REWIND(REVerse engineering of audio-Visual coNtent Data)项目[①],尝试开发多种工具来进行数字媒体真实性取证。在国内,阿里巴巴旗下的阿里安全也多次发起面向真实场景图像篡改检测挑战赛,为参赛者提供真实业务场景,促进图像篡改检测算法落地。

除上述高校及研究机构外,数字图像取证领域也日益受到国际会议和期刊的关注,如知名的国际期刊 *IEEE Transactions on Information Forensics and Security*(TIFS)和 *IEEE Transactions on Dependable and Secure Computing*(TDSC),以及知名的国际会议 IEEE International Workshop on Information Forensics and Security(WIFS)和 ACM Workshop on Information Hiding and Multimedia Security(ACM IH&MMSec)、International Workshop on Digital-forensics and Watermarking(IWDW)。同时还有一些知名国际会议设立图像取证专题讨论。中国图象图形大会多媒体取证与安全专委会每年也定期举办中国媒体取证与安全大会(ChinaMFS)、全国信息隐藏暨多媒体信息安全青年学术交流会等。

本书将数字图像取证任务分为三类:图像内容取证、图像来源取证、新型多媒体取证。下面针对这三大类取证方法进行简要介绍。

1.5.1 图像内容取证

本节将针对 JPEG 压缩、图像修饰/润饰操作以及图像内容篡改操作等三个部分图像内容取证研究现状进行简要介绍。

1.5.1.1 JPEG 压缩取证

JPEG 双压缩检测 在现实生活中使用和传播的图像大多以 JPEG 格式保存。当篡改者对 JPEG 压缩图像进行编辑篡改后,为达到不易被检测的效果,往往对篡改图像再次保存为 JPEG 压缩格式,即图像会进行两次 JPEG 压缩。根据图像两次压缩的分块网格是否对齐,JPEG 双压缩可以分为块非对齐的

---

① 项目网址 http://www.rewindproject.eu/。

JPEG双压缩和块对齐的JPEG双压缩。Chen等人[1]提出基于JPEG块伪影和离散余弦变换(discrete cosine transform, DCT)系数周期性来进行双压缩检测的算法,结合空间和频域的周期性特征,利用JPEG块效应和DCT系数周期性分别实现了块非对齐和块对齐的JPEG双压缩检测。针对块非对齐的JPEG双压缩场景,以往的检测算法大多直接使用灰度图像或者将彩色图像转换为灰度图像进行处理。为直接处理彩色图像,Wang等人[2]提出基于四元数离散余弦变换域的改进马尔可夫压缩检测算法。考虑到图像在经过两次JPEG压缩后,首次压缩时的量化步长信息会丢失,因此,针对第一次压缩量化步长大于第二次压缩量化步长的场景,Galvan等人[3]提出一种基于DCT直方图滤波和误差函数的检测算法。对于DCT域中与低频相关的DCT系数,该方法的估计误差接近于零,且不明显依赖于第一次和第二次量化采用的压缩质量因子。

JPEG重压缩次数检测 在实际生活中,大量的在线数字图像经过了超过两次压缩,并可能被其他用户进一步压缩。一张图像首先由摄像机或照相机等采集设备压缩后保存,在编辑图像以增强感知质量和调整格式后,由所有者进行第二次压缩,在上传到社交平台的过程中经过第三次压缩。因此,有效检测压缩次数对重建图像编辑历史具有重要参考价值。Pasquini等人[4]提出一种多重JPEG压缩次数检测算法,并估计相应的压缩质量因子。该方法对Benford系数进行傅里叶变换,再进行统计分析,可实现三次JPEG压缩的检测。在Milani等人[5]的文章中,作者通过研究图像经过多个压缩阶段时DCT系数统计量的变化,分析DCT系数绝对值最有效小数位或第一位,提出了一种基于DCT系数第一有效位分布的取证方法,该方法根据Benford定律建模,依赖于一组支持向量机分类器,可以准确地识别图像压缩阶段的压缩次数。此外,也有工作如文献[6]尝试从信息论框架来分析取证者的基本极限,从多媒体内容中提取的特征来估计操作假设,确定理论上能够检测到的最大假设数量。

1.5.1.2 图像修饰/润饰操作取证

缩放取证 图像缩放是实际应用中一种常见的图像修饰/润饰操作,常用于调整图像大小或在篡改图像后调整篡改区域以适配图像内容。当一幅图像被篡改时,篡改者就可能采用缩放等几何变换来掩盖篡改痕迹。因此,图像缩放取证是数字图像取证中恢复图像篡改历史以及检测篡改图像的重要取证技术。Popescu和Farid[7]最早提出了一种基于期望最大化(expectation-maximization, EM)算法的取证方法,以确定一个信号是否经过了缩放。该方法在没有任何数字水印或签名的情况下工作，为验证数字图像提供了一种补充方法，实现了对图像的缩放检测。图像缩放本质上是一个插值过程，通常会引起图像的某些统计特征发生变化。Gallagher 发现线性和立方插值图像信号的二阶导数的方差存在一定的周期性，因此，利用插值图像的二阶导数信号的周期性可以实现图像缩放取证。他在文献[8]中提出一种基于二阶导数方差周期性的图像缩放检测方法。该检测算法的目标是确定一幅来源未知的图像是否经过双线性或双三次插值操作，并进一步确定插值因子。缩放取证也归结为典型的机器学习分类任务的流程，将手工设计的取证特征输入支持向量机（support vector machine，SVM）分类器训练可以实现对不同特征的有效分类。Feng 等人[9]设计了一种基于图像归一化能量密度的 19 维特征向量训练 SVM 模型用于图像缩放检测，该特征向量由图像频域的二阶导数在不同大小窗口内的归一化能量密度构成。

模糊取证　为了消除图像篡改在拼接边缘产生的视觉或统计上的畸变，篡改者通常会在图像篡改后使用模糊操作消除简单拼接留下的伪造痕迹。可作为篡改的辅助操作用于掩饰拼接的不连续边界。因此，图像模糊取证分析是数字图像取证领域中图像真实性、原始性和完整性检测的辅助证据。周琳娜等人[10]提出一种基于图像形态学滤波边缘特征的模糊操作取证方法，用同态滤波和形态学滤波增强模糊操作的图像边缘，利用散焦模糊和人工模糊的边缘特性，检测伪造图像的模糊操作痕迹。Su 等人[11]观察到许多图像都含有由运动或散焦造成的模糊区域，进而提出一种简单有效的图像模糊区域自动检测与分类技术。该技术首先检测单个图像中的模糊区域，然后识别模糊区域的模糊类型。Xu 等人[12]提出一种结合三种不同类型的局部模糊度量的局部模糊检测与分类方法，构建了用于局部模糊检测和模糊类型分类的分类器。该方法具有较强的分辨力、较好的图像稳定性和较高的计算效率，也适用于分割部分模糊图像和正确标记模糊类型的问题。

中值滤波取证　中值滤波操作是一种高度非线性操作，由于其良好的平滑滤波性质，伪造者可能会用中值滤波使伪造的图像在感知上更逼真。同时，中值滤波的非线性属性使其可用于删除其他修饰操作留下的指纹，可被恶意用于反取证。通过对自然图像经历中值滤波前后等值相邻像素概率图对比，Cao 等人[13]发现中值滤波操作可使纹理区域内相邻像素相等的概率显著增大。因此可以利用纹理区域相邻像素相等概率这一指纹特征，设计基于阈值化二分类的中值滤波取证方法。Kang 等人[14]提出了基于中值滤波残差

(median filtering residual，MFR)的中值滤波取证技术，利用图像中值滤波残差的统计属性，以抑制可能干扰中值滤波检测的图像内容。随着深度学习技术在计算机视觉相关领域取得了巨大的成功，多媒体取证研究引入深度模型正在成为一种趋势。同时，由于中值滤波具有低通滤波特性，在很大程度上会修改图像的高频 DCT 系数，因此可以设计基于 DCT 域深度中值滤波取证框架[15]。

对比度增强取证 对比度增强操作是一种改善图像视觉效果的修饰操作，会改变图像中像素强度的整体分布，常用于掩盖图像篡改的证据。对比度增强取证的主要目标是通过合适的手段，提取对比度增强操作在图像中留下的指纹特征，并根据这些指纹确定图像是否经历了对比度增强操作。检测对比度增强操作可以提供对图像处理历史的洞察，即在识别内容更改操作时提供有用的先验信息。原始图像的灰度直方图具有平滑的轮廓，经过对比度增强的图像的灰度直方图具有峰谷效应。利用像素映射在图像直方图中留下的统计痕迹，研究者提出了一种全局对比度增强操作取证算法[16,17]。其基本思路是测量图像像素值直方图的高频分量强度，然后将此测量值与预定义的阈值进行比较，以此判断图像是否经历了对比度增强操作处理。考虑到大部分对比度增强检测算法在图像经历重压缩时性能下降，而线性模型作为相机的数字指纹，表现出一种强烈的周期性，王金伟等人[18]提出一种基于线性模型的图像对比度取证方法，用于区分对比度增强图像，并对 JPEG 压缩具有鲁棒性。传统的对比度增强取证方法都是依据人工设计选择的特征，且这些视觉特征容易被察觉到。这些方法对高质量的对比度增强图像的检测是有效的，但是在检测被反取证攻击操纵的图像时遇到了困难。为了应对常见的对比度增强操作，同时应对反取证攻击，有研究者也在探索基于深度学习框架的新型对比度增强取证方法[19]。

1.5.1.3　图像内容篡改操作取证

拼接取证 图像拼接伪造是将一个或多个源图像的区域复制-粘贴到目标图像上得到篡改图像。图像拼接伪造检测与定位可以看作一个像素二值分类问题，通过比较不同图像区域之间的特征来检测定位篡改区域。拼接取证主要包括基于噪声水平不一致的方法、基于模糊类型不一致的方法、基于光照不一致的方法和基于深度学习的方法。大多数图像在采集或后续处理过程中会引入一定的噪声，而自然图像和具有不同来源的拼接图像中的噪声会存在一定的统计特征差异。基于不同来源的图像可能具有由传感器或后处理引入的不同噪声特性，Lyu 等人[20]提出了一种通过检测局部噪声水平的不一致来暴露区域拼接的有效方法。在拼接生成的篡改模糊图像中，拼接区域和原始图像可能具有不同的模糊类型。Bahrami 等人[21]提出一种基于部分模糊类型不一致的模糊图像拼接定位的框架来解决这个问题。与以上利用低层图像特征不同，还有一些研究者从高层语义来进行拼接取证。例如，在文献[22]中，作者提出通过图像中物理阴影的不一致性来检测拼接。该技术结合了来自投射和附加阴影的多个约束，以约束点光源的投影位置，同时将阴影的一致性建模为优化一个线性规划问题，若该线性规划问题有解则表明图像在物理上是合理的，而无解则说明照片很可能存在篡改区域。此外，Huh 等人[23]提出了一种基于自一致性的拼接取证算法。该算法使用自动记录的照片 EXIF（exchangeable image file，可交换图像文件，用来记录数码照片的属性信息和拍摄数据）元数据作为监督信号，训练模型以确定图像的内容是否由单个成像途径生成。

复制-粘贴取证　复制-粘贴篡改是一种常见的图像篡改技术。由于经历复制-粘贴篡改的图像中至少存在两个相同或相似的图像区域，且这些篡改区域的重要特征基本兼容于粘贴位置的周围区域，因此复制-粘贴取证不能基于图像自身统计特性的不一致性进行篡改区域定位，而是利用特征匹配技术检测图像中的相似区域，以提供可视化的可疑篡改区域信息。基于在图像上密集计算的旋转不变特征，Cozzolino 等人[24]提出了一种复制-粘贴检测与定位算法，其基本思路是利用快速的近似最近邻搜索算法 PatchMatch 计算图像密集场，然后基于密集线性拟合的快速后处理过程降低整体方法的复杂性；此外，他们还提取旋转不变特征，实现复制-粘贴取证方法对旋转和缩放失真的鲁棒性。基于图像块的复制-粘贴取证方法，由于分块的固有特性以及分块特征描述算法的局限性，存在几何变换的鲁棒性差和计算复杂度高的问题。基于关键点的检测方法计算效率高且有较强的鲁棒性，适用于实际情况下的多类型图像复制-粘贴篡改检测。基于此，邢文博等人[25]提出了基于关键点的复制-粘贴取证方法，通过尺度不变特征变换（scale invariant feature transform，SIFT）匹配关键点对的随机抽样一致（random sample consensus，RANSAC）分类对复制-粘贴区域定位。Pun 等人[26]提出了一种基于自适应分割和特征点匹配的复制-移动篡改检测方案。该方案结合了基于块的篡改检测方法和基于关键点的篡改检测方法。与基于块的篡改定位方法类似，该工作提出了一种自适应过分割（over-segment）图像方法，将图像自适应地划分为不重叠的、更为精细的不规则图像块。然后，从每个图像块中提取 SIFT 特征作为块特征，再将图像块特征相互匹配,确定成功匹配的特征点为标记特征点,该特征点可近似表示可疑篡改区域。随着基于深度学习的复制-粘贴取证方法引起广泛注意,该类方法可以自动学习图像特征,并在没有事先假设的情况下定位被篡改的区域。因此,有研究者提出基于并行深度神经网络的图像复制-粘贴伪造定位方案[27],通过深度神经网络定位图像篡改区域,并对定位出的区域进行源区域和目标区域的区分。

图像修复取证　图像修复技术是数字图像复原中比较常用的一种方式,它的核心思想是根据图像受损区域周围的已知像素信息通过插值相邻像素对未知区域进行修复。图像修复常用于恢复旧照片中丢失的信息、去除图像划痕等,但恶意篡改者也会使用图像修复进行包含对象删除在内的图像篡改。图像修复取证的目标是研究修复操作在图像中遗留的篡改痕迹特征,从而判断一幅图像属于自然图像还是篡改图像,并且对修复图像精确定位出篡改区域。朴素的图像修复取证通常采用全搜索的方式进行块匹配,从而定位篡改区域。但是这类算法计算复杂度高,且容易造成误检。因此,有研究者提出一种集成了中心像素映射、最大零连通分量标记和片段拼接检测的图像修复取证方法[28]。该方法首先将零连通特征应用于可疑区块搜索,提出一种基于中心像素映射的快速搜索方法以提高检索效率并保持良好的检测结果;其次,根据最大零连通分量所在的位置标记可疑块中的篡改像素;再次,采用矢量滤波去除统一背景中的误检测区域;最后,使用片段拼接检测技术过滤掉参考区域,实现篡改区域定位。针对基于扩散的图像修复,研究者提出了一个基于梯度拉普拉斯变换的修复取证方法[29]。通过对扩散修复过程的分析,研究者发现图像修复区域和未修复区域沿垂直于梯度方向的拉普拉斯变换是不同的。基于此,根据通道内和通道间的局部变化方差构造一个特征集,以定位图像修复区域。随着研究者逐渐关注并使用深度神经网络来进行图像修复取证,Lu等人[30]提出一种基于长短期记忆-卷积神经网络图像对象删除取证方法。该方法主要包括三个模块:卷积神经网络(convolutional neural network,CNN)用于搜索异常的相似块,CNN强大的学习能力提高了搜索的速度和准确性;长短期记忆网络(long-short-term memory,LSTM)用于消除误报块对检测结果的影响,降低误报率;过滤模块旨在消除后处理操作的攻击。相比传统方法,基于LSTM‐CNN的深度取证方法具有较高准确率,并且能够同时抵御多种后处理操作组合攻击。

1.5.2 图像来源取证

数字图像来源取证的目的在于鉴定图像的设备来源。根据图像来源取证的设备类型颗粒度,大致可分为四个层次:最粗糙的是设备类型,仅需要鉴别出数字图像的来源设备类型属于哪一种,以上依次是要求判别出图像来源的设备品牌、设备型号,以及最为精细的设备实例判别。一般来说,数字图像的头文件中会包含诸如相机的型号、类型、拍摄日期时间、压缩细节等信息,但是由于这些信息很容易被篡改,无法作为可信赖的数字图像来源依据,因此,数字图像来源取证研究的核心问题是如何仅通过图像内容来确定图像的设备来源。通常来说,在工艺生产和成像处理的过程中,设备硬件会对图像内容造成一些不明显的痕迹,而这些信息被视为对应设备特有的模式。数字图像在被相机捕获的过程中继承了相机生产遗留的特有模式,成为数字图像的固有相机指纹,是数字图像来源取证中的重要依据。数字图像来源取证的基本流程为:分析成像设备的输出图像统计信息,建立不同成像设备拍摄图像的数据库;研究表征数据内在特征的指纹提取算法;通过设计分类器区分不同的指纹信息,鉴定数字图像的成像来源设备。

数字图像来源取证的任务大致分为两类:图像的来源识别和图像的来源聚类。以下就这两类问题分别简要介绍。

1.5.2.1 图像的来源识别

图像的来源识别问题,即判断一幅图像是否由特定的相机所拍摄或给定图像是由哪一部成像设备所获取。图像的来源识别是数字图像来源取证研究领域中最重要的问题之一。在图像成像过程中,或由于镜头元件生产工艺所带来的瑕疵,或由于硬件安装过程中所产生的误差,或由于不同图像后处理算法产生的噪声,数字图像中都会留下相应图像指纹。而这些图像指纹隐藏在图像内容中,充当成像设备唯一标识的重要线索。来源识别可以分为基于成像过程指纹的来源识别、基于统计模型的来源识别和基于深度神经网络的来源识别。

基于成像过程指纹的来源识别 在数字图像成像的每个处理阶段都会留下不同的相机指纹特征。目前的算法大多依靠从图像中提取的指纹特征来识别图像源。数字图像处理流程中的每一个步骤都会留下特征的指纹,基于不同的指纹特征,研究者提出了不同的取证方法,主要包括:基于镜头径向畸变[31-33]、基于镜头色差[34,35]、基于光响应非均匀性噪声(photo response non-uniformity，PRNU）指纹特征[36-40]、CFA 模式和插值处理产生的指纹特征[41-43]、JPEG 压缩痕迹[44-46]以及图像头文件[47,48]等。需要特别指出的是,基于 PRNU 的来源识别方法使用较为广泛,主要依赖于成像设备传感器在制造过程中留有的独特"痕迹"。PRNU 是由硅晶片中的不均匀性以及传感器制造过程中的缺陷引入的。这些缺陷会导致对传感器光电二极管的光敏感度不一致。由于 PRNU 与成像设备的物理性质直接相关,并且设备与设备之间的 PRNU 信息差异明显,因此它被视为"设备个体指纹"。

基于统计模型的来源识别 不同来源图像的噪声特性是有差异的,其噪声模型参数在不同相机模型或相机设备之间是不同的。基于不同的噪声统计模型,研究人员设计了不同的图像源识别检测器来识别不同的相机设备或相机型号。例如基于泊松-高斯噪声模型的 RAW 图像相机型号识别检测器[49]、基于改进的泊松-高斯噪声模型的 RAW 图像相机设备识别检测器[50]、基于广义相关噪声模型的 JPEG 图像相机型号识别检测器[51]、基于改进的广义相关噪声模型的 JPEG 图像相机设备识别检测器[52]、基于简化的广义相关噪声模型的 JPEG 图像相机型号识别检测器[53]等。值得注意的是,基于统计模型的这类检测器是在假设检验理论框架下设计的,不仅能够较为准确地识别图像来源,而且能够分析性地建立检测器的统计性能。

基于深度神经网络的来源识别 深度神经网络应用在数字图像取证领域已成为一种流行趋势。与传统的手工提取特征的算法不同,神经网络可以在学习过程中自动且同时地提取特征并且学习分类。Baroffio 等人[54]率先尝试将 CNN 应用于设备来源取证,提出了一种基于数据驱动的 CNN 算法。该算法可以直接从所获取到的图像中学习表征相机型号的特征。在包含 27 种相机型号的图像数据集上,该算法的实验准确性大于 94%。Tuama 等人[55]改进了 Baroffio 等人的上述模型,在预处理过程中添加了去噪滤波器。滤波器抑制由图像边缘和纹理引起的干扰,性能进一步提升。Baroffio 等人在文献[56]中利用 CNN 获取独特的来源特征,并且结合 SVM 分类器进行分类。该网络具有通用性,即对没有受过训练的相机型号,该网络也具有一定的效果。2019 年, Cozzolino 等人[57]提出了 Noiseprint,它被称为相机的模型指纹。简而言之, Noiseprint 是通过一个孪生神经网络（siamese network）获得的。该网络由两个相同结构和权重的 CNN 网络组成。他们认为来自同一相机型号的图像块应产生相似的 Noiseprint 块,而来自不同相机型号的图像块则产生不相似的 Noiseprint 块。因此,该网络采用来自相同型号设备和不同型号设备的成对图像块训练。Noiseprint 具有较强的鲁棒性。除了能够进行设备型号溯源外,当图像发生篡改时,Noiseprint 中会留下非常明显的痕迹,从而即使是直接检查也可以轻松定位。基于深度神经网络的来源识别方法主要优势在于:(1)深度神经网络能够实现小尺寸图像(如 64×64 或 32×32)的来源识别,这一优势不仅降低了图像指纹的复杂度,而且进一步提升了检测单元的精细度;(2)深度模型在自适应提取图像指纹方面具有明显优势,提取过程无须根据取证先验知识修改图像指纹提取算法。然而,基于深度神经网络的来源识别方法也存在一定缺陷,例如目前的研究大多为成像设备型号级别的来源识别,较难实现成像设备个体级别的来源识别。

1.5.2.2 图像的来源聚类

数字图像的来源聚类是对一组图像根据其拍摄的设备进行来源有关的聚类。由于无法获取图像拍摄设备的先验知识,因此需要在无监督的场景下进行聚类分析。它可以解决两个实际问题:(1)对于一组来源未知的图像集,其图像由多少成像设备所拍摄;(2)在这些图像中,哪些是由同一个成像设备所获得。数字图像的来源聚类使得数字图像取证的应用前景得到了进一步的拓宽,可以实现诸如社交网络中的用户图像关联和识别。

2014 年,Amerini 等人[58]对标准化图割算法(normalized cut)[59]进行了改进,提出了一种基于标准化图割的来源聚类算法,简称为 NCuts。他们通过添加最佳阈值来终止聚类过程而不需要任何附加信息,使得该算法符合实际应用场景,具有一定实用价值。与其他算法相比,NCuts 在准确度和计算复杂性方面表现更为优异。为了解决实际应用场景中在没有任何先验知识的情况下根据设备来源归类一组待检测图像的问题,Marra 等人[60]提出了一种基于集成聚类的算法,简称为 CCC。该算法依赖于以下观察:每张图像都包含可以追溯其来源设备的独特痕迹(PRNU)。一般来说,由同一个设备拍摄的图像中 PRNU 会表现出较大的相关性,而不同设备拍摄的图像中 PRNU 相关性低。CCC 算法的主要优势就在于不需要用户设置任何参数,例如聚类的数目和与数据相关性有关的一些阈值等。2020 年,Jiang 等人[61]提出的方法专注于解决聚类过程中产生的异常值。他们首先将来源聚类问题转化为一个行稀疏性规则化的类间和类内损失最小化问题,可以充分利用结构信息来筛选出异常值。之后,该问题可以通过交替方向乘子法有效解决。最后,通过使用一种基于簇间和簇内差异的快速细化方法,实现对聚类数目更准确的估计并进一步提升性能。

1.5.3 新型多媒体取证

随着深度学习在计算机视觉领域取得的重大成功,以 DeepFake(深度伪造,简写"深伪")、GAN、图像彩色化为代表的新型伪造技术开始出现在各种类型的数字图像/视频编辑当中。此类技术能够生成以假乱真的图像/视频,为多媒体取证带来了新的挑战。同时,伴随着移动互联网发展,社交网络已经深度融入人们的生活,伪造的图像/视频以及身份也多是发布在社交网络平台。因此,社交媒体环境下的取证任务也变得迫切。此外,实际的图像伪造过程通常会使用多重篡改操作,这些操作的伪造痕迹容易相互混淆,导致图像操作链取证变得困难。本小节针对深伪视频/图像取证、面向社交媒体取证以及图像操作链取证三大类任务进行简要介绍。

1.5.3.1 深伪视频/图像取证

深伪视频取证 目前深度伪造检测技术大致可以分为以下三大类:基于传统图像取证的方法、基于生理信号特征的方法以及基于数据驱动的方法。基于传统图像取证的方法主要利用图像的频域特征和统计特征进行区分,比如通过局部噪声分析、图像质量评估、设备指纹、光照等差异,解决复制-粘贴、拼接、移除等图像篡改问题。一些基于信号处理的方法为利用 JPEG 压缩分析篡改痕迹、利用局部噪声方差分析拼接痕迹、利用 CFA 模型进行篡改定位、向 JPEG 压缩图像添加噪声以提升检测性能等[62]。

深度伪造多数情况下以伪造视频的方式出现。伪造视频在伪造的过程中往往会忽略人的真实生理特征,比如眨眼频率、头部姿态、眼球转动、脉搏、心率等生物信号,这就为伪造取证提供了一些检测证据。如 Yang 等人[63]发现深度伪造通常只篡改脸部中心区域,脸外围关键点的位置仍保持不变,这会导致计算头部姿态评估的结果不一致。以帧为单位,针对视频计算所有帧的头部姿态差异,训练出一个 SVM 分类器来学习这种差异。Matern 等人[64]通过颜色直方图、颜色聚合向量等计算机视觉方法提取眼睛的颜色特征,从而对人脸图像作出真伪鉴别。Yang 等人[65]通过提取人脸面部关键点,再将这些面部区域标记点作为特征向量来训练分类器,从而检测人脸的真伪。这种检测方法大多利用深度伪造技术的局限性,但随着生成技术水平的不断提高,深度伪造内容越发逼真,此类方法的检测效果大打折扣。

生成对抗网络(GAN)生成图像取证 GAN 生成图像作为一种新型的图像生成和编辑技术对数字图像的真实性与完整性带来巨大威胁。由于 GAN 生成图像采用端到端网络模型生成,因此其取证问题具有诸多不同于传统图像取证的特点。GAN 生成图像的被动取证技术主要包括 GAN 生成图像检测算法以及 GAN 模型溯源算法。

在 GAN 生成图像检测算法研究方面,GAN 生成图像检测算法旨在鉴定待测图像是否由 GAN 模型生成,可看作一种二分类问题。其研究重点在于提取对 GAN 生成图像与真实图像具有显著区分度的特征。通常是通过研究 GAN 生成器的限制,寻找 GAN 生成图像在空间域上存在的特定的异常痕迹来完成取证。在 GAN 生成图像检测算法研究的早期阶段,研究人员使用在传统图像取证和隐写分析领域已广泛应用的统计特征或其改进版本,结合分类器进行检测。Marra 等人[66]直接使用基于富模型的隐写分析特征进行 GAN 生成图像检测。他们发现当不进行有损压缩时,隐写分析特征能取得较好的检测性能。针对 GAN 生成图像颜色分量的异常统计特性,Li 等人[67]提出了一种基于颜色分量差异的检测方法。该算法在大部分情况下能够取得较好的检测准确率,但当测试样本来自未知 GAN 模型时性能将出现下降。Mo 等人[68]首次将 CNN 用于检测 GAN 生成图像,搭建了一个浅层 CNN 进行检测,并探讨了模型层数和激活函数类型等网络结构对性能的影响。Nataraj 等人[69]提出了一种基于共生矩阵及 CNN 的 GAN 生成图像检测方法。该方法首先提取输入图像 RGB 三通道的共生矩阵,再将共生矩阵按通道维度进行堆叠,输入一个浅层 CNN 得到最终检测结果。除了以上预处理方法外,研究人员还通过修改网络结构,引入新的网络模块,进一步提高对 GAN 生成图像异常痕迹的提取与表征能力。例如 Liu 等人[70]采用灰度共生矩阵对输入图像的全局纹理统计特征进行分析。

在传统的图像被动取证研究中,PRNU 噪声被用作一种可靠的源设备鉴定信息。GAN 生成图像也具有类似的指纹信息。不同模型生成的 GAN 生成图像指纹信息具有不同的统计特性,能够用于鉴别 GAN 生成图像由何种模型生成。GAN 模型溯源算法为分析者提供了 GAN 生成图像可能的生成过程相关信息。Marra 等人[71]借鉴了 PRNU 噪声的提取方法,设计了一种提取 GAN 生成图像"指纹"信息的算法。Yu 等人[72]提出了基于数据驱动的端到端神经网络,对 GAN 生成图像包含的"指纹"信息特性进行分析,并考虑了多种常用的 GAN 模型结构。Goebel 等人[73]考虑将图像不同颜色分量的共生矩阵作为 CNN 的输入进行 GAN 模型溯源。

图像彩色化取证 图像着色,即颜色转移,是照片编辑中最常见的操作之一。通常，满足要求的颜色传递算法[74]将目标图像的颜色特征应用于源图像。着色技术的快速发展使彩色图像在视觉上与自然图像难以区分。其着色效果已经能够在主观测试[74]中误导人类观察者。为了区分假彩色图像与自然图像，Guo等人[75]指出，重着色图像在色调、饱和度、暗通道和亮通道等方面存在统计上的不一致。在这基础上，他们提出了两种检测假彩色图像的方法：基于直方图（FCID-HIST）和基于特征编码（FCID-FE）。FCID-HIST利用归一化直方图分布中最独特的箱子和总变化，并创建用于检测的特征，而FCID-FE使用GMM建模数据样本，并创建Fisher向量，以更好地利用统计差异。Zhuo等人[76]提出了一种基于通道卷积的深度学习框架WISERNet的伪彩色图像检测器。这种基于深度学习的数据驱动框架非常适合于假彩色图像检测。Yan等人[77]则提出了一种新的深度学习方法的重新着色图像检测，该方法采用信道间相关性和照明一致性来帮助特征提取。

1.5.3.2 面向社交媒体取证

随着移动互联网和自媒体平台的迅速发展，在线社交网络平台成为伪造虚拟身份、发布篡改图像、散播谣言等活动的主要渠道。例如通过网络发布经篡改的重要文件图像会严重影响人们对新闻事实、商业产品、政治问题等的看法。针对在线社交网络环境下的社交身份识别、社交位置真伪识别以及图像篡改检测定位、相机源识别等问题，图像取证研究具有重要意义。

社交身份真伪识别　社交身份真伪识别是指在社交网络中用户虚拟身份与现实社会中行为人的真实身份之间建立关联关系，以解决社交网络用户虚实身份的同一性判定问题。社交网络中的交互活动不仅仅是一种虚拟的社会关系，它反映了用户的部分真实活动。He等人[78]讨论了用户的哪些属性可以根据用户的交友关系来进行推测，并将社交网络映射成贝叶斯网络来推测用户的私有属性，主要讨论了先验概率、条件概率及用户属性开放程度对用户属性推测正确率的影响。Lindamood等人[79]利用朴素的贝叶斯分类器推测网络用户属性。他们利用用户的节点信息和节点间的链接信息推测网络中用户的政治倾向。Zheleva等人[80]指出了公共群信息的重要性，并利用交友关系和可见的群关系来推测用户的属性。

社交位置信息真伪识别　社交位置信息伪造是指特定在线通信发生的实际地理位置与报告的实际用于进一步分析或应用的位置信息之间故意存在的位置不一致。Qiao等人[81]提出利用最初用于研究源相机识别的相机传感器指纹来检测带有欺骗性的地理位置。Liu等人[82]提取了新浪微博中的位置信息和时间戳,结合可视化技术,来追踪社交网络用户的行动轨迹,并作出预测。Zhao 等人[83]提出了一种混合方法,包含用于检测位置欺骗的贝叶斯时间地理方法和用于研究伴随的欺骗动机的在线观察,有效地解决了某些类型的位置欺骗。

社交网络传输环境下的图像内容取证　在线社交网络的传输过程中存在多种已知或未知的有损操作,这些都会给图像内容取证造成影响,这些有损操作很大概率会抹除图像取证的相关特征,所带来的噪声会严重影响取证方法的有效性。多数传统图像取证方法应用到这一社交网络传输场景中时,效果急剧下降。如何开发出在在线社交网络环境下稳健的图像内容取证算法,成为图像取证的热点领域。针对社交网络环境下的图像篡改检测与定位难题,周建涛研究组提出了一种鲁棒图像篡改定位的训练方案[84]。该方法对社交网络传输引入的噪声以及失真进行了分析,将其分解为可预见失真(比如 JPEG 压缩噪声)和不可预见噪声(比如传输中可能遇到的随机噪声)两部分,并对其分别进行建模。前者建模的过程模拟了已知在线社交网络传输操作所引入的失真,而后者的建模设计不仅包括了前者,还考虑了篡改检测模型本身的缺陷。通过进一步将噪声模型引入鲁棒训练框架中,显著提高图像篡改检测模型的鲁棒性。

针对社交网络场景下的来源检测,Sameer 等人[85]提出了一种基于深度学习的数字取证技术,该方法可识别从 Facebook 下载图像的源相机设备。该方法优于传统的源相机识别方法,且对于常见的图像处理操作,例如压缩、旋转和噪声具有一定的鲁棒性。Sun 等人[86]提出利用不同社交网络平台操作时留下的独特痕迹来确定图像的来源。该工作首先对各种社交网络对上传图像的操作进行了详细探究。基于这些操作的研究,设计了一个特征向量,并最终训练了一个支持向量机分类器来识别这些在线图像的来源。

1.5.3.3　图像操作链取证

现实场景中的图像伪造过程通常会涉及多重篡改操作,这些操作以一定的先后顺序组成一个图像操作链。针对多重篡改图像,研究图像经历的操作类型识别、应用拓扑顺序鉴定、操作关键参数估计以及图像篡改区域定位,可以有效揭示图像经历的篡改历史,具有重要意义。

操作类型识别　操作类型识别是图像操作链取证必须涉及的本质问题,也是图像操作链取证的首要环节。Comesaña[87]最先提出图像操作链取证的概念,并从理论上分析了利用已有的单操作篡改取证算法检测图像操作链的可能性。Chen 等人[88]考虑图像经历多重篡改将产生混淆处理效应,依据盲源分离理论设计了一个特征解耦方法,从混淆处理效应中分离得到表征各个单篡改操作的源信号,从而实现对图像操作链中的操作类型识别。

操作顺序鉴定　操作执行顺序不同,遗留在图像中的伪造痕迹也会有所不同,这种差异性为确定多个操作的先后顺序提供了可能。Chu 等人[89]利用信息论分析了图像操作链中操作顺序检测的可能性。Bayar 等人[90]设计了一个基于约束卷积的分类器,学习与操作序列相关的条件指纹特征,实现了对特定二元操作链的顺序鉴定。Liao 等人[91]提出了一种通用的基于双流卷积神经网络的取证框架,挖掘图像空域和变换域取证特征,进而实现图像操作链的操作顺序鉴定。

操作参数估计　通过估计操作的关键参数,将有可能反向撤消图像经历的操作。因此,除了对操作的类型和顺序进行鉴别,对操作关键参数的估计也很重要。Liao 等人[92]提出一个篡改操作相关性判别框架,从操作顺序对篡改图像的影响以及取证特征受复合操作的影响程度入手,分析图像操作链所包含操作间的相关性,从而在估计操作的参数前,对操作链中的各操作进行预先判断,提高参数估计精度。

篡改区域定位　针对图像篡改操作,通过定位伪造图像中的篡改区域,将有可能逆向近似恢复出原始图像。对于图像操作链取证来说,这将是更具说服力的证据。针对复杂操作链场景下的篡改区域定位,Chen 等人[93]将图像伪造定位问题转化为信噪分离问题,通过将源图像从伪造图像中分离出来,即将篡改区域和带后处理噪声的背景区域进行分离,削弱复杂背景图像和后处理噪声对伪造定位的负面效应,从而提高图像操作链中篡改区域定位性能。

1.6　数字图像取证未来发展方向

当前数字图像取证技术主要面临的**问题与挑战**有以下四个方面。

模型泛化性与通用性问题　虽然针对各类图像取证任务,研究者提出了各种有效方法,但整体来看,大多数的取证方法泛化能力仍不够理想。很多工作为了便于研究,常常只针对某一特定场景操作的图像取证任务设计算法;但在现实场景中,若仅有一幅图像,其所经历的处理事先并不可知,检测效果也不尽如人意。深度学习算法的发展给通用图像取证提供了新的发展思路,但其检测正确率距离实际部署仍有较大差距。因此,如何设计并开发出泛化性强、通用性好的图像取证方法仍有很大挑战。

开放环境下的模型鲁棒性问题　当前大多数研究集中在可控的实验室环境，所使用的数据集也通常是有限且可控的。但在真实开放的环境中，图像可能会经过去噪、重采样、增强以及压缩等多种图像处理。甚至在一些开放网络环境中，图像可能会出现一些无法预知或者极其复杂的传输信道失真。如何在开放未知环境中保持模型有效性、提升鲁棒性是未来一个重要研究方向。

真实对抗环境下模型有效性问题　基于深度模型的图像取证方法得到了很大发展，已经成为取证领域的重要研究范式之一。但是研究者也发现，深度模型系统存在着严重的模型脆弱性问题，例如对抗样本攻击。图像取证领域也未能幸免。伴随着图像取证工作的发展，图像反取证也在不断更新。但目前多数方法缺少对抗攻击的考虑，针对在对抗环境下的图像取证模型方法研究仍然偏少。因此，如何"预判攻击者的预判"、增强取证算法的抗攻击性能，如何在存在有对抗攻击的环境中保证算法的有效性、可靠性是当前取证工作的一个重要挑战。

数据稀缺问题　在当今大数据时代，基于深度神经网络的模型依赖于充足的数据。特别是对图像取证工作，数据的不足会导致模型过拟合。针对图像篡改数据的制作，已有不少工作提出并制作了数据集。但针对具体业务场景，比如文档资质类篡改、打印扫描篡改、屏幕截图、图像融合等场景，数据集的规模仍然偏小。传统的搜集方法主要靠相关图像编辑专家手动修改，费时费力。如何针对具体取证任务，快速有效生成大规模的图像数据集，是图像取证进一步发展的基石。

根据以上面临的问题与挑战，数字图像取证技术**未来主要的研究方向**归纳为如下四点。

第一，针对模型泛化能力弱的问题，从数据样本、特征选择、分类器三个方面进行改进。在数据样本上，在训练模型前对数据样本进行增广，提高训练数据集的多样性，进而提高取证模型的泛化能力。在特征选择上，设计泛化性强的特征，如通过融合多种检测特征、构造不同特征空间的指纹特征。此外，通过领域适应、核技巧等技术，将在源域中无法区分的样本，转换为目标域中可有效区分的样本。在分类器上，可以通过集成多分类器，融合子分类器的输出结果，提高检测模型的泛化与通用性。

第二，从数字图像取证的实际需求出发，探索取证算法在现实网络平台（如微信、微博等）性能下降的原因。一方面，探索增强算法鲁棒性的方案，使取证算法在实际环境中保持其理论研究的正确率;另一方面,从数据出发,构建来源于网络平台的数据集合,收集网络环境中的数字图像。

第三,针对不同的图像取证任务,首先从攻击者的角度探索对抗攻击原理及算法,然后从防御者的角度有针对性地研究其反取证算法,提升深度网络模型的鲁棒性以提升抵抗反取证的能力。可以设计攻击样本检测机制,在模型输入前进行鉴别。此外,可以通过检测模型是否受污染,拒绝受污染模型在现实取证场景中使用。

第四,深度学习为数字图像取证提供了新的研究范式,展现出强大的取证能力。然而,基于深度学习的方法在数字图像取证领域仍然未展现出像在图像识别和理解中的性能。这主要由于目前采用的网络结构大多是从图像识别等视觉任务网络结构借鉴而来的,这些结构大多和图像本身的内容相关,导致在许多数字图像取证应用中的性能退化。因此,尽管基于深度学习的取证方法前景广阔,如何使用深度模型来分离图像原本信号和普遍微弱的取证信号,提取有效的取证特征或指纹,仍是图像取证工作未来研究的热点之一。

◆ 注 释 ◆

[1] Chen Y L, Hsu C T. Detecting recompression of JPEG images via periodicity analysis of compression artifacts for tampering detection [J]. IEEE Transactions on Information Forensics and Security, 2011, 6(2):396-406.

[2] Wang J, Huang W, Luo X, et al. Non-aligned double JPEG compression detection based on refined Markov features in QDCT domain [J]. Journal of Real-Time Image Processing, 2020, 17(1):7-16.

[3] Galvan F, Puglisi G, Bruna A R, et al. First quantization matrix estimation from double compressed JPEG images [J]. IEEE Transactions on Information Forensics and Security, 2014, 9(8):1299-1310.

[4] Pasquini C, Boato G, Pérez-González F. Multiple JPEG compression detection by means of Benford-Fourier coefficients [C]//2014 IEEE International Workshop on Information Forensics and Security (WIFS). IEEE, 2014:113-118.

[5] Milani S, Tagliasacchi M, Tubaro S. Discriminating multiple JPEG compressions using first digit features [J]. APSIPA Transactions on Signal and Information Processing, 2014, 3.

[6] Chu X, Chen Y, Stamm M C, et al. Information theoretical limit of media forensics: The forensicability [J]. IEEE Transactions on Information Forensics and Security, 2015, 11(4):774-788.

[7] Popescu A C, Farid H. Exposing digital forgeries by detecting traces of resampling [J]. IEEE Transactions on Signal Processing, 2005, 53(2):758-767.

[8] Gallagher A C. Detection of linear and cubic interpolation in JPEG compressed images [C]//The 2nd Canadian Conference on Computer and Robot Vision (CRV'05). IEEE, 2005:65-72.

[9] Feng X, Cox I J, Doerr G. Normalized energy density-based forensic detection of resampled images [J]. IEEE Transactions on Multimedia, 2012, 14(3):536-545.

[10] 周琳娜,王东明,郭云彪,等.基于数字图像边缘特性的形态学滤波取证技术[J].电子学报,2008, 36(6):1047.

[11] Su B, Lu S, Tan C L. Blurred image region detection and classification [C]// Proceedings of the 19th ACM International Conference on Multimedia. 2011:1397-1400.

[12] Xu W, Mulligan J, Xu D, et al. Detecting and classifying blurred image regions [C]// 2013 IEEE International Conference on Multimedia and Expo (ICME). IEEE, 2013:1-6.

[13] Cao G, Zhao Y, Ni R, et al. Forensic detection of median filtering in digital images [C]//2010 IEEE International Conference on Multimedia and Expo. IEEE, 2010:89-94.

[14] Kang X, Stamm M C, Peng A, et al. Robust median filtering forensics using an autoregressive model [J]. IEEE Transactions on Information Forensics and Security, 2013, 8(9):1456-1468.

[15] Zhang J, Liao Y, Zhu X, et al. A deep learning approach in the discrete cosine transform domain to median filtering forensics [J]. IEEE Signal Processing Letters, 2020, 27:276-280.

[16] Stamm M, Liu K J R. Blind forensics of contrast enhancement in digital images [C]// 2008 15th IEEE International Conference on Image Processing. IEEE, 2008: 3112-3115.

[17] Stamm M C, Liu K J R. Forensic detection of image manipulation using statistical intrinsic fingerprints [J]. IEEE Transactions on Information Forensics and Security, 2010, 5(3):492-506.

[18] 王金伟,吴国静. 基于线性模型的图像对比度增强取证[J]. 网络空间安全,2020,10(8):8.

[19] Sun J Y, Kim S W, Lee S W, et al. A novel contrast enhancement forensics based on convolutional neural networks [J]. Signal Processing: Image Communication, 2018, 63:149-160.

[20] Lyu S, Pan X, Zhang X. Exposing region splicing forgeries with blind local noise estimation [J]. International Journal of Computer Vision, 2014, 110(2):202-221.

[21] Bahrami K, Kot A C, Li L, et al. Blurred image splicing localization by exposing blur type inconsistency [J]. IEEE Transactions on Information Forensics and Security, 2015, 10(5):999-1009.

[22] Kee E, O'Brien J F, Farid H. Exposing photo manipulation with inconsistent shadows [J]. ACM Transactions on Graphics (ToG),2013, 32(3):1-12.

[23] Huh M, Liu A, Owens A, et al. Fighting fake news: Image splice detection via learned self-consistency [C]//Proceedings of the European Conference on Computer Vision (ECCV). 2018:101-117.

[24] Cozzolino D, Poggi G, Verdoliva L. Efficient dense-field copy-move forgery detection [J]. IEEE Transactions on Information Forensics and Security, 2015, 10(11): 2284-2297.

[25] 邢文博,杜志淳. 数字图像复制粘贴篡改取证[J]. 计算机科学,2019,46(6A):380-384.

[26] Pun C M, Yuan X C, Bi X L. Image forgery detection using adaptive oversegmentation and feature point matching [J]. IEEE Transactions on Information Forensics and Security, 2015, 10(8):1705-1716.

[27] Chen B, Tan W, Coatrieux G, et al. A serial image copy-move forgery localization scheme with source/target distinguishment [J]. IEEE Transactions on Multimedia, 2020, 23:3506-3517.

[28] Liang Z, Yang G, Ding X, et al. An efficient forgery detection algorithm for object removal by exemplar-based image inpainting [J]. Journal of Visual Communication and Image Representation, 2015, 30:75-85.

[29] Li H, Luo W, Huang J. Localization of diffusion-based inpainting in digital images [J]. IEEE Transactions on Information Forensics and Security, 2017, 12(12):3050-3064.

[30] Lu M, Niu S. A detection approach using LSTM-CNN for object removal caused by exemplar-based image inpainting [J]. Electronics, 2020, 9(5):858.

[31] San Choi K, Lam E Y, Wong K K Y. Source camera identification using footprints from

lens aberration [C]//Digital Photography II. SPIE, 2006, 6069:172-179.

[32] San Choi K, Lam E Y, Wong K K Y. Feature selection in source camera identification [C]//2006 IEEE International Conference on Systems, Man and Cybernetics. IEEE, 2006, 4:3176-3180.

[33] Hwang M G, Park H J, Har D H. Source camera identification based on interpolation via lens distortion correction [J]. Australian Journal of Forensic Sciences, 2014, 46(1): 98-110.

[34] Van L T, Emmanuel S, Kankanhalli M S. Identifying source cell phone using chromatic aberration [C]//2007 IEEE International Conference on Multimedia and Expo. IEEE, 2007:883-886.

[35] Johnson M K, Farid H. Exposing digital forgeries through chromatic aberration [C]//Proceedings of the 8th Workshop on Multimedia and Security. 2006:48-55.

[36] Lukas J, Fridrich J, Goljan M. Digital camera identification from sensor pattern noise [J]. IEEE Transactions on Information Forensics and Security, 2006, 1(2):205-214.

[37] Chen M, Fridrich J, Goljan M, et al. Determining image origin and integrity using sensor noise [J]. IEEE Transactions on Information Forensics and Security, 2008, 3(1):74-90.

[38] Quan Y, Li C T. On addressing the impact of ISO speed upon PRNU and forgery detection [J]. IEEE Transactions on Information Forensics and Security, 2020, 16:190-202.

[39] Valsesia D, Coluccia G, Bianchi T, et al. User authentication via PRNU-based physical unclonable functions [J]. IEEE Transactions on Information Forensics and Security, 2017, 12(8):1941-1956.

[40] Zheng Y, Cao Y, Chang C H. A PUF-based data-device hash for tampered image detection and source camera identification [J]. IEEE Transactions on Information Forensics and Security, 2019, 15:620-634.

[41] Popescu A C, Farid H. Exposing digital forgeries by detecting traces of resampling [J]. IEEE Transactions on Signal Processing, 2005, 53(2):758-767.

[42] Bayram S, Sencar H, Memon N, et al. Source camera identification based on CFA interpolation [C]//IEEE International Conference on Image Processing 2005. IEEE, 2005, 3:III-69.

[43] Chang C C, Lin C J. LIBSVM: a library for support vector machines [J]. ACM Transactions on Intelligent Systems and Technology (TIST),2011, 2(3):1-27.

[44] San Choi K, Lam E Y, Wong K K Y. Source camera identification by JPEG compression statistics for image forensics [C]//TENCON 2006-2006 IEEE Region 10 Conference. IEEE, 2006:1-4.

[45] Xu G, Gao S, Shi Y Q, et al. Camera-model identification using Markovian transition probability matrix [C]//International Workshop on Digital Watermarking. Springer, Berlin, Heidelberg, 2009:294-307.

[46] Liu Q, Cooper P A, Chen L, et al. Detection of JPEG double compression and identification of smartphone image source and post-capture manipulation [J]. Applied Intelligence, 2013, 39(4):705-726.

[47] Kee E, Johnson M K, Farid H. Digital image authentication from JPEG headers [J].

IEEE Transactions on Information Forensics and Security, 2011, 6(3):1066-1075.
[48] Kee E, Farid H. Digital image authentication from thumbnails [C]//Media Forensics and Security II. SPIE, 2010, 7541:139-148.
[49] Thai T H, Cogranne R, Retraint F. Camera model identification based on the heteroscedastic noise model [J]. IEEE Transactions on Image Processing, 2013, 23(1):250-263.
[50] Qiao T, Retraint F, Cogranne R, et al. Source camera device identification based on raw images [C]//2015 IEEE International Conference on Image Processing (ICIP). IEEE, 2015:3812-3816.
[51] Thai T H, Retraint F, Cogranne R. Camera model identification based on the generalized noise model in natural images [J]. Digital Signal Processing, 2016, 48:285-297.
[52] Qiao T, Retraint F, Cogranne R, et al. Individual camera device identification from JPEG images [J]. Signal Processing: Image Communication, 2017, 52:74-86.
[53] Chen Y, Retraint F, Qiao T. Detecting spliced image based on simplified statistical model [C]//2022 14th International Conference on Computer Research and Development (ICCRD). IEEE, 2022:220-224.
[54] Baroffio L, Bondi L, Bestagini P, et al. Camera identification with deep convolutional networks [J]. arXiv preprint arXiv:1603.01068, 2016, 460.
[55] Tuama A, Comby F, Chaumont M. Camera model identification with the use of deep convolutional neural networks [C]//2016 IEEE International Workshop on Information Forensics and Security (WIFS). IEEE, 2016:1-6.
[56] Bondi L, Baroffio L, Güera D, et al. First steps toward camera model identification with convolutional neural networks [J]. IEEE Signal Processing Letters, 2016, 24(3):259-263.
[57] Cozzolino D, Verdoliva L. Noiseprint: a CNN-based camera model fingerprint [J]. IEEE Transactions on Information Forensics and Security, 2019, 15:144-159.
[58] Amerini I, Caldelli R, Crescenzi P, et al. Blind image clustering based on the normalized cuts criterion for camera identification [J]. Signal Processing: Image Communication, 2014, 29(8):831-843.
[59] Shi J, Malik J. Normalized cuts and image segmentation [J]. IEEE Transactions on Pattern Analysis and Machine Intelligence, 2000, 22(8):888-905.
[60] Marra F, Poggi G, Sansone C, et al. Blind PRNU-based image clustering for source identification [J]. IEEE Transactions on Information Forensics and Security, 2017, 12(9):2197-2211.
[61] Jiang X, Wei S, Liu T, et al. Blind image clustering for camera source identification via row-sparsity optimization [J]. IEEE Transactions on Multimedia, 2020, 23:2602-2613.
[62] 李旭嵘,纪守领,吴春明,等.深度伪造与检测技术综述[J].软件学报,2020,32(2):496-518.
[63] Yang X, Li Y, Lyu S. Exposing deep fakes using inconsistent head poses [C]//ICASSP 2019-2019 IEEE International Conference on Acoustics, Speech and Signal Processing (ICASSP). IEEE, 2019:8261-8265.

[64] Matern F, Riess C, Stamminger M. Exploiting visual artifacts to expose deepfakes and face manipulations [C]//2019 IEEE Winter Applications of Computer Vision Workshops (WACVW). IEEE, 2019:83-92.

[65] Yang X, Li Y, Qi H, et al. Exposing GAN-synthesized faces using landmark locations [C]//Proceedings of the ACM Workshop on Information Hiding and Multimedia Security. 2019:113-118.

[66] Marra F, Gragnaniello D, Cozzolino D, et al. Detection of gan-generated fake images over social networks [C]//2018 IEEE Conference on Multimedia Information Processing and Retrieval (MIPR). IEEE, 2018:384-389.

[67] Li H, Li B, Tan S, et al. Identification of deep network generated images using disparities in color components [J]. Signal Processing, 2020, 174:107616.

[68] Mo H, Chen B, Luo W. Fake faces identification via convolutional neural network [C]//Proceedings of the 6th ACM Workshop on Information Hiding and Multimedia Security. 2018:43-47.

[69] Nataraj L, Mohammed T M, Manjunath B S, et al. Detecting GAN generated fake images using co-occurrence matrices [J]. Electronic Imaging, 2019, 2019(5):532-1-532-7.

[70] Liu Z, Qi X, Torr P H S. Global texture enhancement for fake face detection in the wild [C]//Proceedings of the IEEE/CVF Conference on Computer Vision and Pattern Recognition. 2020:8060-8069.

[71] Marra F, Gragnaniello D, Verdoliva L, et al. Do gans leave artificial fingerprints? [C]//2019 IEEE Conference on Multimedia Information Processing and Retrieval (MIPR). IEEE, 2019:506-511.

[72] Yu N, Davis L S, Fritz M. Attributing fake images to gans: Learning and analyzing gan fingerprints [C]//Proceedings of the IEEE/CVF International Conference on Computer vision. 2019:7556-7566.

[73] Goebel M, Nataraj L, Nanjundaswamy T, et al. Detection, attribution and localization of gan generated images [J]. Electronic Imaging, 2021, 2021(4):276-1-276-11.

[74] Reinhard E, Adhikhmin M, Gooch B, et al. Color transfer between images [J]. IEEE Computer Graphics and Applications, 2001, 21(5):34-41.

[75] Guo Y, Cao X, Zhang W, et al. Fake colorized image detection [J]. IEEE Transactions on Information Forensics and Security, 2018, 13(8):1932-1944.

[76] Zhuo L, Tan S, Zeng J, et al. Fake colorized image detection with channel-wise convolution based deep-learning framework [C]//2018 Asia-Pacific Signal and Information Processing Association Annual Summit and Conference (APSIPA ASC). IEEE, 2018:733-736.

[77] Yan Y, Ren W, Cao X. Recolored image detection via a deep discriminative model [J]. IEEE Transactions on Information Forensics and Security, 2018, 14(1):5-17.

[78] He J, Chu W W, Liu Z V. Inferring privacy information from social networks [C]//International Conference on Intelligence and Security Informatics. Springer, Berlin, Heidelberg, 2006:154-165.

[79] Lindamood J, Heatherly R, Kantarcioglu M, et al. Inferring private information using social network data [C]//Proceedings of the 18th International Conference on World

Wide Web. 2009:1145-1146.

[80] Zheleva E, Getoor L. To join or not to join: the illusion of privacy in social networks with mixed public and private user profiles [C]//Proceedings of the 18th International Conference on World Wide Web. 2009:531-540.

[81] Qiao T, Zhao Q, Zheng N, et al. Geographical position spoofing detection based on camera sensor fingerprint [J]. Journal of Visual Communication and Image Representation, 2021, 81:103320.

[82] Liu J, Yu W, Li S. A framework to extract keywords from sina weibo data for tracking user trail [J]. Journal of Information & Computational Science, 2015, 12(1):51-58.

[83] Zhao B, Sui D Z. True lies in geospatial big data: Detecting location spoofing in social media [J]. Annals of GIS, 2017, 23(1):1-14.

[84] Wu H, Zhou J, Tian J, et al. Robust image forgery detection against transmission over online social networks [J]. IEEE Transactions on Information Forensics and Security, 2022, 17:443-456.

[85] Sameer V U, Dali I, Naskar R. A deep learning based digital forensic solution to blind source identification of Facebook images [C]//International Conference on Information Systems Security. Springer, Cham, 2018:291-303.

[86] Sun W, Zhou J. Image origin identification for online social networks (OSNs)[C]//2017 Asia-Pacific Signal and Information Processing Association Annual Summit and Conference (APSIPA ASC). IEEE, 2017:1512-1515.

[87] Comesaña P. Detection and information theoretic measures for quantifying the distinguishability between multimedia operator chains[C]//2012 IEEE International Workshop on Information Forensics and Security (WIFS). IEEE, 2012: 211-216.

[88] Chen J, Liao X, Wang W, et al. A features decoupling method for multiple manipulations identification in image operation chains[C]//2021 IEEE International Conference on Acoustics, Speech and Signal Processing (ICASSP). IEEE, 2021:2505-2509.

[89] Chu X, Chen Y, Liu K J R. Detectability of the order of operations: An information theoretic approach[J]. IEEE Transactions on Information Forensics and Security, 2015, 11(4):823-836.

[90] Bayar B, Stamm M C. Towards order of processing operations detection in jpeg-compressed images with convolutional neural networks[J]. Electronic Imaging, 2018, 30:1-9.

[91] Liao X, Li K, Zhu X, et al. Robust detection of image operator chain with two-stream convolutional neural network[J]. IEEE Journal of Selected Topics in Signal Processing, 2020, 14(5):955-968.

[92] Liao X, Huang Z, Peng L, et al. First step towards parameters estimation of image operator chain[J]. Information Sciences, 2021, 575: 231-247.

[93] Chen J, Liao X, Wang W, et al. Snis: A signal noise separation-based network for post-processed image forgery detection[J]. IEEE Transactions on Circuits and Systems for Video Technology, 2023, 33(2):935-951.

第 1 编 图像内容取证

- 第 2 章 图像常见编辑手段
- 第 3 章 JPEG 压缩取证
- 第 4 章 图像修饰/润饰操作取证
- 第 5 章 图像篡改操作取证

第 2 章

图像常见编辑手段

随着信息技术的飞速发展,数字图像已经成为互联网上信息传播的重要形式和主要载体。数字图像编辑技术和软件被广泛应用于各行各业,本章将介绍图像编辑和篡改中常用的操作,主要分为 JPEG 压缩、图像修饰/润饰操作以及图像内容篡改操作三个部分。

2.1 JPEG 压缩

JPEG 压缩是目前最常用的图像有损压缩方法,JPEG 图像在社交媒体中广泛应用。例如微信、微博、Facebook 等社交平台都会对上传的图像进行 JPEG 压缩以便于存储和传输。本小节将对 JPEG 压缩技术的基本原理进行介绍。

标准的 JPEG 压缩的具体实现步骤如下:(1)分块 DCT 变换,将图像划分为非重叠的图像块,并分别进行二维 DCT,得到 64 个 DCT 系数;(2)量化,根据实际情况,选择合适的量化列表 Q 对 DCT 系数进行量化,引入可接受的信息损失;(3)编码,对量化 DCT 系数以锯齿形顺序进行扫描,再进行游程编码,然后采用熵编码转换为可在信道上传输的二值码字。由于该步骤为无损编码,不会造成信息失真,因此在分析 JPEG 压缩对图像内容的影响时,往往不考虑编码步骤。JPEG 压缩过程往往会给图像留下两种 JPEG 压缩痕迹:一种是图像分块导致的块效应,另一种是量化导致的 DCT 系数量化痕迹[1]。如图 2-1 所示,在经过质量因子为 10 的压缩后,JPEG 图像中存在明显的块效应,其 DCT 系数分布直方图出现量化痕迹。

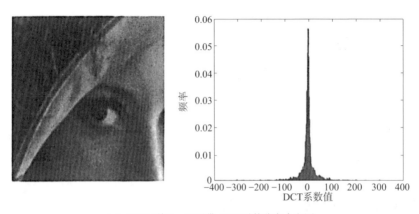

(a) 原图及其(1,1)子带 DCT 系数分布直方图

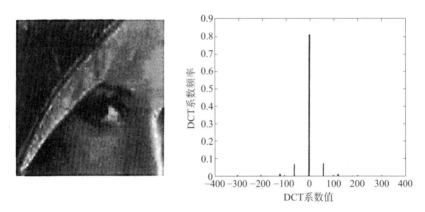

(b) 质量因子为 10 的 JPEG 压缩图像及其(1,1)子带 DCT 系数分布直方图

图 2-1　JPEG 压缩操作痕迹

(资料来源:谢皓,张健,倪江群.数字图像操作取证综述[J].信号处理,2021,37(12):2323-2337.)

2.2 图像修饰/润饰操作

数字图像处理,即用计算机对图像信息进行加工处理,一般使用几何操作、模糊操作、中值滤波操作、对比度增强操作等修饰或润饰图像,以满足人类的视觉心理和实际应用的需求,可以帮助人类更客观、准确地认识世界。本小节将介绍常见的图像修饰或润饰操作的基本原理。

2.2.1 缩放操作

图像缩放是现实生活中常用的一种几何操作。对图像进行缩放操作时,通常会涉及像素的插值过程，即重采样。重采样的核心是将原始图像的像素从源坐标映射到重采样图像的新坐标。首先以包含 m 个样本点的一维离散信号 $x(t)$ 为例，将信号重采样到 n 个样本点包括上采样、插值和下采样三个步骤，重采样参数为 p/q。其中，上采样是根据重采样参数在原始信号 $x(t)$ 每相邻两个样本点中插入 $p-1$ 个零值，形成新的信号 $x_u(t)$。插值是将一个低通滤波器 $h(t)$ 和新信号 $x_u(t)$ 进行卷积操作，卷积过程如下：

$$x_i(t) = x_u(t) * h(t) \qquad (2-1)$$

其中，符号 * 表示卷积操作，$x_i(t)$ 表示卷积后的信号。下采样是在卷积后的新信号每相邻两个样本中丢弃一些样本点。通过上述步骤，最终可得到 $x(t)$ 重采样后的信号 $y(t)$。重采样信号 $y(t)$ 的样本点之间会引入一种样本间的相关性，即重采样信号的每个样本值是其他样本值的线性组合[2]。

二维图像缩放基于一维信号重采样原理，可以看作在行和列两个方向的插值操作。选取不同的插值算法，图像像素的变化方式不同，常用的插值算法包括最近邻插值算法、双线性插值算法和双三次插值算法。

（1）最近邻插值算法：一种最简单直观的插值算法，先找出像素点 (x,y) 在源图像中对应的虚拟像素点，再选取虚拟像素点周围的四个相邻点中距离虚拟像素点最近的点作为缩放图像中 (x,y) 位置的像素值。该算法只考虑相邻最近的像素点对该点的影响，忽略了其他相邻像素点的影响。使用这种算法的缩放图像会产生锯齿效果。

（2）双线性插值法：先找出像素点 (x,y) 在源图像中对应的虚拟像素点，不同于最近邻插值算法，该算法选取虚拟像素点周围的四个相邻点，对四个相邻点进行加权插值作为缩放图像中 (x,y) 位置的像素值。该算法需要在两个方向上依次进行线性插值运算，权值由虚拟像素点与该点周围的相邻像素点的距离来确定，距离越近，插值系数越大，反之则插值系数越小。双线性插值算法是图像缩放处理中最常用的算法，具有抗锯齿的能力。

（3）双三次插值算法：不同于最近邻插值和双线性插值算法，该算法根据源图像距离虚拟像素点最近的十六个像素点计算缩放图像 (x,y) 处的像素值。双三次插值算法可以保留源图像更多的细节且具有抗锯齿性，但需要较大的计算量。

2.2.2 模糊操作

为了消除图像篡改在拼接边缘产生的视觉或统计上的畸变，通常会在图像篡改后使用模糊操作修饰图像,从而达到消除简单拼接留下的伪造痕迹的目的。

模糊操作的基本原理是对图像的部分邻域像素进行邻域梯度平均。模糊操作可以看作将输入图像中的像素(i,j)的邻域平均灰度值确定为输出图像像素(i,j)的值,即所有元素使用$1/n^2$的加权矩阵进行空间滤波。当使用$n\times n$的正方形模糊邻域时,模糊操作可表示为

$$g(i,j)=\frac{1}{n^2}\sum_{k=-[n/2]}^{[n/2]}\sum_{l=-[n/2]}^{[n/2]}f(i+k,j+l) \qquad (2-2)$$

其中,n表示模糊邻域的大小,为非负整数。n的值越大,图像模糊程度越强。从人工模糊的数学表达式可以看出,人工模糊是指在指定模糊区域内所有元素的统计平均值。模糊滤波只对在模糊半径内的元素进行处理,对在半径以外的元素不进行任何处理[3]。

在图像编辑和修饰过程中,高斯模糊是最常见的模糊处理操作之一。从数学的角度来看,图像的高斯模糊过程就是图像与正态分布做卷积操作,通过正态分布计算图像中每个像素的变换。N维空间正态分布方程为

$$G(r)=\frac{1}{(\sqrt{2\pi\sigma^2})^N}e^{-r^2/(2\sigma^2)} \qquad (2-3)$$

在二维空间定义为

$$G(u,v)=\frac{1}{2\pi\sigma^2}e^{-(u^2+v^2)/(2\sigma^2)} \qquad (2-4)$$

其中,r是高斯模糊半径,σ是正态分布的标准偏差。标准偏差σ的大小决定了高斯模糊的模糊程度。σ的值越大,图像的模糊程度越强。

2.2.3 中值滤波操作

中值滤波是一种具有良好保持边缘能力的非线性平滑操作,常用于去除图像中的噪声。本小节对中值滤波操作的基本原理进行介绍。

中值滤波是基于排序统计理论的一种能有效抑制噪声的非线性信号处理技术,其基本原理是把数字图像或数字序列中某点的值用该点的一个邻域中各个点的中值代替,从而消除孤立的噪声点。假设给定一组随机变量$X=(X_1,X_2,\cdots,X_N)$,排序统计量$X_{(1)}\leqslant X_{(2)}\leqslant\cdots\leqslant X_{(N)}$为随机变量,按照

X_i 值递增的顺序进行排序,其中值可以表示为[4]

$$\mathrm{median}(X) = \begin{cases} X_{(K+1)} = X_{(m)}, & \text{若 } N = 2K+1 \\ 1/2(X_{(K)} = X_{(K+1)}) & \text{若 } N = 2K \end{cases} \quad (2-5)$$

其中,$m = 2K+1$ 是中位数。图 2-2 展示了一维数字信号(即数字图像的一行或一列)进行中值滤波的示意图。

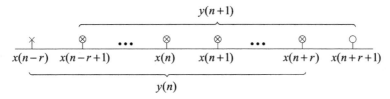

图 2-2　原始信号 $x(n)$ 经过中值滤波后得到信号为 $y(n)$

(资料来源:Cao G, Zhao Y, Ni R, et al. Forensic detection of median filtering in digital images[C]//2010 IEEE International Conference on Multimedia and Expo. IEEE, 2010:89-94.)

对于一个强度值为 $x_{i,j}$ 的灰度输入图像,二维中值滤波后输出可以定义为

$$y_{i,j} = \operatorname*{median}_{(r,s) \in W}(x_{i+r, j+s}) \quad (2-6)$$

其中,W 是滤波器窗口,通常为 $M \times M$ 大小的正方形,M 常取 3、5 和 7。窗口也可以是不同的形状,包括线形、圆形等。在实际应用中,随着选用的滤波器窗口长度的增加,滤波的计算量将会迅速增加。

2.2.4　对比度增强操作

对比度增强是一种被广泛使用的图像增强处理技术,是对图像中每个像素点的值进行非线性映射,改变图像中像素强度的整体分布,最终达到对比度的增强效果[1]。实际应用中,常用的对比度增强操作包括伽马矫正和直方图均衡等非线性全局对比度增强方法。

其中伽马矫正指的是对图像的灰度值进行变换,将图像中灰度过低或者过高的部分进行修正,增强对比度。变换公式可以表示为

$$s = cr^{\gamma}, \quad r \in [0, 1] \quad (2-7)$$

利用(2-7)对原图中的每一个像素做乘积运算。γ 以 1 作为分界线:γ 值

越小,伽马矫正对图像中灰度低的部分作用就越强;γ值越大,图像中灰度高的部分受到的作用就越强。而直方图均衡化是利用累积函数对灰度值进行调整,实现对比度的增强。其中,直方图表示数字图像中的每一种灰度级与其出现的频率(该灰度级的像素数目)之间的统计关系,用横坐标表示灰度级,纵坐标表示频数(也可用概率表示)。在直方图均衡化过程中,要保证像素之间的大小关系保持不变。给定一幅图像 I,其对应的直方图为离散函数,可以表示为

$$H(r_k)=n_k, k=0, 1, \cdots, L-1 \tag{2-8}$$

图 2-3 展示了原始图像和其对比度增强图像以及对应的分布直方图。

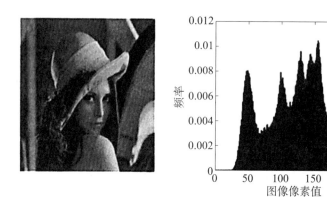

(a) 原图及其像素值分布直方图

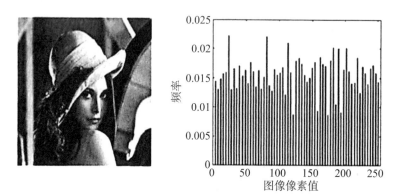

(b) 对比度增强图像及其像素值分布直方图

图 2-3　原始图像和对比度增强图像以及对应的分布直方图

(资料来源:谢皓,张健,倪江群.数字图像操作取证综述[J].信号处理,2021,37(12):2323-2337.)

2.3 图像篡改操作

图像编辑软件的普及,使得数字图像的恶意篡改愈发便捷,且难以通过肉眼察觉图像篡改痕迹。图像篡改常使用拼接、复制-粘贴、图像修复等操作,改变图像的语义信息。

2.3.1 拼接操作

图像拼接(splicing)是数字图像处理中比较常用的一种手段,它将一个或多个源图像的区域复制-粘贴到目标图像,形成一幅新的图像[5]。图 2-4 展示了图像经过拼接操作后的示意图。

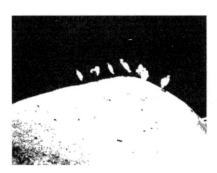

图 2-4 原始图像和图像拼接后的示意图

(资料来源:Zhou P, Han X, Morariu V I, et al. Learning rich features for image manipulation detection [C]//Proceedings of the IEEE Conference on Computer Vision and Pattern Recognition. 2018:1053-1061.)

从数学的角度分析,图像的拼接操作过程可以表示为

$$g(i,j) = f_1(i,j) * H_1(i,j) + f_2(i,j) * H_2(i,j) \quad (2-9)$$

其中,(i,j) 表示图像中像素点的坐标,$f_1(i,j)$ 和 $f_2(i,j)$ 分别表示源图像和目标图像拼接之前的像素,系统函数 $H_1(i,j)$ 和 $H_2(i,j)$ 分别表示两幅图像的截取操作,$g(i,j)$ 表示拼接操作后的合成图像。

2.3.2 复制-粘贴操作

图像复制-粘贴(copy-move)操作不同于图像拼接操作。它把选择图像中的一个或者多个区域复制并粘贴到同一图像中不重叠的其他区域,从而增加

或覆盖掉某些物体[6]。

从数学的角度分析,图像的复制粘贴操作过程可以表示为

$$g(i,j) = \begin{cases} f(i,j), & (i,j) \notin D \\ f(i+\Delta i, j+\Delta j), & (i,j) \in D \end{cases} \quad (2-10)$$

其中,(i,j) 表示图像中像素点的坐标,$f(i,j)$ 表示图像复制-粘贴之前的像素值,$g(i,j)$ 表示图像复制-粘贴之后的像素值,D 表示篡改区域。在图像复制-粘贴操作中最常用的几何操作包括平移、旋转、缩放等。

假设图像复制区域为 A,粘贴区域为 A',在使用平移操作时,复制区域 A 和粘贴区域 A' 中对应点的坐标满足如下条件:

$$\begin{bmatrix} i' \\ j' \end{bmatrix} = \begin{bmatrix} i \\ j \end{bmatrix} + \begin{bmatrix} \Delta i \\ \Delta j \end{bmatrix} \quad (2-11)$$

在使用旋转操作时,其中旋转角度为 θ,复制区域 A 和粘贴区域 A' 中对应点的坐标满足如下条件:

$$\begin{bmatrix} i' \\ j' \end{bmatrix} = \begin{bmatrix} \cos\theta & -\sin\theta \\ \sin\theta & \cos\theta \end{bmatrix} \begin{bmatrix} i \\ j \end{bmatrix} + \begin{bmatrix} \Delta i \\ \Delta j \end{bmatrix} \quad (2-12)$$

在使用缩放操作时,其中缩放因子为 s,复制区域 A 和粘贴区域 A' 中对应点的坐标满足如下条件:

$$\begin{bmatrix} i' \\ j' \end{bmatrix} = s \times \begin{bmatrix} i \\ j \end{bmatrix} + \begin{bmatrix} \Delta i \\ \Delta j \end{bmatrix} \quad (2-13)$$

复制-粘贴操作是一种较为常见且隐蔽的篡改操作,通常不易被肉眼发现。图 2-5 展示了原始图像和其对应的复制-粘贴示意图。

图 2-5 原始图像和其对应的复制-粘贴示意图

(资料来源:Zhou P, Han X, Morariu V I, et al. Learning rich features for image manipulation detection [C]//Proceedings of the IEEE Conference on Computer Vision and Pattern Recognition. 2018:1053-1061.)

2.3.3 图像修复操作

图像修复(inpainting)操作是数字图像处理中比较常用的一种手段,它的核心思想是根据图像受损区域周围的已知像素信息通过插值相邻像素对未知区域进行修复。传统的图像修复算法可以分成两类:基于块的方法和基于扩散的方法。前者主要是通过搜索图像已知区域的图像块,寻找合适的候选块对受损区域进行填补以达到修复的目的;后者通常是通过求解偏微分方程或者依据扩散系统将图像信息从边界传播扩散到未知区域进行修复。

Criminisi算法[7]是一种经典的基于块的图像修复算法。Criminisi算法的修复过程如图2-6所示,其中Ω表示待修复的图像,$\delta\Omega$表示修复区域的边界,Φ表示图像中的完整区域。首先选择修复区域,对图2-6(a)中$\delta\Omega$边界上的每一个点计算优先级,得到优先级最高的点p;其次选取待修复块,选取以p点为中心的图像块ψ_p作为当前的修复块进行修复;再次搜索最优匹配块,在图像已知完整区域Φ中搜索与图像块ψ_p最匹配的图像块ψ_q;最后图像块填充,将图像块ψ_p中待填充的部分用最佳匹配图像块ψ_q代替。更新边缘并重复上述过程直到待修复区域修复完毕。图2-7展示了从真实的照片中移除对象后使用图像修复算法的示例图[8]。

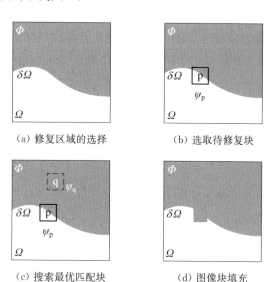

图 2-6 Criminisi 算法图像修复过程

(资料来源:Criminisi A, Pérez P, Toyama K. Region filling and object removal by exemplar-based image inpainting [J]. IEEE Transactions on Image Processing, 2004, 13(9):1200-1212.)

图 2-7　图像修复示例图

（资料来源：Li H，Huang J. Localization of deep inpainting using high-pass fully convolutional network [C]//Proceedings of the IEEE/CVF International Conference on Computer Vision. 2019：8301-8310.）

2.4　小结

本章将常见的图像编辑手段分为三类，包括 JPEG 压缩、图像修饰/润饰操作以及图像篡改操作，并介绍了这些编辑操作的基本原理，分析了编辑操作遗留在图像中的伪造痕迹，为图像内容取证提供了依据。

◆ 注 释 ◆

［1］谢皓,张健,倪江群.数字图像操作取证综述[J].信号处理,2021,37(12).

［2］Popescu A C, Farid H. Exposing digital forgeries by detecting traces of resampling [J]. IEEE Transactions on Signal Processing, 2005, 53(2):758-767.

［3］周琳娜,王东明,郭云彪,等.基于数字图像边缘特性的形态学滤波取证技术[J].电子学报,2008,36(6):1047.

［4］Kirchner M, Fridrich J. On detection of median filtering in digital images [C]//Media Forensics and Security II. SPIE, 2010, 7541:371-382.

［5］Zhou P, Han X, Morariu V I, et al. Learning rich features for image manipulation detection [C]//Proceedings of the IEEE Conference on Computer Vision and Pattern Recognition. 2018:1053-1061.

［6］Bayram S, Sencar H T, Memon N. An efficient and robust method for detecting copy-move forgery [C]//2009 IEEE International Conference on Acoustics, Speech and Signal Processing. IEEE, 2009:1053-1056.

［7］Criminisi A, Pérez P, Toyama K. Region filling and object removal by exemplar-based image inpainting [J]. IEEE Transactions on Image Processing, 2004, 13(9):1200-1212.

［8］Li H, Huang J. Localization of deep inpainting using high-pass fully convolutional network [C]//Proceedings of the IEEE/CVF International Conference on Computer Vision. 2019:8301-8310.

第 3 章

JPEG 压缩取证

JPEG 压缩是日常生活中最常用的图像有损压缩方式,它在保持图像视觉质量的基础上有效地去除了图像的部分冗余信息。随着 JPEG 压缩图像在社交网络上的迅速传播,涉及 JPEG 压缩场景的取证技术受到了研究者的广泛关注。根据图像的 JPEG 压缩次数,本章主要从 JPEG 双压缩检测和 JPEG 重压缩次数检测两个方面介绍 JPEG 压缩取证。

3.1 JPEG 双压缩检测

在现实生活中使用和传播的图像大多以 JPEG 格式保存。当篡改者对 JPEG 压缩图像进行编辑篡改后,为达到不易被检测的效果,往往将篡改图像再次保存为 JPEG 压缩格式,即图像会进行两次 JPEG 压缩。因此,对 JPEG 双压缩进行分析和研究具有重要的意义。本小节主要介绍三种不同的 JPEG 双压缩检测方法,包括基于 JPEG 块伪影和 DCT 系数周期性的双压缩检测算法、基于四元数离散余弦变换域的改进马尔可夫压缩检测算法和基于 DCT 直方图滤波和误差函数的双压缩检测算法。

3.1.1 基于 JPEG 块伪影和 DCT 系数周期性的双压缩检测算法

根据图像两次压缩的分块网格是否对齐,JPEG 双压缩可以分为块对齐的 JPEG 双压缩和块非对齐的 JPEG 双压缩。本小节介绍的算法基于 JPEG 块伪影和 DCT 系数周期性,可以实现这两种场景下的 JPEG 双压缩检测[1]。

首先,从数学的角度分析图像空间域和 DCT 域的周期性特征。在进行 JPEG 有损压缩时,图像因相邻块的强度扭曲产生一种块伪影。以 8×8 的图像块为例,其理想状况下块伪影的二进制表示为

$$b(i,j) = \begin{cases} 1, & \text{若 } i \neq 8 \text{ 且 } j \neq 8, \\ 0, & \text{其他,} \end{cases} \quad \text{其中 } 1 \leqslant i, j \leqslant 8 \quad (3-1)$$

其中 1 表示强度一致的区域,0 表示块边界。因此,一个 $M \times N$ 的 JPEG 图像的块伪影用二进制可以表示为

$$B(x,y) = \left(1 - \sum_{m=1}^{M/T} \delta(x - mT)\right) \cdot \left(1 - \sum_{n=1}^{N/T} \delta(y - nT)\right), \quad (3-2)$$
$$1 \leqslant x \leqslant M, 1 \leqslant y \leqslant N$$

其中 T 表示分块编码周期,在 JPEG 格式中取值为 8。将式(3-2)中理想状态下的块伪影转化为对应空间域中的二维周期模式。然后,进行傅立叶变换后分析其空间域的周期性为

$$\Gamma(u,v) = \delta(u)\delta(v) - \frac{1}{T}\left(e^{2\pi jv/N} \cdot \delta(u)\sum_{w=1}^{T}\delta\left(v - \frac{N}{T}w\right) + e^{2\pi ju/M} \cdot \delta(v)\sum_{h=1}^{T}\delta\left(u - \frac{M}{T}h\right)\right)$$
$$+ \frac{1}{T^2}e^{2\pi j(ux/M + vy/N)} \cdot \sum_{h=1}^{T}\delta\left(u - \frac{M}{T}h\right) \cdot \sum_{w=1}^{T}\delta\left(v - \frac{N}{T}w\right)$$
$$(3-3)$$

由式(3-3)可知,只有当 u 是 M/T 的倍数或 v 是 N/T 的倍数时,$\Gamma(u,v)$ 为非 0 值。因此,理想二维周期信号 $B(x,y)$ 的傅立叶域中存在 $T \times T$ 个峰值,峰值幅度为

$$|\Gamma| = \begin{cases} \left(1 - \frac{2}{T} + \frac{1}{T^2}\right), & (u,v) = (0,0) \\ \left(\frac{1}{T} + \frac{1}{T^2}\right), & (u,v) = \left(\frac{k_1 M}{T}, 0\right) \text{ 或 } \left(0, \frac{k_2 N}{T}\right) \\ \frac{1}{T^2}, & (u,v) = \left(\frac{k_1 M}{T}, \frac{k_2 N}{T}\right) \\ 0, & \text{其他} \end{cases} \quad (3-4)$$

其中 $1 \leqslant k_1, k_2 \leqslant T-1$。如果将这些 8×8 个峰值划分成 4 个区域,那么每个区域的峰值是一致的。峰值能量分布展示了理想状态下块伪影的周期性特征,这是 JPEG 单压缩图像的固有特征。

在自然图像上的块 DCT 系数分布中,其直流系数(DC)和交流系数(AC)分布分别表现为高斯分布和拉普拉斯分布。即使 DCT 系数被量化后,其分布也保持不变。因此,在 JPEG 单压缩图像中 DCT 系数量化后的分布可以表示为

$$h_s(x) = q_1 \times L(x \mid 0, \lambda) \times \sum_{n_1} \delta(x - n_1 q_1) \qquad (3-5)$$

其中 q_1 表示量化步长,$L(x \mid 0, \lambda)$ 表示 0 均值拉普拉斯分布,λ 为拉普拉斯算子。在式(3-5)中,将 $h_s(x)$ 归一化保证概率积分等于 1。接下来通过一维傅立叶变换分析式(3-5)中的周期性为

$$\begin{aligned}
H_s(\omega) &= \sum_{k_1=0}^{q_1} \frac{1}{1 + \left(\omega - \frac{2\pi}{q_1} k_1\right)^2 \lambda^2} \\
&= \begin{cases} 1 + \sum_{0 \leqslant k_1 \leqslant q_1 (k_1 \neq k)} \dfrac{1}{1 + \left(\omega - \dfrac{2\pi}{q_1} k_1\right)^2 \lambda^2}, & \text{若 } \omega = \dfrac{2\pi}{q_1} k \\ \sum_{k_1=0}^{q_1} \dfrac{1}{1 + \left(\omega - \dfrac{2\pi}{q_1} k_1\right)^2 \lambda^2}, & \text{其他} \end{cases} \\
&= \begin{cases} 1 + \varepsilon_1(\omega), & \text{若 } \omega = \dfrac{2\pi}{q_1} k \\ \varepsilon_2(\omega), & \text{其他} \end{cases}
\end{aligned} \qquad (3-6)$$

由于 $\varepsilon_1(\omega)$ 和 $\varepsilon_2(\omega)$ 接近于 0 且可忽略,频谱展示了一个周期信号,其峰值幅度为 $2\pi/q_1$ 的倍数,因此,可以利用峰值能量分布表示 DCT 系数在频域上的周期性。

接着,分别从块非对齐和块对齐两种 JPEG 双压缩场景继续分析 JPEG 双压缩操作对上述周期性特征的影响。

由于在块对齐的图像 JPEG 双压缩场景中无法检测到块伪影的任何异常,因此,对于 JPEG 块伪影周期性只讨论块非对齐的 JPEG 双压缩场景。在 JPEG 单压缩图像中,块伪影只出现在块边界上。但是当图像被篡改或使用未对齐的块边界裁剪时,原始的块伪影沿着向量 $(\mathrm{d}x, \mathrm{d}y)$ 进行裁剪。此时的块伪影表述为

$$B_C(x, y) = B(x - \mathrm{d}x, y - \mathrm{d}y) \qquad (3-7)$$

其中 $dx \equiv x_1 - x_2 \pmod 8$, $dy \equiv y_1 - y_2 \pmod 8$。$(x_1, y_1)$ 和 (x_2, y_2) 分别是原始 JPEG 图像和空间转移后的 JPEG 图像的坐标。JPEG 双压缩图像的初始块伪影表述为

$$B_R(x, y) = \left(1 - \sum_{m=1}^{M/T} \alpha_m \delta(x - mT)\right) \cdot \left(1 - \sum_{n=1}^{N/T} \alpha_n \delta(y - nT)\right) \quad (3-8)$$

其中 $1 \leqslant x \leqslant M$, $1 \leqslant y \leqslant N$, $0 \leqslant \alpha_m, \alpha_n \leqslant 1$, α_m 和 α_n 表示在块 (m, n) 处原始块伪影的减弱程度。为了得到易于处理的结果,假设减弱程度是与块无关的,得到

$$B_R(x, y) = \left(1 - \alpha \sum_{m=1}^{M/T} \delta(x - mT)\right) \cdot \left(1 - \alpha \sum_{n=1}^{N/T} \delta(y - nT)\right) \quad (3-9)$$

假设第一次和第二次压缩中的块伪影是条件独立的,在 JPEG 重压缩图像中对这两个块伪影以数学形式进行建模:

$$B_{CR}(x, y) = B_R(x - dx, y - dy) \cdot B(x, y) \quad (3-10)$$

接着再次通过傅立叶变换分析其周期特性,并推导出 B_{CR} 的能量谱为

$$|\Gamma_{CR}| = \begin{cases} \left|1 - \dfrac{Z_1 + Z_2}{T} + \dfrac{Z_1 Z_2}{T^2}\right|, & (u, v) = (0, 0) \\ \left|-\dfrac{Z_1}{T} + \dfrac{Z_1 Z_2}{T^2}\right|, & (u, v) = \left(0, \dfrac{k_2 N}{T}\right) \\ \left|-\dfrac{Z_1}{T} + \dfrac{Z_1 Z_2}{T^2}\right|, & (u, v) = \left(\dfrac{k_1 M}{T}, 0\right) \\ \left|\dfrac{Z_1 Z_2}{T^2}\right|, & (u, v) = \left(\dfrac{k_1 M}{T}, \dfrac{k_2 N}{T}\right) \\ 0, & 其他 \end{cases} \quad (3-11)$$

其中 $Z_1 = 1\alpha^2 + 2\alpha\cos(2\pi u dx/M)$, $Z_2 = 1\alpha^2 + 2\alpha\cos(2\pi v dy/N)$, B_{CR} 的能量谱仅取决于元素 u、v、dx、dy。

对于块对齐的 JPEG 双压缩场景,考虑观察 DCT 系数直方图的周期性。令 q_1 和 q_2 分别表示图像第一次量化步长和第二次量化步长,c_0 表示非量化的 DCT 系数,c_1 和 c_2 分别代表原始 JPEG 和重压缩图像的 DCT 系数:

$$c_1 = q_1 \times \text{round}\left[\dfrac{c_0}{q_1}\right], \quad c_2 = q_2 \times \text{round}\left[\dfrac{c_1}{q_2}\right] \quad (3-12)$$

根据量化约束集(quautification constraint system，QCS)定理，DCT系数在压缩前后的边界为

$$c_0 - \left\lfloor \frac{q_1}{2} \right\rfloor \leqslant c_1 \leqslant c_0 + \left\lfloor \frac{q_1}{2} \right\rfloor,\ c_0 - \left\lfloor \frac{q_2}{2} \right\rfloor \leqslant c_2 \leqslant c_0 + \left\lfloor \frac{q_2}{2} \right\rfloor \quad (3-13)$$

由式（3-13）可知，重压缩 DCT 系数 c_2 在以 c_1 为中心的 $[-\lfloor q_2/2 \rfloor, \lfloor q_2/2 \rfloor]$ 范围中收集，它的分布可以建模为

$$h_d(x) = \sum_{n_2} \delta(x - n_2 q_2) \sum_{k=-\lfloor q_2/2 \rfloor}^{\lfloor q_2/2 \rfloor} h_s(x+k) \quad (3-14)$$

然而，由于离散余弦逆变换(inverse discrete consine transform，IDCT)和DCT存在舍入误差，因此通过将式(3-6)与高斯分布 $N(x \mid 0, 0.5^2)$ 进行卷积，量化DCT系数的分布 $h_s(x)$ 由变为 $h'_s(x)$。将 $h'_s(x)$ 代入式(3-14)可得

$$h_d(x) = \sum_{n_2} \delta(x - n_2 q_2) \int_{k=[-q_2/2,\ q_2/2)\text{或}(-q_2/2,\ q_2/2]} h'_s(x+k) \mathrm{d}k \quad (3-15)$$

其中 k 的范围由系数 x 的符号决定。将上式模拟的结果和双压缩DCT系数的真实分布进行比较，可知模拟的结果可以逼近双压缩DCT系数的真实分布。

接下来，通过傅立叶变换分析 $h_d(x)$ 的周期性。为了简化计算，这里忽略了舍入误差，由式(3-14)得到频率响应：

$$H_d(\omega) = 2\pi \sum_{k_2=0}^{q_2} \sum_{k_1=0}^{q_1} \frac{1}{1+\left[\omega - 2\pi\left(\dfrac{k_1}{q_1} + \dfrac{k_2}{q_2}\right)\right]^2 \lambda^2} \times \frac{\sin\theta}{\theta} \quad (3-16)$$

其中 $\theta = \dfrac{q_2}{2}\left(\omega - \dfrac{2\pi}{q_2} k_2\right)$。由式(3-16)可知，当 ω 是 $2\pi/q_1$ 或者 $2\pi/q_2$ 的倍数时，$H_d(\omega)$ 有一个很大的数量级。然而，当 θ 接近 0 时，$\sin\theta/\theta$ 趋近于 1，$H_d(\omega)$ 在 $2\pi/q_2$ 的倍数上的值远大于在 $2\pi/q_2$ 的倍数上的值。也就是说，当图像经过双压缩后，峰值幅度将不会保持一致。

根据上述周期性特征，可以进一步实现对JPEG双压缩检测。在处理彩色图像时，由于Cb和Cr两个颜色分量在JPEG压缩中被粗采样和量化，它们的周期性往往比在Y分量中表现得弱。因此，只对图像的Y分量进行检测。

首先介绍利用块伪影检测块非对齐的JPEG双压缩的方法。由于前面对块伪影周期性的分析依赖于理想的块伪影二进制表示，因此现在描述如何从JPEG图像中估计块伪影，度量图像局部像素差 $f(x, y)$ 如下

$$f(x,y) = I(x,y) + I(x+1,y+1) - I(x+1,y) - I(x,y+1) \tag{3-17}$$

其中 $I(x,y)$ 表示图像像素 (x,y) 的强度。如果将图像像素分为块内像素和跨块像素，那么块内像素的局部像素差通常在一个小的邻域内高度相似。

接下来，就局部像素差 $f(x,y)$ 和块间相关性来建模。假设将一幅图像分解为若干非重叠块，在整幅图像上构建 64 个像素差的分布 $F_{i,j} (0 \leqslant i,j \leqslant 7)$。由于图像内容不同，这 64 个分布可能不同。但是存在一定的规律，块内像素的分布倾向于集中在 0 附近，而跨块像素的分布方差很大。通过非参数直方图来表征这些分布，并且定义对应分布的像素似然值为

$$p(f(x,y) \mid F_{k(x),k(y)}) = F_{k(x),k(y)}(f(x,y)) \tag{3-18}$$

其中 $k(x) \equiv x \bmod 8$。观察像素差 $f(x,y)$ 和像素似然值 $p(f(x,y) \mid F_{k(x),k(y)})$ 可以发现，位于图像边缘或纹理区域的像素通常有较大的像素差 $f(x,y)$，但像素似然值较小。因此，结合像素差和其似然值构建一个更好的不受图像内容影响的模型来估计块伪影。两个相邻像素点的 $f(x_1,y_1)$ 和 $f(x_2,y_2)$ 的距离可以表示为

$$\begin{aligned}\mathrm{dist}(f(x_1,y_1), f(x_2,y_2)) = &|f(x_1,y_1) - f(x_2,y_2)| \\ \times |\, &p(f(x_1,y_1) \mid F_{k(x_1),k(y_1)}) + p(f(x_2,y_2) \mid F_{k(x_2),k(y_2)}) \\ - &p(f(x_2,y_2) \mid F_{k(x_1),k(y_1)}) - p(f(x_1,y_1) \mid F_{k(x_2),k(y_2)})|\end{aligned} \tag{3-19}$$

其中 $F_{k(x_1),k(y_1)}$ 和 $F_{k(x_2),k(y_2)}$ 分别是 $f(x_1,y_1)$ 和 $f(x_2,y_2)$ 的块间分布。式(3-19)中的第一项表示两个局部像素差和绝对值差，第二项中 $p(f(x_1,y_1) \mid F_{k(x_1),k(y_1)})$ 和 $p(f(x_2,y_2) \mid F_{k(x_2),k(y_2)})$ 表示每个像素对应的块间分布的置信度，而 $p(f(x_1,y_1) \mid F_{k(x_2),k(y_2)})$ 和 $p(f(x_2,y_2) \mid F_{k(x_1),k(y_1)})$ 表示类间的似然值。如果 $f(x_1,y_1)$ 和 $f(x_2,y_2)$ 在块伪影高度相似，则其距离接近为 0。

接着，通过将像素与其八个相邻像素之间的距离加权平均来估计块伪影：

$$D(x,y) = \sum_{i=x-1}^{x+1} \sum_{j=y-1}^{y+1} \omega(i,j) \cdot \mathrm{dist}(f(i,j), f(x,y)) \tag{3-20}$$

其中 $\omega(i,j)$ 是与 $f(i,j)$ 的概率似然值成正比的归一化权值：

$$\omega(i,j) = \frac{p(f(i,j) \mid F_{f(i,j)})}{\sum_{u=x-1}^{x+1} \sum_{v=y-1}^{y+1} p(f(u,v) \mid F_{f(u,v)})} \tag{3-21}$$

为了与式(3-1)中定义的二进制表示一致，修改上式如下：

$$D'(x,y) = 1 - \min\left(1, \sum_{i=x-1}^{x+1} \sum_{j=y-1}^{y+1} \omega(i,j) \cdot \text{dist}(f(i,j), f(x,y))\right)$$
(3-22)

如果 $f(x,y)$ 和其邻域高度相似,则 $D'(x,y)$ 趋近于1。通过计算,我们可以发现跨块像素的局部像素差和其邻域不相似,$D'(x,y)$ 的值趋近于0。于是,将 $D'(x,y)$ 转换到傅立叶域。如前所述,JPEG 单压缩图像在水平、垂直和对角线区域内具有一致的峰值幅度,而双压缩图像不会具有一致的峰值幅度。

基于上述分析,通过提取特征来测量峰值能量分布,以区分 JPEG 单压缩和双压缩图像。从三个非重叠区域 R_v、R_h 和 R_d 计算其归一化峰值能量,并提取以下四个特征:

$$F_1 = \text{std}\left(\frac{R_v}{\sum_{i=1}^{7} R_v(i)}\right), \quad F_2 = \text{std}\left(\frac{R_h}{\sum_{i=1}^{7} R_h(j)}\right)$$
$$F_3 = \text{std}\left(\frac{R_d}{\sum_{i=1}^{7}\sum_{j=1}^{7} R_d(i,j)}\right), \quad F_4 = \frac{\text{mean}(R_d)}{\text{mean}(R_v, R_h)}$$
(3-23)

综上所述,通过这四个特征来描述块非对齐的 JPEG 双压缩引起的块伪影的变化,从而实现 JPEG 双压缩检测。

接着介绍利用 DCT 系数周期性检测块对齐的 JPEG 双压缩的方法。如前所述,JPEG 单压缩图像的 DCT 系数直方图是具有周期性的,频谱也是以恒定的峰值大小呈现周期性。而 JPEG 双压缩图像的 DCT 系数直方图具有多重周期性,频谱不再具有恒定的峰值幅度。因此,首先对 8×8 的 DCT 系数构造 64 个直方图 $h_{i,j}(0 \leqslant i,j \leqslant 7)$,然后从相应的频谱 $H_{i,j}$ 中推导出峰值。

对于每一个能量频谱值 $H_{i,j}(k)$,使用一个包含 $H_{i,j}(k-n)$ 到 $H_{i,j}(k+n)$ 的搜索窗口 w 检测 $H_{i,j}(k)$ 是否局部最大值。两个经验约束为

$$H_{i,j}(k) > \min(w) + \delta, \quad H_{i,j}(k) > \frac{\max(H_{i,j})}{\alpha}$$
(3-24)

根据经验,$n=1, \alpha=5, \delta=0$。利用上述约束条件,提取局部最大值作为 $H_{i,j}$ 的峰值,然后应用标准差表示其周期性变化:

$$F_{i,j} = \text{std}\left(\frac{P_{i,j}}{\max(P_{i,j})}\right) \tag{3-25}$$

其中 $P_{i,j}$ 表示从频谱 $H_{i,j}$ 中提取的所有峰值。此外，在这里只选取 DCT 系数中的前 5 个 AC 项(按照 Z 字形扫描顺序)提取峰值变化特征。

结合式(3-23)中的 4 个特征和式(3-25)中的 5 个特征，最终提取了 9 个周期特征用于 JPEG 双压缩检测。该检测方法结合空间和频域的周期性特征，利用 JPEG 块效应和 DCT 系数周期性实现了 JPEG 双压缩检测。表 3-1 展示了该方法的检测正确率，实验结果表明该方法在检测 JPEG 双压缩时具有较优的性能。

表 3-1 JPEG 双压缩的检测正确率

QF_1		QF_2				
		50	60	70	80	90
50	Proposed	64	**91**	**97**	**99**	100
	DQ effect	**70**	76	82	92	98
	Benford's Law	59	69	**97**	98	99
60	Proposed	**86**	**68**	**96**	99	100
	DQ effect	75	66	70	92	97
	Benford's Law	83	56	90	**100**	99
70	Proposed	75	**87**	**71**	**99**	100
	DQ effect	**77**	70	63	80	95
	Benford's Law	70	60	66	96	100
80	Proposed	**84**	**84**	**79**	66	100
	DQ effect	60	69	68	**74**	89
	Benford's Law	67	59	61	62	100
90	Proposed	71	**75**	**67**	**88**	77
	DQ effect	**73**	63	64	72	**78**
	Benford's Law	64	59	63	50	68

注：表头中 QF 指压缩质量因子。
资料来源：Chen Y L, Hsu C T. Detecting recompression of JPEG images via periodicity analysis of compression artifacts for tampering detection [J]. IEEE Transactions on Information Forensics and Security, 2011, 6(2): 396-406.

3.1.2 基于四元数离散余弦变换域的改进马尔可夫压缩检测算法

针对图像非对齐的 JPEG 双压缩场景中,以往的检测算法大多数直接使用灰度图像或者将彩色图像转换为灰度图像进行处理。为直接处理彩色图像,本小节详细介绍基于四元数离散余弦变换(quaternion discrete cosine transform,QDCT)域的改进马尔可夫压缩检测算法[2]。

四元数 q 包括一个实部分量和多个虚部分量,通常被认为是复数的泛化。具体形式可以表示为

$$q = a + b\boldsymbol{i} + c\boldsymbol{j} + d\boldsymbol{k} \tag{3-26}$$

式中 a、b、c、d 是实数,$\boldsymbol{i}$、$\boldsymbol{j}$、$\boldsymbol{k}$ 是复数,满足下列条件:

$$\begin{cases} \boldsymbol{ij}=\boldsymbol{k},\ \boldsymbol{jk}=\boldsymbol{i},\ \boldsymbol{ki}=\boldsymbol{j},\ \boldsymbol{ji}=-\boldsymbol{k},\ \boldsymbol{kj}=-\boldsymbol{i},\ \boldsymbol{ik}=-\boldsymbol{j} \\ \boldsymbol{i}^2 = \boldsymbol{j}^2 = \boldsymbol{k}^2 \end{cases} \tag{3-27}$$

但 $\boldsymbol{i}$、$\boldsymbol{j}$、$\boldsymbol{k}$ 不满足乘法交换律。四元数 q 的共轭为 $\bar{q} = a - b\boldsymbol{i} - c\boldsymbol{j} - d\boldsymbol{k}$,模计算为

$$|q| = \sqrt{a^2 + b^2 + c^2 + d^2} \tag{3-28}$$

实部为零的四元数称为纯四元数,具有单位模的四元数称为单位四元数。四元数模可用于表示彩色图像,其中三个虚部的系数分别表示图像 RGB 三个通道。四元数的极坐标由振幅 $|q|$ 和三个角 ϕ、θ、ψ 组成,即

$$q = |q| e^{\boldsymbol{i}\phi} e^{\boldsymbol{j}\theta} e^{\boldsymbol{k}\psi} \tag{3-29}$$

其中 $\phi \in [-\pi, \pi]$,$\theta \in [-\pi/2, \pi/2]$,$\psi \in [-\pi/4, \pi/4]$,关于三个角 ϕ、θ、ψ 由下式给出:

$$\begin{aligned} \phi &= a\tan[2(cd+ab),\ a^2 - b^2 + c^2 - d^2]/2 + k\pi,\ k \in \mathbf{Z} \\ \theta &= a\tan[2(bd+ac),\ a^2 + b^2 - c^2 - d^2]/2 \\ \psi &= \arcsin[2(ad - bc)] \end{aligned} \tag{3-30}$$

QDCT 在实数和复数领域广泛应用,分为 L - QDCT 和 R - QDCT。其中 L - QDCT 表示为

$$J_q^L(p, s) = \alpha(p)\alpha(s) \sum_{m=0}^{M-1} \sum_{n=0}^{N-1} \boldsymbol{u}_q \cdot h_q(m, n) \cdot T(p, s, m, n) \tag{3-31}$$

R-QDCT 表示为

$$J_q^R(p, s) = \alpha(p)\alpha(s) \sum_{m=0}^{M-1} \sum_{n=0}^{N-1} h_q(m, n) \cdot T(p, s, m, n) \cdot \mathbf{u}_q \quad (3-32)$$

其中 $h_q(m, n)$ 是一个 $M \times N$ 的四元数矩阵，m 和 n 分别是矩阵的行和列，$m \in [0, M-1]$，$n \in [0, N-1]$。$\mathbf{u}_q$ 表示变换轴的方向，且 $\mathbf{u}_q^2 = -1$。p 和 s 分别是矩阵的行和列。此外，

$$\alpha(p) = \begin{cases} \sqrt{1/M}, & p = 0 \\ \sqrt{2/M}, & p \neq 0 \end{cases}, \quad \alpha(s) = \begin{cases} \sqrt{1/N}, & s = 0 \\ \sqrt{2/N}, & s \neq 0 \end{cases} \quad (3-33)$$

$$T(p, s, m, n) = \cos\left[\frac{\pi(2m+1)p}{2M}\right] \cos\left[\frac{\pi(2n+1)s}{2N}\right] \quad (3-34)$$

$J(p, s)$ 变换后的谱系数仍然是一个 $M \times N$ 的四元数矩阵：

$$J(p, s) = J_0(p, s) + J_1(p, s)\mathbf{i} + J_2(p, s)\mathbf{j} + J_3(p, s)\mathbf{k} \quad (3-35)$$

基于 QDCT 域的改进马尔可夫压缩检测算法选择 L-QDCT 进行块 QDCT，具体步骤如下所述。

步骤1 根据 JPEG 图像的颜色信息构造图像块 QDCT 系数矩阵。首先将彩色 JPEG 压缩图像分成 8×8 的非重复图像块，每个图像块的 RGB 颜色分量构成一个四元数矩阵，对每个四元数矩阵进行 QDCT 变换，得到振幅和三个角度 ϕ、θ、ψ。

步骤2 在相应的细化过程中，由转移概率矩阵生成细化的马尔可夫特征。首先将振幅和三个角度四舍五入为整数取绝对值形成四组数组。然后，由这四个数组构成水平、垂直、主对角线和次对角线方向的二维差分数组 F_h、F_v、F_d 和 F_m 为

$$\begin{aligned} F_h(u, v) &= F(u, v) - F(u+1, v) \\ F_v(u, v) &= F(u, v) - F(u, v+1) \\ F_d(u, v) &= F(u, v) - F(u+1, v+1) \\ F_m(u, v) &= F(u+1, v) - F(u, v+1) \end{aligned} \quad (3-36)$$

其中 u 和 v 代表 QDCT 系数二维数组的坐标，$u \in [0, D_u-1]$，$v \in [0, D_v-2]$，D_u 和 D_v 分别代表二维数组在水平方向和垂直方向的维数。$F(u, v)$ 代表一个由各坐标构成的 QDCT 系数二维数组。为进一步降低计算

复杂度,选取一个阈值 $T=4$。如果在二维差分数组 F_h(或者 F_v、F_d 和 F_m)中的元素值 $>T$ 或者 $<-T$,则将其值替换为 T 或 $-T$。对于振幅,采用下式进行阈值处理:

$$F_{new}=\begin{cases} T, & 若 F_{new}>T \\ F_{old}, & 若 -T\leqslant F_{new}\leqslant T \\ -T, & 若 F_{new}<-T \end{cases} \quad (3-37)$$

对于三个角,采用下式进行阈值处理:

$$F_{new}=T\times\frac{K\times F_{old}}{\pi}, K=1/2, 1, 2 \quad (3-38)$$

应用马尔可夫过程推导出二维差分数组对应的水平、垂直、主对角线和次对角线方向的转移概率矩阵:

$$P_{hh}=\frac{\sum_{v=0}^{D_v-2}\sum_{u=0}^{D_u-2}\delta(F_h(u, v)=a, F_h(u+1, v)=b)}{\sum_{v=0}^{D_v-2}\sum_{u=0}^{D_u-2}\delta(F_h(u, v)=a)}$$

$$P_{hv}=\frac{\sum_{v=0}^{D_v-2}\sum_{u=0}^{D_u-2}\delta(F_h(u, v)=a, F_h(u, v+1)=b)}{\sum_{v=0}^{D_v-2}\sum_{u=0}^{D_u-2}\delta(F_h(u, v)=a)}$$

$$P_{vh}=\frac{\sum_{v=0}^{D_v-2}\sum_{u=0}^{D_u-2}\delta(F_v(u, v)=a, F_v(u+1, v)=b)}{\sum_{v=0}^{D_v-2}\sum_{u=0}^{D_u-2}\delta(F_v(u, v)=a)} \quad (3-39)$$

$$P_{vv}=\frac{\sum_{v=0}^{D_v-2}\sum_{u=0}^{D_u-2}\delta(F_v(u, v)=a, F_v(u, v+1)=b)}{\sum_{v=0}^{D_v-2}\sum_{u=0}^{D_u-2}\delta(F_v(u, v)=a)}$$

$$P_d=\frac{\sum_{v=0}^{D_v-2}\sum_{u=0}^{D_u-2}\delta(F_d(u, v)=a, F_d(u+1, v+1)=b)}{\sum_{v=0}^{D_v-2}\sum_{u=0}^{D_u-2}\delta(F_d(u, v)=a)}$$

$$P_{\mathrm{m}} = \frac{\sum_{v=0}^{D_v-2} \sum_{u=0}^{D_u-2} \delta(F_{\mathrm{m}}(u, v) = a, F_{\mathrm{m}}(u+1, v+1) = b)}{\sum_{v=0}^{D_v-2} \sum_{u=0}^{D_u-2} \delta(F_{\mathrm{m}}(u, v) = a)}$$

$$\delta(A = a, B = b) = \begin{cases} 1, & \text{若 } A = a \text{ 且 } B = b \\ 0, & \text{其他} \end{cases} \tag{3-40}$$

其中 $a, b \in (-T, -T+1, \cdots, 0, \cdots, T)$。因此,根据振幅和三个角度可以获得 24 个转移概率矩阵作为特征。

进一步细化振幅值和三个角度 ϕ、θ、ψ。DC 系数和 AC 系数的振幅差别很大,经过差分和阈值处理后得到的结果只有最大值或最小值,这样形成的转移概率矩阵在反映系数变化方面的灵敏度就会较低。因此,在形成转移概率矩阵之前,首先在差分矩阵中去除由相邻 DC 系数和 AC 系数的差值得到的点。鉴于 JPEG 双压缩产生的图像噪声是对原 JPEG 图像的附加噪声,且附加噪声是独立于原 JPEG 图像的,因此,JPEG 双压缩图像的分布是原 JPEG 图像与加性噪声分布的卷积结果。如果加性噪声的分布是类高斯分布,那么双 JPEG 压缩操作将导致图像的差分数组对应的马尔可夫转移概率矩阵沿着对角线向矩阵的其余部分扩散。考虑到非对齐的 JPEG 双压缩过程中存在的额外噪声(如非对齐裁剪操作引起的噪声),可以利用统计特征差异将单 JPEG 压缩图像从非对齐的 JPEG 双压缩图像中分离出来。通过分析,三个角度的加性噪声是类高斯噪声,说明上述特性是满足的。在此基础上,进一步分析了马尔可夫转移概率矩阵,采用椭圆框的特征选择方法,所提出的特征选择方法如图 3-1 所示。

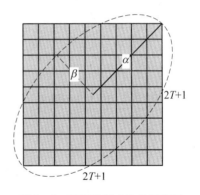

图 3-1 特征选择方法的示意图
(资料来源:Wang J, Huang W, Luo X, et al. Non-aligned double JPEG compression detection based on refined Markov features in QDCT domain [J]. Journal of Real-Time Image Processing,2020,17(1):7-16.)

假设转移概率矩阵的大小为 $(2T+1) \times (2T+1)$,设置椭圆框的中心为 $(0, 0)$,长轴固定为次对角线的长度,而短轴沿着主对角线移动。如果 α,β 分别代表半长轴和半短轴,则 α 保持不变,β 表示为

$$0 \leqslant \beta \leqslant \frac{2N-1}{T+1}$$

$$(N=1, 2, \cdots, T/2+1) \tag{3-41}$$

α 和 β 之间的比值可以表示为

$$0 \leqslant R = \frac{\beta}{\alpha} \leqslant 1 \tag{3-42}$$

根据 R 的取值得到改进后的马尔可夫特征，选择合适的 R 可以进一步提高 JPEG 双压缩检测精度。

步骤 3 使用 SVM 方法进行非对齐的 JPEG 双压缩检测。该方法基于 QDCT 域的改进马尔可夫压缩检测算法，将彩色图像 QDCT 域三种颜色通道 RGB 结合起来，充分利用彩色图像信息和通道之间的相关性，有效实现了 JPEG 双压缩检测。

为了评价马尔可夫幅度特征和马尔可夫角度特征的有效性，我们研究了六种特征，如表 3-2 所示。马尔可夫幅度特征和角度特征具有较好的检测性能。若将幅值与单角度相结合，其比单独用幅值时准确率更高，说明幅值与角度具有相互补偿的特性。且使用改进的马尔可夫特征对最终性能有积极的贡献。

表 3-2 JPEG 双压缩的检测正确率

特征	QF_1	QF_2				
		50	60	70	80	90
Amplitude	50	86.48	88.31	90.93	92.35	95.85
Amplitude+ϕ		91.08	93.49	94.92	95.28	97.00
Amplitude+θ		92.23	92.79	94.54	95.68	96.90
Amplitude+ψ		89.63	91.14	92.83	94.62	95.62
$\phi+\theta+\psi$		92.15	92.62	93.07	95.00	95.92
Amplitude+$\phi+\theta+\psi$		**93.87**	**95.17**	**96.48**	**96.94**	**98.25**
Amplitude	60	87.48	88.10	91.11	92.95	95.20
Amplitude+ϕ		91.93	93.24	94.71	94.98	96.79
Amplitude+θ		91.72	92.23	94.20	95.40	96.64
Amplitude+ψ		89.97	92.01	92.52	94.44	95.29

续表

特征	QF$_1$	QF$_2$				
		50	60	70	80	90
$\phi+\theta+\psi$		91.79	93.28	94.28	95.21	95.54
Amplitude+$\phi+\theta+\psi$		**94.11**	**95.64**	**96.01**	**97.06**	**97.65**
Amplitude	70	87.30	87.83	90.67	92.47	95.77
Amplitude+ϕ		91.32	93.06	94.44	94.87	96.13
Amplitude+θ		91.51	92.61	94.30	95.89	96.81
Amplitude+ψ		89.75	90.27	92.56	94.60	95.19
$\phi+\theta+\psi$		91.63	93.14	94.33	95.27	95.69
Amplitude+$\phi+\theta+\psi$		**93.66**	**95.38**	**96.28**	**97.00**	**97.98**
Amplitude	80	86.91	87.22	90.75	92.82	95.14
Amplitude+ϕ		91.48	93.04	93.67	95.10	96.54
Amplitude+θ		91.68	92.58	94.45	95.58	96.73
Amplitude+ψ		90.09	90.85	92.14	93.96	95.28
$\phi+\theta+\psi$		91.87	92.98	93.65	95.23	95.83
Amplitude+$\phi+\theta+\psi$		**93.69**	**95.41**	**96.07**	**96.66**	**98.10**
Amplitude	90	87.15	87.44	89.46	93.03	95.19
Amplitude+ϕ		90.63	91.86	94.17	95.01	96.60
Amplitude+θ		91.77	92.59	94.38	96.15	96.33
Amplitude+ψ		89.37	90.99	93.10	93.58	94.95
$\phi+\theta+\psi$		91.52	93.01	94.30	95.32	95.26
Amplitude+$\phi+\theta+\psi$		**93.88**	**94.72**	**96.31**	**97.17**	**97.95**

资料来源：Wang J, Huang W, Luo X, et al. Non-aligned double JPEG compression detection based on refined Markov features in QDCT domain [J]. Journal of Real-Time Image Processing, 2020, 17(1): 7 - 16.

3.1.3 基于DCT直方图滤波和误差函数的双压缩检测算法

图像在经过两次JPEG压缩后，首次压缩时的量化步长信息会丢失。为了更进一步获取重压缩痕迹，对首次压缩时的量化步长估计在JPEG双压缩检测研究中是非常关键的问题。针对第一次压缩量化步长大于第二次压缩量化步长的场景，本小节将介绍一种基于 DCT 直方图滤波和误差函数的检测算法[3]。

从图像 I 出发，利用连续量化的效果估计第一次量化的量化步长 q_1。首先对 DCT 系数绝对值的直方图进行滤波，然后使用一个合适的函数来检测第一个量化步长，并选择一组候选函数。接着考虑与原图像裁剪后的图像相关的 DCT 系数，用之前计算的候选函数模拟图像第二次量化。最后，将原始图像与模拟图像的直方图进行比较，估计第一个量化步长 q_1。

图像在进行 JPEG 压缩时会引入一种量化误差，这是 JPEG 压缩图像信息丢失的主要原因。在 JPEG 双压缩场景下，往往会对 JPEG 图像进行某种篡改操作后再进行第二次 JPEG 压缩保存。JPEG 图像会经过一个解压缩的过程，在这个过程中，首先将图像中压缩的通道反向回溯，并进行熵解码（精确恢复量化系数），再将恢复后的系数乘以相同的 8×8 量化矩阵，得到非量化系数，然后进行逆 DCT 变换将频域系数回归到空间域，得到可见光图像。其中，得到的实数会经过四舍五入并截断为 0 或者 255。因此，图像在这个过程中会引入两种误差，分别为舍入误差和截断误差。此外，图像 RGB 通道和 YCbCr 颜色空间转换时也会产生误差。以 8 位灰度图像为例，考虑单个 DCT 系数 c 和相关量化步长 q_1（第一次压缩）、q_2（第二次压缩），JPEG 双压缩可表示为

$$c_{\mathrm{DQ}} = \left[\left(\left[\frac{c}{q_1} \right] q_1 + e \right) \frac{1}{q_2} \right] \tag{3-43}$$

其中 $[\cdot]$ 表示舍入函数，e 表示由颜色空间转换、舍入和截断到 8 位整数等操作引入的误差。需要注意的是，上述误差可能是由不同领域（如空间域）的某些操作造成的，符号 e 代表了这些误差对 DCT 系数的影响。而目前许多检测算法通常不考虑误差因子 e，这种方式虽然一定程度上简化了问题，但考虑到实际情况时，忽略这个误差源 e 会大大降低这些方法的性能。进一步分析误差源 e 的性质，如前所述，误差 e 是由颜色空间转换、舍入和截断到 8 位整数等多个操作共同引入的，很难单独分析每个误差源，但其总体影响可以通过高斯分布建模。图 3-2 展示了一个 DCT 系数直方图的实际例子。

图 3-2(a)展示了原始未压缩图像的 DCT 直方图，图 3-2(b)展示了单压缩图像的 DCT 直方图，图 3-2(c)展示了图像在第二次量化之前的 DCT 系数分布。一旦图像再次被压缩，根据第一次和第二次量化步长值，可能会出现不

同的情况。一种典型的情况如图 3-3(a)和 3-3(c)所示,误差 e 对最终直方图的影响较小,只存在一个小扰动。另一种情况如图 3-3(b)和 3-3(d)所示,即 mq_1 位于 nq_2 和 $(n+1)q_2$ 的中间,误差 e 对最终直方图的影响很大,图像原始信息平均地分成两个相邻的 bin,但其中一个 bin 是完全错误的。特别地,当 q_1 和 q_2 满足下式时,误差 e 会对直方图产生上述影响:

$$mq_1 = \frac{nq_2 + (n+1)q_2}{2}, \quad n, m \in M^+ \qquad (3-44)$$

为处理这种情况,采用一种基于两个步骤的滤波策略,如图 3-4 所示,先对直方图过滤"分裂噪声",再去除"残差噪声"。

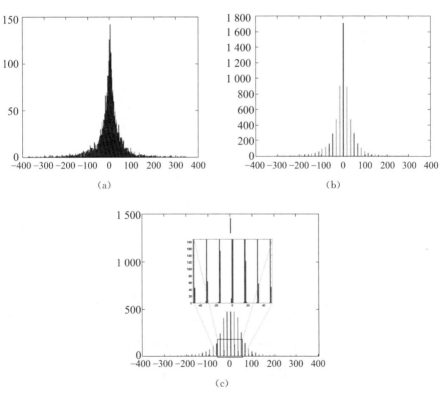

图 3-2 双压缩过程不同时期对应的 DCT 系数直方图

(资料来源:Galvan F, Puglisi G, Bruna A R, et al. First quantization matrix estimation from double compressed JPEG images [J]. IEEE Transactions on Information Forensics and Security, 2014, 9(8): 1299-1310.)

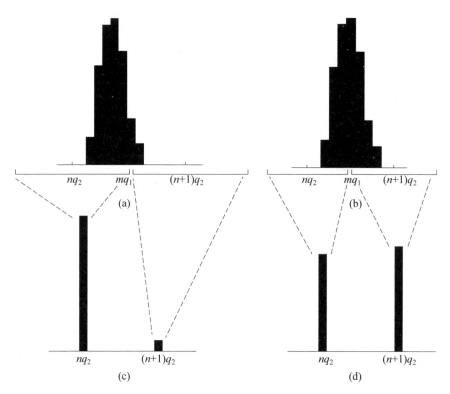

图3-3　不同量化步长对应的情况

（资料来源：Galvan F，Puglisi G，Bruna A R，et al. First quantization matrix estimation from double compressed JPEG images [J]. IEEE Transactions on Information Forensics and Security，2014，9(8)：1299-1310.）

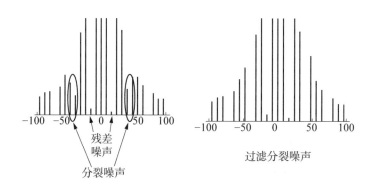

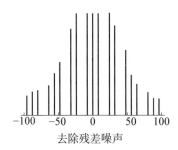

去除残差噪声

图 3-4　直方图滤波示例图

（资料来源：Galvan F, Puglisi G, Bruna A R, et al. First quantization matrix estimation from double compressed JPEG images [J]. IEEE Transactions on Information Forensics and Security, 2014,9(8):1299-1310.）

在滤波过程中,首先根据式(3-44)在第二次量化直方图检测出错误的 bin,将其移动到正确的位置,然后对一组首次量化步长 $q_{1i} \in \{q_{1\min}, q_{1\min}+1, \cdots, q_{1\max}\}$ 执行滤波操作。考虑 DCT 系数绝对值的直方图中最大元素所在 bin 的索引 $i_{\max}$ 和值 $v_{\max}$,将所有索引小于 $i_{\max}$ 的 bin 的值与 $v_{\max}$ 进行比较,其中低于相对阈值 Th_{filt} 的 bin 的值被丢弃,对直方图反复执行上述过程。由于 AC 系数分布具有单调性,因此这种滤波方法只适用于 AC 系数。在处理 DC 系数时,使用不同的滤波策略,将直方图中所有低于自适应阈值(例如平均值)的值丢弃。使用滤波策略最终得到一系列过滤后的直方图 $H_{\text{filt}_{q1i}}$。

在直方图过滤(或者减少)误差 e 后,设计误差函数如下,进一步提高对首次压缩时使用的量化步长的估计性能：

$$f_{\text{out}}(c, q_1, q_2, q_3) = \left| \left[\left[\left[\left[\frac{c}{q_1}\right]\frac{q_1}{q_2}\right]\frac{q_2}{q_3}\right]\frac{q_3}{q_2}\right]q_2 - \left[\left[\frac{c}{q_1}\right]\frac{q_1}{q_2}\right]q_2 \right|$$

(3-45)

经过观察分析发现,无论 c 取何值,当 $q_1=q_3$ 时,上式的误差函数值为 0,这使得该算法在估计首次量化步长时的性能更优。对过滤后的所有直方图 $H_{\text{filt}_{q1i}}$ 应用估计函数后生成一组输出 $f_{\text{out}_{q1i}}$。

接着,根据误差函数的性质选择一个有限的首次量化步长候选集。从一组首次量化步长 $q_{1i} \in \{q_{1\min}, q_{1\min}+1, \cdots, q_{1\max}\}$ 集合中依次选择首次量化步长执行滤波操作并计算 $f_{\text{out}_{q1i}}$ 值($q_{1i}=q_3$)。其中,$q_{1\min}=q_2+1, q_{1\max}=30$。若 $f_{\text{out}_{q1i}}$ 值接近 0(小于阈值 T),则说明选择的量化步长是正确的首次量化步长,将其添加到候选集合 C_s 中,否则将其丢弃,最终形成一组有限的首次量化步长候选集。

然后,直接利用与直方图相关的信息估计第一次压缩时使用的量化步长 q_1。为了正确选择首次量化步长,充分利用原始 JPEG 双压缩图像 I_{DQ} 的信息。首先提取其 DCT 系数 c_{DQ},然后通过适当裁剪 JPEG 双压缩图像粗略估计原始的 DCT 系数。这些估计的 DCT 系数作为双压缩过程的输入,其中第一次量化使用量化步长 $q_{1i} \in C_s$ 实现,第二次使用已知的第二次量化步长 q_2(由报头数据可知)实现。特别地,将使用首次量化步长 $q_{1i} \in C_s$ 模拟的双压缩图像对应的直方图 H_{q1s} 和真实双压缩图像 I_{DQ} 对应的直方图 H_{real} 进行比较,根据以下准则从候选集中选出最接近真实量化步长的一项首次量化步长:

$$q_1 = \min_{q_{1s} \in C_s} \sum_{i=1}^{N} \min(\max_{\text{diff}}, |H_{\text{real}}(i) - H_{q_{1s}}(i)|) \qquad (3-46)$$

其中 N 是直方图的 bin 数量,$\max_{\text{diff}}$ 是用于限制在总体距离计算中单个差异的贡献阈值。

该方法基于 DCT 直方图滤波的 JPEG 双压缩图像估计首次量化步长,结合了直方图滤波策略和具有良好 q_1 定位性能的误差函数,实验结果如表 3-3 所示,可以发现对于 DCT 域中与低频相关的 DCT 系数,该方法的估计误差接

表 3-3 在质量因子为 (QF_1, QF_2) 时,q_1 值被错误估计的百分比

(0, 0)		QF₂				
		60	70	80	90	100
QF₁	50	0.00%	0.00%	0.00%	0.00%	0.00%
	60		0.91%	0.00%	0.00%	0.00%
	70			0.91%	0.00%	0.91%
	80				0.00%	0.00%
	90					0.00%

(1, 0)		QF₂				
		60	70	80	90	100
QF₁	50	0.00%	0.00%	0.00%	0.00%	0.00%
	60		0.00%	0.00%	0.00%	0.00%
	70			0.00%	0.00%	0.00%
	80				0.00%	0.00%
	90					0.00%

(2, 0)		QF₂				
		60	70	80	90	100
QF₁	50	0.00%	0.00%	0.00%	0.00%	0.00%
	60		1.82%	0.00%	0.00%	0.00%
	70			0.00%	0.00%	0.00%
	80				0.00%	0.00%
	90					0.00%

(3, 0)		QF₂				
		60	70	80	90	100
QF₁	50	1.82%	1.82%	0.00%	0.00%	0.00%
	60		1.82%	1.82%	0.00%	0.00%
	70			0.00%	0.00%	0.00%
	80				0.00%	0.00%
	90					0.00%

续表

(4, 0)		QF$_2$				
		60	70	80	90	100
QF$_1$	50	0.00%	0.00%	0.91%	0.00%	0.00%
	60		0.00%	0.00%	0.00%	0.00%
	70			0.00%	0.00%	0.00%
	80				0.00%	0.00%
	90					0.00%

(0, 1)		QF$_2$				
		60	70	80	90	100
QF$_1$	50	0.00%	0.00%	0.00%	0.00%	0.91%
	60		0.91%	0.00%	0.00%	0.00%
	70			0.91%	0.00%	0.00%
	80				0.00%	0.00%
	90					0.00%

(1, 1)		QF$_2$				
		60	70	80	90	100
QF$_1$	50	12.73%	16.36%	0.91%	0.00%	0.00%
	60		1.82%	1.82%	0.00%	0.00%
	70			0.00%	0.00%	0.00%
	80				0.00%	0.00%
	90					0.00%

(2, 1)		QF$_2$				
		60	70	80	90	100
QF$_1$	50	2.73%	4.55%	0.00%	0.00%	0.00%
	60		0.91%	0.91%	0.00%	0.00%
	70			0.00%	0.00%	0.00%
	80				0.00%	0.00%
	90					0.00%

(3, 1)		QF$_2$				
		60	70	80	90	100
QF$_1$	50	0.91%	0.91%	0.00%	0.91%	0.00%
	60		0.91%	0.00%	0.00%	0.00%
	70			0.00%	0.00%	0.00%
	80				0.00%	0.00%
	90					0.00%

(0, 2)		QF$_2$				
		60	70	80	90	100
QF$_1$	50	3.64%	5.45%	0.00%	0.91%	0.00%
	60		3.64%	2.73%	0.00%	0.00%
	70			0.00%	0.00%	0.00%
	80				0.00%	0.00%
	90					0.00%

(1, 2)		QF$_2$				
		60	70	80	90	100
QF$_1$	50	10.91%	58.18%	15.45%	3.64%	0.00%
	60		6.36%	25.45%	0.91%	0.00%
	70			10.00%	0.91%	0.00%
	80				0.00%	0.00%
	90					0.00%

(2, 2)		QF$_2$				
		60	70	80	90	100
QF$_1$	50	14.55%	2.73%	54.55%	0.00%	0.00%
	60		16.36%	10.91%	0.91%	0.00%
	70			18.18%	0.00%	0.00%
	80				0.00%	0.00%
	90					0.00%

续表

(0, 3)		QF$_2$				
		60	70	80	90	100
QF$_1$	50	20.00%	22.73%	0.00%	3.64%	0.91%
	60		1.82%	8.18%	1.82%	0.00%
	70			0.00%	0.00%	0.00%
	80				0.00%	0.00%
	90					0.00%

(1, 3)		QF$_2$				
		60	70	80	90	100
QF$_1$	50	12.73%	9.09%	19.09%	4.55%	0.00%
	60		47.27%	7.27%	1.82%	0.00%
	70			1.82%	1.82%	0.00%
	80				0.00%	0.00%
	90					0.00%

(0, 4)		QF$_2$				
		60	70	80	90	100
QF$_1$	50	20.91%	16.36%	20.00%	13.64%	0.91%
	60		50.00%	47.27%	10.00%	0.00%
	70			4.55%	6.36%	0.00%
	80				0.91%	0.00%
	90					0.00%

资料来源：Galvan F, Puglisi G, Bruna A R, et al. First quantization matrix estimation from double compressed JPEG images [J]. IEEE Transactions on Information Forensics and Security, 2014, 9(8): 1299-1310.

近于零，且不明显依赖于第一次和第二次量化采用的压缩质量因子。反之，对于较高的频率，估计误差与质量因子密切相关。具体来说，量化越低，QF$_1$ 和 QF$_2$ 值越高，通常得到的结果越好。

3.2 JPEG 多重压缩次数检测

考虑这样一种场景：一幅图像首先由摄像机或照相机等采集设备压缩后保存，在编辑图像以增强感知质量和调整格式（如亮度/对比度调整、缩放、裁剪、颜色校正等）后，由所有者进行第二次压缩，再上传到微博、微信等社交平台上经过第三次压缩。因此，在实际生活中，可以合理地假设，大量的在线数字图像已经经过了超过两个由其所有者执行的压缩阶段，并可能被其他用户进一步压缩。基于此，一种检测压缩次数的方法在重建图像编辑历史研究中是极其重要的。本小节将介绍三种不同的检测算法识别 JPEG 多重压缩次数，包括基于 Benford 系数的 JPEG 压缩次数检测算法、基于第一位数字特征的多重 JPEG 压缩检测算法和基于信息理论框架的 JPEG 压缩次数检测算法。

3.2.1 基于 Benford 系数的 JPEG 压缩次数检测算法

本小节介绍了一种多重 JPEG 压缩次数检测算法，并估计相应的压缩质量因子。该方法对 Benford 系数进行傅里叶变换，再进行统计分析，可实现 3 次 JPEG 压缩的检测[4]。

在描述算法之前，首先对 JPEG 图像的 Benford-Fourier(BF) 系数进行介绍分析。BF 系数定义为图像在 ω 处的 DCT 系数以 10 为底的对数的傅里叶变换。准确地说，它表示为一个复数：

$$a_\omega = \int_{-\infty}^{+\infty} fZ'(z') e^{-j\omega z'} dz' = \int_{-\infty}^{+\infty} fZ(z) e^{-j\omega \log_{10} z} dz \qquad (3-47)$$

其中，Z 是一个随机变量，表示对于给定一个 DCT 频率和 $Z' = \lg Z$ 时 DCT 系数的绝对值。BF 系数可以看作随机变量 $e^{-j\omega \lg Z}$ 的期望值，用样本均值作为无偏估计量可以表示为

$$\hat{a}_\omega = \frac{\sum_{m=1}^{M} e^{-j\omega \lg Z_m}}{M} \qquad (3-48)$$

其中，Z_m 是一个随机变量，表示第 m 块中选定 DCT 频率处的 DCT 系数（假设变量在不同块之间独立且同分布）。当图像经过 JPEG 压缩后，随机变量 Z_m 的值会在一些特定的位置下降，即当图像最后一次 JPEG 压缩中的 DCT 频率在量化步长的非负倍数处时。式(3-48)可以改写为

$$\hat{a}_\omega = \frac{1}{M} \sum_{k=1}^{+\infty} h_c(kq_c) \cdot e^{-j\omega \lg k q_c} \qquad (3-49)$$

其中，$h_c(n)$ 是绝对值等于 n 的 DCT 系数的个数，$\hat{a}_\omega$ 表示复数的和（一个有限值）。在每次求和过程中，相位取决于量化步长（用相同量化矩阵压缩的图像之间的相位不变化），幅值取决于最后一次压缩前落在量化区间内的 DCT 系数的数量，这是每张图像的固有属性。观察式(3-48)可以发现 BF 系数可以被解释为一个由 q 和 ω 决定的通用的 DCT 直方图的紧凑表示。本小节算法的主要思想是根据式(3-48)计算 BF 系数的统计特征，以量化一幅目标 JPEG 图像只被压缩过一次或者在编辑历史中经历过压缩的可能性。进一步推导出

$$p(\hat{a}_\omega \mid \boldsymbol{q}) \qquad (3-50)$$

假设所选频率处的 DCT 系数按照一定的量化步长 $\boldsymbol{q}=[q_1,\cdots,q_L]$ 进行量化,由式(3-48)可得 $\hat{a}_\omega$,从图像 DCT 频率的一个子集中计算 BF 系数。然后在图像只经过了一次压缩的零假设($p(\hat{a}_\omega\mid[q_c])$)以及图像经过了多次压缩的备择假设($p(\hat{a}_\omega\mid[\cdots,q_c])$)下,比较它们的条件概率,这种概率是通过预测及其误差分析估计的。首先定义

$$\tilde{a}_\omega(\boldsymbol{y}_0,\boldsymbol{q}) \tag{3-51}$$

其中,$\boldsymbol{y}_0$ 表示未量化的 DCT 系数。根据一系列量化步长 $\boldsymbol{q}=[q_1,\cdots,q_L]$ 可以从 $\boldsymbol{y}_0$ 预测 ω 处的 BF 系数。显然,我们期望系数 $\hat{a}_\omega$ 接近于由图像压缩过程中使用的量化步长序列计算的预测值。如果所考虑的频率只经历过一次步长 q_c 的量化,那么系数 $\hat{a}_\omega$ 会接近 $\tilde{a}_\omega(\boldsymbol{y}_0,[q_c])$;如果图像应用了之前使用过的量化步长 q_p,那么系数 $\hat{a}_\omega$ 会偏离 $\tilde{a}_\omega(\boldsymbol{y}_0,[q_c])$ 而接近 $\tilde{a}_\omega(\boldsymbol{y}_0,[q_p,q_c])$。

根据这个特性可以检测图像压缩并估计使用的压缩质量因子。在实际过程中,BF 系数 $\tilde{a}_\omega(\boldsymbol{y}_0,\cdot)$ 会受到预测误差的影响,其预测误差由作为实际未量化 DCT 系数估计值 $\boldsymbol{y}_0$ 的精度决定。进一步对误差进行统计表征,并推导出 BF 系数 $\hat{a}_\omega$ 的条件概率。如果对于给定的 DCT 频率和 ω 值,其对应的高斯预测误差的均值向量 μ_ω 和协方差矩阵 Σ_ω 已知,那么在基于估计的 DCT 向量 $\boldsymbol{y}_0$ 应用量化序列 $\boldsymbol{q}$ 的假设下,BF 系数 $\hat{a}_\omega$ 的条件概率可以表示为

$$p(\hat{a}_\omega\mid\boldsymbol{q})=\mathcal{N}(\hat{a}_\omega;\mu_{\omega\mid q},\Sigma_\omega) \tag{3-52}$$

$$\mu_{\omega\mid q}=\begin{bmatrix}\mathrm{Re}(\tilde{a}_\omega(\boldsymbol{y}_0,\boldsymbol{q}))\\ \mathrm{Im}(\tilde{a}_\omega(\boldsymbol{y}_0,\boldsymbol{q}))\end{bmatrix}+\mu_\omega \tag{3-53}$$

该算法的具体步骤如图 3-5 所示。该算法首先估计 JPEG 图像的固有统计特征。由于像素域中 8 位整数的量化和 DCT 计算中的舍入/截断操作,对在图像连续压缩过程中出现在 DCT 系数上的噪声,建模为高斯噪声并从给定的图像中提取其均值和方差。在计算预测值 $\tilde{a}_\omega$ 时,每一次新的压缩之前噪声成分被模拟添加到 DCT 系数中。再定义备择假设,可以用一个质量因子序列 QF = $[\mathrm{QF}_1,\cdots,\mathrm{QF}_L]$ 来确定每个假设,QF 定义了 64 个序列 $\boldsymbol{q}^f$ 的量化步长,每个量化步长由量化表决定,对应每个 DCT 频率。在这个算法框架中,每种情况下的零假设 H_N 是一致的:最后一次 JPEG 压缩(其参数可以从当前文件中得知)是图像的编辑历史中唯一发生的压缩,使用 $[\mathrm{QF}_c]$ 来表示该处理链。另一方面,备择假设池 $\{H_A^k\}_{k\in K}$ 很灵活,取决于需要测试的压缩链。

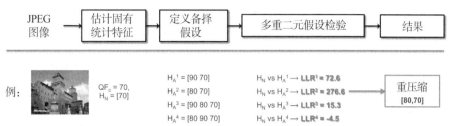

图 3-5 多重 JPEG 压缩检测算法

(资料来源:Pasquini C, Boato G, Pérez-González F. Multiple JPEG compression detection by means of Benford-Fourier coefficients [C]//2014 IEEE International Workshop on Information Forensics and Security (WIFS). IEEE, 2014:113-118.)

接着进行多重二元假设检验,在这个阶段,对于每一个 $k \in K$ 执行一个 H_N 与 H_A^k 二元检验。对于某一 DCT 频率 f,通过上述计算分析可以从目标图像中计算出实际的 BF 系数 $\hat{a}_\omega^f$、预测值和在 $p(\hat{a}_\omega^f \mid \boldsymbol{q}_N^f)$ 和 $p(\hat{a}_\omega^f \mid \boldsymbol{q}_A^f)$ 两种假设下的 $\hat{a}_\omega^f$ 的条件概率。此外,自由选择 ω 的值,挑选 ω^f 的值使得相对熵在 $\mathcal{N}(\hat{a}_\omega; \mu_{\omega \mid q_N}, \Sigma_\omega)$ 和 $\mathcal{N}(\hat{a}_\omega; \mu_{\omega \mid q_A}, \Sigma_\omega)$ 之间发散是最大的。对 $\{1, \cdots, 64\}$ 中选择的 DCT 频率 F 的子集重复上述过程,可以得到 F 种不同的系数:

$$\hat{\boldsymbol{A}} = [\hat{a}_{\omega 1}^1, \cdots, \hat{a}_{\omega F}^F] \tag{3-54}$$

假设 $\hat{\boldsymbol{A}}$ 的元素是独立随机变量,可以计算出每个假设的似然函数和对数似然比(log-likelihood ratio, LLR)如下:

$$\begin{aligned} L(H_N \mid \hat{\boldsymbol{A}}) &= p_1(\hat{a}_{\omega 1}^1 \mid \boldsymbol{q}_N^1) \cdot \cdots \cdot p_F(\hat{a}_{\omega F}^F \mid \boldsymbol{q}_N^F), \\ L(H_A \mid \hat{\boldsymbol{A}}) &= p_1(\hat{a}_{\omega 1}^1 \mid \boldsymbol{q}_A^1) \cdot \cdots \cdot p_F(\hat{a}_{\omega F}^F \mid \boldsymbol{q}_A^F), \\ \mathrm{LLR} &= -2 \cdot \ln \frac{L(H_N \mid \hat{\boldsymbol{A}})}{L(H_A \mid \hat{\boldsymbol{A}})} \end{aligned} \tag{3-55}$$

若每一个备择假设都得到了检验,那么最终的分类就是通过最大值阈值的设定来实现的:

$$\mathrm{LLR}_{\max} = \max_{k \in K} \mathrm{LLR}^k \tag{3-56}$$

其中 LLR^k 是由第 k 个假设得到的对数似然比:如果 $\mathrm{LLR}_{\max}$ 高于某个阈值(阈值可以简单地固定为 0),则拒绝零假设;如果压缩链和备择假设生成的 $\mathrm{LLR}_{\max}$ 相关,则该压缩链被认为是对图像压缩历史的估计。

该方法具备检测多重压缩次数和估计使用的质量因子的能力。如表 3-4 所示,该方法对 15 种不同压缩链都具备较好的分类性能,且当最后一次压缩较轻时分类结果通常是相当准确的。

表 3-4 多分类混淆矩阵

压缩链/类型	一次压缩	二次压缩	三次压缩
[60]	0.950	0.050	0.000
[70, 60]	0.000	0.850	0.150
[80, 60]	0.550	0.275	0.175
[80, 70, 60]	0.000	0.475	0.525
[70, 80, 60]	0.050	0.050	0.900
[70]	0.950	0.000	0.500
[60, 70]	0.000	0.550	0.450
[80, 70]	0.000	0.825	0.175
[80, 60, 70]	0.000	0.025	0.975
[60, 80, 70]	0.000	0.025	0.975
[80]	0.950	0.025	0.025
[60, 80]	0.000	0.575	0.425
[70, 80]	0.000	0.925	0.075
[70, 60, 80]	0.000	0.025	0.975
[60, 70, 80]	0.000	0.025	0.975

资料来源:Pasquini C, Boato G, Pérez-González F. Multiple JPEG compression detection by means of Benford-Fourier coefficients [C]//2014 IEEE International Workshop on Information Forensics and Security (WIFS). IEEE, 2014:113-118.

3.2.2 基于第一位数字特征的多重 JPEG 压缩检测算法

在本小节中,研究图像经过多个压缩阶段时 DCT 系数统计量的变化,分析 DCT 系数绝对值最有效小数位或第一位(first digit, FD),提出了一种基于 DCT 系数第一有效位分布的取证方法,该方法根据 Benford 定律建模,依赖于一组 SVM 分类器,可以准确地识别图像压缩阶段的压缩次数[5]。

JPEG 图像压缩标准定义了一种基于块的变换编码器,该编码器将输入图

像分割成 8×8 像素的图像块 $\boldsymbol{X}$，并计算每个块的 DCT。变换系数 $\boldsymbol{Y}$ 被量化成整数值量化级别 Y_{q_1}：

$$Y_{q_1}(i,j) = \text{sign}(Y(i,j))\text{round}\left(\frac{|Y(i,j)|}{q_1(i,j)}\right) \tag{3-57}$$

$Y_{q_1}(i,j)$ 的值通过熵编码器转换成二进制流，然后进行锯齿状扫描，根据空间频率的增加对系数排序。通过对缩放后的系数 $Y_{q_1}(i,j)\cdot q_1(i,j)$ 进行逆 DCT 变换，可以对编码的块进行重构。其中，量化步长 $q_1(i,j)$ 根据 DCT 系数的 (i,j) 值的变化而变化，通常通过量化矩阵来定义。在 IJG(独立 JPEG 组)的实现过程中，量化矩阵是通过调整质量因子 QF 来选择的，QF 的变化范围为 $[0,100]$。压缩质量因子 QF 越高，所构建的图像质量就越高。当对图像进行第二次编码时，得到的量化级别为

$$Y_{q_2}(i,j) = \text{sign}(Y_{q_2}(i,j))\text{round}\left(\frac{|Y_{q_1}(i,j)\cdot q_1(i,j)|}{q_2(i,j)}\right) \tag{3-58}$$

其中，$q_2(i,j)$ 为第二次压缩的量化步长。将压缩过程迭代 N 次可以得到量化级别 $Y_{q_N}(i,j)$。设 m 为第一位数字：

$$m = \left\lfloor \frac{|Y(i,j)|}{10^{\lfloor \lg|Y(i,j)|\rfloor}} \right\rfloor \tag{3-59}$$

可以观察到 m 的经验概率质量函数(probability mass function, PMF)

$$p(m) = K\lg\left(1 + \frac{1}{\alpha + m^\beta}\right), \quad m=1,\cdots,9 \tag{3-60}$$

量化后，由 $Y_{q_1}(i,j)$ 计算得到的 $\hat{p}(m)$ 与式(3-60)中定义的 $p(m)$ 存在偏差，根据这种偏差，可以检测出 m 是由 $Y_{q_1}(i,j)$ 还是 $Y_{q_2}(i,j)$ 产生的，从而判断图像压缩的次数。然而，这些解决方案的目标是检测图像是否被编码过一次或两次。对于经过多个压缩阶段的图像，这些策略无法区分编码阶段的数量和对应的编码参数。这是由大量可能的配置和每个量化步长在系数上引入的噪声量造成的。对于不同数量的压缩阶段，随着压缩次数的增加，PMF 变得不那么有规律。

基于上述分析，可知编码阶段数 N 的估计需要选择一组鲁棒特征，这些特征与量化留下的痕迹具有很强的相关性。以前的工作依赖于对空间频率子集 FDm 的 PMF 分析。在本小节介绍的方法中，目标是通过适当地选择那些对压缩阶段的数量非常敏感的特征来减小特征向量的大小。

具体地说，本小节方法只考虑 9 个不同空间频率的系数，并为每个空间频

率计算 FD 的 PMF $\hat{p}(m)$。然后,分类器处理每个变换系数,PMF 的一个子集对应三个数字 $m=2,5,7$(这些数被证明是压缩阶段函数变化最大的)。因此,每幅图像可以使用包含 27 个元素的特征向量 v 表示。考虑到最后一个压缩阶段的质量因子可以从可用的比特流中提取,构建一组 N_T 个二值 SVM 分类器,$S_k(k=1,\cdots,N_T)$,每个分类器 S_k 能够检测输入图像是否被编码 k 次。在设计 S_k 时,该方法采用了对数核:

$$K(v_i,v_j)=-\log(\|\mathbf{v}_i-\mathbf{v}_j\|_2^{\gamma_k}+1) \quad (3-61)$$

其中参数 γ_k 是在训练阶段找到的。每个分类器输出一个置信值 ξ_k,这个值表示到割线超平面的距离(与松弛变量相关),能够评估分类的可靠性。使用该值进一步计算多类置信值:

$$\Xi_k=\sum_{\forall h=1,h\neq k}^{N_T} \mathbf{I}(\xi_h<0)|\xi_h|+\mathbf{I}(\xi_k>0)|\xi_k| \quad (3-62)$$

其中,$\mathbf{I}(\xi_h<0)$ 和 $\mathbf{I}(\xi_k>0)$ 代表指示函数。最后,使用上述算法可知图像经过了 $N^*=\mathrm{argmax}_N \Xi_k$ 次压缩。

本小节介绍的方法与以前的方法相比性能更好,减少了特征向量的数量。表 3-5 展示了使用该方法得到的混淆矩阵,可以发现,单个压缩阶段的情况总是被正确地识别出来。在图像被压缩 2 次或 3 次时,该方法的检测正确率在 96% 以上。当图像经过 4 次 JPEG 压缩操作时,该方法的正确率略有下降,大约为 94%。

表 3-5 $QF_N=75$ 的混淆矩阵

N,N^*	1	2	3	4
1	100.00%	0.00%	0.00%	0.00%
2	0.00%	100.00%	0.00%	0.00%
3	0.00%	3.57%	96.43%	0.00%
4	3.57%	1.79%	0.00%	94.64%

资料来源:Milani S, Tagliasacchi M, Tubaro S. Discriminating multiple JPEG compressions using first digit features [J]. APSIPA Transactions on Signal and Information Processing, 2014,3: e19.

此外,该方法在连续压缩阶段之间具有一定的鲁棒性。首先,在最后一次压缩之前,在缩放的情况下测试了该方法,然后通过混叠噪声的引入将其恢复到原来的尺寸,如表 3-6 所示。最后测试了该方法对旋转的鲁棒性,如表 3-7 所示。该方法在 3 个压缩阶段内具有较好的鲁棒性。

表 3-6 对缩放操作的鲁棒性检测

N, N^*	1	2	3	4
1	100.00%	0.00%	0.00%	0.00%
2	0.00%	100.00%	0.00%	0.00%
3	1.02%	0.00%	98.98%	0.00%
4	94.90%	0.00%	0.00%	5.10%

资料来源：Milani S, Tagliasacchi M, Tubaro S. Discriminating multiple JPEG compressions using first digit features [J]. APSIPA Transactions on Signal and Information Processing, 2014, 3: e19.

表 3-7 对旋转操作的鲁棒性检测

N, N^*	1	2	3	4
1	100.00%	0.00%	0.00%	0.00%
2	0.00%	100.00%	0.00%	0.00%
3	2.04%	0.00%	97.96%	0.00%
4	96.94%	0.00%	3.06%	5.10%

资料来源：Milani S, Tagliasacchi M, Tubaro S. Discriminating multiple JPEG compressions using first digit features [J]. APSIPA Transactions on Signal and Information Processing, 2014, 3: e19.

3.2.3 基于信息理论框架的 JPEG 压缩次数检测算法

随着越来越多的取证技术被提出来检测多媒体内容的处理历史，人们开始怀疑取证能力是否存在根本性的限制。也就是说，除了不断地寻找取证能做什么之外，探究取证方法的极限也很重要。本小节介绍一个信息理论框架来探讨取证者的基本极限[6]。特别地，考虑了一个通用的取证系统，从多媒体内容中提取的特征来估计操作假设。

在取证系统中，可取证性被定义为特征所包含的关于操作的最大取证信息。然后，由于其与信息论中的互信息概念相似，可取证性被度量为特征与操作假设之间的互信息。这种测量方法给出了所有实际估计量的误差概率下界，这些估计量使用这些特征来检测操作的假设。此外，它还可以确定理论上能够检测到的最大假设数量。为了证明所提出的信息理论框架的有效性，将该框架应用于一个基于归一化 DCT 系数直方图的 JPEG 压缩数量检测的取证实例，应用于多重 JPEG 压缩检测取证的信息理论框架如图 3-6 所示。最终分析结论表明,在一定条件下使用归一化 DCT 系数直方图特征预期能检测到的 JPEG 压缩最大次数为 4。

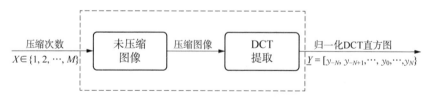

图 3-6　多重 JPEG 压缩检测取证的信息理论框架

(资料来源:Chu X, Chen Y, Stamm M C, et al. Information theoretical limit of media forensics: The forensicability [J]. IEEE Transactions on Information Forensics and Security, 2015,11(4):774-788.)

信息理论框架的一般操作取证系统如图 3-7 所示。将取证者的能力定义为可取证性,从而确定了估计误差概率的下界,并回答了何时无法检测到更多操作的问题,强调多媒体状态和特征之间的关系。多媒体状态是系统的输入,当对未改变的多媒体内容应用某种多媒体状态时,可以从处理后的多媒体内容中提取特征,然后在这些特征上应用估计器来估计输入的多媒体状态。关注的是多媒体状态和特征之间的基本关系,而不考虑取证者可能用于作出最终决定的特定检测器或估计器。假定未改变的多媒体内容可以是任何特定的内容,将其建模为一个随机变量。这样,多媒体状态与特征之间的关系就不再是确定性的,而是随机的。

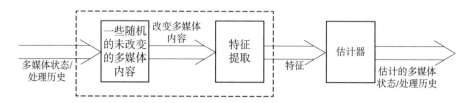

图 3-7　一般信息理论框架

(资料来源:Chu X, Chen Y, Stamm M C, et al. Information theoretical limit of media forensics: The forensicability [J]. IEEE Transactions on Information Forensics and Security, 2015, 11(4):774-788.)

考虑一个使用 DCT 系数特征检测 JPEG 压缩数量的例子。鉴于 DCT 系数的归一化直方图是检测 JPEG 压缩的常用特征,在本例中,检查了使用归一化 DCT 系数直方图来检测多个压缩的基本限制。如图 3-6 所示,考虑一个信息理论框架,其中多媒体状态 $X \in \{1, 2, \cdots, M\}$ 表示 JPEG 压缩次数,特征 $\underline{Y}$ 是归一化 DCT 系数直方图,用向量形式表示。为了说明 X 和 $\underline{Y}$ 之间的关系,以一个子带为例,参数 λ 表示这个子带系数 D_0(未压缩图像)的拉普拉斯分布,$Q_M=(q_1, q_2, \cdots, q_M)$ 表示在压缩过程中可用于该子带的量化步长集合,由于在多重压缩检测取证中,给定的图像是 JPEG 图像,取证者试图检测在最后一次压缩之前进行了多少次压缩,因此对所有假设保持最后一次压缩相同。不失一般性,将 q_M 作为所有假设在最后一次压缩中使用的量化步长。如果图像实际上应用了 m 次 JPEG 压缩,DCT 系数按照步长 $\{q_{M-m+1}, q_{M-m+2}, \cdots, q_M\}$ 的顺序被量化。设 D_m 表示应用 m 次 JPEG 压缩时的 DCT 系数,分析可得

$$D_m = \mathrm{round}\left(\cdots\mathrm{round}\left(\mathrm{round}\left(\frac{D_0}{q_{M-m+1}}\right) \times \frac{q_{M-m+1}}{q_{M-m+2}}\right)\right) \times q_M \quad (3-63)$$

进一步分析推导 D_m 的分布可知它只在 q_M 的整数倍处有非零值。设向量 $\underline{v}_m(\lambda, Q_M)$ 表示这个理论分布,每个元素 $v_{n,m}(\lambda, Q_M)$ 表示非零概率质量函数 $P(D_m=nq_m)$,那么

$$\underline{v}_m(\lambda, Q_M) = [P(D_m=-Nq_m), \cdots, P(D_m=-Nq_m)] \quad (3-64)$$

但在现实中,由于模型失配或压缩、解压缩时的舍入和截断,可能无法从归一化 DCT 直方图中观察到理论分布。相反,实际观察到的归一化 DCT 系数直方图可能是理论分布的一个有噪声的版本。使用随机变量 $\underline{Y}_m(\lambda, Q_M)$ 表示应用 m 次 JPEG 压缩时观察到的归一化直方图:

$$\underline{Y}_m(\lambda, Q_M) = [B_m(-Nq_M), \cdots, B_m(Nq_M)] \quad (3-65)$$

其中 $B_m(nq_M)$ 表示在发生第 m 次压缩时,在 nq_M 位置的归一化直方图 bin。然后假设观测噪声 $\underline{W}$ 为加性噪声,那么

$$\underline{Y}_m(\lambda, Q_M) = \underline{v}_m(\lambda, Q_M) + \underline{W} \quad (3-66)$$

其中,随机变量 $\underline{V}(\lambda, Q_M) \in \{\underline{v}_1(\lambda, Q_M), \underline{v}_2(\lambda, Q_M), \cdots, \underline{v}_m(\lambda, Q_M)\}$ 表示 DCT 系数的理论分布。具体来说,对于每一个关于 JPEG 压缩次数 X 的假设,都可以给出 DCT 系数 $\underline{V}$ 的一个理论分布。但由于观测噪声 $\underline{W}$ 的存在,得到的归一化 DCT 系数直方图为 $\underline{Y}$。在信息理论框架的基础上,利用归一化 DCT 直方图的可取证性来检测多重 JPEG 压缩 $I(X; \underline{Y}(\lambda, Q_M))$。为了计算可取证性,首先假设不同直方图上的观测噪声 $\underline{W}$ 是相互独立的,其协方差是一个对角

矩阵。此外,采用多元高斯分布对观测噪声 $\underline{W}$ 建模如下:

$$\underline{W}(\lambda, Q_M) \sim \mathcal{N}(\underline{d}, \mathrm{diag}[\beta \underline{V}^{2\alpha}(\lambda, Q_M)]) \qquad (3-67)$$

其中 $\underline{d}$, $\beta>0$ 和 $\alpha>0$ 是常数参数,观测噪声的方差 $\mathrm{Var}\underline{W}$ 与加有噪声的信号 $\underline{V}$ 成正比。这是因为在直方图 bin 上,压缩、解压缩过程中的模型失配和舍入、截断效应更加明显。在这个例子中,考虑的情况是无论图像可能经过了多少次压缩,都没有偏置信息,即 X 在 $\{1, 2, \cdots, M\}$ 的每个值的概率相等。通过上述过程可以推导出使用归一化 DCT 直方图来检测多个 JPEG 压缩的可取证性,如下式所示:

$$I_{\lambda, Q_M}(X; \underline{Y}) = \log_2 M - \frac{1}{M}\sum_{m=1}^{M} E\left[\log_2 \sum_{j=1}^{M} \exp(\phi_j^m(\underline{V}))\right] \qquad (3-68)$$

$$\phi_j^m(\underline{V}) = \sum_{n=-N}^{N}\left[a \ln \frac{v_{n,m}}{v_{n,j}} - \frac{(Y_n - v_{n,j})^2}{2\beta v_{n,j}^{2\alpha}} + \frac{(Y_n - v_{n,m})^2}{2\beta v_{n,m}^{2\alpha}}\right] \qquad (3-69)$$

在计算可取证性之前,需要在观测噪声 $\underline{W}$ 的方差中估计参数 β 和 α,应用极大似然估计得到最优估计的 β 和 α。假设 $\underline{d}$ 对可取证性没有影响,首先推导出 $\underline{d}=\underline{0}$ 的估计量。设 $Y_{\lambda_i, n, m}$ 代表第 i 幅图像(其拉普拉斯参数是 λ_i)第 m 次压缩时的第 n 个直方图 bin,则最优估计的 β 和 α 为

$$(\hat{\beta}, \hat{\alpha}) = \underset{\beta>0, \alpha>0}{\mathrm{argmax}} \log \sum_{i=1}^{K}\sum_{n=-N}^{N}\sum_{m=1}^{M} P(Y_{\lambda_i, n, m} = y_{\lambda_i, n, m}) \qquad (3-70)$$

根据 Karush-Kuhn-Tucker 条件,可得

$$\sum_{i=1}^{K}\sum_{n=-N}^{N}\sum_{m=1}^{M}(y_{\lambda_i, n, m} - v_{\lambda_i, n, m})^2 \ln v_{\lambda_i, n, m}\left(\frac{1}{v_{\lambda_i, n, m}}\right)^{2\hat{\alpha}} = \hat{\beta}\sum_{i=1}^{K}\sum_{n=-N}^{N}\sum_{m=1}^{M} v_{\lambda_i, n, m} \qquad (3-71)$$

$$\sum_{i=1}^{K}\sum_{n=-N}^{N}\sum_{m=1}^{M}\frac{(y_{\lambda_i, n, m} - v_{\lambda_i, n, m})^2}{v_{\lambda_i, n, m}^{2\hat{\alpha}}} = \hat{\beta}K(2N+1)M \qquad (3-72)$$

假设理论分布 $v_{\lambda_i, n, m} \in [0, 1]$,式(3-71)是随着 $\hat{\alpha}$ 单调递增的,那么,$\hat{\alpha}$ 可以近似于任何给定的 $\hat{\beta}$。此外,从式(3-72)中可知,$\hat{\beta}$ 可以由任意固定的 $\hat{\alpha}$ 推导出来。因此,可以使用迭代算法来获得最优解 $\hat{\beta}$ 和 $\hat{\alpha}$。对于 $\underline{d} \neq \underline{0}$ 的情况,用 $y_{\lambda_i, n, m} - d_n$ 代替 $y_{\lambda_i, n, m}$ 可以得到类似的估计量,其中 d_n 是 $\underline{d}$ 中的第 n 个元素。

针对每个 M，使用最高可达取证性来计算所有可能压缩质量因子的错误概率的最小下界。如表 3-8 所示，对于 $M=2$ 的双重压缩检测，其错误概率的下界近似为 0，且误差概率的最小下界随着 M 的增大而急剧增大。进一步分析可知，对于任何大于 4762 小于 20 000 的数据库，预期无法对超过 4 次的 JPEG 压缩进行完美的检测。该方法以一种信息理论框架对取证的基本极限进行探索，从理论上证明了取证者使用 DCT 系数特征只能进行最多 4 次 JPEG 压缩完美检测。

表 3-8 质量因子错误概率的最小下界

M	2	3	4	5	6
$\min_{Q_M} P_e^0$	0	3.9×10^{-9}	5×10^{-5}	2.1×10^{-4}	0.0016

资料来源：Chu X, Chen Y, Stamm M C, et al. Information theoretical limit of media forensics: The forensicability [J]. IEEE Transactions on Information Forensics and Security, 2015, 11(4): 774-788.

3.3 小结

在实际生活中，互联网上传播的图像往往经过了多次 JPEG 压缩，JPEG 压缩取证为数字图像取证提供强有力的证据，在恢复数字图像操作历史研究中是十分重要的。虽然 JPEG 压缩取证取得了一定进展，但仍存在一些问题，主要表现在以下两点。

第一，一些统计模型大多关注变换域系数本身，忽略了 JPEG 压缩给变换域系数引入的相关性，使得当后压缩质量因子远小于前压缩质量因子时，难以判定双重压缩的存在性。

第二，相关研究者从理论分析，认为 JPEG 压缩最多可被检测的次数为 4 次，当 JPEG 压缩次数增多时，将无法有效检测。在物理世界，如何实现 JPEG 重压缩检测，以及 JPEG 压缩多少次以后无法正确检测，有待进一步研究。

注 释

[1] Chen Y L, Hsu C T. Detecting recompression of JPEG images via periodicity analysis of compression artifacts for tampering detection [J]. IEEE Transactions on Information Forensics and Security, 2011, 6(2): 396-406.

[2] Wang J, Huang W, Luo X, et al. Non-aligned double JPEG compression detection based on refined Markov features in QDCT domain [J]. Journal of Real-Time Image Processing, 2020, 17(1): 7-16.

[3] Galvan F, Puglisi G, Bruna A R, et al. First quantization matrix estimation from double compressed JPEG images [J]. IEEE Transactions on Information Forensics and Security, 2014, 9(8): 1299-1310.

[4] Pasquini C, Boato G, Pérez-González F. Multiple JPEG compression detection by means of Benford-Fourier coefficients [C]//2014 IEEE International Workshop on Information Forensics and Security (WIFS). IEEE, 2014: 113-118.

[5] Milani S, Tagliasacchi M, Tubaro S. Discriminating multiple JPEG compressions using first digit features [J]. APSIPA Transactions on Signal and Information Processing, 2014, 3: e19.

[6] Chu X, Chen Y, Stamm M C, et al. Information theoretical limit of media forensics: The forensicability [J]. IEEE Transactions on Information Forensics and Security, 2015, 11(4): 774-788.

第 4 章

图像修饰/润饰操作取证

缩放、模糊、中值滤波、对比度增强操作是修饰图像常用的处理操作，可以用于掩盖图像篡改痕迹，使得篡改伪造后的图像在感知上更加逼真自然。然而这些图像修饰操作的掩盖作用给图像取证带来了困难，对图像修饰/润饰操作的取证受到了研究者的广泛关注。本章主要介绍缩放取证、模糊取证、中值滤波取证和对比度增强取证。

4.1 缩放取证

图像缩放是一种常见的几何操作，常用于调整图像大小或在篡改图像后调整篡改区域以适配图像内容。当一幅图像被篡改时，例如拷贝一幅图像的某一区域覆盖到被篡改图像中，篡改者通常需要采取缩放等几何变换来掩盖篡改痕迹。因此，图像缩放取证是数字图像取证中十分重要的研究课题。本节针对缩放操作介绍四种经典的图像缩放检测算法，包括基于 EM 算法的图像缩放检测方法、基于二阶导数方差周期性的图像缩放检测方法、基于归一化能量密度的图像缩放检测方法和基于能量特征分析的图像缩放检测 CNN 方法。

4.1.1 基于 EM 算法的图像缩放检测方法

在图像缩放取证领域，Popescu 和 Farid 最早提出了一种基于 EM 算法的取证方法来确定一个信号是否经过了重采样[1]。它假设信号中的每一个样本点都属于两种模型 M_1 和 M_2 中的任意一种，其中 M_1 模型表示样本点与其相邻样本点存在相关性，M_2 模型表示样本点与其相邻样本点不存在相关性。

EM 算法是一种迭代优化策略，分为两个步骤。在 E 步中，估计一组待检测样本中每个样本点 y_i 分别属于 M_1 和 M_2 的概率。先将先验概率 $P\{y_i \in M_1\}$ 和 $P\{y_i \in M_2\}$ 的初始值都设为 1/2，再利用贝叶斯公式计算样本点 y_i 属于 M_1 模型的概率，具体过程如式(4-1)所示。若已知信号中某个样本点属于 M_1 模型，那么该样本点为 y_i 的概率计算如式(4-2)所示，其中系数 $\vec{\alpha}$ 值在第一次迭代过程中是随机选择的。

$$P\{y_i \in M_1 \mid y_i\} = \frac{P\{y_i \mid y_i \in M_1\}P\{y_i \in M_1\}}{\sum_{k=1}^{2} P\{y_i \mid y_i \in M_k\}P\{y_i \in M_k\}} \quad (4-1)$$

$$P\{y_i \mid y_i \in M_1\} = \frac{1}{\sqrt{2\pi}\sigma} \exp\left[\frac{-(y_i - \sum_{k=-N}^{N} \alpha_k y_{i+k})^2}{2\sigma^2}\right] \quad (4-2)$$

在 M 步中，估计样本之间的相关形式。使用加权最小二乘法计算 $\vec{\alpha}$ 值并计算式(4-2)中的方差 σ。通过最小化下述二次误差函数更新 $\vec{\alpha}$ 值：

$$E(\vec{\alpha}) = \sum_i \omega(i)(y_i - \sum_{k=-N}^{N} \alpha_k y_{i+k})^2 \quad (4-3)$$

其中，参数 $\omega(i) = P\{y_i \in M_1 \mid y_i\}$，$\alpha_0 = 0$。式(4-3)对 $\vec{\alpha}$ 求导得 0 可获得其最小值，$\vec{\alpha}$ 可以通过下式计算得出：

$$\vec{\alpha} = (Y^\mathrm{T}WY)^{-1}Y^\mathrm{T}W\vec{y} \quad (4-4)$$

其中，矩阵 Y 可以表示成下式，矩阵 W 是关于 $\omega(i)$ 的对角矩阵。

$$Y = \begin{bmatrix} y_1 & \cdots & y_N & y_{N+2} & \cdots & y_{2N+1} \\ y_2 & \cdots & y_{N+1} & y_{N+3} & \cdots & y_{2N+2} \\ \vdots & & \vdots & \vdots & & \vdots \\ y_i & \cdots & y_{N+i-1} & y_{N+i+1} & \cdots & y_{2N+i} \\ \vdots & & \vdots & \vdots & & \vdots \end{bmatrix} \quad (4-5)$$

迭代 EM 算法中的 E 步和 M 步更新计算系数 $\vec{\alpha}$ 值直至其收敛到稳定值，根据系数 $\vec{\alpha}$ 值进一步获取样本点与其相邻样本点的线性组合，对计算出的概率矩阵进行傅里叶变换后输出相应的频谱图，观察频谱图可以判断图像是否经过了缩放操作，如图 4-1 所示。图 4-1(a)展示了原始图像和对应的不同程度的放大图像的 P-map 图和傅里叶变换频谱图,图 4-1(b)展示了原始图像和对应的不同程度的缩小图像的 P-map 图和傅里叶变换频谱图。只有经过缩放操作的图像在频谱图中表现出周期性特征。

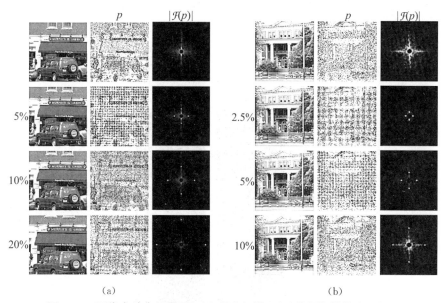

图 4-1　图像在放大场景下(a)和缩小场景下(b)的周期性模式示例图

(资料来源:Popescu A C, Farid H. Exposing digital forgeries by detecting traces of resampling [J]. IEEE Transactions on Signal Processing,2005,53(2):758-767.)

从数字取证的角度来看,量化检测算法的鲁棒性和灵敏度至关重要。因此,进一步设计出一种定量测量在估计 P-map 图中发现的周期性程度的方法。EM 算法通常收敛于一组唯一的线性系数,因此也会出现唯一的周期模式。通过分析从大量图像中出现的周期性模式,预测这种模式是可能的。然而,在实践中这种方法的计算要求很高,因此采用一种更简单的方法,通过实验确定来生成相似的周期性模式。设 M 表示一个包含特定重采样的仿射变换(如缩放),(x,y) 表示整数晶格上的点,而 $(\tilde{x},\tilde{y})$ 表示通过缩放扭曲整数晶格点 (x,y) 得到的对应点。

$$\begin{bmatrix} \tilde{x} \\ \tilde{y} \end{bmatrix} = M \begin{bmatrix} x \\ y \end{bmatrix} \tag{4-6}$$

其中,M 对应合成的 P-map 图 $s(x,y)$,其通过计算扭曲晶格 $(\tilde{x},\tilde{y})$ 中的每个点到整数晶格中的点之间的最小距离来生成的:

$$s(x,y) = \min_{x_0, y_0} \sqrt{(\tilde{x} - x_0)^2 + (\tilde{y} - y_0)^2} \qquad (4-7)$$

其中 x_0 和 y_0 是整数,而 $(\tilde{x}, \tilde{y})$ 是关于 (x, y) 的函数。使用这种方法人工合成的 P-map 图类似于实验确定的估计 P-map 图,如图 4-2 所示。

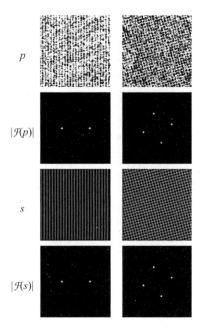

图 4-2 缩放图像对应的估计 P-map 图和使用相同参数人工合成的 P-map 图

(资料来源:Popescu A C, Farid H. Exposing digital forgeries by detecting traces of resampling [J]. IEEE Transactions on Signal Processing, 2005, 53(2):758-767.)

估计 P-map 图 $p(x, y)$ 和合成 P-map 图 $s(x, y)$ 之间的相似度具体计算如下。

(1) 将 P-map 图 $p(x, y)$ 进行傅里叶变换 $P(\omega_x, \omega_y) = F(p(x, y) \cdot W(x, y))$,其中旋转不变窗口的径向部分 $W(x, y)$ 使用如下形式:

$$f(r) = \begin{cases} 1, & 0 \leqslant r < \dfrac{3}{4} \\ \dfrac{1}{2} + \dfrac{1}{2} \cos\left(\dfrac{\pi\left(r - \dfrac{3}{4}\right)}{\sqrt{2} - \dfrac{3}{4}} \right), & \dfrac{3}{4} \leqslant r \leqslant \sqrt{2} \end{cases} \qquad (4-8)$$

其中径向轴在 0 和 $\sqrt{2}$ 之间归一化。

（2）然后对傅里叶变换后的映射图 P 进行高通滤波，去除不需要的低频噪声：$P_H = P \cdot H$。其中旋转不变高通滤波器 H 的径向部分使用如下形式：

$$h(r) = \frac{1}{2} - \frac{1}{2}\cos\left(\frac{\pi r}{\sqrt{2}}\right), \ 0 \leqslant r \leqslant \sqrt{2} \qquad (4-9)$$

（3）将高通滤波后的频谱图 P_H 归一化，伽马校正以增强频率峰值，然后重新调整回原来的范围：

$$P_G = \left(\frac{P_H}{\max(|P_H|)}\right)^4 \times \max(|P_H|) \qquad (4-10)$$

（4）对人工合成的 P-map 图进行傅里叶变换：$S = F(s)$。

（5）p 和 s 之间的相似度计算如下：

$$M(p, s) = \sum_{\omega_x, \omega_y} |P_G(\omega_x, \omega_y)| \cdot |S(\omega_x, \omega_y)| \qquad (4-11)$$

其中 $|\cdot|$ 表示绝对值（这种相似性度量是不区分相位的）。首先由若干不同的重采样参数生成一组合成的 P-map 图。对于一个给定的 P-map 图 p，通过暴力搜索方法搜索整个集合找到相似度最高的合成 P-map 图 $s^* = \mathrm{argmax}_s M(p, s)$。如果相似度 $M(p, s)$ 超过一个指定的阈值，则假设在估计的 P-map 图中存在一个周期模式，该图像被认为经过了重采样。这个阈值是根据经验确定的，仅使用数据库中的原始图像来产生小于 1% 的假阳性率。

该方法在没有任何数字水印或签名的情况下工作，为验证数字图像提供了一种补充方法，实现了对图像的缩放检测。图 4-3 展示了该方法在图像放大、缩小等不同参数下的检测精度，每个数据点对应 50 幅图像的平均检测精度。该方法的误报率小于 1%，在图像缩小场景下，检测精度随着缩小程度的增大而明显下降。该方法只适用于未压缩的 TIFF 图像和压缩程度较小的 JPEG 图像。

图 4-4 展示了该方法对不同压缩程度 JPEG 图像的缩放检测性能，压缩质量因子分别为 100 和 97。图中黑点对应的 JPEG 压缩质量因子为 100，白点对应的 JPEG 压缩质量因子为 97，每个数据点对应 50 幅图像的平均检测精度。在质量因子为 100 时，该方法的检测精度在可接受的范围内，但在质量为 97 时，检测精度会急剧下降。

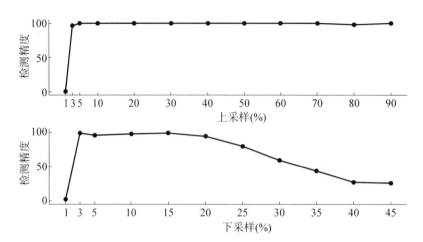

图 4-3 不同重采样参数对检测精度的影响

(资料来源:Popescu A C, Farid H. Exposing digital forgeries by detecting traces of resampling [J]. IEEE Transactions on Signal Processing, 2005, 53(2):758-767.)

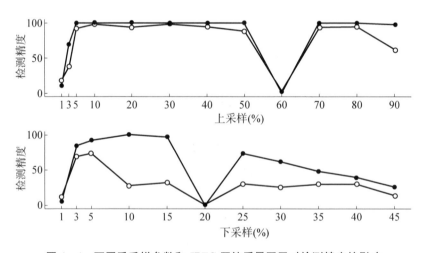

图 4-4 不同重采样参数和 JPEG 压缩质量因子对检测精度的影响

(资料来源:Popescu A C, Farid H. Exposing digital forgeries by detecting traces of resampling [J]. IEEE Transactions on Signal Processing, 2005, 53(2):758-767.)

4.1.2 基于二阶导数方差周期性的图像缩放检测方法

图像缩放包括一个插值过程,通常会引起图像的某些统计特征发生变化。利用插值图像的二阶导数信号的周期性可以实现图像缩放取证。Gallagher 发现线性和立方插值图像信号的二阶导数的方差存在一定的周期性,且其周期等于缩放图像的重采样率 N。本小节将介绍一种基于二阶导数方差周期性的图像缩放检测方法,算法检测过程如图 4-5 所示[2]。该检测算法的目标是确定一幅来源未知的图像是否经过双线性或双三次插值操作,并进一步确定插值因子。首先计算待测图像每一行的二阶导数,再对每一行的二阶导数取绝对值后相加计算平均值得到一个伪方差信号,然后将其进行离散傅里叶变换(discrete Fourier transform,DFT),最后检测其频谱中是否存在峰值,如果存在峰值,则根据峰值所在位置对应的频率点确定插值因子,即缩放参数。该检测算法的输出 $\hat{N}$ 是插值因子对应的估计值。具体检测步骤如下。

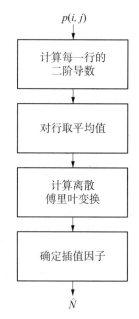

图 4-5 图像插值检测算法图

(资料来源:Gallagher A C. Detection of linear and cubic interpolation in JPEG compressed images [C]//The 2nd Canadian Conference on Computer and Robot Vision (CRV'05). IEEE, 2005:65-72.)

(1)计算待测图像每行的二阶导数:假设输入图像为 $p(i,j)$,其中 $0 \leqslant i \leqslant R$ 且 $0 \leqslant j \leqslant C$。$R$ 是图像的行数,C 是图像的列数。按照如下差分方程计算输入图像每一行的二阶导数:

$$s_p(i,j) = 2p(i,j) - p(i,j+1) + p(i,j-1) \quad (4-12)$$

(2)求平均值:信号 $s_p(i,j)$ 是由图像中每一行的二阶导数信号构成的二维信号。将每一行的二阶导数信号的幅度相加再求平均,可以得到一个伪方差信号 $v_p(j)$:

$$v_p(j) = \sum_{i=0}^{R} |d_p(i,j)| \quad (4-13)$$

此信号与方差信号结果相近且计算速度要远快于计算方差信号。可以发现,一个零均值正态分布的绝对值的期望值为 $\dfrac{2\sigma}{\sqrt{2\pi}}$。

(3)计算离散傅里叶变换:当图像经过插值操作后,其伪方差信号呈现周期性,这种周期性可以通过频域分析来提取,因此伪方差信号 $v_p(j)$ 的周期性可以通过检测 DFT$[v_p(j)]$ 信号中的峰值来确定。伪方差信号 $v_p(j)$ 的离散傅里叶变换包含 $C-2$ 个点,表示从 0 到 $1-\dfrac{1}{C-2}$ 的归一化频率信息,间隔为

$\dfrac{1}{C-2}$。每个频率 f（以周期/像素为单位）都有一个相关的周期,该周期由频率的倒数决定。在离散傅里叶变换中任何特定频率处的峰值都对应于一个可能的插值因子, $\hat{N}=\dfrac{1}{f}$。

(4) 确定插值因子:确定缩放图像使用的插值因子包括两个部分,首先是在 DFT 中找到一个峰值 f_p,然后从 f_p 中确定一个估计的插值因子 $\hat{N}$。常数和阈值是根据经验确定的,基于 DFT 信号的性质,DFT 的峰值检测过程如下。首先忽略频谱中最低和最高的若干个频率值,将插值因子限制到最大值为 $\hat{N}=9$。由于对称性,只在频谱中搜索归一化频率为 0.5 的峰值。此外,只在 DFT 的幅度上进行峰值检测,对频率值所对应的幅度取平均值。若一个频率对应的幅度值比平均幅度值大 T 倍,则将其归类为候选峰值,其中 $T=10$;若在峰值检测过程中没有搜索到局部最大值,则认为该图像为未经过插值的原始图像,否则选取候选峰值中幅度最大的值作为峰值 f_p,然后根据峰值 f_p 所在的位置估计插值因子 $\hat{N}$。峰值 f_p 和插值因子 $\hat{N}$ 之间的关系可以表示成如下形式:

$$\hat{N}=\dfrac{1}{f_p} \text{ 或 } \hat{N}=\dfrac{1}{1-f_p} \qquad (4-14)$$

由于混叠效应,每个峰值会对应于多种可能的插值因子。例如,插值因子 1.5 对应的峰值与插值因子 3.0 对应的峰值十分相似,因此每个峰值都可以被解释为大于或小于 2.0 的插值因子,需要进一步假设或者关于 N 的可能值的先验知识来解决这种模糊性。

考虑到数字图像会使用 JPEG 进行压缩,即图像的插值过程通常在 JPEG 压缩之前发生。然而,JPEG 压缩过程也会给图像引入一种噪声,这使得图像缩放检测变得更加困难。在一幅 JPEG 压缩图像中,每一个像素块都包含一个 DC 电平。在解码过程中,使用 DC 电平结合 DCT 系数来重构图像,在 DCT 的非 DC 系数不存在的情况下,JPEG 解码具有类似于最近邻插值的效果。因此,对于存在 JPEG 压缩的图像,任何检测插值的方法都可以检测到插值因子为 8。图 4-6 展示了未经过插值的 JPEG 压缩图像的 DFT $[v_p(i)]$ 信号的幅值,观察可知峰值出现在归一化频率为 1/8、1/4、3/8、5/8、3/4 和 7/8 的位置上。因此,在分析 JPEG 压缩图像的缩放检测算法时,这些峰值必须被忽略。

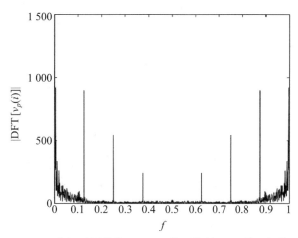

图 4-6　未经过插值的 JPEG 压缩图像的 DFT 信号幅值

（资料来源：Gallagher A C. Detection of linear and cubic interpolation in JPEG compressed images [C]//The 2nd Canadian Conference on Computer and Robot Vision（CRV'05）. IEEE，2005：65-72.）

图 4-7 展示了图像经过插值操作后进行 JPEG 压缩对应的 DFT$[v_p(i)]$ 信号的幅值，其中插值因子为 2.8。当忽略与 JPEG 压缩相关的峰值时，会发现归一化频率为 0.357 的峰值。根据峰值 f_p 和插值因子 $\hat{N}$ 之间的关系式 (4-14) 可知该峰值对应估计插值因子 2.8 或 14/9 中的一个值，最后可利用插值因子的先验知识进一步确认插值因子值。

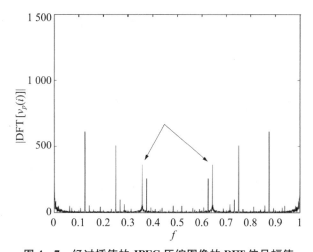

图 4-7　经过插值的 JPEG 压缩图像的 DFT 信号幅值

（资料来源：Gallagher A C. Detection of linear and cubic interpolation in JPEG compressed images [C]//The 2nd Canadian Conference on Computer and Robot Vision（CRV'05）. IEEE，2005：65-72.）

本小节介绍的基于二阶导数方差周期性的图像缩放检测方法对双线性插值和双三次插值的检测效果较好,但该算法存在一定的局限性。首先该方法对高阶插值算法的检测效果不好,插值算法的阶数越高,检测算法的性能越差。图 4-8 展示了使用窗口 sinc 插值算法进行插值的图像对应的 DFT $[v_p(i)]$ 信号的幅值,其中插值因子为 4,结果显示无法检测到任何峰值。

该图像缩放检测算法的第二个限制是对于保留相位的插值因子为 2.0 的特殊情况,其 DFT 信号将无法产生有意义的峰值,如图 4-9 所示。此外,该方法易受噪声影响,当信号噪声较大时,检测方法失效。

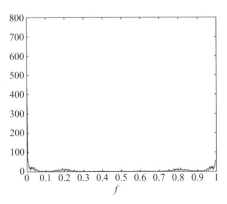

图 4-8 经过窗口 sinc 插值的图像的 DFT 信号幅值

(资料来源:Gallagher A C. Detection of linear and cubic interpolation in JPEG compressed images [C]//The 2nd Canadian Conference on Computer and Robot Vision (CRV'05). IEEE,2005:65-72.)

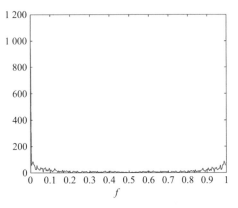

图 4-9 经过保持相位的双线性插值的图像的 DFT 信号幅值

(资料来源:Gallagher A C. Detection of linear and cubic interpolation in JPEG compressed images [C]//The 2nd Canadian Conference on Computer and Robot Vision (CRV'05). IEEE,2005:65-72.)

4.1.3 基于归一化能量密度的图像缩放检测方法

在机器学习发展早期,将手工设计的取证特征输入 SVM 分类器训练可以实现对不同特征的有效分类。Feng 等人设计了一种基于图像归一化能量密度的 19 维特征向量训练 SVM 模型用于图像缩放检测,该特征向量由图像频域的二阶导数在不同大小窗口内的归一化能量密度构成[3]。

假设图像 $i(x,y)$ 是一个 n 维正方形,共包含 n^2 个像素值,那么提取图像归一化能量密度的具体过程如下。

(1) 利用 Parseval 公式提取图像的能量特征 E:

$$E = \sum_{x=0}^{n-1} \sum_{y=0}^{n-1} i(x,y)^2 = \sum_{u=-\omega_c}^{\omega_c} \sum_{v=-\omega_c}^{\omega_c} |I(u,v)|^2 \quad (4-15)$$

其中,符号 $I(u,v)$ 表示图像 $i(x,y)$ 经过 DFT 变换后的频谱图,ω_c 表示图像的截止频率。

(2) 进一步提取图像密度频域中存在的能量 $E(\omega)$:

$$E(\omega) = \sum_{u=-\omega}^{\omega} \sum_{v=-\omega}^{\omega} |I(u,v)|^2 \quad (4-16)$$

(3) 图像的能量密度特征 $E_d(\omega)$ 通过图像 $2\omega \times 2\omega$ 窗口大小的平均能量来定义:

$$\begin{aligned} E_d(\omega) &= \frac{1}{4\omega^2} E(\omega) \\ &= \frac{1}{4\omega^2} \sum_{u=-\omega}^{\omega} \sum_{v=-\omega}^{\omega} |I(u,v)|^2 \end{aligned} \quad (4-17)$$

(4) 为适应原始图像和缩放图像不同尺寸大小,根据截止频率 ω_c 将窗口大小归一化处理为 s:

$$s = \frac{\omega}{\omega_c} \quad (4-18)$$

其中归一化窗口大小 s 取值在 0 到 1 之间。根据分析,图像的归一化能量密度 $E_n(s)$ 不依赖于图像的尺寸大小,可以被表示成

$$\begin{aligned} E_n(s) &= \frac{E_d(\omega_c \cdot s)}{E_d(\omega_c)} \\ &= \frac{1}{s^2} \frac{\sum_{u=-s\cdot\omega_c}^{s\cdot\omega_c} \sum_{v=-s\cdot\omega_c}^{s\cdot\omega_c} |I(u,v)|^2}{\sum_{u=-\omega_c}^{\omega_c} \sum_{v=-\omega_c}^{\omega_c} |I(u,v)|^2} \end{aligned} \quad (4-19)$$

其中 $E_d(\omega)$ 表示整幅图像的能量密度。

(5) 按照上述步骤提取窗口大小从 0.05 到 0.95、步长为 0.05 对应的归一化能量密度特征,构成的 19 维特征向量作为 SVM 分类器的输入。SVM 分类

器使用了径向基核函数(radial basic function,RBF),核函数的具体解析式可以表示为

$$k(x,x') = \exp\left(-\frac{\|x-x'\|^2}{2\sigma^2}\right) \quad (4-20)$$

其中 x 和 x' 表示输入 SVM 分类器的特征向量。

为了更好地区分不同缩放参数的归一化能量密度曲线,使用一个二阶导数滤波器对图像进行处理,滤波核 k 为

$$k = \begin{bmatrix} -1 & -1 & -1 \\ -1 & 8 & -1 \\ -1 & -1 & -1 \end{bmatrix} \quad (4-21)$$

本小节介绍的基于归一化能量密度的图像缩放检测算法可以获得良好的检测性能。与之前的研究相比,该算法对于大于 1 的缩放因子具有相似的性能,而对于小于 1 的缩放因子效果更优。实验结果如图 4-10 和图 4-11 所示,(a)表示双线性插值,(b)表示双三次插值。其中,图 4-10 展示了该方法对一组缩放因子不同但内容相同的缩放图像检测性能。在这种情况下,不同缩放因子下产生的图像尺寸是不同的。图 4-11 展示了该方法对一组缩放因子不同但图像尺寸大小相同的缩放图像检测性能。在这种情况下,不同缩放因子下产生的图像内容是不同的。在两种情况下,不同缩放因子下的归一化能量密度曲线可以保持良好的分离。

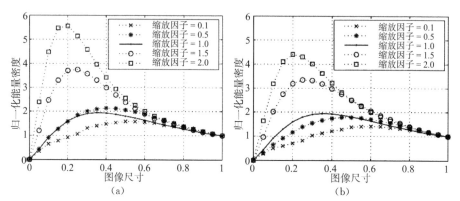

图 4-10 一组缩放因子的归一化能量密度曲线(固定内容:先裁剪再缩放)

(资料来源:Feng X, Cox I J, Doerr G. Normalized energy density-based forensic detection of resampled images [J]. IEEE Transactions on Multimedia, 2012, 14(3):536-545.)

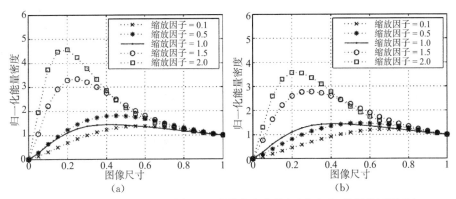

图 4-11 一组缩放因子的归一化能量密度曲线（可变内容：先缩放再裁剪）

（资料来源：Feng X, Cox I J, Doerr G. Normalized energy density-based forensic detection of resampled images [J]. IEEE Transactions on Multimedia, 2012, 14(3):536-545.）

4.1.4 基于能量特征分析的图像缩放检测CNN方法

随着深度学习的发展，CNN被广泛应用于图像取证领域并取得了不少成果。本小节将介绍一种基于CNN的原始算法来区分不同缩放参数下缩放图像的有限多样性[4]。在训练过程中，CNN通过反向传播对大量样本进行自动学习并区分学习到的特征，实现了对不同缩放参数的检测。

该方法模型从一个新的角度分析缩放图像并设计了一个专注于分析图像能量的新层，名为METEOR。输入图像经过METEOR层处理，再将METEOR层处理后的图像残差作为能量特征图，作为增强CNN性能的决定性组成部分。

METEOR层的内核由一个包含m^2个元素的$m \times m$块组成，m表示核的大小。由于CNN具有通过反向传播实现自动学习的能力，因此，核大小是动态的，并且可以在训练时用随机梯度下降来更新。在具体实现过程中，m被严格限制为3到9之间的正整数奇数，变量m使CNN模型能够调整其核大小以适应不同缩放参数的图像。根据图像缩放的插值原理，插值核函数中每个元素的权值只与几何距离有关。其中几何距离指的是到中心元素的直接最短距离，距离越近，元素的权重就越大。内核中每个元素的权值w_n定义为

$$w_n = \frac{1}{\sqrt{(x_n - x_c)^2 + (y_n - y_c)^2}} \quad (4-22)$$

其中,权重系数应归一化为

$$W_n = \frac{w_n}{\sum_{n=0}^{n=m^2-1} w_n} \qquad (4-23)$$

x_c 和 y_c 是内核中心元素 M_c 的坐标,x_n 和 y_n 是内核中心元素 M_c 周围相邻元素 M_n 的坐标。权重系数确定后,将 W_n 赋给相应位置的元素,同时将内核中心元素 M_c 的权重固定为 0。然后,图像块 I 与内核卷积后生成新的像素 P_t:

$$\begin{aligned} P_t &= \sum_{n=0}^{n=m^2-2} W_n P_I + W_c P_c \\ &= \sum_{n=0}^{n=m^2-2} W_n P_I \end{aligned} \qquad (4-24)$$

其中,P_c 是图像块 I 的中心像素,P_I 代表图像块 I 中 P_c 周围的像素。由于核大小 m 是一个变量整数,因此图像块 I 的大小被严格设置为 m 以匹配内核大小。为避免错误发生,采用一个灵活的填充策略将核心大小固定为 9,若 m 小于 9,则使用 0 作为确定元素周围的填充创建额外的列和行,以确保核心大小等于 9。同时,将具有非零值的权值固定在以核心为中心的内核中。在与 METEOR 层的核进行卷积后,还需要进行后处理才能得到能量特征图。进一步处理之前计算出的 P_t 和 P_c 可以得到 e:

$$e = \sqrt{|(P_t)^2 - (P_c)^2|} \qquad (4-25)$$

推导出来的 e 可以看作中心像素 P_c 的能量,也可以看作中心像素 P_c 的量化梯度,与能量高度相关。将 e 的值赋给 P_c 可作为特征图中 P_c 对应的值。在确定每个像素对应的能量 e 后,将计算出的所有 e 替换原始图像的对应像素作为原始图像的残差,即可创建一个新的特征图 E。E 是期望能量特征图,此特征图可作为后续网络层的输入。从技术上讲,具有相似可测量能量模式的能量特征图被归为同一组,基于此可引导网络分析图像的能量特征以实现图像缩放参数估计。此外,和其他研究者提出的大多数模型一样,数据输入层和损失层是照常设置的。在 METEOR 层和损失层之间,有卷积层、归一化层、全连通层和池化层构建的隐藏层。多组重复卷积层、归一化层、激活层和池化层定期出现,这些层可以被描述为视觉组,该模型中使用了 6 组视觉组。上述结构组成了一个基于 CNN 的图像缩放检测模型。

本小节介绍的一种基于 CNN 模型的图像缩放检测方法有效地实现了缩

放图像的检测和参数估计。如表 4-1 所示,所有的方法在两个数据集上都可以达到很好的精度。即使将不同缩放参数的缩放图像混合在一起(mixed),仍然可以达到 93% 以上的精度,CNN 的优越性得到了验证。

表 4-1　两种数据集在不同缩放参数下的检测精度

缩放参数	BOSS				RAISE			
	NEDF	UIMD	CCNN	Our model	NEDF	UIMD	CCNN	Our model
0.5	0.9637	0.9825	0.9915	0.9904	0.9712	0.9757	0.9869	0.9847
0.75	0.9585	0.9878	0.9902	0.9875	0.9715	0.9925	0.9877	0.9936
1.25	0.9733	0.9862	0.9865	0.9925	0.9841	0.9893	0.9931	0.9927
1.50	0.9617	0.9814	0.9877	0.9883	0.9792	0.9936	0.9944	0.9921
1.75	0.9755	0.9895	0.9925	0.9912	0.9823	0.9942	0.9950	0.9977
2.00	0.9728	0.9927	0.9911	0.9939	0.9866	0.9965	0.9939	0.9950
mixed	0.9340	0.9689	0.9823	0.9854	0.9317	0.9716	0.9921	0.9900

资料来源:Ding F, Wu H, Zhu G, et al. METEOR:Measurable energy map toward the estimation of resampling rate via a convolutional neural network [J]. IEEE Transactions on Circuits and Systems for Video Technology,2020,30(12):4715-4727.

如前所述,该方法中 METEOR 层是模型成功的关键,它可以进一步提高方法的估计性能。如表 4-2 所示,从比较中可以清楚地看出,新设计的 METEOR 层是估计缩放参数的决定性因素。当去除这一层时,不同插值方法的估计精度均下降。对于表中两个数据集,METEOR 层可以提高至少 6% 的估计精度。

表 4-2　两种数据集上有 METEOR 层和没有 METEOR 层的模型性能比较

模型	BOSS				RAISE			
	Nearest	Bilinear	Bicubic	Lanczos	Nearest	Bilinear	Bicubic	Lanczos
CNN 没有 METEOR 层	0.9012	0.8871	0.9103	0.9110	0.8976	0.8985	0.9034	0.9048
CNN 有 METEOR 层	**0.9767**	**0.9653**	**0.9725**	**0.9730**	**0.9705**	**0.9642**	**0.9694**	**0.9796**

资料来源:Ding F, Wu H, Zhu G, et al. METEOR:Measurable energy map toward the estimation of resampling rate via a convolutional neural network [J]. IEEE Transactions on Circuits and Systems for Video Technology,2020,30(12):4715-4727.

除了估计精度之外,METEOR 层还从另一个方面提高了 CNN 的性能:模型的收敛性。两种模型在不同数据集上的收敛性能如图 4-12 所示。如图 4-12(a)所示,使用 METEOR 层可以使 CNN 提前收敛,只需要大约 7 个 epochs,而不使用 METEOR 层则需要 13 个 epochs 才可以达到收敛的效果。在 RAISE 数据集上也可以观察到类似的现象。而且不使用 METEOR 层的模型收敛也缺乏稳定性,估计精度和损失函数都存在振荡。

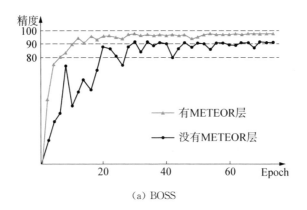

(a) BOSS

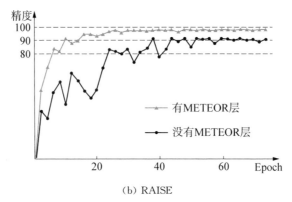

(b) RAISE

图 4-12 两种模型在不同数据集下的收敛性

(资料来源:Ding F, Wu H, Zhu G, et al. METEOR: Measurable energy map toward the estimation of resampling rate via a convolutional neural network [J]. IEEE Transactions on Circuits and Systems for Video Technology, 2020, 30(12):4715-4727.)

此外,METEOR 层对压缩缩放图像也具有一定的鲁棒性。如表 4-3 所示,使用双三次插值算法,即使对于 $Q=50$ 的高度压缩图像,仍然可以达到接近 90% 的准确率。所有这些评估结果表明,该方法在图像缩放检测和参数估计方面是非常出色的。

表 4-3 两种数据集上 METEOR 层对压缩缩放图像的鲁棒性

模型	BOSS		RAISE	
	$Q=50$	$Q=75$	$Q=50$	$Q=75$
CNN 没有 METEOR 层	0.5932	0.6270	0.6355	0.7159
CNN 有 METEOR 层	**0.8976**	**0.9288**	**0.9059**	**0.9415**

资料来源:Ding F, Wu H, Zhu G, et al. METEOR: Measurable energy map toward the estimation of resampling rate via a convolutional neural network [J]. IEEE Transactions on Circuits and Systems for Video Technology, 2020, 30(12):4715-4727.

4.2 模糊取证

为了消除图像篡改在拼接边缘产生的视觉或统计上的畸变,通常会在图像篡改后使用模糊操作消除简单拼接留下的伪造痕迹。模糊操作的基本原理是对图像的局部邻近像素值进行邻域灰度平均。本小节针对数字伪造合成图像中最常见的模糊操作,介绍三种经典的模糊取证算法,包括基于数字图像边缘特性的形态学滤波取证技术、基于奇异值信息的图像模糊区域自动检测与分类技术和基于不同类型局部模糊度量的图像模糊检测与分类技术。

4.2.1 基于数字图像边缘特性的形态学滤波取证技术

本小节介绍一种基于图像形态学滤波边缘特征的模糊操作取证方法,用同态滤波和形态学滤波增强模糊操作的图像边缘,利用散焦模糊和人工模糊的边缘特性,检测伪造图像的模糊操作痕迹[5]。

模糊操作可以看作将输入图像中的像素(i,j)的邻域平均灰度值确定为输出图像像素(i,j)的值,即利用所有元素使用$1/n^2$的加权矩阵进行空间滤波。当使用$n \times n$的正方形模糊邻域时,模糊操作可表示为

$$g(i,j) = \frac{1}{n^2} \sum_{k=-[n/2]}^{[n/2]} \sum_{l=-[n/2]}^{[n/2]} f(i+k, j+l) \qquad (4-26)$$

其中,n表示模糊邻域大小,即滤波器窗大小。

为了实现对伪造图像模糊区域的精确取证,需要区分人工模糊和相机散

焦模糊。人工模糊和相机散焦模糊的最大区别在于人工模糊有明确的模糊边界。而相机散焦模糊没有模糊边界，较人工模糊表现得更加均匀。因此可以使用同态滤波算法抵消掉人工模糊的邻域平均灰度滤波的模糊效果，放大人工模糊操作中的模糊边界和边界内外像素的区别。

通过设计合适的同态滤波函数，对预取证图像的边缘进行边缘灰度级扩展处理。在频域中同时将图像亮度范围进行压缩和将图像对比度进行增强，在对正常图像边缘影响较小的前提下，放大增强模糊处理后的边缘。其中，同态滤波函数 $H(u,v)$ 以不同的方法影响傅里叶变换的高低频成分，表达式如下所示：

$$H(u,v)=(r_H-r_L)[1-e^{-c(D^2(u,v)/D_0^2)}]+r_L \qquad (4-27)$$

其中，D_0 为滤波器的高通截止频率，$D(u,v)$ 是从点 (u,v) 到频率平面原点的距离，即 $D^2(u,v)=u^2+v^2$，常数 c 控制滤波器函数斜面的锐化，在 r_L 和 r_H 之间过渡。进一步提取经同态滤波后图像的二值边缘图像信息，再选择合适的结构元素（structural element，SE）对二值边缘图像信息进行形态学滤波运算。在这里使用的 SE 结构为 3×3 方形结构：

$$\mathrm{SE}=\begin{bmatrix} 1 & 1 & 1 \\ 1 & 1 & 1 \\ 1 & 1 & 1 \end{bmatrix} \qquad (4-28)$$

数学形态学图像处理方法有两种基本运算：腐蚀与膨胀。人工模糊操作是用加窗滤波器函数对选定模糊半径内的图像像素进行滤波的结果，其基本原理是对图像的模糊半径内的邻近像素值进行邻域平均灰度而产生平滑，在数学形态学上可以看成对图像的局部边缘进行元素膨胀的结果。通过对人工模糊的图像边缘特性分析可以看出，形态滤波学的腐蚀操作可以收缩掉部分图像"弱"边缘，保留下"强"边缘。对经过同态滤波修正增强后的二值边缘图像进行腐蚀操作可以收缩掉同态滤波未增强的图像正常区域"弱"边缘，同时保留同态滤波增强的图像篡改区域"强"边缘，最终实现篡改区域的定位。

本小节介绍的方法从数学形态学的角度详细分析和探讨了模糊操作对数字图像边缘特性的影响，基于数学形态学实现了伪造图像模糊边缘提取和定位。经同态滤波处理后用数学形态学进行人工模糊边缘处理检测的取证方法能够较为准确地检测出经过模糊操作的伪造和篡改图像,并可以较精确地定位出图像的篡改伪造局部区域。此外,该方法区分相机的散焦模糊和人工模糊的结果如表4-4所示。

表4-4 模糊取证结果

图像来源	图像数	正确数	错误数	正确率(%)
Worth1000上原始图像	42	41	1	97.6
Worth1000上合成图像	65	53	12	81.5
Sony N1原始图像	205	192	13	93.6
Kodak DC290原始图像	118	103	15	87.3
Sony N1人工模糊图像	51	48	3	94.1
Sony N1篡改合成图像	36	33	3	91.6
Nikon E5700合成图像	25	22	3	88.0

资料来源:周琳娜,王东明,郭云彪,等.基于数字图像边缘特性的形态学滤波取证技术[J].电子学报,2008,36(6):1047.

4.2.2 基于奇异值信息的图像模糊区域自动检测与分类技术

许多图像都含有由运动或散焦造成的模糊区域。模糊图像区域的自动检测与分类对于不同的多媒体分析任务具有重要意义。本小节介绍一种简单有效的图像模糊区域自动检测与分类技术[6]。该技术首先检测单个图像中的模糊区域,然后识别模糊区域的模糊类型。图像模糊区域检测与分类技术框架如图4-13所示。

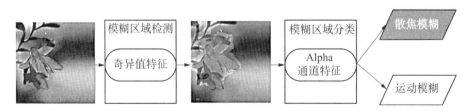

图4-13 图像模糊区域检测与分类技术框架

(资料来源:Su B, Lu S, Tan C L. Blurred image region detection and classification [C]// Proceedings of the 19th ACM International Conference on Multimedia. 2011:1397-1400.)

模糊检测和分类技术中使用了两种图像特征。其中一种特征是奇异值特征,作为模糊度量可以有效准确地检测图像模糊。奇异值分解(singular value decomposition, SVD)是线性代数中最有用的技术之一,已经应用到计算机科学的各个领域。给定一幅图像 I,其 SVD 可以表示为 $I = U\Lambda V^T$,其中 U、V 是正交矩阵,Λ 是一个对角矩阵,由多个奇异值按降序排列而成。因此,图像可以被分解成多个秩为 1 的矩阵:

$$I = \sum_{i=1}^{n} \lambda_i u_i v_i^T \qquad (4-29)$$

其中,u_i、v_i 和 λ_i 分别是 U、V 和对角矩阵 Λ 的列向量。如式(4-29)所示,奇异值分解实际上是将一幅图像分解为若干特征图像的加权和,其中权值就是奇异值本身。因此,省略尾部小奇异值的压缩图像实际上是用粗近似代替了原始图像。那些具有小奇异值的特征图像可以捕捉到细节信息,而被丢弃。这种情况类似于图像模糊,在大尺度上保持形状结构,但在小尺度上丢弃图像细节。从另一个角度来看,式(4-29)的特征图像对图像提供了不同的尺度空间分析,即前几幅最显著的特征图像在大尺度空间工作以提供图像的粗略形状,而后几幅较不显著的特征图像编码图像细节。假设图像 I 与点扩散函数(point spread function, PSF)的 H 卷积如下:

$$I * H = \sum_{i=1}^{n} \lambda_i (u_i v_i^T) * H \qquad (4-30)$$

其中,卷积算子 $(u_i v_i^T) * H$ 倾向于增加特征图像的尺度空间,从而导致高频细节的丢失。也就是说,与小尺度空间特征图像匹配的小奇异值,在卷积后对应于较大尺度空间特征图像。因此,图像细节被削弱,大尺度空间特征图像得到更高的权重。对于一幅模糊的图像,前几幅最显著的特征图像通常具有更高的权值(即奇异值)。基于此,可以使用一个奇异值特征来度量图像的模糊程度,如下:

$$\beta_1 = \frac{\sum_{i=1}^{k} \lambda_i}{\sum_{i=1}^{n} \lambda_i} \qquad (4-31)$$

其中,λ_i 表示每个图像像素在局部图像块中计算得到的奇异值。如式(4-31)所示,奇异特征实际上是前 k 个最显著奇异值与所有奇异值的比值。一般来说,模糊图像区域比没有模糊的清晰图像区域的模糊程度更高。因此,如果图像像素的 β_1 大于某一阈值,则为模糊区域,否则为非模糊区域。

另一种图像特征是 alpha 通道特征,可用于模糊类型分类。一旦检测到图像模糊,需要将图像模糊类型识别为运动模糊或散焦模糊。另使用两层图像合成模型,将图像 I 视为图像前景 F 和背景 B 的组合,如下:

$$I = \alpha F + (1-\alpha)B \tag{4-32}$$

其中,α 在 0 和 1 之间。在一幅清晰的图像中,α 一般取值 0 或 1。但在模糊图像中,前景和背景往往混在一起,大多数 α 值位于前景和背景之间的边界,取值为小数。alpha 通道模型约束被用于运动模糊图像,其定义为 $\nabla\alpha \cdot b = \pm 1$。$b$ 是一个 2×1 向量,表示在水平和垂直方向上的模糊扩展。运动模糊图像的模糊核 b 通常是有方向性的,因此 $\nabla\alpha$ 的分布为直线。但对于散焦模糊图像,图像像素强度会在各个方向上以恒定的步长展开,$\nabla\alpha$ 元素的大小相近但角度不同,$\nabla\alpha$ 的分布呈现圆形。

基于此,进一步评估 $\nabla\alpha$ 分布形状的圆度。计算 $\nabla\alpha$ 分布上从中心到最近的凸点(暗点)在不同方向上的距离,得到数组 $d_1, d_2, \cdots, d_n$,其中 d_i 为一个方向上的估计距离。alpha 通道特征 β_2 可以被定义为距离数组的变化,如下:

$$\beta_2 = \mathrm{Var}\{d_1, d_2, \cdots, d_n\} \tag{4-33}$$

运动模糊图像区域与散焦模糊图像区域相比具有更大的 β_2 值。因此,可以在 β_2 上使用阈值将模糊区域分为运动和散焦两种类型。

综上所述,该方法首先构建模糊图像与奇异值分布的联系,并相应地设计模糊度量,从单一图像准确地检测模糊区域,然后捕获 alpha 通道特征的分布模式,有效区分运动和散焦模糊。该方法可以在不需要图像去模糊和核估计的情况下自动检测模糊区域并对模糊类型进行分类。

该方法的 recall-precision 曲线如图 4-14 所示,图 4-14(a)表示基于奇异值特征的模糊/非模糊分类中"模糊"的 recall-precision 曲线,图 4-14(b)表示基于 alpha 通道特征的运动/散焦模糊分类中的"散焦模糊"的 recall-precision 曲线。此外,奇异值特征的阈值在 0 到 1 之间,步长为 0.05,而 alpha 通道特征的阈值在[0, 0.4]范围内变化,步长为 0.01。当奇异值阈值为 0.75 时,该方法对模糊/非模糊分类的准确率最高,为 88.78%。当 alpha 通道阈值为 0.12 时,运动/散焦分类的准确率最高,为 80%。

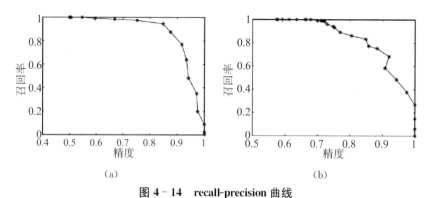

图 4-14 recall-precision 曲线

(资料来源:Su B, Lu S, Tan C L. Blurred image region detection and classification [C]// Proceedings of the 19th ACM International Conference on Multimedia. 2011:1397-1400.)

该方法可以在构造奇异值模糊映射的基础上进一步提取模糊区域,并根据得到的阈值建立模糊掩模,以划分模糊/非模糊区域。另一方面,提取的模糊图像区域的大小取决于奇异值阈值,因为模糊图像区域和非模糊图像区域之间没有明确的边界。图 4-15(a)展示了一个模糊文档图像示例,图 4-15(b)显示了该示例图像的奇异值模糊映射,该映射说明了模糊程度的变化,设置不同的阈值可以得到不同的模糊图像提取结果。如图 4-15 所示,分别基于 0.91 和 0.76 的阈值从(a)中提取(c)和(d)两个不同的模糊图像区域。此外,可以利用模糊检测特性对图像的模糊等级进行排序。图像的模糊程度受两个方面的影响:一是整体图像的模糊程度,可以用奇异值特征 β_1 来评价;二是模糊区域大小与图像整体大小的比例。图像的模糊度如下所示:

$$D = k\beta_1 + (1-k)\left(\frac{\Omega_b}{\Omega}\right) \qquad (4-34)$$

(a)

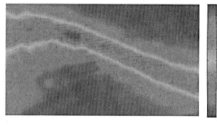

(b)

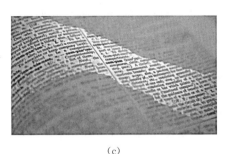 

(c) (d)

图 4‑15 模糊文档图像包含不同程度的散焦模糊

(资料来源:Su B, Lu S, Tan C L. Blurred image region detection and classification [C]// Proceedings of the 19th ACM International Conference on Multimedia. 2011:1397‑1400.)

其中 k 为权重,设置为 0.5。Ω_b 表示模糊图像区域的大小,Ω 表示整幅图像的大小。图 4‑16 展示了一组示例图像,这些图像根据该方法估计的模糊程度进行了排序,可以发现这些图像被正确地排序。

图 4‑16 图像模糊程度排序

(资料来源:Su B, Lu S, Tan C L. Blurred image region detection and classification [C]// Proceedings of the 19th ACM International Conference on Multimedia. 2011:1397‑1400.)

4.2.3 基于不同类型局部模糊度量的图像模糊检测与分类技术

本小节介绍一种结合不同类型的局部模糊度量的局部模糊检测与分类方法,其构建了用于局部模糊检测和模糊类型分类的分类器[7]。

该方法使用了三种模糊度量用于模糊/非模糊分类。首先是局部饱和度度量。一般来说,由于模糊处理的平滑效果,模糊像素的颜色往往不如未模糊的像素鲜艳。基于这一观察,最大饱和度(maximum saturation,MS)被提出。MS 定义为 R、G、B 值的局部最小值的最大值,并使用它们的和进行归一化。然而 MS 无法建模 R、G、B 值之间的差异,这严重影响了它在测量由单一颜色主导的图像的颜色饱和度时的准确性。为了更好地模拟局部色彩饱和度,使用 CIELAB 颜色空间中定义的综合色彩饱和度来度量:

$$S'_p = \frac{1}{2}[\tanh(\delta \cdot [(L_p - L_T) + (C_T - \|C_p\|_2)] + 1)] \quad (4-35)$$

其中 L 和 $C = (a, b)^T$ 分别表示 CIELAB 颜色空间的亮度和颜色分量。L_T 和 C_T 是 L 和 C 的阈值,δ 控制着度量的增长。S'_p 仅当使用这些参数的正确值时有效。经过广泛的试验,设置 $L_T = 100$,$C_T = 25$ 和 $\delta = 1/20$。在这些设置下,模糊度量局部饱和度被定义为一个局部邻域 P 中 S'_p 的平均值:

$$b_1 = \frac{1}{N_P} \sum_{p \in P} S'_p \quad (4-36)$$

其次,模糊操作可以改变梯度幅值分布的形状,一种基于梯度直方图跨度(gradient histogiam span, GHS)的模糊度量被提出,它被定义为较大分量的水平跨度。然而,GHS 度量有两个问题。第一,它假设局部梯度分布可以用双分量高斯混合模型(Gaussian mixture model, GMM)很好地建模,但这种假设并不总是有效的。例如,一个均匀图像区域(如蓝天)的局部梯度分布实际上是由局部图像噪声的分布决定的,但这不能被 GMM 正确地模拟。第二,在每个像素位置进行密集 EM 分解是不切实际的。基于此,方法[7]提出直接基于局部梯度分布形状的模糊度量:

$$b_2 = \frac{f_1(H)}{f_2(H) + \varepsilon} \quad (4-37)$$

其中 $H = [h_1, \cdots, h_N]$ 是图像块 P 归一化梯度幅值直方图。$f_1(H) = \text{Var}(H)$ 度量了 H 的垂直变化,与 H 的水平跨度(即宽度)成反比。$f_2(H) = \sum_{1}^{N-1} |h_{i+1} - h_i|$ 度量直方图跨 bin 的平滑度(即直方图曲线的平滑度)。ε 是一个很小的常数,避免除零误差。

用来识别模糊的最后一个度量是功率谱斜率,它在傅里叶域中量化了信号在频率上的衰减。通过分析发现功率谱斜率 α_p 在各种图像中都是相当稳定的,因此第三种局部模糊度量可以表示为

$$b_3 = \alpha_p \quad (4-38)$$

接下来,介绍运动/散焦模糊分类的模糊度量。在 θ 方向上的一点 (x, y)

的图像梯度可以表示为 $\Delta I(x,y)\cdot\theta=[I_x(x,y),I_y(x,y)][\cos\theta,\sin\theta]^T$。然后,在一个局部邻域 P 内,可以建立一个平方方向梯度的方向能量度量:

$$E(P)=\sum([I_x(x,y),I_y(x,y)][\cos\theta,\sin\theta]^T)^2$$
$$=[\cos\theta,\sin\theta]D(x,y)\begin{bmatrix}\cos\theta\\\sin\theta\end{bmatrix} \quad (4-39)$$

$$D=\begin{bmatrix}d_{11} & d_{12}\\d_{21} & d_{22}\end{bmatrix}=\sum_P\begin{bmatrix}I_x^2 & I_xI_y\\I_xI_y & I_y^2\end{bmatrix} \quad (4-40)$$

其中 D 是局部自相关矩阵。$E(P)$ 可以进一步表示为 θ 的函数:

$$f(\theta)=E(P)=\frac{1}{2}(d_{12}+d_{21})\sin(2\theta)+(d_{22}-d_{11})\sin^2\theta \quad (4-41)$$

估计局部运动(模糊)方向为

$$\hat{\theta}_{\text{motion}}=\begin{cases}\theta_{\text{base}}, & \text{若 } f(\theta_{\text{base}})\leqslant f\left(\theta_{\text{base}}+\frac{\pi}{2}\right)\\ \theta_{\text{base}}+\frac{\pi}{2}, & \text{若 } f(\theta_{\text{base}})>f\left(\theta_{\text{base}}+\frac{\pi}{2}\right)\end{cases} \quad (4-42)$$

并利用相应的能量 $f(\hat{\theta}_{\text{motion}})$ 度量运动模糊。相比之下,这里使用沿估计运动方向的能量和极值方向的能量比例进行模糊度量。定义两种度量分别为

$$m_1=\log[f(\hat{\theta}_{\text{motion}})] \quad (4-43)$$

$$m_2=\log\left[\frac{f\left(\hat{\theta}_{\text{motion}}+\frac{\pi}{2}\right)}{f(\hat{\theta}_{\text{motion}}+\varepsilon)}\right] \quad (4-44)$$

其中使用 $\log(\cdot)$ 限定范围。m_2 尺度的一个优点是:它是一个相对尺度,不受图像块绝对强度的影响。除了上述两种度量外,局部自相关一致性(local auto correlation congruency,LACC)度量可以编码较大邻域的梯度方向分布,直接使用它作为运动模糊的第三个度量:

$$m_3=\log[\text{LACC}(P)] \quad (4-45)$$

其中 LACC 定义为:LACC$=$Var$[\text{hist}(\theta)]$。hist(θ) 是图像块 P 的一个方向响应直方图,由局部自相关矩阵 D 的特征分解构造而成。最后使用模糊

度量 b_1、b_2 和 b_3 训练线性 SVM 分类器进行模糊/非模糊分类,并使用带有运动模糊度量 m_1、m_2 和 m_3 的另一个线性 SVM 分类器进行运动/散焦模糊分类。

该方法具有较强的分辨力、较好的图像适配性和较高的计算效率,也适用于分割部分模糊图像和正确标记模糊类型的问题。该方法在测试数据集上的 ROC 曲线如图 4-17 所示,在模糊/非模糊和运动/散焦模糊分类上达到了 84.6% 和 80.2% 的准确率。

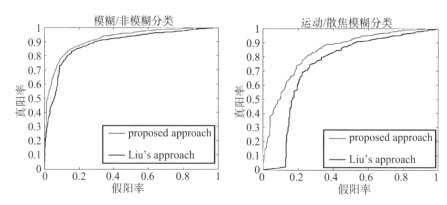

图 4-17 模糊/非模糊(左)和运动/散焦(右)分类的 ROC 曲线

(资料来源:Xu W, Mulligan J, Xu D, et al. Detecting and classifying blurred image regions [C]//2013 IEEE International Conference on Multimedia and Expo (ICME). IEEE, 2013:1-6.)

4.3 中值滤波取证

中值滤波取证的基本目标是鉴别给定的图像是否经历过中值滤波操作,其关键问题是如何构造有效的指纹特征,利用合适的模式分类方法区分经历中值滤波操作前后的图像,同时能区分中值滤波操作与其他图像处理操作。中值滤波操作是一种高度非线性操作,由于其良好的平滑滤波性质,伪造者可能会使用中值滤波使伪造的图像在感知上更逼真。同时,中值滤波的非线性属性使其可用于删除其他修饰操作留下的指纹,可被用于反取证。因此,中值滤波取证越来越受到关注。本小节介绍三类中值滤波取证方法,包括基于纹理性像素特征的中值滤波取证、基于中值滤波残差特征的中值滤波取证,以及基于深度学习的中值滤波取证。

4.3.1 基于纹理性像素特征的中值滤波取证

在未经历中值滤波的自然图像中,由于图像本身内容的高度随机性,全局图像中相邻像素相等的概率存在如下规律。

(1) 在纹理区域内,由于大部分相邻像素灰度值的波动会相对较大,其值不但不会相等,反而相差较大。因此,在纹理区域内,相邻像素相等的概率通常比较小且接近于 0。

(2) 在平滑区域内,由于相邻像素间具有连续性,因此相邻像素相等的概率通常保持较大值。

中值滤波是一种次序统计滤波器,其输出依赖于局部邻域内像素的排序,即取排位在最中间的元素作为输出。例如,对一幅自然图像做中值滤波处理,选取 3×3 像素大小的滤波窗口,那么每次窗口滑动将覆盖图像中的 9 个像素点,对这 9 个像素进行排序,并将这个窗口的中心点赋值为这 9 个像素的中值。由于滤波窗口一般至少为 3×3 像素,共同像素数目不会太少,因此在滤波排位最中间的两个像素值更应具有接近的灰度级,这意味着无论是图像纹理区域还是平滑区域,相邻像素灰度值都会很接近。当自然图像经历中值滤波操作后,全局图像中相邻像素相等的概率会保持较大的概率值,且至少远大于 0。

图 4-18 展示了一幅自然图像在经历中值滤波处理前后的对比,观察等值相邻像素对出现的具体位置,即图 4-18(c) 和 (d) 中白色标记的点,可以发现,在诸如"云朵""塔身""草地"等纹理明显的区域,等值相邻像素对出现的频率在未经历中值滤波的自然图像中较低,但在图像经历中值滤波后大幅增高;在"无云的天空"这类平滑区域,等值相邻像素对在滤波前后出现的频率都比较高,且无显著变化。

综上,中值滤波操作可使纹理区域内相邻像素相等的概率显著增大。因此可以利用纹理区域相邻像素相等概率这一指纹特征,基于阈值化二分类方法设计中值滤波取证算法[8]。

(1) 对待测图像 $I(i,j)$,求对应二值化图像的基于行向的一阶差分图像:

$$\nabla I_r(i,j) = \begin{cases} 1, & \text{若 } I(i+1,j) - I(i,j) = 0 \\ 0, & \text{若 } I(i+1,j) - I(i,j) \neq 0 \end{cases} \tag{4-46}$$

(a) 无中值滤波处理图像　　(b) 滤波窗口为 3×3 的中值滤波处理图像

(c) 无中值滤波处理图像概率图　　(d) 滤波窗口为 3×3 的中值滤波处理图像概率图

图 4-18　自然图像经历中值滤波前后等值相邻像素概率图对比

(资料来源:Cao G, Zhao Y, Ni R, et al. Forensic detection of median filtering in digital images [C]//2010 IEEE International Conference on Multimedia and Expo. IEEE, 2010:89-94.)

(2) 构建纹理性像素集:

$$V(i,j) = \begin{cases} 1, & \text{若 } \sigma(i,j) \geqslant \tau \\ 0, & \text{若 } \sigma(i,j) < \tau \end{cases} \quad (4-47)$$

其中 $\sigma(i,j) = \text{Var}\{I(m,n)\}$，$m \in [i-\lceil d/2 \rceil, i+\lceil d/2 \rceil]$，$n \in [j-\lceil d/2 \rceil, j+\lceil d/2 \rceil]$，$d$ 是指定方形区域的边长，$\text{Var}\{\ \}$ 是计算指定区域内像素值集合的方差。

(3) 统计纹理性像素处零值出现的行向归一化频率:

$$f_r = \frac{\sum_i \sum_j \nabla I_r(i,j) \cdot V(i,j)}{\sum_i \sum_j V(i,j)} \qquad (4-48)$$

类似地,利用二值化图像的列项一阶差分图像,计算列项归一化频率,记为 f_c。融合两个指纹特征:

$$f = [f_r, f_c] \cdot \left[\frac{1}{\sqrt{2}}, \frac{1}{\sqrt{2}}\right]^T \qquad (4-49)$$

(4) 鉴别图像是否经历中值滤波操作。如果 f 大于某个阈值,则表示图像 I 经历过中值滤波操作;反之,图像未经历中值滤波操作。

图 4-19 展示了从每幅样本图像上提取的特征值 f。可以直观地看出,中值滤波后的图像样本的特征值远大于原始图像样本的特征值。对比其他图像修饰操作,例如双线性缩放、高斯低通滤波、均值滤波和 JPEG 压缩,经历不同操作后的图像样本的特征值分布存在一定可区分的统计差异,即经历中值滤波处理的图像的特征值同样大于经历其他操作处理的图像的特征值。

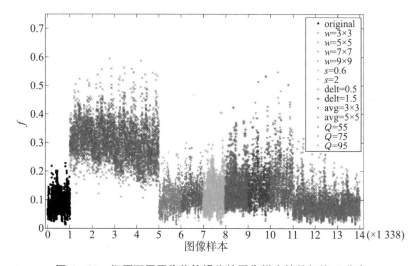

图 4-19 经历不同图像修饰操作的图像样本的特征值 f 分布

(资料来源:Cao G, Zhao Y, Ni R, et al. Forensic detection of median filtering in digital images [C]//2010 IEEE International Conference on Multimedia and Expo. IEEE, 2010:89-94.)

中值滤波取证的性能评价指标采用假阳率(false positive, FP)和真阳率

(true positive,TP),其中：假阳率定义为误检为中值滤波后图像的数量占参加测试的中值滤波后图像总数的百分比；真阳率定义为正确检测出的中值滤波后图像数量占参加测试的中值滤波后图像总数的百分比。图 4-20 展示了中值滤波取证算法对原始自然图像与经历不同强度中值滤波处理图像的分类结果。可以看出算法[8]在不同滤波强度下均能取得较高的真阳率，并且滤波窗口尺寸越小，真阳率越高。

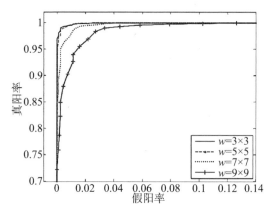

图 4-20 中值滤波处理图像分类结果

（资料来源：Cao G, Zhao Y, Ni R, et al. Forensic detection of median filtering in digital images[C]//2010 IEEE International Conference on Multimedia and Expo. IEEE，2010:89-94.）

4.3.2 基于中值滤波残差特征的中值滤波取证

部分中值滤波取证技术直接从图像的像素值中提取中值滤波检测指纹，在对已压缩 JPEG 图像进行检测时，性能会明显下降。然而，许多图像在存储、捕获或传输过程中会经历 JPEG 压缩处理。当分析小窗口图像以寻找局部中值滤波证据时，这些技术的性能会严重下降。此外，在保持低假阳率的情形下，现有技术在区分中值滤波与其他修饰操作的时候可能会遇到困难。

基于 MFR 的中值滤波取证技术[9]，利用图像中值滤波残差的统计属性，以抑制可能干扰中值滤波检测的图像内容。为了捕获 MFR 的统计属性，其被拟合到自回归(auto regressive, AR)模型中，然后训练 SVM，使用 AR 系数作为中值滤波检测的指纹。

（1）为了抑制图像内容和块伪影，从中值滤波后的图像和原始图像本身之间的差异中提取指纹特征。这种差异定义为图像的 MFR：

$$d(i,j) = \text{med}_w[y(i,j)] - y(i,j) = z(i,j) - y(i,j) \quad (4-50)$$

其中 $y(i,j)$ 是在点 (i,j) 的原始像素值，$z(i,j)$ 是 $y(i,j)$ 中值滤波处理后的值。计算中值滤波残差时，令 $w=3$。

(2) 检查当图像 y 未经历中值滤波和已被中值滤波处理的属性，可以被定义为区分以下两个假设：

$$\begin{cases} H_0: y \text{ 不是中值滤波图像，即 } y=x, \text{ 其中 } x \text{ 是未篡改图像} \\ H_1: y \text{ 是中值滤波图像，即 } y = med_u(x) \end{cases} \quad (4-51)$$

用于获得 MFR 的中值滤波器窗口大小 w 不必与篡改图像时使用的中值滤波器窗口大小 u 相同。

(3) 在假设 H_0 中，y 等价于未篡改图像 x，因此存在：

$$d(i,j) = med_w[x(i,j)] - x(i,j) \quad (4-52)$$

$$z(i,j) = med_w[x(i,j)] \quad (4-53)$$

(4) 在假设 H_1 中，y 等价于 x 经历中值滤波处理后的版本，即 $y(i,j) = med_u[x(i,j)]$，因此存在：

$$d(i,j) = med_w(med_u[x(i,j)]) - med_u[x(i,j)] \quad (4-54)$$

$$z(i,j) = med_w(med_u[x(i,j)]) \quad (4-55)$$

(5) 检查不同假设下的共享值窗口：

$$\begin{cases} H_0: \text{MFR 的共享值窗口大小为 } w \times w \\ H_1: \text{MFR 的共享值窗口大小为}(w+u-1) \times (w+u-1) \end{cases} \quad (4-56)$$

因为不同假设下的共享值窗口不同，所以 $d(i,j)$ 和它的相邻元素的关系在不同假设下也会发生改变。

(6) 为了使用低维特征集捕获这种效果，将 MFR 拟合到 AR 模型中。由于 AR 模型实质上执行线性预测，因此 AR 系数的值很大程度上取决于附近像素的 MFR 值如何关联。因为在假设 H_0 下的 MFR 共享值窗口小于 H_1，如果图像经历了中值滤波处理，AR 系数将大不相同，所以使用 MFR 的 AR 系数作为中值滤波检查的指纹特征。

为了进一步降低模型的维数，假设图像的统计属性在水平和垂直方向上是相同的。基于这个假设，以及中值滤波窗口是对称的事实，将 MFR 拟合到行方向上的一维 AR 模型：

$$d(i,j) = -\sum_{k=1}^{p} a_k^{(r)} d(i, j-k) + \varepsilon^r(i,j) \qquad (4-57)$$

将 MFR 拟合到列方向上的一维 AR 模型：

$$d(i,j) = -\sum_{k=1}^{p} a_k^{(c)} d(i-k, j) + \varepsilon^c(i,j) \qquad (4-58)$$

其中 $\varepsilon^r(i,j)$ 和 $\varepsilon^c(i,j)$ 是行向和列向上的预测误差，p 是 AR 模型的顺序，$a_k^{(r)}$ 和 $a_k^{(c)}$ 是行向和列向的 AR 系数。然后对两个方向上的 AR 系数求平均值，以获得单个一维 AR 模型。

(7) 将 MFR 的前 10 个 AR 系数作为指纹特征，输入 SVM，训练能区分中值滤波图像和未篡改图像的分类器。

将 AR 方法[9]与 SPAM 方法[10]、MFF 方法[11]、GLF 方法[12]进行中值滤波取证性能比较。图 4-21 显示了对不同强度中值滤波篡改图像的检测性能。可以看到四种方法都具有近乎完美的检测效果。

图 4-22 展示了在使用 90 到 30 的 JPEG 压缩因子压缩图像中检测 3×3 中值滤波的性能。图 4-23 展示了不同方法区分中值滤波和其他图像修饰操作（均值滤波、上采样、下采样）的性能。从两幅图中可以看出，AR 方法对 JPEG 压缩和其他修饰操作的鲁棒性优于另外三种方法。

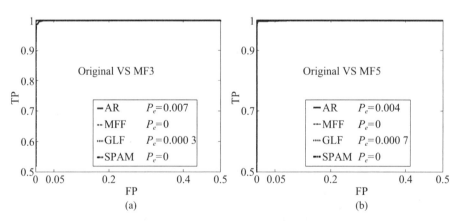

图 4-21 ROC 曲线显示未压缩图像上的 3×3 中值滤波(a)和 5×5 中值滤波(b)检测性能

(资料来源：Kang X, Stamm M C, Peng A, et al. Robust median filtering forensics using an autoregressive model [J]. IEEE Transactions on Information Forensics and Security, 2013, 8(9): 1456-1468.)

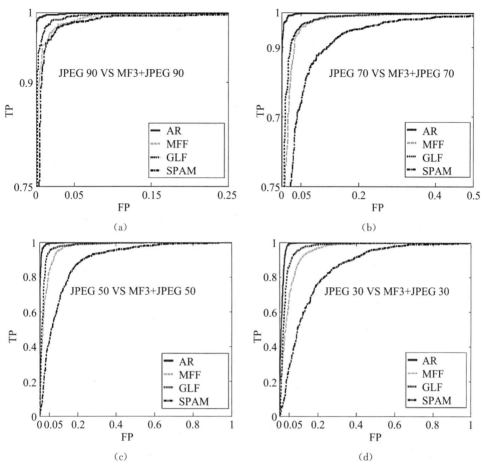

图 4-22 ROC 曲线显示(a)JPEG 90 压缩图像、(b)JPEG 70 压缩图像、(c)JPEG 50 压缩图像、(d)JPEG 30 压缩图像上 3×3 中值滤波检测性能

(资料来源:Kang X, Stamm M C, Peng A, et al. Robust median filtering forensics using an autoregressive model [J]. IEEE Transactions on Information Forensics and Security, 2013, 8(9): 1456-1468.)

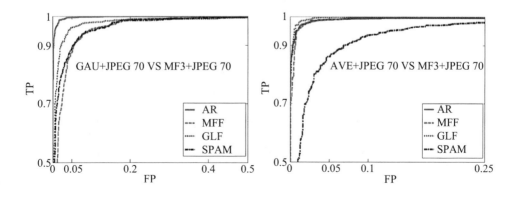

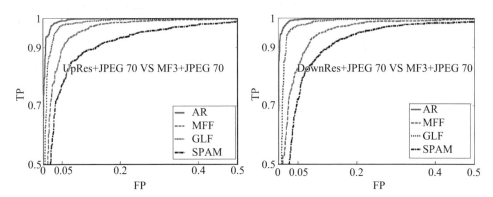

图 4-23 ROC 曲线显示了每种方法区分 JPEG 70 压缩图像中 3×3 中值滤波(左上)、均值滤波(右上)、上采样(左下)、下采样(右下)的性能

(资料来源:Kang X, Stamm M C, Peng A, et al. Robust median filtering forensics using an autoregressive model [J]. IEEE Transactions on Information Forensics and Security, 2013, 8(9): 1456-1468.)

虽然 AR 方法在中值滤波取证上取得了较好的性能,但该方法只利用维数很少(10 维)的自回归系数作为检测特征,提取的特征太少,导致鲁棒性有待提高。因此,为了提高鲁棒性,有研究者提出基于滤波残差多方向差分(median filtering residual difference,MFRD)的中值滤波取证技术[13],根据方向性和对称性,将多方向 MFRD 分组,通过 AR 模型提取模型参数和直方图特征,以此作为中值滤波检测的指纹特征。该方法具体定义如下。

步骤 1 计算 MFR,将差分滤波器组(图 4-24)分别与 MFR 卷积生成 29 种 MFRD 残差图像。

$$P(1)$$
$$\begin{bmatrix} 0, & 0, & 0 \\ 0, & 1, & 0 \\ 0, & 0, & 0 \end{bmatrix}$$

$$P(2)$$

$$\begin{matrix} H & & V \\ \begin{bmatrix} 0, & 0, & 0 \\ 1, & -2, & 1 \\ 0, & 0, & 0 \end{bmatrix}, & \begin{bmatrix} 0, & 1, & 0 \\ 0, & -2, & 0 \\ 0, & 1, & 0 \end{bmatrix} \end{matrix}$$

$$H+V$$

$$\begin{bmatrix} 0, & 1, & 0 \\ 1, & -2, & 0 \\ 0, & 0, & 0 \end{bmatrix}, \begin{bmatrix} 0, & 1, & 0 \\ 0, & -2, & 1 \\ 0, & 0, & 0 \end{bmatrix}, \begin{bmatrix} 0, & 0, & 0 \\ 0, & -2, & 1 \\ 0, & 1, & 0 \end{bmatrix}, \begin{bmatrix} 0, & 0, & 0 \\ 1, & -2, & 0 \\ 0, & 1, & 0 \end{bmatrix}$$

P(3)

DIAG   ADIAG

$$\begin{bmatrix} 1, & 0, & 0 \\ 0, & -2, & 0 \\ 0, & 0, & 1 \end{bmatrix}, \begin{bmatrix} 0, & 0, & 1 \\ 0, & -2, & 0 \\ 1, & 0, & 0 \end{bmatrix}$$

DIAG+ADIAG

$$\begin{bmatrix} 1, & 0, & 1 \\ 0, & -2, & 0 \\ 0, & 0, & 0 \end{bmatrix}, \begin{bmatrix} 1, & 0, & 0 \\ 0, & -2, & 0 \\ 1, & 0, & 0 \end{bmatrix}, \begin{bmatrix} 0, & 0, & 0 \\ 0, & -2, & 0 \\ 1, & 0, & 1 \end{bmatrix}, \begin{bmatrix} 0, & 0, & 1 \\ 0, & -2, & 0 \\ 0, & 0, & 1 \end{bmatrix}$$

P(4)

H+DIAG

$$\begin{bmatrix} 1, & 0, & 0 \\ 1, & -2, & 0 \\ 0, & 0, & 0 \end{bmatrix}, \begin{bmatrix} 0, & 0, & 0 \\ 1, & -2, & 0 \\ 0, & 0, & 1 \end{bmatrix}, \begin{bmatrix} 0, & 0, & 0 \\ 0, & -2, & 1 \\ 0, & 0, & 1 \end{bmatrix}, \begin{bmatrix} 1, & 0, & 0 \\ 0, & -2, & 1 \\ 0, & 0, & 0 \end{bmatrix}$$

V+DIAG

$$\begin{bmatrix} 1, & 1, & 0 \\ 0, & -2, & 0 \\ 0, & 0, & 0 \end{bmatrix}, \begin{bmatrix} 0, & 1, & 0 \\ 0, & -2, & 0 \\ 0, & 0, & 1 \end{bmatrix}, \begin{bmatrix} 0, & 0, & 0 \\ 0, & -2, & 0 \\ 0, & 1, & 1 \end{bmatrix}, \begin{bmatrix} 1, & 0, & 0 \\ 0, & -2, & 0 \\ 0, & 1, & 0 \end{bmatrix}$$

H+ADIAG

$$\begin{bmatrix} 0, & 0, & 0 \\ 1, & -2, & 0 \\ 1, & 0, & 0 \end{bmatrix}, \begin{bmatrix} 0, & 0, & 1 \\ 1, & -2, & 0 \\ 0, & 0, & 0 \end{bmatrix}, \begin{bmatrix} 0, & 0, & 1 \\ 0, & -2, & 1 \\ 0, & 0, & 0 \end{bmatrix}, \begin{bmatrix} 0, & 0, & 0 \\ 0, & -2, & 1 \\ 1, & 0, & 0 \end{bmatrix}$$

V+ADIAG

$$\begin{bmatrix} 0, & 1, & 0 \\ 0, & -2, & 0 \\ 1, & 0, & 0 \end{bmatrix}, \begin{bmatrix} 0, & 1, & 1 \\ 0, & -2, & 0 \\ 0, & 0, & 0 \end{bmatrix}, \begin{bmatrix} 0, & 0, & 0 \\ 0, & -2, & 0 \\ 0, & 1, & 1 \end{bmatrix}, \begin{bmatrix} 0, & 0, & 0 \\ 0, & -2, & 0 \\ 1, & 1, & 0 \end{bmatrix}$$

注:H 为水平方向;V 为垂直方向;DIAG 为对角线方向;ADIAG 为反对角线方向。"+"表示两个方向的组合,虚线框内的滤波器属于同一滤波器组。

图 4-24 多方向滤波器组

(资料来源:彭安杰,康显桂.基于滤波残差多方向差分的中值滤波取证技术[J].计算机学报,2016,39(3):503-515.)

步骤 2 在每个 MFRD 上提取 AR 模型参数 F_{ARC}、F_{ARV},以及反映离散状态分布的直方图特征 F_H,具体计算如下:

(1) 对于由图 4-24 中的 H、H+DIAG 以及 H+ADIAG 型滤波器生成的 MFRD,首先将 MFRD 按逐行扫描方式转换成一维行向量,然后再估计该行向量的 AR 模型参数 F_{ARC} 和 F_{ARV};

(2) 对于由图 4-24 中的 V、V+DIAG 以及 V+ADIAG 型滤波器生成的 MFRD,首先将 MFRD 按逐列扫描方式转换成一维列向量,然后再估计该列向量的 AR 模型参数 F_{ARC} 和 F_{ARV};

(3) 对于由其他滤波器生成的 MFRD，首先按上述(1)(2)过程分别估计 MFRD 在行方向和列方向的 AR 模型参数，然后再将它们的平均值作为 F_{ARC} 和 F_{ARV}；

(4) 考虑到直方图的对称性，直方图特征的提取如下：

$$F_H = \left[h_0, \frac{h_{-1}+h_1}{2}, \cdots, \frac{h_{-q+1}+h_{q-1}}{2}, \frac{h_{-q}+h_q}{2}\right] \quad (4-59)$$

其中 $h_{-q+1}, \cdots, h_{-1}, h_0, h_1, \cdots, h_{q-1}$ 表示相应 MFRD 元素的归一化频率，h_{-q} 和 h_q 分别表示 MFRD 元素在值小于等于 $-q$ 和大于等于 q 时的归一化频率。

步骤 3 从 P(1)～P(4) 滤波器组的 MFRD 提取特征 $F_{MFRD}(i)(1 \leqslant i \leqslant 4)$，该特征由 $F_{ARC}(i)$、$F_{ARV}(i)$、$F_H(i)$ 组成。$F_{ARC}(i)$、$F_{ARV}(i)$、$F_H(i)$ 分别为从第 i 组所有 MFRD 提取的 F_{ARC}、F_{ARV} 和 F_H 的平均值。将所有的特征子集组合成总特征 F：

$$F = [F_{MFRD}(1), F_{MFRD}(2), F_{MFRD}(3), F_{MFRD}(4)] \quad (4-60)$$

步骤 4 将总特征 F 作为指纹特征，输入支持向量机，训练能区分中值滤波图像和未篡改图像的分类器。

表 4-5 列出了各种方法在 18 种训练测试图像组上的检测结果，可以看出：在检测 3×3 中值滤波时，基于特征 MFRD 的检测器明显优于其他现有方法；在检测 5×5 中值滤波时，除在 512×384 尺寸下的"JPEG 50 VS MF5+JPEG 50"测试中与 SPAM 方法性能类似外，基于特征 MFRD 的检测器都取得了最小的平均检测错误率。MFRD 的优势主要体现在 JPEG 压缩图像和小尺寸图像上。MFRD 特征在小尺寸的压缩图像上比其他特征拥有更强的鲁棒性，并随着图像尺寸变小，优势变得更加明显。

表 4-5 在不同尺寸和不同 JPEG 压缩下的中值滤波取证结果(单位:%)

特征	维数	图像尺寸	JPEG 70 VS MF3+ JPEG 70	JPEG 50 VS MF3+ JPEG 50	JPEG 30 VS MF3+ JPEG 30	JPEG 70 VS MF5+ JPEG 70	JPEG 50 VS MF5+ JPEG 50	JPEG 30 VS MF5+ JPEG 30
AR	10		4.5	9.0	13.4	1.2	1.8	3.5
MFF	44		11.0	15.9	21.1	6.4	7.6	10.1
GLF	56	512×384	6.0	9.1	13.6	2.2	2.9	5.1
SPAM	686		3.2	7.6	13.3	0.5	0.9*	2.7
MFRD	48		1.6*	3.7*	6.3*	0.4*	1.0	1.8*

续表

特征	维数	图像尺寸	JPEG 70 VS MF3+JPEG 70	JPEG 50 VS MF3+JPEG 50	JPEG 30 VS MF3+JPEG 30	JPEG 70 VS MF5+JPEG 70	JPEG 50 VS MF5+JPEG 50	JPEG 30 VS MF5+JPEG 30
AR	10	128×128	11.5	16.6	23.2	4.7	6.2	9.2
MFF	44		18.1	22.7	26.3	10.1	10.9	14.2
GLF	56		13.4	17.2	21.2	5.3	6.8	9.6
SPAM	686		11.4	17.1	21.8	2.1	3.7	7.6
MFRD	48		6.6*	10.6*	15.8*	1.7*	3.2*	5.5*
AR	10	64×64	18.0	22.8	27.9	9.4	11.7	15.5
MFF	44		22.5	26.0	28.7	11.8	14.3	17.7
GLF	56		16.7	21.2	25.2	7.1	9.7	12.7
SPAM	686		16.9	22.4	26.3	5.2	8.2	12.2
MFRD	48		12.1*	16.7*	22.4*	3.8*	5.8*	9.8*

注:"*"标示了最低的 p_i 值。
资料来源:彭安杰,康显桂.基于滤波残差多方向差分的中值滤波取证技术[J].计算机学报,2016,39(3):503-515.

表 4-6 列出了各种方法在 18 种测试图像组上的检测结果,可以看出基于特征 MFRD 的检测器在所有测试中都取得了最低的平均检测错误率,能有效区分中值滤波与其他操作(包括均值滤波、低通高斯滤波、上采样)。

表 4-6 区分中值滤波与其他操作的实验结果(单位:%)

特征	维数	图像尺寸	ALL+ JPEG 70 VS MF3+JPEG 70	ALL+ JPEG 50 VS MF3+JPEG 50	ALL+ JPEG 30 VS MF3+JPEG 30	ALL+ JPEG 70 VS MF5+JPEG 70	ALL+ JPEG 50 VS MF5+JPEG 50	ALL+ JPEG 30 VS MF5+JPEG 30
AR	10	512×384	6.52	10.4	13.6	1.0	1.9	3.5
MFF	44		11.5	16.6	22.0	6.3	7.9	10.2
GLF	56		6.2	9.8	14.2	1.6	2.5	4.6
SPAM	686		3.1	7.1	11.1	0.5	0.9*	1.9
MFRD	48		1.9*	3.7*	6.3*	0.4*	0.9*	1.6*

续表

特征	维数	图像尺寸	ALL+ JPEG 70 VS MF3+ JPEG 70	ALL+ JPEG 50 VS MF3+ JPEG 50	ALL+ JPEG 30 VS MF3+ JPEG 30	ALL+ JPEG 70 VS MF5+ JPEG 70	ALL+ JPEG 50 VS MF5+ JPEG 50	ALL+ JPEG 30 VS MF5+ JPEG 30
AR	10	128×128	12.0	15.7	20.5	3.2	4.8	7.3
MFF	44		17.0	21.7	25.4	9.8	10.2	13.1
GLF	56		12.2	15.5	19.4	4.5	5.9	8.3
SPAM	686		9.5	14.0	17.9	2.0	3.1	5.5
MFRD	48		6.0*	8.6*	13.1*	1.1*	2.1*	4.2*
AR	10	64×64	16.1	18.9	23.3	6.3	8.6	12.7
MFF	44		19.5	21.7	24.6	9.8	11.5	14.1
GLF	56		12.8	16.9	19.2	6.3	7.8	9.9
SPAM	686		14.6	17.5	21.3	4.0	6.1	8.5
MFRD	48		9.4*	12.6*	17.3*	2.5*	4.1*	7.2*

注:"ALL"图像库包含原始图像、均值滤波图像、低通高斯滤波图像以及放大图像;"*"标示了最低的 p_i 值。

资料来源:彭安杰,康显桂.基于滤波残差多方向差分的中值滤波取证技术[J].计算机学报,2016,39(3):503-515.

4.3.3 基于深度学习的中值滤波取证

深度学习技术在计算机视觉相关领域取得了巨大的成功,将深度模型引入多媒体取证研究正在成为一种趋势。同时,由于中值滤波具有低通滤波特性,在很大程度上会修改图像的高频 DCT 系数,因此可以设计基于 DCT 域深度中值滤波取证框架[14],称为 DCT-CNN。

由于在空间域中 CNN 倾向于学习表示图像内容的特征,而忽略图像修饰操作特征,因此在直接将空间图像输入取证 CNN 时无法取得好的效果。但是 DCT 具有去相关性的特性,使得数据结构能够减少空间像素依赖性,有助于抑制图像内容对操作取证的干扰。因此,与大多数取证方法使用图像像素值作为输入不同的是,DCT-CNN 使用图像的 DCT 系数矩阵作为输入,表示为 $\vec{X}$。

基于 DCT-CNN 的中值滤波取证的基本过程如图 4-25 所示。DCT 系数首先利用自适应滤波层(adaptive filtering layer, AFL)定位与中值滤波迹线密切相关的频率范围,其中 DCT 系数根据其对取证的重要性进行过滤。然后,利用设计的多尺度卷积块和具有下采样操作的深度卷积流,提取全面的中值滤波特征。它们在一个框架中自动与最终分类步骤相结合,同时以数据驱动的方式进行优化。

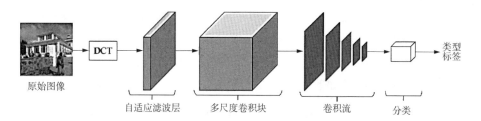

图 4-25　DCT 域中用于中值滤波取证的卷积神经网络概述

(资料来源:Zhang J, Liao Y, Zhu X, et al. A deep learning approach in the discrete cosine transform domain to median filtering forensics [J]. IEEE Signal Processing Letters, 2020, 27:276-280.)

DCT-CNN 框架包含自适应滤波层、卷积层、批量归一化(batch normalization, BN)层、池化层和分类层,如图 4-26 所示。

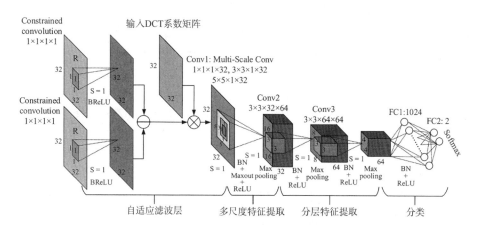

图 4-26　用于中值滤波取证的 CNN 体系结构和参数设置

(资料来源:Zhang J, Liao Y, Zhu X, et al. A deep learning approach in the discrete cosine transform domain to median filtering forensics [J]. IEEE Signal Processing Letters, 2020, 27:276-280.)

(1) AFL 定位与中值滤波痕迹相关的频率范围。令生成权重矩阵 $\vec{W}^{(1)}$ 表示 DCT 系数对于取证任务的重要性,将输入的 DCT 矩阵系数 $\vec{X}$ 过滤为

$$\vec{X}^{(1)} = \vec{X} \cdot \vec{W}^{(1)} \tag{4-61}$$

其中·表示逐个元素矩阵乘法,$\vec{X}^{(1)}$ 表示第一层的输出。为了简化,考虑矩阵 $\vec{W}^{(1)}$ 由元素 0 和 1 组成的情况,即相应的 DCT 系数与中值滤波痕迹相关。

由于滤波痕迹隐藏在图像的高频区域,然而高频 DCT 系数容易被常见的图像修饰操作(如 JPEG 压缩)修改,从而导致取证鲁棒性较弱,因此设置两个适当的频率阈值 b_1 和 b_2,将图像的整个频域分割成三个子区域,如图 4-27(a) 所示。权重矩阵计算如下:

$$\vec{W}^{(1)} = I(\vec{R} - b_1 \geqslant 0) - I(\vec{R} - b_2 \geqslant 0) \tag{4-62}$$

其中 $\vec{R}$ 表示由 DCT 系数指数按之字形方式形成的矩阵,如图 4-27(b)所示。$I(\cdot)$ 是一个指示函数,输出一个包含元素 1 和 0 的矩阵,以指示该函数的逐个元素参数是否真。这里,阈值 b_1 和 b_2 以数据驱动的方式确定。

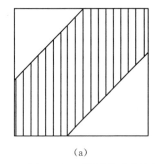

图 4-27 频域的分割(左)和锯齿形扫描表示例(右)

(资料来源:Zhang J, Liao Y, Zhu X, et al. A deep learning approach in the discrete cosine transform domain to median filtering forensics [J]. IEEE Signal Processing Letters, 2020, 27: 276-280.)

(2) 卷积层提取操作特征。如图 4-28(a)所示,卷积和激活操作由神经元执行,第 l 层神经元表示为

$$\vec{X}_j^{(l)} = \eta\Big(\sum_{i=1}^{c_j} \vec{W}_{ij}^{(l)} * \vec{X}_i^{(l-1)}\Big) + b_j^{(l)} \tag{4-63}$$

其中 * 是卷积算子,$\eta(\cdot)$ 表示激活函数,c_j 是第 l 层的通道数。激活函数的选择有多种,例如 sigmoid、tanh、ReLU 和 BReLU 等。

将具有不同内核大小的卷积层以级联方式排列,生成高级中值滤波操作特征。为了更有效地表示滤波特征,该方法设计了一个多尺度卷积块,如图 4-28(c)所示。该卷积块将 n 个具有不同大小的卷积核的卷积算子以并行方式执行卷积运算。然后,将多尺度卷积块的输出放入元素最大值函数中,实现多尺度特征融合,具体定义如下:

$$\mu(x_1, x_2, \cdots, x_n) = \max(x_1, x_2, \cdots, x_n) \quad (4-64)$$

最大融合策略允许 DCT-CNN 自适应地从不同尺度卷积块中选择最合适的滤波特征,从而提供了与被调用的 inception 模块中使用的直接连接特征图相比的特征选择能力。

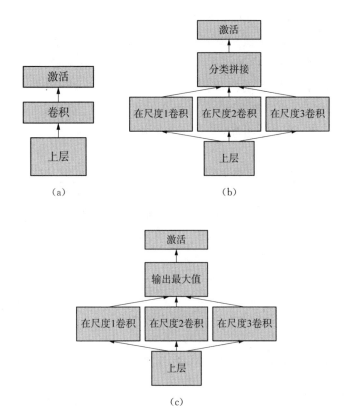

图 4-28 单尺度卷积层(a)、inception 模块(b)和多尺度卷积块(c)的构造图

(资料来源:Zhang J, Liao Y, Zhu X, et al. A deep learning approach in the discrete cosine transform domain to median filtering forensics [J]. IEEE Signal Processing Letters,2020,27: 276-280.)

(3) 在每个卷积层后,执行一个具有批量归一化变换的 BN 层,可以最大限度地减少训练期间的内部协变量偏移,并且可以加速网络训练过程。在 BN 层之后执行池化层,在 DCT-CNN 框架中,使用最大池化,以减少训练时间和过拟合概率。

(4) 分类层由全连接(full connection)层和 softmax 层组成。通过全连接层,所有学习的特征都有助于最终的中值滤波取证决策。然后通过应用双向 softmax,生成目标图像的预测类分数和类标签估计值。为了评估网络性能,在 DCT-CNN 框架中,采用交叉熵损失,朝着目标损失降低的方向,所有网络参数在训练过程中通过反向传播算法更新。

比较 DCT-CNN 与 AR 方法、EFR 方法[15]、MFR-CNN 方法[16]、MISLnet 方法[17]进行中值滤波取证性能。表 4-7 展示的是在无其他修饰操作干扰情况下,不同取证方法在识别 3×3 中值滤波和 5×5 中值滤波方面的准确率。可以看出在高分辨率图像上,DCT-CNN 方法具有优于其他现有方法的性能。此外,两种传统方法(AR 和 EFR)的取证性能比其他基于 CNN 的取证方法要差得多,这表明基于 CNN 的取证方法更有效,说明基于数据驱动的 CNN 的强大学习能力给图像取证带来了优势。

表 4-7 大尺寸图像中值滤波检测性能对比

方法	图像尺寸	准确率	
		MF3	MF5
AR	128×128	95.84	96.67
EFR	128×128	91.66	93.80
MFR-CNN	128×128	97.01	98.16
MISLnet	128×128	98.98	99.13
DCT-CNN	128×128	**99.13**	**99.15**

资料来源:Zhang J, Liao Y, Zhu X, et al. A deep learning approach in the discrete cosine transform domain to median filtering forensics [J]. IEEE Signal Processing Letters, 2020, 27:276-280.

表 4-8 展示的是针对小尺寸图像,且存在 JPEG 后压缩操作干扰情况下,不同方法在识别 3×3 中值滤波和 5×5 中值滤波方面的准确率。对于 3×3 中值滤波,DCT-CNN 在 JPEG 70 的检测性能比 JPEG 90 的检测性能更差。原因是中值滤波操作特征与高频信息有关,高频信息在很大程度上被 JPEG 压缩

修改。同时,相比于尺寸较小的图像(32×32),DCT-CNN 在尺寸较大(64×64)的图像上检测性能更好。原因是大尺寸图像能提供更多的中值滤波操作信息。其他测试方法在两个方面具有相似的行为,但其性能不如 DCT-CNN。观察 5×5 中值滤波,能获取类似的结果。

表 4-8　小尺寸压缩图像中值滤波检测性能对比

图像尺寸	方法	JC70 vs. MF3+JC70	JC90 vs. MF3+JC90	JC70 vs. MF5+JC70	JC90 vs. MF5+JC70
32×32	AR	76.11	80.90	80.26	86.34
	EFR	73.76	75.57	77.85	80.65
	MFR-CNN	80.91	85.65	87.22	93.71
	MISLnet	85.72	91.06	92.62	94.41
	DCT-CNN	**87.89**	**93.10**	**93.47**	**96.27**
64×64	AR	84.21	88.76	87.16	91.53
	EFR	76.87	78.57	80.85	81.83
	MFR-CNN	87.51	92.22	91.23	94.61
	MISLnet	90.06	94.45	95.43	97.09
	DCT-CNN	**92.32**	**95.30**	**96.35**	**97.09**

注:JC 表示 JPEG Compression,即 JPEG 压缩。
资料来源:Zhang J, Liao Y, Zhu X, et al. A deep learning approach in the discrete cosine transform domain to median filtering forensics [J]. IEEE Signal Processing Letters,2020,27:276-280.

4.4　对比度增强取证

对比度增强操作是一种改善图像视觉效果的修饰操作,会改变图像中像素强度的整体分布,对图像的各种数学特性产生影响,从而改变图像的固有特征,比如频域中统计特征的改变,空域中像素值之间的依赖关系发生改变导致的均值、方差等特性发生变化。对比度增强取证的主要目标是通过合适的手段,提取对比度增强操作在图像中留下的指纹特征,并根据这些指纹确定图像是否经历了对比度增强操作。本节介绍三类对比度增强取证方法,包括基于峰谷特征的对比度增强取证、基于线性模型的对比度增强取证,以及基于深度学习的对比度增强取证。

4.4.1 基于峰谷特征的对比度增强取证

对比度增强操作对数字图像灰度直方图的改变可公式化表述为

$$h_Y(y) = \sum_x h_X(x) \ell[m(x) == y] \qquad (4-65)$$

其中，$h_X(x)$ 和 $h_Y(y)$ 分别表示对比度增强前后的直方图，表达式 $m(x) == y$ 用于判断 $m(x)$ 和 y 是否相等。用 u 表示实数或逻辑关系式，那么指示函数 $\ell(\cdot)$ 可以定义为

$$\ell(u) = \begin{cases} 1, & \text{若 } u=1 \\ 0, & \text{若 } u=0 \end{cases} \qquad (4-66)$$

通过以上分析发现，直方图 h_Y 的每一个值或等于单个 h_X 的值，或等于多个 h_X 的值之和，或者等于 0。这是由于映射 $x \to y$ 相应地存在一对一、多对一或轮空等三种情形，如图 4-29 所示。其中，图 4-29(a)和(b)是原始图像及其灰度直方图，(c)是对比度增强图像(伽马校正参数为 1.2)的灰度直方图，(d)是 JPEG 压缩图像的灰度直方图(压缩因子为 50)，(e)是依次经历 JPEG 压缩和对比度增强后的图像的灰度直方图。可以明显看到原始图像的灰度直方图具有平滑的轮廓，经过对比度增强的图像的灰度直方图具有峰谷效应。

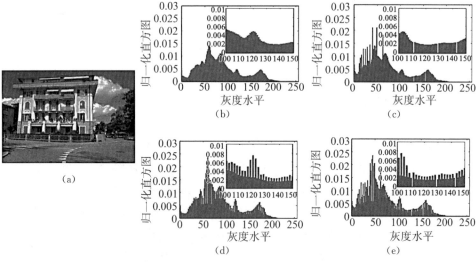

图 4-29 对比度增强前后的图像及其灰度直方图

(资料来源：Cao G, Zhao Y, Ni R, et al. Contrast enhancement-based forensics in digital images [J]. IEEE Transactions on Information Forensics and Security, 2014, 9(3):515-525.)

事实上,由于成像通道中传感器单元的分辨率有限,并且存在低通滤波效应,因此除了图像被重压缩存储的情形以外,原始图像的灰度直方图轮廓通常比较平滑。然而,在原始图像经历对比度增强操作后,由于存在作用于全局图像所有像素的统一映射,因此图像的灰度直方图中将存在峰谷单元,其中峰单元将出现在多对一映射发生的位置,谷单元将出现在映射轮空的位置,具体原理如图 4-30 所示。

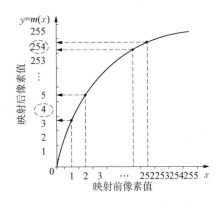

图 4-30　像素值映射导致产生峰谷单元的原理示意图

(资料来源:Cao G,Zhao Y,Ni R,et al. Contrast enhancement-based forensics in digital images [J]. IEEE Transactions on Information Forensics and Security,2014,9(3):515-525.)

有研究者利用像素映射在图像直方图中留下的统计痕迹,提出了一种全局对比度增强操作取证算法[18,19]。其基本思路是测量图像像素值直方图的高频分量强度,然后将此测量值与预定义的阈值进行比较,以此判断图像是否经历了对比度增强操作处理。

(1) 计算待测图像的灰度直方图,标记为 $h(l)$。

(2) 为了去除因饱和区域引起的虚假高频能量效应,计算截断直方图:

$$g(l) = p(l)h(l) \tag{4-67}$$

其中,$p(l)$ 是截断函数:

$$p(l) = \begin{cases} \dfrac{1}{2} - \dfrac{1}{2}\cos\left(\dfrac{\pi l}{N_p}\right), & l \leqslant N_p \\ \dfrac{1}{2} + \dfrac{1}{2}\cos\left[\dfrac{\pi(l-255+N_p)}{N_p}\right], & l \geqslant 255 - N_p \\ 1, & \text{其他} \end{cases} \tag{4-68}$$

其中，N_p 是截断区间的宽度。

（3）计算像素值直方图的高频分量测量值：

$$E = \frac{1}{N} \sum_k |\beta(k)G(k)| \quad (4-69)$$

其中，k 是傅里叶频率，N 是待测图像的像素总数，$G(k)$ 是 $g(l)$ 的离散傅里叶变换结果，$\beta(k)$ 是矩形窗函数，定义如下：

$$\beta(k) = \begin{cases} 1, & c \leqslant k \leqslant 128 \\ 0, & \text{其他} \end{cases} \quad (4-70)$$

其中，c 是指定的截止频率。

（4）基于阈值化分类方法判断图像是否经历对比度增强操作（其中 η_{ce} 表示阈值）：

$$\delta_{ce} = \begin{cases} \text{图像没有经历对比度增强}, & E < \eta_{ce} \\ \text{图像经历了对比度增强}, & E \geqslant \eta_{ce} \end{cases} \quad (4-71)$$

图 4-31 展示了使用该算法进行对比度增强取证的性能。使用如(a)所示的对比度增强映射修改灰度图像，(b)和(c)分别展示了在伽马参数大于 1 和小于 1 的情况下，对比度增强检测 ROC 曲线。对于测试的每种对比度增强操作，使用该算法都能在 0.03 的假阳率下实现 0.99 的正检率。

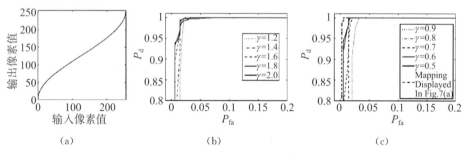

图 4-31 对比度增强操作检测 ROC 曲线

（资料来源：Stamm M C, Liu K J R. Forensic detection of image manipulation using statistical intrinsic fingerprints [J]. IEEE Transactions on Information Forensics and Security, 2010, 5(3): 492-506.）

然而，在社交媒体平台、移动终端等应用设备中，图像经常以中等或低等质量 JPEG 格式呈现，在这种情形下，全局算法对对比度增强操作检测的准确率急剧下降。因此需要考虑 JPEG 压缩对图像灰度直方图的影响，即 JPEG 压缩是否会引起直方图的峰谷效应。事实上，影响 JPEG 压缩图像的灰度直方图峰谷效应出现的因素有两个。

(1) 平坦区域面积。在自然图像中存在一定面积的平坦区域,即像素值趋于相等、波动极小的局部区域,例如单种颜色物体光滑的表面,或者无云的天空等。

(2) 直流系数的量化步长,其对应于 JPEG 压缩时所采用的质量因子。

由于 JPEG 压缩会在图像平坦区域引入规则的像素值映射,使图像单个周期内存在非恒定特性,因此压缩图像的灰度直方图会出现峰单元,且峰单元将出现在多对一映射发生的位置。当图像中的平坦区域面积越大,直流系数的量化步长越大时,峰单元现象的效果越明显。

虽然对比度增强和 JPEG 压缩都会引起峰谷效应,但是零高度单元只会出现在经历对比度增强的图像的灰度直方图中,如图 4-32 所示。零高度单元存在的原因是在图像经历对比度增强时,像素值映射过程中存在轮空映射。图像经历 JPEG 压缩时,尽管在平坦区域存在像素值映射,但是在复杂纹理区域不存在任何的规则映射,因此不会出现轮空映射。基于此,可以利用零高度谷单元特征,设计对比度增强检测算法[20],实现对无压缩图像和各种压缩质量 JPEG 图像的对比度增强操作历史鉴别。

(1) 计算待检测图像的归一化灰度直方图,标记为 $h(x)$。

(2) 依据如下约束条件,检测第 k 个直方图单元 $h(k)$ 是不是零高度谷单元,其中 $k=0, 1, 2, \cdots, 255$:

$$\begin{cases} h(k)=0 \\ \min\{h(k-1), h(k+1)\} > \tau \\ \dfrac{1}{2w_1+1} \sum_{x=k-w_1}^{k+w_1} h(x) > \tau \end{cases} \quad (4-72)$$

第一个约束子式用于确保当前直方图单元为零值;第二个约束子式用于确保两边相邻单元的值大于某个阈值 τ,并将其定义为谷单元,如图 4-33 所示;第三个约束子式用于避免在直方图末端误检出零高度谷单元,因此限定 $2w_1+1$ 邻域内所有单元取值的平均数大于阈值 τ。

(3) 对检测出的零高度谷单元进行计数,标记为 N_g。如果 $N_g > \tau'$,则表示图像经历过对比度增强处理;反之,表明图像没有经历对比度增强。

然后,构建如下两组测试数据集用于对比度增强检测算法[20]的性能评估。

(1) 数据集 1:800 幅由 RAW 格式转换为 TIFF 格式的无失真原始图像,分辨率为 2000×3008 至 5212×3468 像素。其中 700 幅图像随机从 BOSS 图

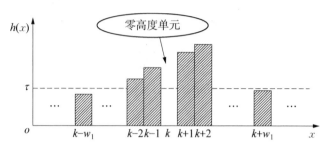

图 4-32 零高度谷单元示意图

(资料来源:Cao G, Zhao Y, Ni R, et al. Contrast enhancement-based forensics in digital images [J]. IEEE Transactions on Information Forensics and Security, 2014, 9(3):515-525.)

像库选出,且由 7 个相机拍摄所得,每个相机拍摄 100 幅图像。剩余 100 幅利用 Cannon 5D II 型号相机拍摄所得。

(2) 数据集 2:1100 幅 JPEG 格式的原始图像。由多个不同型号的相机拍摄所得,分辨率为 1200×900 至 2832×2128 像素。

该算法验证了两种对比度增强图像的检测性能,包括通过伽马校正:

$$m(x)=255(x/255)^r, \quad r=0.5, 0.7, 0.9, 1.1, 1.5, 2.0 \quad (4-73)$$

以及 s 映射:

$$m(x)=\text{round}\left\{255\left[\frac{\arcsin\left(\frac{2x}{255}-1\right)}{\pi}+\frac{1}{2}\right]\right\} \quad (4-74)$$

图 4-33 展示了在数据集 1 上的对比度增强检测性能。(a)表明该检测算法即使在低假阳率时仍然能取得较高的正检率,例如当 $P_{fa}=1\%$ 时,P_d 已高达 100%。不论是 RAW 格式,还是不同质量 JPEG 格式的图像,该算法都能获得高的正检率。同时,当图像经历不同强度和不同方式的对比度增强操作时,该算法同样可以取得良好的检测效果。(b)至(e)是展示了对比方法(Stamm and Liu method)[19]的对比度增强的检测结果,可以发现其正检率随着 JPEG 图像质量的降低而下降。因此相比而言,该算法[20]在中/低等质量 JPEG 图像上的正检率远高于前者,在高质量 JPEG 图像或无压缩图像上也取得良好的性能。

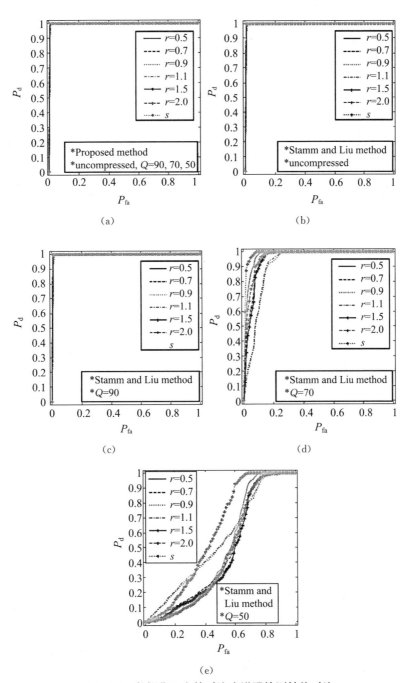

图 4-33 数据集 1 上的对比度增强检测性能对比

(资料来源:Cao G, Zhao Y, Ni R, et al. Contrast enhancement-based forensics in digital images [J]. IEEE Transactions on Information Forensics and Security, 2014, 9(3):515-525.)

图 4-34 展示了在数据集 2 上的对比度增强检测性能。与在数据集 1 上的检测结果类似,该算法[20]在各种情形下均取得优越的取证性能,且优于 Stamm and Liu method[19]。

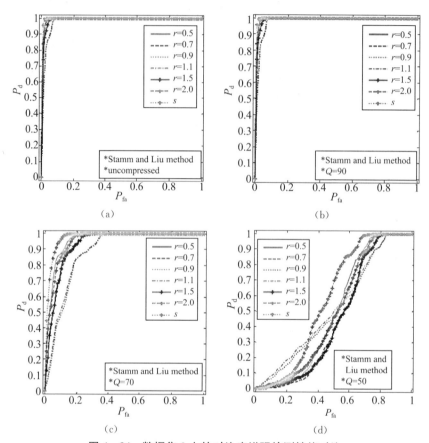

图 4-34 数据集 2 上的对比度增强检测性能对比

(资料来源:Cao G, Zhao Y, Ni R, et al. Contrast enhancement-based forensics in digital images [J]. IEEE Transactions on Information Forensics and Security, 2014, 9(3):515-525.)

4.4.2 基于线性模型的对比度增强取证

基于模式噪声特征的数字图像取证飞速发展,在传感器信号读取、颜色插值和 JPEG 压缩下,相机在图像中会留下微弱信号,即线性模型。由于大部分对比度增强检测算法在图像经历重压缩时性能下降,而线性模型作为相机的数字指纹,表现出一种强烈的周期性,因此线性模型对图像篡改操作识别具有通用性。

有研究者提出一种基于线性模型的图像对比度取证方法[21],用于区分对比度增强图像,并对 JPEG 压缩具有鲁棒性。其取证流程图如图 4-35 所示,首先将图像集分为训练图像集和测试图像集,分别从这两个图像集中进行特征提取,然后将从训练集提取的图像特征放入 SVM 中进行训练,获取训练模型,最后将从测试图像中提取的特征向量输入训练模型,进行预测并得到对比度增强分类结果。该方法主要包括四个部分:图像噪声残差提取、图像分块、功率谱密度计算以及特征分类。

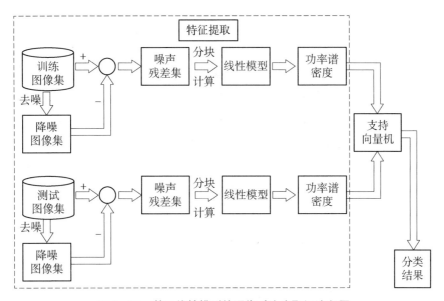

图 4-35 基于线性模型的图像对比度取证流程图

(资料来源:王金伟,吴国静.基于线性模型的图像对比度增强取证[J].网络空间安全,2020,10(8):47-54.)

(1) 图像噪声残差提取。对于图像 I^k,利用去噪滤波器 f(维纳滤波)对图像进行去噪处理,用原图像减去对应去噪后的图像,获取图像噪声残差集:

$$W^k = I^k - f(I^k) \tag{4-75}$$

其中,k 是图像的索引号。

(2) 图像分块。将图像噪声残差划分成若干不重叠的正方形子块,尺寸为 $v \times v$。如果一幅图像不能被完整分块,则对图像进行填充操作。

(3) 功率谱密度计算。首先对每一图像噪声残差子块 $I(i,j)$ 进行归一化处理,其中 $i=1,2,\cdots,v, j=1,2,\cdots,v$:

$$W = \frac{W}{\sqrt{\text{Var}(W)}} \tag{4-76}$$

图像的线性模型可以表达为

$$L_{ij} = r_i + c_j \tag{4-77}$$

$$r_i = \frac{1}{v} \sum_{j=1}^{v} w_{ij} \tag{4-78}$$

$$c_j = \frac{1}{v} \sum_{i=1}^{v} w_{ij} \tag{4-79}$$

向量 $r = (r_1, r_2, \cdots, r_v)$ 和 $c = (m_1, m_2, \cdots, m_v)$ 定义了线性模型 L，计算每一子块的线性模型，组成一维线性模型对 $L = (r, c)$。那么每个子块的线性模型对长度为 $2v$，假设总共有 u 个子块。

采用线性模型的功率谱密度作为分类特征。功率谱密度指的是单位频带内信号的功率。由于功率谱是信号自相关函数的傅里叶变换，因此首先计算信号的自相关：

$$y_\tau = \frac{1}{v} \sum_{i}^{v} x_i x_{i+\tau}, \quad \tau = 1, 2, \cdots, v \tag{4-80}$$

然后进行傅里叶变换：

$$z_k(x) = F(y(x)) = \sum_{i=1}^{v} y_i(x) e^{(-2\pi j/v)(k-1)(i-1)} \tag{4-81}$$

$$i + \tau \triangleq i + \tau - v, \text{当} \ i + \tau > v \tag{4-82}$$

那么 r 和 c 的功率谱密度可表示为 $z(r)$ 和 $z(c)$。因为功率谱密度非负，所以最终的功率谱均可表示为

$$z^{(K)} = (|z(r)|, |z(c)|) \tag{4-83}$$

其中，K 是块的索引号。最后计算所有图像块的均值功率谱密度：

$$z = \frac{1}{u} \sum_{K=1}^{u} z^{(K)} \tag{4-84}$$

其中，z 即为所需的线性模型的功率谱密度。图 4-36 展示了图像某一子块的功率谱密度和这幅图像所有子块的均值功率谱密度。频率区间在 0—200 和 200—400 分别表示线性模型对 r 和 c 的功率谱密度。从图中可以发现，线性模型的功率谱密度具有明显的像素周期表现，r 线性模型在频率为 100 时处于峰

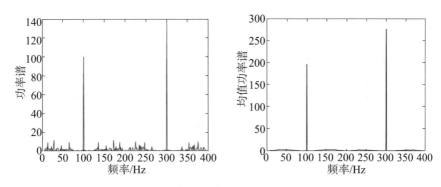

图 4-36　某子块功率谱密度图(左)和所有子块均值功率谱密度(右)

(资料来源:王金伟,吴国静.基于线性模型的图像对比度增强取证[J].网络空间安全,2020,10(8):47-54.)

值,c 线性模型在频率为 300 时处于峰值。

(4) 特征分类。令原始图像的类标签为 1,对比度增强图像的类标签为 -1。随机从图像库中选择原始图像和对比度增强图像作为训练图像集,剩下的为测试图像集;从训练图像集中提取均值功率谱密度特征,送入 SVM 分类器,其中分类器的核函数为 RBF,执行五倍交叉验证和训练,寻找最优参数,获取训练模型;将从测试图像集提取的均值功率谱密度特征输入分类器,利用训练模型进行对比度增强预测。

表 4-9 列出了基于线性模型的图像对比度取证方法[21]和 Stamm 基于直方图峰谷特征方案[19]在不同质量因子下进行对比度增强检测的对比结果。在 JPEG 质量因子为 90、70 时,与 Stamm 方法对比,分类精度较好。由于低质量 JPEG 压缩会削弱直方图的峰谷间隙区间,并使它们平滑,因此 Stamm 方法对比度增强检测性能急剧下降,而基于线性模型的图像对比度取证方法在检测对比度增强时依然是有用的。

表 4-9　Dresden 数据库在不同质量因子下的 AUC 对比结果

方法	质量因子			
	90	70	50	30
峰谷特征	90.28	94.23	49.41	49.78
线性模型	91.02	85.12	80.95	74.48

资料来源:王金伟,吴国静.基于线性模型的图像对比度增强取证[J].网络空间安全,2020,10(8):47-54.

4.4.3 基于深度学习的对比度增强取证

传统的对比度增强取证方法都是依据人工设计选择的特征,且这些视觉特征容易被察觉到。这些方法对高质量的对比度增强图像的检测是有效的,但是在检测被反取证攻击修饰的图像时遇到了困难。为了应对常见的对比度增强操作,同时应对反取证攻击,有研究者提出了一种基于深度学习的新型对比度增强取证方法[22]。

从对比度增强取证的角度来看,不同分辨率的输入图像需要调整大小,以具有 CNN 的固定输入分辨率。但是图像大小调整过程会损坏像素强度信息,这对于对比度增强取证提取可追溯特征可能有负面影响。图像裁剪不会改变像素强度,但 CNN 逐个检查输入图像的裁剪图像块是一个烦琐的过程。此外,从原始图像中提取的特征更多地与图像内容相关,而不是与操作的痕迹相关。因此在基于深度学习的方法中,使用更具取证信息的灰度级共现矩阵(gray-level co-occurrence matrix, GLCM)为 CNN 提供输入反馈。GLCM 表示像素强度对的 2D 分布,这些像素强度对由像素与其相邻像素的强度值组成,即使输入图像具有不同的分辨率,也始终可以获得相同尺寸的 GLCM。

给定灰度图像 I 的大小 $M \times N$ 和偏移量 $(\Delta x, \Delta y)$,忽略图像边界的计算,GLCM 定义为

$$\text{GLCM}(i,j) = \sum_{(\Delta x, \Delta y) \in O} \sum_{p=1}^{M} \sum_{q=1}^{N} \mathbb{I}\big[I(p,q)=i \\ \wedge I(p+\Delta x, q+\Delta y)=j\big] \quad (4-85)$$

其中 $i, j \in [0, 255]$,$\mathbb{I}(\cdot)$ 是一个指示函数,如果 $I(p,q)=i \wedge I(p+\Delta x, q+\Delta y)=j$ 成立,则返回 1,否则返回 0。

GLCM 具有以下三个优点:第一,GLCM 是通过输入图像的像素强度获得的,不会对强度值进行任何更改;第二,GLCM 表示每个像素的强度与其局部邻域中的其他像素之间的关系,这对于对比度增强取证可能是有用的信息;第三,GLCM 始终可以获得相同尺寸,即使对于不同分辨率的输入图像也是如此。

首先计算具有八个不同偏移量的 GLCM,即

$$O = \{(0,1),(0,-1),(1,0),(-1,0),(1,1),(1,-1),(-1,1),(-1,-1)\} \quad (4-86)$$

表示中心像素与其八个方向邻域中的像素之间的关系,然后按元素计算八个 GLCM 的总和,得到一个累积的 GLCM。将累积的 1 通道 GLCM 馈送到 CNN。

图 4-37 显示了原始图像、对比度增强和反取证攻击图像的 GLCM。(b) 至(d)中对比度增强图像的 GLCM 具有明显的痕迹,包括从/到峰值和零点的转换,构建了网格状图案。然而(a)中原始图像的 GLCM 与(e)至(g)中反取证攻击图像的 GLCM 没有明显变化。因此,通过人工观察选择的传统手工特征不足以区分原始图像和反取证攻击图像。在所提出的基于 CNN 的对比度增强取证方法[22]中,CNN 首先使用初始特征完成分类,再将分类损失反向传播以更新卷积核的权重。然后,更新的卷积核提取新的滤波器响应(用于对比度

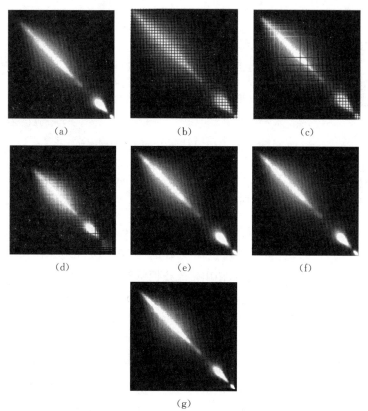

注:(a)原始图像,(b)直方图拉伸(HS),(c)伽马校正(GC),(d)S 曲线映射(SM),(e)高斯抖动(GD)[23],(f)内部位深度增加(IBD)[24]和(g)总变异优化(TVO)[25]

图 4-37 原始图像、对比度增强及反取证攻击

(资料来源:Sun J Y, Kim S W, Lee S W, et al. A novel contrast enhancement forensics based on convolutional neural networks [J]. Signal Processing: Image Communication, 2018, 63: 149-160.)

增强取证的 GLCM 的局部或全局特征,这些特征用于在下一次迭代中执行分类)。通过重复这些分类和内核参数的更新,提出的 CNN 可以从 GLCM 中学习人眼难以看到的更多特征。因此所提出的对比度增强取证方法可以在检测常用对比度增强图像和反取证攻击处理的图像方面都取得可靠的性能。

值得注意的是,因为相邻像素的强度值趋于相似,所以大部分信息沿 GLCM 的对角线分布,如图 4-38 所示。受这一观察的启发,文献[22]使用沿对角线方向裁剪的部分 GLCM 额外训练了所提出的 CNN。

具体的 CNN 框架如图 4-39 所示:将大小为 256×256 的灰度 GLCM 图像输入网络,然后使用卷积核提取低层次特征。

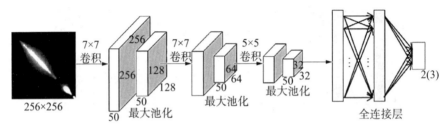

图 4-38 基于 CNN 的对比度增强取证框架

(资料来源:Sun J Y, Kim S W, Lee S W, et al. A novel contrast enhancement forensics based on convolutional neural networks [J]. Signal Processing: Image Communication, 2018, 63: 149-160.)

第一个卷积层用 50 个大小为 7×7 的内核对 GLCM 进行卷积。输出的大小为 25×256×50,这意味着特征图的数量为 50,每幅特征图的分辨率为 256×256。在每个卷积层之后,使用整流线性单元(ReLU)作为逐元素非线性激活函数。在 ReLU 激活之后,以 2×2 的窗口大小和 2 的步幅大小执行最大池化操作,导致相同数量的特征图具有降低的空间分辨率,即 128×128×50。将特征图输入下一个卷积层,并重复相同的操作(即卷积、激活和最大池化)。然后,一个大小为 32×32×50 的输出通过两个长度为 100 的全连接层,输入到 CNN 的最后一层,这里使用 softmax 函数进行分类。在每个全连接层的末尾,应用 BN 和 ReLU 激活。由于 BN 可以充当正则化器,因此在这项工作中不使用 dropout 层和其他正则化项。返回类概率的 softmax 函数定义如下:

$$\sigma(z_j) = \frac{e^{z_j}}{\sum_{k=1}^{K} e^{z_k}}, \quad j=1,\cdots,K \qquad (4-87)$$

其中 K 是类的数量，z 是由最后一层的 K 个输出值组成的向量，$\sigma(z_j) \in [0, 1]$。

使用 Adam 优化器进行超参数优化。通过使用 softmax 类概率的交叉熵损失来制定目标损失函数，定义为

$$L = -\sum_{j=1}^{K} y_j \ln \sigma(z_j) \tag{4-88}$$

其中 $y_j \in \{0, 1\}$ 是第 j 类的真实标签。

为了验证基于深度学习框架的新型对比度增强取证方法[22]的实际有效性，在四个实验案例下（如表 4-10 所示），对所提出的方法和三种最先进的对比度增强取证算法（Stamm and Liu[19]、Cao et al.[20]、De Rosa et al.[26]）进行了比较评估。通过沿对角线方向裁剪 GLCM 获得大小为 64×256 的部分 GLCM，将其用作另一个 CNN 输入，并在所有实验案例中，将使用裁剪的 GLCM 训练的对比度增强取证模型的性能与其他模型进行了比较。ROC 曲线如图 4-39 所示。由于在案例 4 中进行了三分类，因此提供了两组 ROC 曲线，如图 4-39(d) 和 (e) 所示。

表 4-10　实验案例设置情况

类型		未改动	HSa	GCa	SMa	GDb	IBDb	TVOb
样本量	训练集+测试集	4 000 1 000	4 000 1 000	4 000 1 000	4 000 1 000	4 000 1 000	4 000 1 000	4 000 1 000
案例 1：原始图像 vs 对比度增强图像	两分类	Uc	Ec	E	E	—	—	—
案例 2：原始图像 vs 反取证攻击图像		U	—	—	—	Ac	A	A
案例 3：原始图像 vs 操纵后图像		U	Fc	F	F	F	F	F
案例 4：原始图像 vs 对比度增强图像 vs 反取证攻击图像	三分类	U	E	E	E	A	A	A

a Common CE techniques; HS = histogram stretching, GC = gamma correction, and SM = s-curve mapping.
b State-of-the-art counter-forensic methods; GD=Gaussian dithering, IBD=internal bit depth increasing, and TVO=total variation optimization.
c Types of image used for each case; U = unaltered images, E = contrast-enhanced images, A = anti-forensic-attack images, and F=forgery iamges(E∩A).
(资料来源：Sun J Y, Kim S W, Lee S W, et al. A novel contrast enhancement forensics based on convolutional neural networks [J]. Signal Processing: Image Communication, 2018, 63:149-160.)

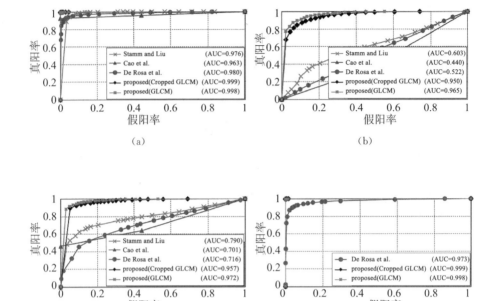
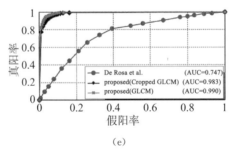

注:(a)案例1:原始图像 vs 对比度增强图像,(b)案例2:原始图像 vs 反取证攻击图像,(c)案例3:原始图像 vs 操纵后图像,以及(d)案例4:原始图像 vs 对比度增强图像,(e)案例4:原始图像 vs 反取证攻击图像。

图4-39 不同对比度增强取证方法的 ROC 曲线及其相应的 AUC 值

(资料来源:Sun J Y, Kim S W, Lee S W, et al. A novel contrast enhancement forensics based on convolutional neural networks [J]. Signal Processing: Image Communication, 2018, 63: 149-160.)

在案例1中,测试数据集由四种类型的 GLCM 输入组成,这些输入来自原始图像和由 HS、GC 和 SM 处理的对比度增强图像。案例1的 ROC 曲线如图4-39(a)所示。可以发现对于通常的对比度增强图像,这些方法都具有足够的能力检测对比度增强操作的痕迹。

与案例1的结果相比,表4-11和图4-39(b)中的 ROC 曲线表明,所有常规方法在案例2中取证性能都下降了,这是因为被反取证技术攻击的图像不再具有明显的取证证据。如表4-11所示,Stamm and Liu[19]、Cao et al.[20] 和 De Rosa et al.[26] 在遇到不同反取证攻击时,真阳率(true positive rate,TPR)普遍较低,这意味着大多数受攻击的图像被归类为原始图像。相比之下,所提出的基于 CNN 的对比度取证模型[22]在检测反取证攻击处理的图像方面表现出高性能。如图4-39(b)所示,本小节方法[22]的 ROC 曲线和 AUC 值高于使用裁剪的 GLCM 训练的取证模型的 ROC 曲线及其 AUC,这表明全尺寸 GLCM 的特征比对角裁剪的 GLCM 的特征更合适,从而产生更好的性能。

表4-11 案例2(原始图像 vs 反取证攻击图像)中取证性能对比

方法	TNR Unaltered	TPR			ACC
		GD	IBD	TVO	
Stamm and Liu	0.896	0.013	0.135	0.681	0.432
Cao et al	0.558	0.467	0.463	0.035	0.465
De Rosa et al	0.506	0.520	0.509	0.586	0.530
Cropped GLCM	0.777	0.975	0.871	0.997	0.905
Proposed(GLCM)	0.801	0.981	0.912	0.998	0.923

资料来源:Sun J Y, Kim S W, Lee S W, et al. A novel contrast enhancement forensics based on convolutional neural networks [J]. Signal Processing:Image Communication,2018,63:149-160.

在案例3中,对比增强图像和反取证攻击图像一起被视为经过处理的图像。ROC 曲线如图4-39(c)所示。可以发现,所提出的方法相对应的 ROC 曲线显示出比传统方法[19,20,26]更高的性能,产生更高的 AUC 值,这意味着传统方法对反取证攻击并不鲁棒。

在案例4中,将测试图像分为三类:原始图像、对比度增强图像和反取证攻击图像。由于 ROC 曲线可以定义为二进制分类,因此我们提供了两组 ROC 曲线,它们使用两个不同的正数据集绘制:图4-39(d)中的对比度增强图像和

图4-39(e)中的反取证攻击图像。可以发现,基于深度学习的对比度增强取证方法[22]的性能非常高。然而,传统方法仅在图4-39(d)中显示出高性能,并且在图4-39(e)中的反取证攻击检测中产生了不令人满意的性能。总体而言,基于深度学习的对比度增强取证方法[22]在所有类型的测试图像上都取得了更好的性能,尤其是在通过反取证技术操纵的图像和原始图像之间的区分方面。

4.5 小结

图像缩放、模糊、中值滤波和对比度增强都是实际应用中常见的图像修饰/润饰操作,人们可以通过这些操作调整图像,使图像达到最佳的视觉效果,而篡改者可能采用这些操作来掩盖篡改痕迹。因此,图像修饰/润饰操作取证是图像真实性、原始性和完整性检测的重要技术手段。目前图像修饰/润饰操作取证技术取得阶段性进展,但仍存在一些亟待解决的问题,主要表现在以下两个方面。

第一,大多数图像修饰/润饰操作取证方法依赖于特定统计特征,其检测性能会随着JPEG质量因子的降低或图像尺寸的缩小而降低。因此需要设计更可靠的方案来检测强JPEG压缩和低分辨率情况下的图像修饰/润饰操作。

第二,新型反取证技术不断发展,它可以在不对图像统计特征造成明显失真的情况下对图像执行修饰操作。虽然在抵抗反取证攻击的图像修饰/润饰操作取证上的研究取得了一定进展,但其检测性能尚不令人满意。如何提高抵抗各种反取证攻击的鲁棒性,还需更进一步的探索。

◆ 注 释 ◆

[1] Popescu A C, Farid H. Exposing digital forgeries by detecting traces of resampling [J]. IEEE Transactions on Signal Processing, 2005, 53(2):758-767.

[2] Gallagher A C. Detection of linear and cubic interpolation in JPEG compressed images [C]//The 2nd Canadian Conference on Computer and Robot Vision (CRV'05). IEEE, 2005:65-72.

[3] Feng X, Cox I J, Doerr G. Normalized energy density-based forensic detection of resampled images [J]. IEEE Transactions on Multimedia, 2012, 14(3):536-545.

[4] Ding F, Wu H, Zhu G, et al. METEOR: Measurable energy map toward the estimation of resampling rate via a convolutional neural network [J]. IEEE Transactions on Circuits and Systems for Video Technology, 2020, 30(12):4715-4727.

[5] 周琳娜,王东明,郭云彪,等.基于数字图像边缘特性的形态学滤波取证技术[J].电子学报,2008,36(6):1047.

[6] Su B, Lu S, Tan C L. Blurred image region detection and classification [C]//Proceedings of the 19th ACM International Conference on Multimedia. 2011:1397-1400.

[7] Xu W, Mulligan J, Xu D, et al. Detecting and classifying blurred image regions [C]//2013 IEEE International Conference on Multimedia and Expo (ICME). IEEE, 2013:1-6.

[8] Cao G, Zhao Y, Ni R, et al. Forensic detection of median filtering in digital images [C]//2010 IEEE International Conference on Multimedia and Expo. IEEE, 2010:89-94.

[9] Kang X, Stamm M C, Peng A, et al. Robust median filtering forensics using an autoregressive model [J]. IEEE Transactions on Information Forensics and Security, 2013, 8(9):1456-1468.

[10] Kirchner M, Fridrich J. On detection of median filtering in digital images [C]//Media Forensics and Security II. SPIE, 2010, 7541:371-382.

[11] Yuan H D. Blind forensics of median filtering in digital images [J]. IEEE Transactions on Information Forensics and Security, 2011, 6(4):1335-1345.

[12] Chen C, Ni J, Huang R, et al. Blind median filtering detection using statistics in difference domain [C]//Information Hiding:14th International Conference, IH 2012:1-15.

[13] 彭安杰,康显桂.基于滤波残差多方向差分的中值滤波取证技术[J].计算机学报,2016,39(3):503-515.

[14] Zhang J, Liao Y, Zhu X, et al. A deep learning approach in the discrete cosine transform domain to median filtering forensics [J]. IEEE Signal Processing Letters, 2020, 27:276-280.

[15] Liu A, Zhao Z, Zhang C, et al. Median filtering forensics in digital images based on frequency-domain features [J]. Multimedia Tools and Applications, 2017, 76:22119-22132.

[16] Chen J, Kang X, Liu Y, et al. Median filtering forensics based on convolutional neural networks [J]. IEEE Signal Processing Letters, 2015, 22(11):1849-1853.

[17] Bayar B, Stamm M C. Constrained convolutional neural networks: A new approach towards general purpose image manipulation detection [J]. IEEE Transactions on Information Forensics and Security, 2018, 13(11):2691-2706.

[18] Stamm M, Liu K J R. Blind forensics of contrast enhancement in digital images [C]// 2008 15th IEEE International Conference on Image Processing. IEEE, 2008: 3112-3115.

[19] Stamm M C, Liu K J R. Forensic detection of image manipulation using statistical intrinsic fingerprints [J]. IEEE Transactions on Information Forensics and Security, 2010, 5(3):492-506.

[20] Cao G, Zhao Y, Ni R, et al. Contrast enhancement-based forensics in digital images [J]. IEEE Transactions on Information Forensics and Security, 2014, 9(3):515-525.

[21] 王金伟,吴国静. 基于线性模型的图像对比度增强取证[J]. 网络空间安全,2020,10(8): 47-54.

[22] Sun J Y, Kim S W, Lee S W, et al. A novel contrast enhancement forensics based on convolutional neural networks [J]. Signal Processing: Image Communication, 2018, 63:149-160.

[23] Cao G, Zhao Y, Ni R, et al. Anti-forensics of contrast enhancement in digital images [C]//Proceedings of the 12th ACM Workshop on Multimedia and Security. 2010: 25-34.

[24] Kwok C W, Au O C, Chui S H. Alternative anti-forensics method for contrast enhancement [J]. Digital Forensics and Watermarking, 2012, 7128:398-410.

[25] Ravi H, Subramanyam A V, Emmanuel S. ACE-an effective anti-forensic contrast enhancement technique [J]. IEEE Signal Processing Letters, 2015, 23(2):212-216.

[26] De Rosa A, Fontani M, Massai M, et al. Second-order statistics analysis to cope with contrast enhancement counter-forensics [J]. IEEE Signal Processing Letters, 2015, 22(8):1132-1136.

第5章

图像篡改操作取证

在对数字图像的内容进行篡改伪造时,通常会使用拼接、复制-粘贴、图像修复等篡改操作。经过恶意篡改的图像如果被大量用于新闻传播、媒体营销和司法鉴定等,将会对政治和社会稳定带来负面影响,造成严重的公共信任危机。因此,我们需要发展图像篡改操作取证技术,完成图像真实性和完整性鉴定。本章主要从拼接取证、复制-粘贴取证以及图像修复取证三个方面展开介绍。

5.1 拼接取证

图像拼接伪造是将一个或多个源图像的区域复制-粘贴到目标图像上得到篡改图像。图像拼接伪造检测与定位可以看作一个像素二值分类问题,通过比较不同图像区域之间的特征来检测定位篡改区域。本小节介绍四类图像拼接伪造定位方法,包括基于噪声水平不一致的方法、基于模糊类型不一致的方法,以及基于光照不一致的方法和基于深度学习的方法。

5.1.1 基于噪声水平不一致的拼接取证

大多数图像在采集或后续处理过程中都会引入一定的噪声,而自然图像和具有不同来源的拼接图像中的噪声会存在一定的统计特征差异。对于未篡改的图像,可以假设相邻像素或像素块所关联的噪声统计数据相似,图像中具有不同噪声统计的拼接区域可因局部噪声特征的不一致而暴露。因此,取证人员可以根据图像噪声的不一致性来进行图像拼接检测与定位。

基于不同来源的图像可能具有由传感器或后处理步骤引入的不同噪声特性,Lyu等人提出了一种通过检测局部噪声水平的不一致来检测区域拼接的有效方法[1]。篡改拼接检测方法基于盲噪声估计算法,该算法利用了带通域中自然图像峰度的特定规律性以及噪声特征与峰度之间的关系,将噪声统计量的估计问题建模为具有解析解(也称闭式解)的优化问题,并进一步扩展到局部噪声统计量的估计方法。Lyu等人所设计的盲全局和局部噪声估计方法对自然图像具有一定有效性,并评估了区域拼接检测方法在伪造图像上的性能和鲁棒性。

5.1.1.1 计算投影峰度和噪声方差

(1) 计算峰度和投影峰度。假设加性噪声模型 $y=x+n$,其中:x 表示潜在的干净自然图像像素;n 为均值为零的高斯白噪声,方差 σ^2 未知,即 $n \sim \mathcal{N}(0, \sigma^2)$;$y$ 为含噪声的图像像素。噪声盲估计的目标是从含噪图像 y 中估计噪声模型参数 σ,即噪声水平。给定一个随机变量 x,令 $\mathbb{E}_x\{f\} = \int_x f(x)p(x)\mathrm{d}x$ 作为函数 $f(\cdot)$ 关于其分布的期望,将峰度定义为 $\kappa(x) = \dfrac{C_4(x)}{C_2^2(x)}$。其中 $C_2(x) = \mathbb{E}_x\{(x - \mathbb{E}_x\{x\})^2\}$ 与 x 的方差一致,$C_4(x) = \mathbb{E}_x\{(x - \mathbb{E}_x\{x\})^4\} - 3C_2(x)$ 是 x 的四阶累积量。峰度衡量的是分布的"峰值"程度。峰度对缩放是不变的,例如,对于任何 $s>0$,$\kappa(sx)=\kappa(x)$。特别是,高斯分布 $p(x) \propto \exp(-1/2x^2)$ 的峰度为零,而超高斯分布是比高斯分布更集中在均值附近的分布,例如拉普拉斯分布 $p(x) \propto \exp(-|x|)$ 具有正的峰度值,亚高斯分布(比高斯更平坦的分布,例如均匀分布)具有负峰度。图 5-1 比较了来自三个不同参数(拉普拉斯、高斯和均匀)的分布的峰度。

(2) 计算峰度和噪声方差。假设已知原始变量 x 的峰度,可用式(5-1)估计噪声 n 的方差,因为 y 的峰度和方差都可以从样本中估计,即

$$\kappa(y) = \kappa(x) \cdot \left(\dfrac{\sigma^2(x)}{\sigma^2(y)}\right)^2 = \kappa(x) \cdot \left(\dfrac{\sigma^2(y) - \sigma^2(n)}{\sigma^2(y)}\right)^2 \quad (5-1)$$

令 $\boldsymbol{n}$ 为零均值的高斯白噪声向量,其协方差矩阵为 $\sigma^2 \boldsymbol{I}$,且独立于随机向量 $\boldsymbol{x}$。$\boldsymbol{n}$、$\boldsymbol{x}$ 和 $\boldsymbol{y}$ 在单位向量 $\boldsymbol{w}$ 上的投影的方差可表示为

$$\sigma^2(\boldsymbol{w}^\mathrm{T}\boldsymbol{n}) = \boldsymbol{w}^\mathrm{T} \mathbb{E}_x\{\boldsymbol{n}\boldsymbol{n}^\mathrm{T}\} \boldsymbol{w} = \sigma^2 \boldsymbol{w}^\mathrm{T}\boldsymbol{w} = \sigma^2 \quad (5-2)$$

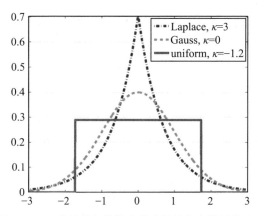

图 5-1　三种均值和单位方差为零的分布模型的峰度

(资料来源：Lyu S, Pan X, Zhang X. Exposing region splicing forgeries with blind local noise estimation [J]. International Journal of Computer Vision，2014，110：202-221.)

$$\sigma^2(\boldsymbol{w}^\mathrm{T}\boldsymbol{x}) = \boldsymbol{w}^\mathrm{T}\mathbb{E}_x\{\boldsymbol{x}\boldsymbol{x}^\mathrm{T}\}\boldsymbol{w} = \boldsymbol{w}^\mathrm{T}\Sigma_x\boldsymbol{w} \tag{5-3}$$

$$\sigma^2(\boldsymbol{w}^\mathrm{T}\boldsymbol{y}) = \sigma^2(\boldsymbol{w}^\mathrm{T}\boldsymbol{x}) + \sigma^2(\boldsymbol{w}^\mathrm{T}\boldsymbol{n}) = \boldsymbol{w}^\mathrm{T}\Sigma_x\boldsymbol{w} + \sigma^2 \tag{5-4}$$

相应地，式(5-4)对于投影变为

$$\begin{aligned}\kappa(\boldsymbol{w}^\mathrm{T}\boldsymbol{y}) &= \kappa(\boldsymbol{w}^\mathrm{T}\boldsymbol{x})\left(\frac{\sigma^2(\boldsymbol{w}^\mathrm{T}\boldsymbol{x})}{\sigma^2(\boldsymbol{w}^\mathrm{T}\boldsymbol{y})}\right)^2 \\ &= \kappa(\boldsymbol{w}^\mathrm{T}\boldsymbol{x})\left(\frac{\sigma^2(\boldsymbol{w}^\mathrm{T}\boldsymbol{y}) - \sigma^2}{\sigma^2(\boldsymbol{w}^\mathrm{T}\boldsymbol{y})}\right)^2\end{aligned} \tag{5-5}$$

当 x 是来自自然图像的块并且投影方向对应于带通滤波器时，可以利用带通域中自然图像的一些规律性的统计特性。

5.1.1.2　全局噪声盲估计

Lyu 等人提出了一种基于投影峰度集中性质的噪声估计方法。本小节首先介绍在高斯噪声模型下的方法，并将该方法扩展到非高斯噪声和乘法噪声。

基于投影峰度较集中的特点，将 y 投影到 K 个带通通道中，使用 L_2 范数的 K 个不同滤波器，分别将原始图像和噪声图像在 K 通道中的响应的峰度表示为 κ_k 和 $\tilde{\kappa}_k$。将原始图像和噪声图像在 K 通道中响应的方差分别为 σ_k^2 和 $\tilde{\sigma}_k^2$。这些统计量的关系可表示为如下式：

$$\tilde{\kappa}_k = \kappa_k \left(\frac{\tilde{\sigma}_k^2 - \sigma^2}{\tilde{\sigma}_k^2}\right)^2 \tag{5-6}$$

无噪声自然图像 x 在 K 个带通通道上的投影峰可以用一个常数来近似,即

$$\widetilde{\kappa}_k \approx \kappa \left(\frac{\widetilde{\sigma}_k^2 - \sigma^2}{\widetilde{\sigma}_k^2} \right)^2 \tag{5-7}$$

此外,注意到自然图像的带通滤波器响应往往具有超高斯边缘分布,其具有正峰度值($\kappa > 0$),以及 $\sigma_k^2 = \widetilde{\sigma}_k^2 - \sigma^2 > 0$,因此,可以在等式两边取平方根,即

$$\sqrt{\widetilde{\kappa}_k} \approx \sqrt{\kappa} \left(\frac{\widetilde{\sigma}_k^2 - \sigma^2}{\widetilde{\sigma}_k^2} \right) \tag{5-8}$$

式(5-9)是另一种估计 $\widetilde{\sigma}_k^2$ 的简单方案:使用两个不同的投影方向 w_i 和 w_j,可以抵消涉及的公因子 $\sqrt{\kappa}$,得到

$$\frac{\sqrt{\widetilde{\kappa}_i}}{\sqrt{\widetilde{\kappa}_j}} = \frac{\widetilde{\sigma}_j^2}{\widetilde{\sigma}_i^2} \left(\frac{\widetilde{\sigma}_i^2 - \sigma^2}{\widetilde{\sigma}_j^2 - \sigma^2} \right) \text{ 或 } \sigma^2 = \frac{\widetilde{\sigma}_i^2 \widetilde{\sigma}_j^2 (\sqrt{\widetilde{\kappa}_i} - \sqrt{\widetilde{\kappa}_j})}{\widetilde{\sigma}_i^2 \sqrt{\widetilde{\kappa}_i} - \widetilde{\sigma}_j^2 \sqrt{\widetilde{\kappa}_j}} \tag{5-9}$$

然而,跨不同带通通道的投影峰度在真实的自然图像信号中通常不是严格恒定的,并且由于采样效应,$\widetilde{\kappa}_k$ 和 $\widetilde{\sigma}_k^2$ 的估计值会波动。这些因素可能导致无法求解满足式(5-8)中所有约束的 σ^2 和 κ,因此不能使用简单的方法来估计 $\widetilde{\sigma}^2$。可以将方差估计建模为一个优化问题,以最小化等式两侧的平方差:

$$L(\sqrt{\kappa}, \sigma^2) = \sum_{k=1}^{K} \left(\sqrt{\widetilde{\kappa}_k} - \sqrt{\kappa} \left(\frac{\widetilde{\sigma}_k^2 - \sigma^2}{\widetilde{\sigma}_k^2} \right) \right)^2 \tag{5-10}$$

通过证明可得,最小化 $L(\sqrt{\kappa}, \sigma^2)$ 的最优解是唯一的,并且提供了一个解析解,如果将 K 个带通通道的平均值表示为 $\langle \cdot \rangle_k$ 和 $x_+ = \max(x, 0)$,则它具有以下形式:

$$\sqrt{\kappa} = \frac{\langle \sqrt{\widetilde{\kappa}_k} \rangle_k \left\langle \frac{1}{(\widetilde{\sigma}_k^2)^2} \right\rangle_k - \left\langle \frac{\sqrt{\widetilde{\kappa}_k}}{\widetilde{\sigma}_k^2} \right\rangle_k \left\langle \frac{1}{\widetilde{\sigma}_k^2} \right\rangle_k}{\left\langle \frac{1}{(\widetilde{\sigma}_k^2)^2} \right\rangle_k - \left\langle \frac{1}{\widetilde{\sigma}_k^2} \right\rangle_k^2} \tag{5-11}$$

$$\sigma^2 = \frac{1}{\left\langle \frac{1}{\widetilde{\sigma}_k^2} \right\rangle_k} \left(1 - \frac{\langle \sqrt{\widetilde{\kappa}_k} \rangle_k}{\sqrt{\kappa}} \right)_+ \tag{5-12}$$

5.1.1.3 局部噪声估计

使用从 K 个带通通道中的相应矩形窗口收集的统计信息,获得每个像素位置 (i,j) 处的噪声方差 $\Omega_{(i,j)}^k$,以及窗口的大小控制精度和估计的方差。一般来说,较小的窗口尺寸会导致更好的空间分辨率,但由于样本数量较少,估计的统计数据可能会受到较高的方差的影响。基于较大窗口尺寸的估计更稳定,但无法准确捕获基础统计数据的快速变化。可以利用解析式估计器来获得更有效的非迭代解决方案。需要指出的是,在局部窗口中用样本平均值估计的方差和峰度都可以通过式(5-13)计算,即

$$\mu_m(\Omega_{(i,j)}^k) \approx \frac{1}{|\Omega_{(i,j)}^k|} \sum_{(i',j') \in \Omega_{(i,j)}^k} x(i',j',k)^m \quad (5-13)$$

其中 $x(i',j',k)$ 表示在第 k 个带通通道中 (i',j') 处的响应。然后直接用式(5-11)计算每个局部窗口的局部统计数据来计算峰度和估计方差 $\Omega_{(i,j)}^k$。这导致整体运行时间为 $O(MNK)$,其中 N 和 M 分别是图像和局部窗口的大小,K 是使用的带通通道数。通过使用积分图像可以将运行速度下降到 $O(NK)$ 的运行时间。

积分图像是一种数据结构,用于有效计算图像中矩形区域(带通滤波域中的一个通道)中的总和值。具体而言,将由图像 x 构造的积分图像表示为 $\mathcal{F}(x)$,在 $\mathcal{F}(x)$ 操作中,每个像素对应于由 $[1,i] \times [1,j]$ 定义的矩形区域中 x 的所有像素的总和。积分图像可以在 x 维的线性时间内有效地构建。在 x 中用 $[i,i+I] \times [j,j+J]$ 指定的任何矩形窗口中的求和只需对相应的积分图像进行三个加法/减法运算即可获得,即

$$\mathcal{F}(x)_{i+I,j+J} - \mathcal{F}(x)_{i,j+J} - \mathcal{F}(x)_{i+I,j} + \mathcal{F}(x)_{i,j} \quad (5-14)$$

特别地,矩形窗口 $[i,i+I] \times [j,j+J]$ 的第 m 阶原始矩可以计算为

$$\frac{1}{IJ}\Big[\mathcal{F}(\underbrace{x \circ \cdots \circ x}_{m \uparrow})_{i+I,j+J} - \mathcal{F}(\underbrace{x \circ \cdots \circ x}_{m \uparrow})_{i,j+J} \\ - \mathcal{F}(\underbrace{x \circ \cdots \circ x}_{m \uparrow})_{i+I,j} + \mathcal{F}(\underbrace{x \circ \cdots \circ x}_{m \uparrow})_{i,j} \Big] \quad (5-15)$$

其中 $\circ$ 是逐点乘法。随后,可以计算子带中所有重叠窗口的局部统计信息,该操作与局部窗口大小无关,但有助于有效选择局部窗口的大小,以获得最佳的权衡估计精度(大窗口)和定位精度(小窗口)。综上,将局部噪声估计算法的基

本步骤总结如下：

（1）使用 DCT 分解中的 AC 滤波器将图像分解为 K 个带通滤波通道；

（2）用式(5-15)计算 K 个带通滤波通道中一阶到四阶原始矩的积分图像；

（3）计算每个带通滤波通道中每个局部窗口的方差和峰度；

（4）对所有带通滤波通道上的每个局部窗口通过评估式(5-11)、式(5-12)来估计噪声方差。

5.1.1.4 基于噪声估计的拼接篡改检测

使用以上盲局部噪声估计方法可以来检测篡改拼接。假设未篡改的图像在空域上具有均匀的噪声统计，则具有不同噪声特征的其他图像的区域可因局部噪声统计的不一致而暴露。

首先应用局部噪声盲估计方法来计算所有像素位置的局部方差。具体来说，这些局部噪声方差是基于 63 个随机带通 8×8 滤波器的不同大小的局部窗口（$n \times n$，n 取 2、4、8、10 和 12）获得的估计的平均值。使用不同窗口大小的平均值是为了适应估计统计数据（较大窗口）和恢复局部统计数据变化（较小窗口）的精度。然后，将估计的局部噪声统计数据分割成具有显著不同值的不同区域，并移除小的孤立区域。使用数学形态学运算进一步连接和合并具有相似噪声水平的区域。由于真实相机噪声的复杂性，算法得到的估计虽然通常是局部噪声方差的近似值，但是为了检测篡改拼接，暴露显著的不一致性就足够了。当然 Lyu 等人[1]提出的方法也存在一些局限性，其依赖于假设拼接区域和原始图像具有不同的固有噪声方差。因此，当它们在噪声方差上的差异不显著时，该方法可能无法定位拼接区域。图 5-2 为拼接图像篡改检测结果，可以看到其仍有部分拼接区域未检测出来。

5.1.2 基于模糊类型不一致的拼接取证

模糊是自然图像中的常见现象。模糊有两种类型，分别为运动模糊和散焦模糊。运动模糊主要来自物理或场景的相对运动，例如场景和相机之间全局相对运动、场景和场景中的一些运动对象之间的局部相对运动。散焦模糊来自图像传感器上场景的散焦，其中的模糊核通常可以被认为是高斯核。自然散焦模糊具有某些特征，例如散焦应沿单个对象边缘保持一致。但是，图像拼接篡改可能会破坏此特征。同时，在数字图像处理中，模糊是减少伪影的常用方法，例如平滑图像篡改导致的锐边，所有这些操作都可以使散焦模糊成为图像拼接检测的线索。

图 5-2 拼接图像篡改检测结果

（资料来源：Lyu S, Pan X, Zhang X. Exposing region splicing forgeries with blind local noise estimation [J]. International Journal of Computer Vision, 2014, 110:202-221.）

在拼接生成的篡改模糊图像中，拼接区域和原始图像可能具有不同的模糊类型。当伪造者使用一些后处理操作作为反取证，试图通过调整篡改图像的大小或模糊拼接区域边界来消除拼接痕迹异常时，该图像中的拼接定位成为一个具有挑战性的问题。

Bahrami 等人提出一种基于部分模糊类型不一致的模糊图像拼接定位的框架[2]来解决这个问题。在该框架中，基于块的图像分割之后，从估计的局部模糊核中提取局部模糊类型检测特征。基于此特征将图像块分类为散焦模糊或运动模糊，以生成不变模糊类型区域。最后，应用精细拼接定位来提高区域边界的精度。可以使用区域的模糊类型差异来追踪拼接定位的不一致性。

散焦模糊和运动模糊内核可以用参数或非参数类别表示。在参数类别中，将运动模糊描述为由长度 L 和方向 θ 组成的线性表示，散焦模糊描述为由半径为 R 的圆柱盘的对称散焦。在非参数类别中，运动模糊被视作非线性或具有多个方向的,而散焦模糊则是不对称的。在具有随机值的 2D 矩阵中可以定义这两种类别。图 5-3 显示了一些模糊内核示例的顶视图,其中较亮的区域表示较大的值。

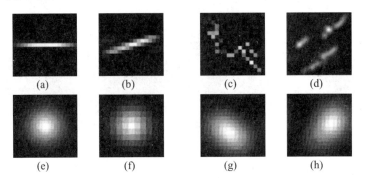

注:(a)和(b)参数运动(线性);(c)和(d)非参数运动(非线性);(e)和(f)参数散焦(对称);(g)和(h)非参数散焦(不对称)

图 5-3 模糊内核的示例

(资料来源:Bahrami K, Kot A C, Li L, et al. Blurred image splicing localization by exposing blur type inconsistency [J]. IEEE Transactions on Information Forensics and Security, 2015, 10(5):999-1009.)

通过观察可以看到,尽管内核大小不同,但运动模糊内核往往是稀疏的,因为这些内核中的大多数值都接近于零(暗区),而散焦模糊内核则不那么稀疏。为了生成这些模糊内核的分布,可以将所有局部模糊内核的大小调整为 100×100,然后将每个内核的内核值之和缩放为 1。从这些分布中,可以观察到散焦模糊和运动模糊内核具有不同的统计信息,通过使用式(5-16)的广义高斯分布粗略地描述模糊核分布,以便使用这些差异来提取一组特征。

$$f(\boldsymbol{K};\mu,\gamma,\sigma) = \left(\frac{\gamma}{2\sigma \Gamma\left(\frac{1}{\gamma}\right) \sqrt{\frac{\Gamma\left(\frac{1}{\gamma}\right)}{\Gamma\left(\frac{3}{\gamma}\right)}}} \right) e^{-\left(\frac{\boldsymbol{K}-\mu}{\sqrt{\frac{\Gamma\left(\frac{1}{\gamma}\right)}{\Gamma\left(\frac{3}{\gamma}\right)}}} \right)^{\gamma}} \quad (5-16)$$

其中 $\boldsymbol{K}$ 是从给定区域估计的模糊核,$\Gamma(\cdot)$ 是伽马函数,μ 是平均值,σ 是标准偏差,$\gamma > 0$ 是广义高斯分布的形状参数。γ 和 σ 的值表明散焦模糊内核与运动模糊内核的值存在明显差异,这表明来自运动和散焦的这两类模糊内核可以很容易地分离。

图 5-4 展示了 Bahrami 等人提出的拼接图像的篡改检测与定位框架,该框架将散焦模糊和运动模糊的特征用于定位拼接篡改的任务中,从而检测部分模糊的篡改图像。该框架分三个步骤:首先,通过将输入的篡改图像划分为块来生成局部模糊类型特征;其次,该框架训练了一个分类器,根据提取的特征将图像块分类为散焦模糊或运动模糊类型;最后,通过增加从块到像素级别的边界精度,将基于能量的方法应用于精细拼接定位。该框架可用于区分图像中的散焦模糊和运动模糊类型,而且可以检测到部分模糊类型和拼接定位区域语义内容的不一致。

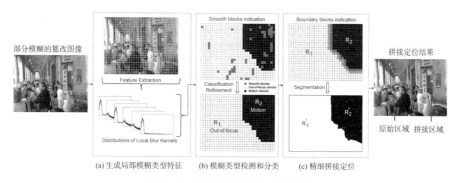

图 5-4 模糊图像拼接定位框架

(资料来源:Bahrami K, Kot A C, Li L, et al. Blurred image splicing localization by exposing blur type inconsistency [J]. IEEE Transactions on Information Forensics and Security, 2015, 10 (5):999-1009.)

(1)局部模糊类型特征提取。在图 5-4(a)所示的步骤中,目标是提取模糊图像的局部模糊类型特征。图像被分割成块,并估计图像块的模糊核,即估计局部模糊核。给定大小为 $M \times N$ 的彩色图像 B,将其转换为灰度图像 G,然后将 G 划分为块 $G_{i,j}$,其中 $L \times L$ 像素和 $d(d<L)$ 像素重叠,i 和 j 是对于不同的块 $\left(1 \leqslant i \leqslant \left\lfloor \frac{M}{L-d} \right\rfloor, 1 \leqslant j \leqslant \left\lfloor \frac{N}{L-d} \right\rfloor \right)$ 的索引。对于图像块 $G_{i,j}$,图像模糊过程由下式给出

$$G_{i,j} = I_{i,j} * K_{i,j} + N_{i,j} \qquad (5-17)$$

其中,$I_{i,j}$ 表示清晰的图像块,$K_{i,j}$ 是由大小为 $k \times k$ 的二维矩阵表示的局部模糊核,$N_{i,j}$ 是噪声矩阵,符号 $*$ 表示卷积操作。为了从 $G_{i,j}$ 估计 $K_{i,j}$,该框架使用搜索最大后验概率的方法来估计图像 G 的所有局部模糊核 $K_{i,j}$。该框架

在导数空间中对问题进行建模,并对图像、模糊核和噪声进行先验假设。最后,通过优化映射,使用期望最大化框架来估计模糊核。

(2) 模糊类型检测和分类。结合模糊类型特征,Bahrami 等人将图像块 $G_{i,j}$ 的模糊类型分类为散焦模糊或运动模糊。通过组合 $\gamma_{i,j}$ 和 $\sigma_{i,j}$ 来生成新特征 $\nu_{i,j}$ 以进行降维,降维是基于线性判别分析(linear discriminative analysis,LDA)的线性变换进行的,即

$$\nu_{i,j} = \boldsymbol{w}^{\mathrm{T}} \boldsymbol{x}_{i,j} = [w_\gamma, w_\sigma][\gamma_{i,j}, \sigma_{i,j}]^{\mathrm{T}} \quad (5-18)$$

其中 $\boldsymbol{w}^{\mathrm{T}} = [w_\gamma, w_\sigma]$ 是将 γ 轴和 σ 轴投影到一条线上的向量。为了找到最佳投影,Fisher 线性判别式[3]提出最大化类间分布和最小化类内分布。将此规则应用于两类散焦模糊和运动模糊:

$$\boldsymbol{w} = \boldsymbol{S}_w^{-1}(\boldsymbol{e}_O - \boldsymbol{e}_M) \quad (5-19)$$

其中 $\boldsymbol{e}_O = [e_{\gamma_O}, e_{\sigma_O}]^{\mathrm{T}}$ 和 $\boldsymbol{e}_M = [e_{\gamma_M}, e_{\sigma_M}]^{\mathrm{T}}$ 是向量 $\gamma_{i,j}$ 和 $\sigma_{i,j}$ 分别在散焦和运动模糊类中的平均值,$\boldsymbol{S}_w$ 是从以下获得的类内散射矩阵:

$$\boldsymbol{S}_w = \boldsymbol{S}_O + \boldsymbol{S}_M \quad (5-20)$$

其中 $\boldsymbol{S}_O$ 和 $\boldsymbol{S}_M$ 分别是散焦和运动模糊类中 $\gamma_{i,j}$ 和 $\sigma_{i,j}$ 的方差。使用生成的特征 $\nu_{i,j}$,训练了一个二元分类器来分类图像块 $G_{i,j}$ 的模糊类型,表示为 $B_{i,j}$,作为散焦或运动模糊:

$$B_{i,j} = \begin{cases} M(\text{运动模糊}), & \text{若 } \nu_{i,j} \geqslant \rho \\ O(\text{散焦模糊}), & \text{其他} \end{cases} \quad (5-21)$$

其中,ρ 是将图像块的模糊类型区分为散焦或运动的阈值。通过定义散焦模糊为正类,运动模糊为负类,TPR 和真阴性率(true negative rate,TNR)分别为散焦模糊和运动模糊的检测精度。阈值 ρ 的选择方式是使训练图像集上的 TPR 和 TNR 的平均值最大化。此外,为了计算投影向量 $\boldsymbol{w}$,使用了散焦和运动模糊图像的训练集,并使用计算的 ρ 和 $\boldsymbol{w}$ 在测试集上测试性能。

(3) 精细拼接定位。在生成 s 个区域 $R_1, R_2, \cdots, R_s$ 之后,通过精细拼接定位将区域的边界精度提高到像素级。首先,将边界块定义为其 4 个邻域中至少有一个来自不同区域的块。例如,对于图 5-4(c)所示的两个区域 R_1 和 R_2,分别具有白色和黑色块,边界块则以灰色表示。其次,分别为区域 R_1,R_2,$\cdots$,R_s 中所有非边界块的像素分配标签"1""2"…"s",边界块的剩余像素

未标记。

应用基于能量的技术,通过插值将标签从标记像素传播到未标记像素。使用消光拉普拉斯算子,可以通过最小化成本函数来优化插值问题。除了标签之外,此成本函数还考虑像素强度,以根据不同强度区分像素。由于拼接区域的边界周围像素的强度可能与原始图像不同,因此通过考虑像素强度,可以实现精细的边界定位。在将标签分配给边界块的所有像素之后,从相应的像素生成区域 $R_1, R_2, \cdots, R_s$。这种精细定位的一个例子如图 5-4(c)所示。在生成 $R_1, R_2, \cdots, R_s$ 之后,需要根据图像的模糊类型和语义之间的一些不一致来表示拼接区域。可以根据以下事实发现这种不一致,以检测可能的篡改区域:

一是在具有散焦模糊的图像中,静止物体,例如建筑,不应该有运动模糊;

二是在手抖动或相机运动模糊的图像中,所有对象都应该具有运动模糊,除非对象相对于相机是静止的。

在这种情况下,拼接区域和原始图像通过模糊类型区域来区分。例如,对于图 5-4 所示的图像,由于对象(例如墙壁和建筑物)是静止的,而模糊类型则不同,因此通过以上方法可以将这些区域检测为原始区域和拼接区域。

表 5-1 展示了 1024×768 像素图像中具有 100×100、200×200 和 512×384 拼接区域大小的拼接定位方法的性能比较。将基于模糊类型不一致的拼接取证算法[2]与另外几种用于检测篡改痕迹的图像取证方法(Chen 等人[4]、Su 等人[5]、Aizenburg 等人[6])进行对比,可以发现使用基于模糊类型不一致的模糊图像拼接定位的框架[2]在不同大小的拼接区域定位中取得最好的取证结果。

表 5-1　拼接定位性能比较

方法	拼接区域大小	TPR(%)	TNR(%)	准确率(%)
Chen 等人	100×100	80.1	82.4	82.3
	200×200	85.8	84.0	84.1
	512×384	83.1	84.7	84.3
Su 等人	100×100	80.3	82.7	82.6
	200×200	83.4	85.8	85.7
	512×384	82.5	84.2	83.8

续表

方法	拼接区域大小	TPR(%)	TNR(%)	准确率(%)
Aizenburg 等人	100×100	83.2	86.3	86.2
	200×200	81.0	85.2	85.0
	512×384	86.3	83.8	84.4
Bahrami 等人	100×100	94.1	95.4	95.3
	200×200	93.8	96.1	96.0
	512×384	95.9	95.2	95.4

资料来源：Bahrami K，Kot A C，Li L，et al. Blurred image splicing localization by exposing blur type inconsistency [J]. IEEE Transactions on Information Forensics and Security，2015，10(5)：999-1009.

5.1.3 基于光照不一致的拼接取证

篡改图像通常无法通过人眼进行分辨，然而它们可能在光照、阴影、视角等方面存在物理语义上的不一致性，进而可以通过适当方法来进行检测。在图像的成像过程中，场景中的物体被来自某一个方向的光源照射，而该种光源会在物体上留下某些特定痕迹，如物体表面的灰度差异和阴影。因此，可以从这些痕迹来推断出光照的方向。如果两个对象来自不同的图像，则它们的光源不太可能在方向和距离上相似，进而在光照方面体现不一致性。如果图像中的物体被不同的光源照亮，则很有可能这些物体来源于不同场景，即说明该图像有可能为拼接图像。一般来说，使用不同设备拍摄的图像也会存在光照不一致性。

Kee 等人描述了一种利用几何技术来检测图像物理语义不一致的阴影排列[7]。该技术结合了来自投射和附加阴影的多个约束，以约束点光源的投影位置，同时将阴影的一致性建模为一个线性规划问题。若该线性规划问题有解则表明图像在物理上是合理的，而无解则说明照片很可能存在篡改区域。Kee等人还提出了一种模型，用于确定照片中的投射和附加阴影是否与单个远处或局部点光源的一致，从而实现拼接取证。基于照明和阴影分析的图像篡改取证技术有一定的鲁棒性，因为使用照片编辑软件可能难以修改3D照明效果，并且可以分析低质量的图像，因为照明效果和阴影在图像压缩和缩小尺寸等常见图像修改操作中仍然存在。

该拼接取证方法首先介绍了投射和附加阴影的几何形状，以及这些阴影如何限制光源的投影位置。Kee等人假设了一个单一的远程或局部光源,但不对被照明的对象或投射阴影的表面进行任何假设。然后,所有阴影是否一致的问题被构建为一个线性规划问题。在阴影不一致的情况下,他们提出了一种随机算法,用于找到一个近似最小的冲突约束集,以识别不一致的阴影。通过构建的用户界面,取证分析者可以交互形式指定投射和附加阴影的约束。

(1)投射阴影。图5-5中显示的是来自Geico商业广告的带有多个阴影的帧。楔形约束用于描述从阴影中的点到可能已投射阴影的对象上的点的方向。标记为1的楔形对应于屋顶上的投影。楔形相当窄,因此可以可靠地确定投射阴影的尖端对应于天窗上的一个点。标记为2的楔形对应于车库屋顶上的投射阴影。第二个约束是一个更宽的楔形,因为屋顶边缘与其投射阴影之间的对应关系是不明确的。

图5-5 原始图像版权2011,Geico Insurance

(资料来源:Kee E, O'Brien J F, Farid H. Exposing photo manipulation with inconsistent shadows [J]. ACM Transactions on Graphics (ToG),2013,32(3):1-12.)

光源的投影位置应位于这些楔形的交点内。楔子的方向是从阴影朝向相应的对象。然而,如果光线在相机后面,那么这些楔形约束应该围绕选定的阴影点翻转180度。也就是说,由于透视几何,投影光源的位置存在符号模糊性。

注:一个圆柱体和球体,用远处的点光源从左侧照亮。线条对应终结符,即表面法线与光源方向成90度的轮廓。线条右侧的点位于附加阴影中。

图 5-6 附加阴影示例

(资料来源:Kee E, O'Brien J F, Farid H. Exposing photo manipulation with inconsistent shadows [J]. ACM Transactions on Graphics, 2013, 32(3): 1-12.)

(2)附加阴影。当物体自身遮挡住光线时,会出现附加阴影,从而使物体的一部分处于阴影中。例如,图 5-6 所示的是一个圆柱体和球体,由位于左侧的远处点光源照明。如果表面法线与朝向灯光的方向成大于90度的角度,则点处于阴影中。

终结点定义为曲面轮廓,其法线与朝向光源的方向成90度角,如图 5-6 所示。类似于投射阴影,分界线两侧阴影内外点之间存在对应关系。然而,这种对应关系只能在半平面内指定,因为光的仰角在180度以内是不明确的。尽管圆柱体和球体在自然照片中可能不是特别常见,但任何局部凸面都可以提供附加的阴影半平面约束。折叠和其他局部凸几何形状很常见,并提供易于识别的附加阴影约束。

(3)阴影取证。对于真实的图像,在无限平面中必须有一个满足所有投射和附加阴影约束的位置。也就是说,所有约束的交集应该定义一个非空区域。投射和附加阴影约束可以表示为平面中的线性不等式,然后可以使用标准线性规划确定这些约束的可满足性。

图 5-7 显示了两条线,它们由它们的法线 n_a^1 和 n_a^2 以及点 p_a 隐式定义。法线的方向标明了解 x 必须位于的平面中的区域。这两个区域的交点是向上的楔形。图 5-7 还显示了一条由其法线 n_b 和点 p_a 定义的单条线。这条线指定了一个半平面约束,解 x 必须位于其中。在每种情况下,阴影约束由一对线(楔形投射阴影约束)或一条线(半平面附加阴影约束)指定。

形式上,半平面约束用未知 x 中的单个线性不等式指定:

$$n_i \cdot x - n_i \cdot p_i \geqslant 0 \qquad (5-22)$$

其中 n_i 垂直于直线,p_i 是直线上的一个点。楔形约束由两个线性约束指定:

$$n_i^1 \cdot x - n_i^1 \cdot p_i \geqslant 0 \text{ 及 } n_i^2 \cdot x - n_i^2 \cdot p_i \geqslant 0 \qquad (5-23)$$

半平面和楔形约束的集合可以组合成一个单一的不等式系统:

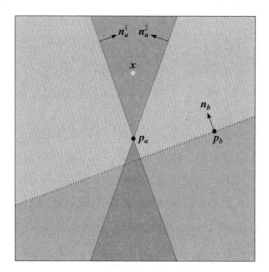

图 5-7 标准线性规划示意图

(资料来源：Kee E, O'Brien J F, Farid H. Exposing photo manipulation with inconsistent shadows [J]. ACM Transactions on Graphics, 2013, 32(3): 1-12.)

$$\begin{bmatrix} n_1 \\ n_2 \\ \vdots \\ n_m \end{bmatrix} \begin{bmatrix} x \\ y \end{bmatrix} - \begin{bmatrix} n_1 \cdot p_1 \\ n_2 \cdot p_2 \\ \vdots \\ n_m \cdot p_m \end{bmatrix} \geqslant 0 \qquad (5-24)$$

$$Nx - P \geqslant 0 \qquad (5-25)$$

给定来自一致场景的无错误约束，这种不等式系统的解决方案应该始终存在。可以通过引入一组 m 个松弛变量 s_i 来解释错误或不一致：

$$Nx - P \geqslant -s \qquad (5-26)$$

$$s \geqslant 0 \qquad (5-27)$$

其中 s_i 是 m 维向量 s 的第 i 个分量。如果约束是完全可满足的，那么将存在所有松弛变量为零的解决方案。具有非零松弛变量 s_i 的解意味着该解与约束 i 不一致。前面的不等式可以组合成一个线性方程组：

$$\begin{bmatrix} N & I \\ 0 & I \end{bmatrix} \begin{bmatrix} x \\ s \end{bmatrix} - \begin{bmatrix} P \\ 0 \end{bmatrix} \geqslant 0 \qquad (5-28)$$

其中 I 是一个 $m\times m$ 单位矩阵。为了最大限度地减少整个系统所需的松弛量，同时还满足所有投射和附加阴影约束，需要寻求一个解决方案。因此，在线性规划中引入了最小化松弛变量向量的 L_1 范数：

$$\begin{bmatrix} \mathbf{0} & \mathbf{1} \end{bmatrix} \begin{bmatrix} x \\ s \end{bmatrix} \tag{5-29}$$

如果最优解的松弛变量全部为零，则存在满足所有指定约束的松弛量。否则，则表明一个或多个阴影与场景的其余部分不一致。考虑到阴影约束是通过将阴影上的一个点与对象上一系列可能的对应点连接起来指定的，如前所述，在指定这些约束时存在固有的符号模糊性：如果光线位于投影中心之后，则其在图像平面中的投影位置会反转，并且约束法线应该全部取反。在这种情况下，约束可采用以下形式：

$$-\mathbf{N}x + \mathbf{P} \geqslant -s \tag{5-30}$$

例如，在图 5-7 中，蓝色阴影的向下区域对应于红色阴影的向上区域的符号反转。在实践中，求解两个线性程序，具有约束式(5-26)和(5-30)并选择式(5-29)具有最小 L_1 范数的解。如果正则或倒置系统有一个零松弛的解，那么可以得出结论，约束是相互一致的。否则，没有与所有约束一致的光位置，可以得出结论，某些约束是由已被篡改的图像部分生成的。当图像产生不一致的约束时，需要知道哪些约束与其他约束发生冲突。这些相互冲突的约束提供了可用于使篡改无效的基本证据，并可用于确定图像的哪些部分可能已被篡改。

可以找到一组近似最小的不一致约束。首先，随机选择两个约束。如果这些约束是不可满足的，那么它们就形成了一组最小的不一致约束。如果它们是可满足的，则将随机选择的约束添加到集合中并求解线性程序。以这种方式添加约束，直到系统不再满足约束条件。使用不同的随机起始条件重复整个过程。最小的违反约束集提供了图像的哪些部分可能已被篡改的信息。

5.1.4 基于深度学习的拼接取证

与传统的图像分类任务不同，经过图像处理操作后，图像本身的内容并没有改变，所以模型需要学习的是处理操作带来的噪声特征，而非图像的内容信息。传统算法一般根据研究者的经验来手工提取特征，需要丰富的数字图像领域知识,而深度学习本身就具有较好的特征提取能力,可以使用卷积层来构造复杂的图像特征信息,把特征提取和分类训练这两个过程结合在一起。然而,由于缺乏足够数量的篡改图像训练数据,篡改的检测与定位仍然是一个具有挑战性的问题。

Huh 等人提出了一种基于自一致性的拼接取证算法[8],该算法使用自动记录的照片 EXIF 元数据作为监督信号,用于训练模型以确定图像的内容是否由单个成像途径生成。

该算法的框架图如图 5-8 所示。模型通过预测一对图像块是否彼此一致来检测其是否被篡改。给定两个图像块 $\mathcal{P}_i$ 和 $\mathcal{P}_j$,估计它们对于 n 个元数据属性中的每一个共享相同值的概率 x_1、x_2、$\cdots$、x_n。然后,通过结合对元数据一致性的 n 个观察结果来估计图像的整体一致性 c_{ij}。在评估时,模型采用可能被篡改的测试图像并测量许多不同的图像对之间的一致性。低一致性分数表明图像块可能是由两个不同的成像系统产生的,即表明它们来自不同的图像。尽管任何单个图像对的一致性分数都会有噪声,但聚合许多观察结果可以提供对整体图像自一致性的合理稳定的估计。

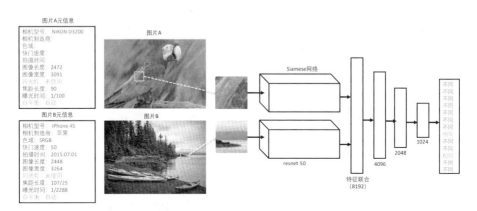

注:模型从不同的图像中随机抽取两个补丁,并预测它们是否具有一致的元数据。在训练和测试期间,每个属性都用作一致性度量。

图 5-8　自监督训练

(资料来源:Huh M, Liu A, Owens A, et al. Fighting fake news: Image splice detection via learned self-consistency [C]//Proceedings of the European Conference on Computer Vision (ECCV). 2018:101-117.)

(1) 预测 EXIF 属性一致性。使用孪生神经网络来预测一对 128×128 图像块是否共享每个 EXIF 元数据属性的概率。其中选了 $n=80$ 个 EXIF 元数据属性。孪生神经网络使用权值共享的 ResNet[9],产生 4 096 维向量。向量经连接后送入四层的多层感知机(multi-layer perception,MLP),最后经输出层输出对于 n 个元数据属性中的每一个共享相同值的概率。

如果使用随机采样的方法得到图像块对,由于有些 EXIF 元数据属性的取值难以学习和训练,并且随机取样的图像块可能并不具有一致性,因此 Huh 等人采用两种重新平衡的方法:一元法和成对法。一元法:当组建小批量的时候,对于一个属性,统一取所有可能取值中的一个。成对法:在一个小批量中,一半样本的属性共享该值,另一半的值则不同。

(2) 后处理一致性。为了使拼接后的图像看起来逼真,拼接的图片经常会对拼接区域做一些后处理操作,如缩放、高斯模糊、JPEG 重压缩等。如果可以检测出同一幅图中的不同图像块经过了不同的后处理操作,则可以说明图片经过拼接。即不同的处理操作也是不一致的表现。Huh 等人分别训练了三个检测器,用于识别两个图像块是否经过缩放、高斯模糊、JPEG 重压缩,并将其视为一种属性的检测器,加上 80 个 EXIF 元数据属性,一共有 83 个预测项。由于处理操作的顺序对结果也会有影响,因此在训练时将三种处理操作以随机的次序应用。

(3) 结合一致性预测。当对一对图像块的每个 EXIF(加上后处理)属性预测完一致性后,就可以计算其整体一致性 c_{ij}。考虑一对图像块 i 和 j 的输出的 EXIF 一致性预测的 83 维向量 $\boldsymbol{x}$。图像块之间的整体一致性估计为 $c_{ij} = p_\theta(y \mid \boldsymbol{x})$,其中 p_θ 是具有 512 个隐藏单元的两层 MLP。训练网络来预测 i 和 j 是否来自相同的训练图像(即如果它们相同,则 $y=1$;如果它们不同,则 $y=0$)。这既能校准不同 EXIF 预测的值,同时也能对它们之间的相关性进行建模。

(4) 直接预测图像一致性。对图像块直接求一致性,相比于对图像块的 EXIF 元数据属性求一致性,这种方法由于可以对元数据属性无法包含的图像细节进行判断,因此应该获得比用元数据属性训练得到更好的效果。但实际上这种方法需要大量的数据训练,随机采样的图像块可能检测了一些不重要的细节。为了在实践中评估该模型的性能,Huh 等人训练了一个结构类似于 EXIF 一致性模型的孪生网络,以解决相同或不同图像一致性的任务。

(5) 从图像块到图像自一致性。对于图像中块大小的选取,以最长边的 1/25 为图像块的边长,使得最长边有 25 个图像块。给定一个图像块,可以将它和图中所有图像块的一致性的预测值可视化为一个响应图。对于重叠的图像块,对其一致性的预测值求平均。最终输出结果只有一幅显示是否一致的图,利用每个图像块的响应,找到最一致的模式,寻找模式这一过程使用平均滑动完成,得到的响应图称为一致性图。此外可以使用归一化切割等方法,通过对矩阵聚类的方法,定量地可视化图片拼接的区域。对于某一个属性,其一致性图可能无规律可循,但其组合后的结果可以准确预测拼接的区域。

如表5-2所示,将基于自一致性的拼接取证算法[8]与几种用于检测篡改痕迹的图像取证方法进行对比,即基于颜色模式插值CFA[10]的取证方法、基于JPEG压缩DCT系数不一致性[11]的取证方法、基于小波检测异常噪声[12]的取证方法。同时,Huh等人还提出了三种自一致性的变体:检测照相机型号的不一致性的检测器、检测空间上的一致性的检测器、检测空间上的一致性的检测器。

表5-2 取证性能对比结果

指标	数据库			
	Columbia		Carvalho	
	MCC	F_1	MCC	F_1
CFA	0.23	0.47	0.16	0.29
DCT	0.33	0.52	0.19	0.31
NOI	0.41	0.57	0.25	0.34
Camera Classification	0.30	0.50	0.11	0.24
X - Consistency	0.25	0.54	0.12	0.30
Y - Consistency	0.25	0.54	0.14	0.28
Image-Consistency	0.77	0.85	0.33	0.43
EXIF-Consistency	0.80	0.88	0.42	0.52

资料来源:Huh M, Liu A, Owens A, et al. Fighting fake news: Image splice detection via learned self-consistency [C]//Proceedings of the European conference on computer vision (ECCV). 2018:101-117.

表5-2中的结果表明,基于EXIF一致性的图像篡改检测模型在大部分数据集上都取得了最佳性能。图5-9是其定位的可视化对比结果展示,可以发现对于不同数据库的测试图像,使用基于EXIF一致性的图像篡改检测模型获得的定位效果优于其他方法取得的效果。

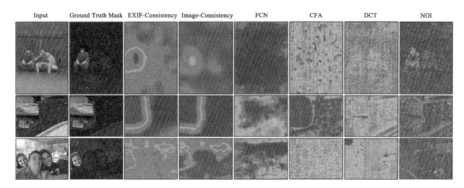

注:从上到下,测试图像来源于 In-the-wild 数据库、Columbia 数据库和 Carvalho 数据库。

图 5-9　可视化结果对比展示

(资料来源:Huh M, Liu A, Owens A, et al. Fighting fake news: Image splice detection via learned self-consistency [C]//Proceedings of the European Conference on Computer Vision (ECCV). 2018:101-117.)

图 5-10 展示了该算法存在的一些无法检测篡改图像的情况。当篡改图像过曝或者欠曝时,部分图像缺少 EXIF 元数据信号,可能是均一地全黑或者全白,容易成为误报区域。此外,还有些篡改图像的拼接太小,无法使用一致性有效地定位它们。最后,花卉示例在使用 EXIF 一致性模型时会产生部分错误的结果。这是因为复制图片原有区域再移动的操作,使用 EXIF 一致性检测可能会误报,应该使用后处理操作检测器来检测。

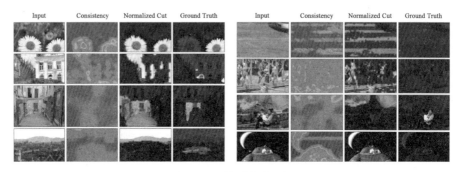

图 5-10　检测失败示例

(资料来源:Huh M, Liu A, Owens A, et al. Fighting fake news: Image splice detection via learned self-consistency [C]//Proceedings of the European Conference on Computer Vision (ECCV). 2018:101-117.)

5.2 复制-粘贴取证

图像复制-粘贴篡改是数字图像内容篡改中比较常用的一种方式,它把单幅图像中的部分区域复制并粘贴到同一图像中不交叠的其他区域,从而增加或覆盖掉某些物体。由于经历复制-粘贴篡改的图像中至少存在两个相同或相似的图像区域,且这些篡改区域的重要特征基本兼容于粘贴位置的周围区域,因此复制-粘贴取证不能基于图像自身统计特性的不一致性进行篡改区域定位,而是利用特征匹配技术检测图像中的相似区域,以提供可视化的可疑篡改区域信息。本节介绍三类复制-粘贴取证方法,包括基于图像块的复制-粘贴取证、基于关键点的复制-粘贴取证和基于深度学习的复制-粘贴取证。

5.2.1 基于图像块的复制-粘贴取证

在对复制-粘贴篡改图像进行取证分析时,通常依据原始区域和篡改区域之间对应的相同或相似分块(或相似关键点)是否满足同一仿射变换来实现篡改区域定位。Cozzolino 等人基于在图像上密集计算的旋转不变特征,提出了一种复制-粘贴检测与定位算法[13],其基本思路是利用快速的近似最近邻搜索算法(PatchMatch)计算图像密集场,然后基于密集线性拟合的快速后处理过程降低整体方法的复杂性,同时提取旋转不变特征,实现复制-粘贴取证方法对旋转和缩放失真的鲁棒性。

(1) 利用 PatchMatch 计算图像密集场。PatchMatch 是一种快速随机算法,可以在图像块之间找到密集的近似最近邻匹配。具体而言,PatchMatch 首先以随机方式初始化偏移字段,即

$$\delta(s) = U(s) - s \quad (5-31)$$

其中 s 是图像像素,$s \in \Omega$,Ω 表示一个规则矩形网格,$U(s)$ 是一个二维随机变量,均匀覆盖图像支持的矩形网格,$\delta(s) \neq 0$。由于需要寻找距离目标相对较远的匹配项,因此排除所有小于给定阈值的偏移量,即要求 $\|\delta(s)\|_\infty \geqslant T_{D1}$。PatchMatch 的主要思想是快速传播最优或接近最优的偏移量,迭代更新整个字段。在通用迭代中,有两个阶段:传播和随机搜索。

在传播阶段,图像将按自上而下、从左到右进行光栅扫描,并针对每个像素 s 更新当前偏移量:

$$\delta(s) = \underset{\emptyset \in \Delta^P(s)}{\operatorname{argmin}} D(f(s), f(s+\emptyset)) \qquad (5-32)$$

$$\bar{\delta}^{0x}(s) = \delta(s^x) \qquad (5-33)$$

$$\bar{\delta}^{1x}(s) = 2\delta(s^x) - \delta(s^{xx}) \qquad (5-34)$$

$$\Delta^P(s) = \{\delta(s), \bar{\delta}^{0r}(s), \bar{\delta}^{0d}(s), \bar{\delta}^{0c}(s), \\ \bar{\delta}^{0a}(s), \bar{\delta}^{1r}(s), \bar{\delta}^{1d}(s), \bar{\delta}^{1c}(s), \bar{\delta}^{1a}(s)\} \qquad (5-35)$$

其中 $x \in \{r, c, d, a\}$，表示 s 分别沿着行、列、对角线和反对角线方向，按照扫描顺序排列的像素。PatchMatch 会检查与因果邻域相关的偏移量是否提高了当前匹配质量，对于具有恒定偏移的区域的给定像素，可以很好偏移，实现快速传播，填充其下方和右侧的整个区域。为了避免偏差，扫描顺序在每隔一次迭代时反转（自下而上和从右到左）。

由于传播过程是基于贪婪算法执行的，其效果取决于随机初始化的质量，因此，为了最大限度地降低被困在局部最小值的风险，在偏移量更新后，执行基于当前偏移字段的随机搜索。候选偏移量 $\delta_i(s)$，$i=1, \cdots, L$ 的选择规则为

$$\delta_i(s) = \delta(s) + R_i \qquad (5-36)$$

其中 R_i 是一个二维随机变量，在半径为 2^{i-1} 的方形网格上均匀分布（不包括原点）。实际上，这些新的候选偏移量都非常接近 $\delta(s)$，因此，随机搜索可以更新为

$$\delta(s) = \underset{\emptyset \in \Delta^R(s)}{\operatorname{argmin}} D(f(s), f(s+\emptyset)) \qquad (5-37)$$

$$\Delta^R(s) = \{\delta(s), \delta_1(s), \cdots, \delta_L(s)\} \qquad (5-38)$$

（2）基于密集线性拟合的后处理。完整的后处理过程包括以下步骤：首先在半径为 ρ_M 的圆形窗口上进行中值滤波处理；其次，令 q_i 表示 N 像素邻域的列向量，计算半径为 ρ_N 的圆形邻域上的最小二乘线性模型的拟合误差 $\varepsilon^2(s)$：

$$\varepsilon^2(s) = (\delta^T \delta) - (\delta^T q_1)^2 - (\delta^T q_2)^2 - (\delta^T q_3)^2 \qquad (5-39)$$

然后在水平 T_ε^2 处对 $\varepsilon^2(s)$ 进行阈值处理，并去除比 T_{D2}（最小克隆距离，设为50）像素更近的几个区域和小于 T_S（最小克隆尺寸，设为1200）像素的区域；最后检测区域镜像，并对具有半径为 $\rho_D = \rho_M + \rho_N$ 的圆形结构元素进行形态膨胀。

(3) 特征提取。由于基于循环谐波变换的特征[14]具有理想的不变性，因此提取其作为复制-粘贴篡改检测的特征，并基于 PatchMatch 高效计算整个图像的高质量近似最近邻字段，从而定位篡改区域。

采用图像级和像素级 F 度量来评估所提算法[13]的取证性能：

$$F = \frac{2\text{TP}}{2\text{TP} + \text{FN} + \text{FP}} \qquad (5-40)$$

其中 TP(真阳性)、FN(假阴性)和 FP(假阳性)分别计数检测到的伪造图像、未检测到的伪造图像和错误检测到的真实图像的数量。在对所有图像进行平均之后，在每个图像的像素级使用类似的定义，以获得像素级 F 度量。因此，在图像级别，仅测量正确识别图像为伪造或真实的能力，而像素级别的测量也考虑了定位精度。

测试所提复制-粘贴取证算法[13]对噪声、压缩、旋转和缩放的鲁棒性，并与现有复制-粘贴取证算法 Bravo2011[15]、Christlein2012[16]、Amerini2013[17]、Cozzolino2014[18]进行性能对比。图 5-11 和图 5-12 中显示了图像级和像素级 F 测量曲线。在图像级别，Bravo2011 和 Christlein2012 在理想情况下表现出最佳性能，但是随着噪声和 JPEG 压缩水平的增加，性能会迅速下降。相反，在像素级，所提出的基于 PatchMatch 的检测器始终优于其他方法，在存在强烈噪声和大压缩因子，以及适度的尺度变化和临界旋转角度的情况下，性能增益变得非常显著。

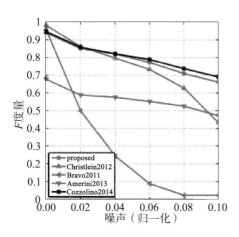
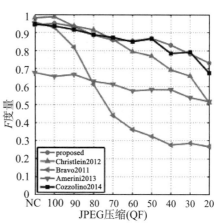

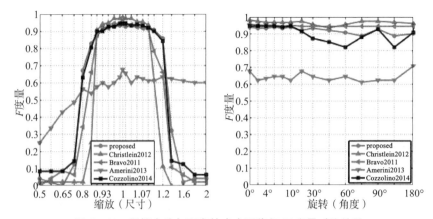

图 5-11　所提方法与现有技术在图像级 F 度量对比结果

(资料来源：Cozzolino D, Poggi G, Verdoliva L. Efficient dense-field copy-move forgery detection [J]. IEEE Transactions on Information Forensics and Security，2015，10(11)：2284-2297.)

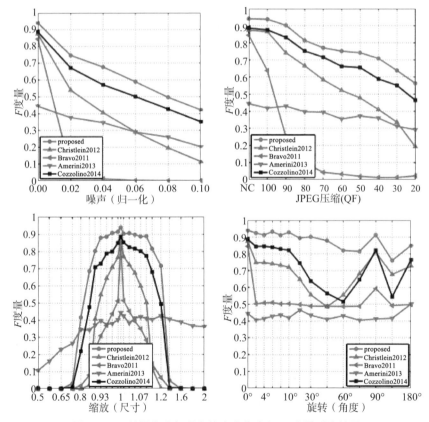

图 5-12　所提方法与现有技术在像素级 F 度量对比结果

(资料来源：Cozzolino D, Poggi G, Verdoliva L. Efficient dense-field copy-move forgery detection [J]. IEEE Transactions on Information Forensics and Security，2015，10(11)：2284-2297.)

5.2.2 基于关键点的复制-粘贴取证

现有的基于图像块的复制-粘贴取证方法由于分块的固有特性以及分块特征描述算法的局限性,存在几何变换的鲁棒性差和计算复杂度高的问题。基于关键点的检测方法计算效率高且有较强的鲁棒性,适用于实际情况下的多类型图像复制-粘贴篡改检测。基于关键点匹配的图像取证基于这样一个观察,在进行单幅图像内的复制-粘贴篡改时,常常会进行对象级别的篡改。因此篡改图像在语义层级上会存在两个关键点特征描述极其相似的区域,通过检测图像中存在的物体描述特征点是否有可匹配上的区域,便可判断是否存在篡改。该类方法的一般步骤如下:首先从整幅图像中提取关键点,然后对其进行特征描述提取和匹配过程,最后通过得到关键点匹配进行后续处理从而定位复制-粘贴篡改区域。

在基于关键点匹配的取证方法中,采用最多的关键点提取技术是 SIFT。SIFT 算法在图像有意义区域标注特征点的同时,可以提取该特征点的局部特征。其实质是构造多尺度空间,并在多尺度空间寻找 SIFT 关键点,计算其方向,去除低对比度点以及边缘响应点。SIFT 特征点对于图像的尺度和旋转能够保持不变,同时对噪声和亮度变化有很强的鲁棒性。此外,SIFT 特征还具备很好的可区分性,即使在低概率的不匹配情况下也能正确识别目标。因此,SIFT 特征具有很好的鲁棒性和可区分性。SIFT 特征点提取过程包括以下四个阶段:尺度空间构造→检测尺度空间极值点→实现特征点方向分配→生成特征向量。

邢文博等人提出基于 SIFT 匹配关键点对 RANSAC 分类的复制-粘贴定位方法[19],具体流程如图 5-13 所示。

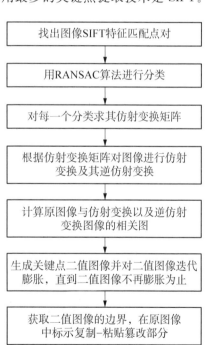

图 5-13 复制-粘贴取证算法流程图

(资料来源:邢文博,杜志淳.数字图像复制粘贴篡改取证[J].计算机科学,2019,46(6A):380-384.)

（1）确定图像中 SIFT 特征匹配点对。在识别一个物体时，对一定距离范围内不同旋转角度的物体都能正确识别，即为尺度旋转不变性。对图像进行各种高斯模糊可以模拟实现这种尺度不变性，具体步骤如下。

一是构造图像尺度空间。构建图像金字塔，对图像金字塔中的每层图像用不同的高斯方差参数做高斯模糊，形成图像的多尺度空间表示。

二是在尺度空间中检测极值点。对图像金字塔每组的多幅高斯图像的相邻层进行差分，得到高斯差分图像。寻找高斯差分图像的极值点作为关键点，并利用泰勒展开式迭代和 Hessian 矩阵优化，得到优化后的关键点。

三是确定关键点的方向。利用关键点邻域像素的梯度分布特性，并对图像的梯度直方图进行插值拟合处理，确定关键点的稳定方向。

四是生成关键点的特征向量。将图像的坐标轴旋转为关键点的方向，在以关键点为中心的 16×16 的像素区域内以 4×4 像素为一个种子点，共形成 16 个种子点，求得每一个像素的梯度幅值与梯度方向，每个种子点的梯度区域由 0 度到 360 度划分为 8 个方向区间，每个区间为 45 度，即每个种子点有 8 个方向的梯度强度信息。每个关键点产生 $4\times 4\times 8=128$ 个数据，形成 128 维的 SIFT 特征向量。关键点的特征向量用于关键点的匹配。

五是关键点的特征向量匹配。通过比较关键点特征向量之间的欧氏距离，用最近邻距离与次近邻距离的比值小于确定的阈值来确定关键点的相互匹配。

（2）匹配点对的 RANSAC 算法分类。RANSAC 是一种随机采样一致性统计算法，它是通过对一组包含异常数据的样本数据集进行随机采样计算出数据的数学模型，再通过计算符合数据模型的数据，得到有效样本数据的算法。

匹配点对数量比较集中的区域就是图像复制-粘贴区域的 SIFT 匹配关键点，这些点对之间存在仿射变换关系。用 RANSAC 算法在匹配的点对中随机选取 3 个匹配点对，求得仿射变换关系，对匹配点对中左面的关键点进行仿射变换，求其仿射变换点的位置，并与其对应的匹配关键点的位置进行比较。在设定的误差范围内，符合仿射变换关系的匹配点对达到设定阈值的匹配点数时，认定这种仿射变换关系成立，并将这些匹配点对归为一类，单独存储。然后对剩余的匹配点对再用同样的算法提出符合另一个仿射变换的所有匹配点对，并作为第二类，直到剩余的匹配点对少于设定的阈值，或随机采样次数达到设定的值，退出 RANSAC 算法对匹配点对的分类。

（3）篡改图像中复制-粘贴区域定位。复制-粘贴区域之间存在仿射变换关系以及逆仿射变换关系。首先，对匹配点对的每一个分类求其仿射变换矩阵,根据仿射变换矩阵对图像进行仿射变换及其逆仿射变换,得到仿射变换图像和逆仿射变换图像。其次,由于篡改图像中粘贴部分与仿射变换图像的对应区域将有比较高的相关性,复制区域与逆仿射变换图像对应区域有较高的相关性,因此,计算原图像与仿射变换以及逆仿射变换图像的局部相关图,相关性计算式如下:

$$\gamma = \frac{\sum_m \sum_n (A_{mn} - \overline{A})(B_{mn} - \overline{B})}{\sqrt{\left(\sum_m \sum_n (A_{mn} - \overline{A})^2\right)\left(\sum_m \sum_n (B_{mn} - \overline{B})^2\right)}} \quad (5-41)$$

其中 γ 表示 $m \times n$ 图像块 A 与 $m \times n$ 图像块 B 的相关性,$\overline{A}$ 表示图像块 A 的像素均值,$\overline{B}$ 表示图像块 B 的像素均值。

将每一类匹配点对按照仿射变换关系分成对应的两个关键点组,并对每一个组关键点的坐标进行取证,生成关键点二值图像,并对其迭代膨胀,直到二值图像不再膨胀为止。然后获取二值图像的边界,在原图像中定位复制-粘贴篡改区域。

图 5-14 给出了使用该基于关键点匹配的取证算法[19]对网络上流行的小布什竞选时的复制-粘贴篡改照片进行取证的示例。可以发现,使用该算法能

图 5-14 复制-粘贴取证结果示意图:篡改图像(左上)、定位到的图像中复制-粘贴区域(右上)、篡改图像检测结果(下)

(资料来源:邢文博,杜志淳.数字图像复制粘贴篡改取证[J].计算机科学,2019,46(6A):380-384.)

准确定位篡改图像中的复制-粘贴区域。图 5‑15 展示了该复制-粘贴取证算法在图像经历 JPEG 压缩、噪声添加以及均值滤波的情形下篡改区域定位的性能,可以发现该取证算法对上述操作具有鲁棒性。

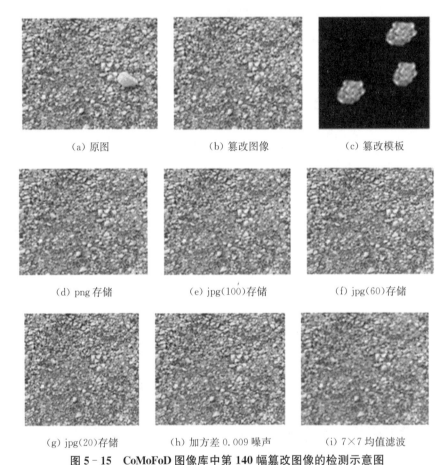

(a) 原图　　　　　　(b) 篡改图像　　　　　(c) 篡改模板

(d) png 存储　　　(e) jpg(100) 存储　　(f) jpg(60) 存储

(g) jpg(20) 存储　(h) 加方差 0.009 噪声　(i) 7×7 均值滤波

图 5‑15　CoMoFoD 图像库中第 140 幅篡改图像的检测示意图

(资料来源:邢文博,杜志淳. 数字图像复制粘贴篡改取证[J]. 计算机科学,2019,46(6A):380‑384.)

由于 SIFT 算法对噪声、失真和几何变换具有良好的鲁棒性,因此 Li 等人[20]也采用了 SIFT 算法进行特征提取。Li 等人[20]指出基于关键点的方法(包括基于 SIFT 的方法)的一个关键问题是它们不能在光滑或小区域中产生足够数量的关键点,从而导致检测性能差。所以,Li 等人提出降低对比度阈值和调整输入图像大小的两个简单而有效的策略来生成更多数量的 SIFT 关键点,提高在平滑或小区域中的检测性能。然而,随着关键点数量的显著增加:

一方面,由于匹配算法的计算复杂度为 $O(n^2)$,这极大地加重了计算负担;另一方面,由于在附近位置甚至同一位置产生了更多的关键点,匹配的次数从 5 次下降到 1 次,这违反了给定的匹配条件。为了同时解决这两个关键点匹配问题,Li 等人[20]提出了一种新的分层特征点匹配算法。匹配方案的框架如图 5-16 所示。

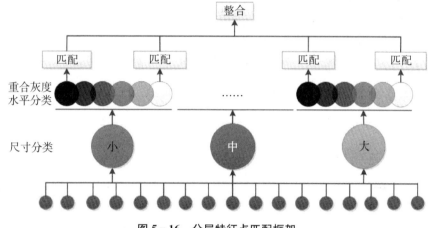

图 5-16 分层特征点匹配框架

(资料来源:Li Y, Zhou J. Fast and effective image copy-move forgery detection via hierarchical feature point matching [J]. IEEE Transactions on Information Forensics and Security, 2018, 14(5):1307-1322.)

该方法包括两个部分:基于尺度聚类的群体匹配;通过重叠灰阶聚类进行群体匹配。表 5-3 列出了不同复制-粘贴伪造察觉方法在 FAU 和 GRIP 数据集上的结果,包括基于关键点聚类(Amerini 等人[21]、GoDeep[22]),基于关键点分段(Li 等人[23]、Zandi 等人[24]),基于块(Zernike[16]、Cozzolino 等人[13]、Bravo-Solorio 等人[25])和 Li 等人[20]提出的方法。可以看出,Li 等人方法在 FAU 数据集上的 F_1 分数超过了其他方法。

表 5-3 FAU 和 GRIP 数据集上 TPR、FPR、F_1、F_P 和 CPU 性能对比

方法	FAU					GRIP				
	TPR	FPR	F_1	F_P	CPU	TPR	FPR	F_1	F_P	CPU
Amerini	66.67	10.42	75.29	—	15.2	70.00	20.00	73.87	—	2.10
Cozzolino	97.92	8.33	94.95	93.79	165.2	98.75	8.75	95.18	92.99	14.80

续表

方法	FAU					GRIP				
	TPR	FPR	F_1	F_P	CPU	TPR	FPR	F_1	F_P	CPU
Li	72.92	22.92	74.47	74.47	4 946.30	83.75	35.00	76.57	27.74	353.00
Bravo	97.92	6.25	95.92	70.02	2 689.80	100.00	0.00	100.00	84.82	39.40
Zernike	100.00	10.42	95.05	89.33	2 876.20	100.00	5.00	97.56	86.18	40.10
GoDeep	97.92	39.58	82.46	88.24	1 071.60	100.00	98.75	83.77	66.62	11.70
Zandi	100.00	52.08	79.34	86.07	468.20	100.00	33.75	85.56	66.44	25.70
Proposed	100.00	2.08	98.97	94.28	86.60	100.00	0.00	100.00	94.66	13.90

资料来源：Li Y, Zhou J. Fast and effective image copy-move forgery detection via hierarchical feature point matching [J]. IEEE Transactions on Information Forensics and Security, 2018, 14(5): 1307-1322.

Pun 等人[26]提出了一种基于自适应过分割和特征点匹配的复制-粘贴篡改检测方案。该方案结合了基于块的篡改检测方法和基于关键点的篡改检测方法。与基于块的篡改定位方法类似，该工作提出了一种自适应过分割(over-segment)图像方法，将图像自适应地划分为不重叠的、更为精细的不规则图像块。然后，从每个图像块中提取 SIFT 特征作为块特征，将图像块特征相互匹配，确定成功匹配的特征点为标记特征点，该特征点可近似表示可疑篡改区域。最后，为了更准确地定位篡改区域，Pun 等人[26]还提出了篡改区域提取算法，该算法将超像素作为特征块，然后将局部颜色相似的相邻块合并为特征块，生成合并后的区域，最后对合并后的区域进行形态学运算，生成检测到的篡改区域。该算法流程如图 5-17 所示。

(1) 自适应过分割算法。自适应过分割算法的流程图如图 5-18 所示。首先，对输入图像进行小波变换，得到图像的低频和高频子带的系数。然后，使用式(5-42)计算低频分布的百分比，根据这个百分比，使用式(5-43)确定初始大小 S。

$$P_{LF} = \frac{E_{LF}}{E_{LF} + E_{HF}} \cdot 100\% \qquad (5-42)$$

$$S = \begin{cases} \sqrt{0.02 \times M \times N}, & P_{LF} > 50\% \\ \sqrt{0.01 \times M \times N}, & P_{LF} \leqslant 50\% \end{cases} \qquad (5-43)$$

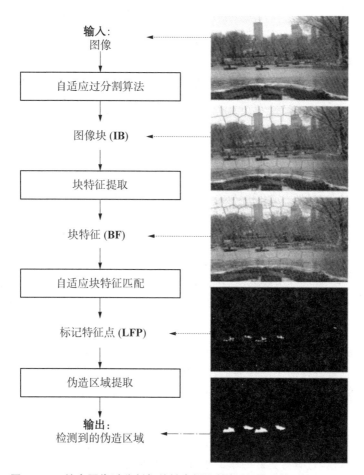

图 5-17 结合图像过分割与关键点提取的复制-粘贴篡改定位流程图

（资料来源：Pun C M, Yuan X C, Bi X L. Image forgery detection using adaptive oversegmentation and feature point matching [J]. IEEE Transactions on Information Forensics and Security, 2015, 10 (8): 1705-1716.）

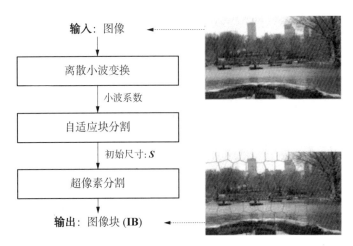

图 5-18 自适应过分割算法流程图

(资料来源:Pun C M, Yuan X C, Bi X L. Image forgery detection using adaptive oversegmentation and feature point matching [J]. IEEE Transactions on Information Forensics and Security, 2015, 10(8):1705-1716.)

最后,结合计算得到的初始尺寸 S,采用切片分割算法对图像进行分割,得到图像块。这些图像块具有自适应的初始大小,其与传统的将图像分割成固定大小块的篡改检测方法相比,可以获得更好的篡改检测结果,同时降低计算量。

(2) 块特征提取算法。传统的基于块的篡改检测方法提取与块特征长度相同的特征或直接使用图像块的像素作为块特征,但这些特征主要反映图像块的内容,而忽略了位置信息。该方法则将 SIFT 作为特征点提取方法,从每个图像块中提取出特征点作为图像块的块特征,每个块特征包含不规则块区域信息和提取的特征点。这些特征点对图像缩放、旋转和 JPEG 压缩等各种畸变具有鲁棒性,且具有更好的稳定性和更好的性能。

(3) 自适应块特征匹配算法。在获得块特征之后,再用它来定位匹配的块。由于块特征是由一组特征点组成的,因此 Pun 等人提出了一种与以前方法不同的匹配块定位方法。图 5-19 为块特征匹配算法的流程图。首先计算匹配特征点的个数,生成相关系数图。然后自适应地计算相应的块匹配阈值,得到匹配块对。最后,提取匹配块对中的匹配特征点并标记出可疑篡改区域的位置。

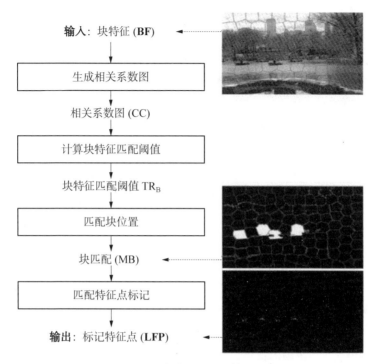

图 5-19　图像块特征匹配算法流程图

(资料来源:Pun C M, Yuan X C, Bi X L. Image forgery detection using adaptive oversegmentation and feature point matching [J]. IEEE Transactions on Information Forensics and Security, 2015, 10(8):1705-1716.)

具体来说,首先获得图像块特征集合 $BF=\{BF_1, BF_2, \cdots, BF_N\}$,其中 N 表示图像块的数目;同时,计算图像块的相关系数 CC,其表示相应的两个图像块之间匹配的特征点的数目。假设自适应过分割后有 N 个分块,则可以生成 $N(N-1)/2$ 个相关系数,从而形成相关系数图。在图像块之间,当两个特征点的欧氏距离大于预定义特征点的匹配阈值 TR_p 时,则匹配这两个特征点,即只有当特征点 $f_a(x_a, y_a)$ 能够满足式(5-44)中定义的条件时,特征点 $f_a(x_a, y_a)$ 才与特征点 $f_b(x_b, y_b)$ 进行匹配:

$$d(f_a, f_b) \cdot TR_p \leqslant d(f_a, f_i) \qquad (5-44)$$

其中 $d(f_a, f_b)$ 表示特征点 f_a 和 f_b 之间的欧氏距离,$d(f_a, f_i)$ 表示特征点 f_a 和相应块中所有其他关键点之间的欧氏距离,计算式如下:

$$d(f_a, f_b) = \sqrt{(x_a - x_b)^2 + (y_a - y_b)^2} \qquad (5-45)$$

$$d(f_a, f_i) = \sqrt{(x_a - x_i)^2 + (y_a - y_i)^2}, \quad i = 1, 2, \cdots, n; i \neq a, i \neq b$$
(5-46)

其中 i 表示第 i 个特征点，n 表示相应块中特征点的数量，TR_p 表示特征点匹配阈值。步长越大，匹配精度越高，但同时失误概率也越高。

在得到相关系数的分布后，需要计算其块匹配阈值 TR_B。为了计算块匹配阈值 TR_B，首先将相关系数的不同元素按升序排序，$CC_S = \{CC_1, CC_2, \cdots, CC_t\}$，其中 $t \leq N(N-1)/2$。然后计算 CC_s 的一阶导数和二阶导数 $\nabla(CC_s)$ 和 $\nabla^2(CC_s)$ 以及一阶导数向量的平均值 $\overline{\nabla(CC_s)}$。最后，从二阶导数大于相应一阶导数向量平均值的相关系数中选择最小相关系数，将该所选相关系数值定义为块匹配阈值 TR_B，计算式为

$$\nabla^2(CC_s) > \overline{\nabla(CC_s)}$$
(5-47)

根据块匹配阈值 TR_B 定位匹配块 MB。使用计算的块匹配阈值 TR_B，如果块对的相关系数大于 TR_B，则相应的块对将被确定为匹配块。

(4) 伪造区域提取算法。当提取完标记特征点(labeled feature points, LFP)后，仍须在其范围内找到更精确的篡改区域。图 5-20 给出了伪造区域提取算法的流程图，考虑到超像素可以很好地分割输入图像，Pun 等人提出了一种用小的超像素(super-pixel)代替 LFP 来获得可疑篡改区域的方法，这些区域是标记的小的超像素的组合。此外，为了改善准确率与召回率的结果，将疑似区域相邻的超像素的局部颜色特征纳入考量，如果它们的颜色特征与疑似区域的颜色特征相似，则将相邻的超像素合并到相应的疑似区域中，从而产生合并的篡改区域。最后，对合并后的区域进行紧密的形态学操作，生成检测到的复制-粘贴篡改区域。

表 5-4 和表 5-5 分别在图像和像素级别显示了在纯拷贝移动条件下 96 幅图像的检测结果。将该算法与其他算法如 Bravo[25]、Wang[27,28]、SIFT[21,29]、SURF[30,31] 进行对比，从表 5-4 中可以发现，该算法在图像级的精度达到 96%、召回率达到 100% 以及 F_1 分数等于 97.96%，性能远远优于先前的方案。在表 5-5 中可以发现，在像素级，该算法的精度可以达到 97.22%、召回率达到 83.73%，F_1 分数等于 89.97%。此外，无论在图像级还是在像素级上，由于采用了自适应过分割方法，因此其图像分割效果都优于采用固定尺寸分块方法。

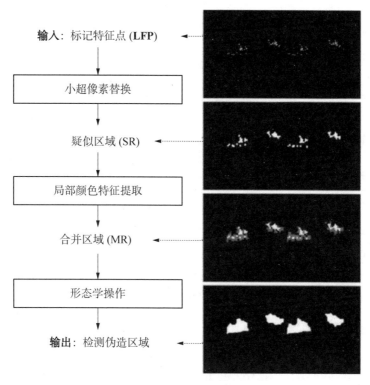

图 5-20 伪造区域提取算法流程图

(资料来源:Pun C M, Yuan X C, Bi X L. Image forgery detection using adaptive oversegmentation and feature point matching [J]. IEEE Transactions on Information Forensics and Security, 2015, 10(8):1705-1716.)

表 5-4 复制-粘贴篡改取证图像级的检测结果

方法	精度(%)	召回率(%)	F_1(%)
Bravo	87.27	100.00	93.20
Wang	92.31	100.00	96.00
SIFT	88.37	79.17	83.52
SURF	91.49	89.58	90.53
Proposed Scheme-Fixed Size Blocking	95.92	97.92	96.91
Proposed Scheme-Adaptively Blocking	**96.00**	**100.00**	**97.96**

资料来源:Pun C M, Yuan X C, Bi X L. Image forgery detection using adaptive oversegmentation and feature point matching [J]. IEEE Transactions on Information Forensics and Security, 2015, 10(8):1705-1716.

表 5-5　复制-粘贴篡改取证像素级的检测结果

方法	精度(%)	召回率(%)	F_1(%)
Bravo	98.91	82.98	89.34
Wang	98.69	85.44	90.92
SIFT	60.80	71.48	63.10
SURF	68.13	76.43	69.54
Proposed Scheme-Fixed Size Blocking	89.87	75.6	82.12
Proposed Scheme-Adaptively Blocking	**97.22**	**83.73**	**89.97**

资料来源：Pun C M, Yuan X C, Bi X L. Image forgery detection using adaptive oversegmentation and feature point matching [J]. IEEE Transactions on Information Forensics and Security, 2015, 10(8): 1705-1716.

5.2.3　基于深度学习的复制-粘贴取证

基于图像块的复制-粘贴取证算法和基于关键点的复制-粘贴取证算法都是基于手工特征，其中一些特征可能将这些算法绑定到一个或一些特定的数据集，从而限制了方法的泛化。基于深度学习的复制-粘贴取证方法可以自动学习图像特征，并在没有事先假设的情况下定位被篡改的区域。因此，Chen 等人提出基于并行深度神经网络的图像复制-粘贴伪造定位方案[32]，定位图像篡改区域，并对定位出的区域进行源区域和目标区域的区分。其整体框架如图 5-21 所示，包含两个串行子网：复制-粘贴相似性检测网络（copy-move similarity detection network，CMSDNet）和源/目标区域区分网络（source and target distinguishment network，STRDNet）。前者旨在检测类似的复制-粘贴伪造区域，而后者则侧重于在图像级区分这些检测到的相似区域中哪些是未篡改的源区域，哪些是被篡改的目标区域。

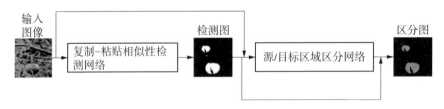

图 5-21　整体框架示意图

（资料来源：Chen B, Tan W, Coatrieux G, et al. A serial image copy-move forgery localization scheme with source/target distinguishment [J]. IEEE Transactions on Multimedia, 2020, 23: 3506-3517.）

(1) 复制-粘贴相似性检测网络:子网 CMSDNet 的体系结构主要由三个模块组成:特征提取模块、相关模块和掩码解码模块。

在特征提取模块中,使用具有四个卷积组(Conv1、Conv2、Conv3、Conv4)的 VGG16。除最后一组外,每个组后跟一个最大池化层。前两个组有两个标准卷积层,第三组有三个标准卷积层,最后一组有三个空洞卷积层。标准卷积层和空洞卷积层的内核大小均为 3×3,四组中的内核数量分别为 64、128、256 和 512。

在相关模块中,设计了双层自相关用于匹配层次特征和共享信息。其中一个双层考虑了在 Conv3 之后提取的相对较深的特征,这是因为深层特征通常比在 Conv3 之前提取的浅层特征更有效。在每个级别中,通道注意力模块(channel attention module,CAM)对特征进行预处理,以利用通道间特征的重要信息。然后,根据处理后的特征,通过自相关计算像素之间的相似性分数。最后,通过百分位池化过滤相似性分数向量,以过滤掉不相关的信息。

在掩码解码器模块中,由于源区域和目标区域的大小可能不同,因此应用空洞空间金字塔池化(atrous spatial pyramid pooling,ASPP)来捕获多尺度特征。考虑到相关图的分辨率和篡改区域的大小,ASPP 中空洞卷积层的扩张率设置为 $r=4,8,12,16$。 此外,利用空间注意力模块(spatial attention module,SAM)解决上采样操作可能导致一些虚假的匹配像素,并可能丢失一些相似的匹配像素的问题。

(2) 源/目标区域区分网络:CMSDNet 检测到的相似区域通常形状不规则,必须确定 STRDNet 网络输入图像的分辨率。因此,使用矩形来裁剪原始图像中每个检测到的区域。对于某个检测到的区域,通过将包含该区域的最小矩形扩展到大约 15 个像素来获得裁剪矩形。这种扩展的目的是便于捕获复制-粘贴篡改区域和周围未篡改区域之间的不一致。最后,所有裁剪的矩形块都归一化为 128×128。

裁剪后的块被输入具有固定滤波器参数和内核大小 3×3 的约束卷积层。该层可以看作过滤掉低频内容的预处理操作。然后,处理后的块经过四个卷积组(Conv1、Conv2、Conv3、Conv4)以提取特征。内核大小为 3×3 的前三组用于学习空间差异,而内核大小为 1×1 的最后一组卷积用于学习通道轴上特征之间的关联。四组中的内核数分别为 96、64、64 和 128。

提取特征后,利用分类模块识别未篡改和篡改的块。该模块由一个带有 softmax 激活的全连接(FC)网络组成。FC 网络具有三个 FC 层和两个 TanH 激活函数。前两个 FC 层(FC1 和 FC2)包含 200 个神经元。最后一层 FC3(分类层)包含两个神经元,然后是一个 softmax 激活。

将该算法[32]与 Cozzolino[13]、Zandi[24]、Li[20]、OverSeg[26]、DMVN[33]、BusterNet[34]进行取证性能比较。同时考虑 6 种额外的攻击,即 JPEG 压缩(JC)、模糊(IB)、高斯噪声添加(GNA)、颜色降低(CR)、对比度调整(CA)和亮度变化(BC)。表 5-6 和表 5-7 的结果表明,Chen 等人的算法[32]能达到最佳取证性能,且对 6 种不同级别的攻击具有鲁棒性。

表 5-6 通过像素级 F_1 分数比较取证算法对 JC、IB、GNA 攻击的鲁棒性

算法	JPEG 压缩质量因子									IB 过滤尺寸			GNA 标准差		
	90	80	70	60	50	40	30	20	10	3×3	5×5	7×7	0.0005	0.005	0.009
Cozzolino	0.397	0.412	0.389	0.370	0.364	0.353	0.346	0.338	0.308	0.411	0.398	0.379	0.365	0.290	0.181
Zandi	0.367	0.379	0.390	0.351	0.329	0.341	0.353	0.317	0.267	0.349	0.318	0.316	0.352	0.272	0.254
OverSeg	0.188	0.231	0.197	0.193	0.167	0.201	0.145	0.114	0.062	0.238	0.262	0.229	0.174	0.083	0.050
Li	0.449	0.460	0.468	0.461	0.446	0.431	0.411	0.409	0.347	0.473	0.456	0.428	0.459	0.249	0.114
DMVN	0.282	0.300	0.284	0.244	0.223	0.216	0.206	0.184	0.160	0.281	0.242	0.197	0.305	0.287	0.265
BusterNet	0.439	0.463	0.441	0.428	0.407	0.419	0.366	0.356	0.291	0.475	0.410	0.384	0.480	0.438	0.424
Proposed	**0.506**	**0.508**	**0.511**	**0.506**	**0.497**	**0.500**	**0.495**	**0.486**	**0.462**	**0.495**	**0.478**	**0.462**	**0.510**	**0.484**	**0.462**

资料来源:Chen B, Tan W, Coatrieux G, et al. A serial image copy-move forgery localization scheme with source/target distinguishment [J]. IEEE Transactions on Multimedia, 2020, 23:3506-3517.

表 5-7 通过像素级 F_1 分数比较取证算法对 BC、CR、CA 攻击的鲁棒性

算法	BC 上下界			CA 上下界			CR 密度		
	(0.01, 0.95)	(0.01, 0.9)	(0.01, 0.8)	(0.01, 0.95)	(0.01, 0.9)	(0.01, 0.8)	32	64	128
Cozzolino	0.416	0.419	0.392	0.435	0.424	0.425	0.433	0.425	0.416
Zandi	0.392	0.375	0.344	0.388	0.393	0.383	0.378	0.389	0.369
OverSeg	0.232	0.207	0.201	0.205	0.230	0.228	0.252	0.247	0.226
Li	0.485	0.482	0.474	0.498	0.492	0.491	0.498	0.484	0.479
DMVN	0.305	0.314	0.313	0.306	0.305	0.317	0.316	0.304	0.314
BusterNet	0.489	0.478	0.462	0.494	0.494	0.494	0.492	0.489	0.487
Proposed	**0.504**	**0.505**	**0.497**	**0.516**	**0.520**	**0.515**	**0.511**	**0.508**	**0.513**

资料来源:Chen B, Tan W, Coatrieux G, et al. A serial image copy-move forgery localization scheme with source/target distinguishment [J]. IEEE Transactions on Multimedia, 2020, 23:3506-3517.

5.3 图像修复取证

图像修复技术是数字图像复原中比较常用的一种手段，它的核心思想是根据图像受损区域周围的已知像素信息通过插值相邻像素对未知区域进行修复。图像修复常用于恢复旧照片中丢失的信息、去除图像划痕等，但恶意篡改者也会使用图像修复进行包含对象删除在内的图像篡改。图像修复取证的目标是研究修复操作在图像中遗留的篡改痕迹特征，从而判断一幅图像属于自然图像还是篡改图像，并且对修复图像精确定位出篡改区域。本小节介绍三类图像修复取证技术，包括基于零连通特征的修复取证、基于拉普拉斯变换的修复取证和基于深度学习的修复取证。

5.3.1 基于零连通特征的修复取证

现有的基于样本合成修复的对象删除操作取证技术主要采用全搜索的方式进行块匹配，从而定位篡改区域，但是这类算法计算复杂度高，且容易造成误检，检测正确率有待提高。因此，Liang 等人提出一种集成了中心像素映射(central pixel mapping，CPM)、最大零连通分量标记(greatest zero-connectivity component labeling，GZCL)和片段拼接检测(fragment splicing detection，FSD)的图像修复取证方法[35]。该方法由四个部分组成，具体框架如图 5-22 所示：首先，将零连通特征应用于可疑区块搜索，为了提高检索效率并保持良好的检测结果，Liang 等人提出一种基于中心像素映射的快速搜索方法；其次，根据最大零连通分量所在的位置标记可疑块中的篡改像素；再次，采用矢量滤波去除统一背景中的误检测区域；最后，使用片段拼接检测技术过滤掉参考区域，实现篡改区域定位。

(1) 基于零连通特征的可疑块搜索。在图像修复中，使用最佳匹配块的相应像素填充修复块的位置部分，因此修复块与匹配块的差值绝对值矩阵中有若干个零相连，即零连通特征。采用零连通特征搜索可疑区块，检测过程如下。

给定测试图像 I，对于每个以点 $p(p \in I)$ 为左上角的待检测块 Ψ_p，在图像其他区域 $\Phi = \overline{\Psi_p}$，寻找与 Ψ_p 匹配度最大的块 $\Psi_{\hat{q}}$：

$$\Psi_{\hat{q}} = \underset{\Psi_q \in \Phi}{\mathrm{argmax}}\, n(\Psi_p, \Psi_q) \qquad (5-48)$$

其中 $n(\Psi_p, \Psi_q)$ 是块对 (Ψ_p, Ψ_q) 之间的匹配度。

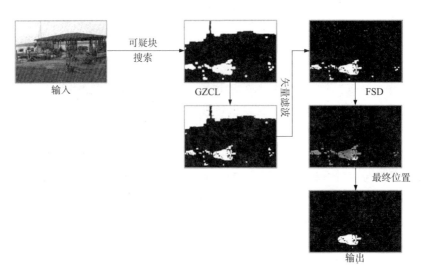

图 5-22 基于零连通特征的图像修复取证框架图

(资料来源:Liang Z, Yang G, Ding X, et al. An efficient forgery detection algorithm for object removal by exemplar-based image inpainting [J]. Journal of Visual Communication and Image Representation, 2015, 30:75-85.)

块对匹配度计算如图 5-23 所示,可以分为四步:第一步,分别对两个图像块在 R、G、B 三个通道上的分量作差,得到 Δ_R、Δ_G、Δ_B;第二步,将 Δ_R、Δ_G 和

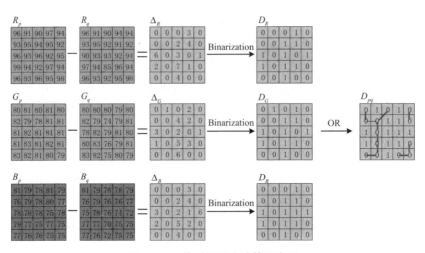

图 5-23 块对匹配度计算示意图

(资料来源:Liang Z, Yang G, Ding X, et al. An efficient forgery detection algorithm for object removal by exemplar-based image inpainting [J]. Journal of Visual Communication and Image Representation, 2015, 30:75-85.)

Δ_B 转换为二进制差分矩阵 D_R、D_G、D_B;第三步,对三个矩阵进行或操作,得到差值绝对值矩阵 D_{pq};第四步,在 D_{pq} 中找到最大零连通分量,并将其包含的 "0"的个数作为块对间的匹配度。

为了找到 D_{pq} 中的所有零连通集合,使用八邻域标记法进行零连通区域标记。在图 5-23 给出的实例中,最大零连通分量长度为 8,所以块对匹配度为 8。

如果目标块 Ψ_p 与最佳匹配块 $\Psi_{\hat{q}}$ 的匹配度满足:

$$\frac{n(\Psi_p, \Psi_{\hat{q}})}{E^2} \geqslant \eta \tag{5-49}$$

则表明 Ψ_p 是可疑块,并用相似向量记录它们之间的匹配关系,其中 E 是待检测块的边长,η 是阈值。

为了提升可疑块的搜索速度,采用基于中心像素映射的快速搜索算法,将中心像素的颜色信息转换为哈希值,并在哈希值相似的区块中搜索最佳匹配区块。具体过程如下。

首先,构建一个哈希函数来提取图像中块的颜色信息。块映射的关键是哈希函数的构建,这将直接影响搜索效率。中心像素映射的哈希函数定义如下:

$$\text{Key}_{\Psi_c} = R(c) + G(c) \cdot 2^8 + B(c) \cdot 2^{16} \tag{5-50}$$

其中 c 是目标块的中心像素,R、G、B 分别为红色、绿色和蓝色通道中的值。将相似的哈希值分配给相似的图像块。

其次,将图像块根据其哈希值映射到哈希表。为了避免当不同的块对应于相同的哈希值时出现冲突的问题,将具有相同哈希值的块存储在同一列表中。图 5-24 显示了块映射的过程,其中每个纹理区域由唯一的颜色表示,Value 表示哈希值,虚线箭头指向块的存储位置。颜色分布相似的块被分配相等或相似的哈希值。映射后,可疑区块的搜索包括两个步骤:一是在哈希表中定位目标区块;二是在哈希值相等或相似的块中找到最佳匹配块。通过区块映射,匹配度计算只在相似块中进行,从而减少了计算次数,进而提高了搜索效率。

(2) 基于最大零连通分量的可疑像素标记。可疑块搜索之后,需要标记这些块中的像素以生成一组可疑区域。首先在差分数组中找到最大的零连通分量 $D_{p\hat{q}}$;然后对可疑块 Ψ_p,把相应位置上的像素标记为可疑像素,这些像素与最大零连通分量共享相同的位置:

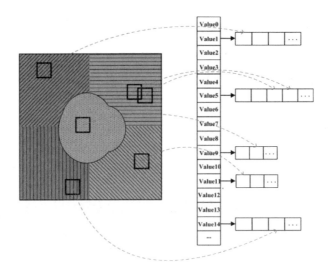

图 5-24 块映射示意图

(资料来源:Liang Z, Yang G, Ding X, et al. An efficient forgery detection algorithm for object removal by exemplar-based image inpainting [J]. Journal of Visual Communication and Image Representation, 2015, 30:75-85.)

$$\text{label}(\Psi_p(x, y)) = \begin{cases} \text{篡改区域}, & D_{p\hat{q}}(x, y) \in \text{GZC} \\ \text{真实区域}, & \text{否则} \end{cases} \quad (5-51)$$

其中 (x, y) 是块中的一个点,GZC 是最大零连通分量。

(3) 矢量滤波。采用矢量滤波可以减少由平坦背景引起的误报。根据图像纹理的丰富程度,图像可分为平坦区域、普通纹理区域和复杂纹理区域。这三种区域的相似向量具有不同的特点:平坦区域包含长度较短的相似向量,普通纹理区域包含较长的相似向量,而复杂纹理区域没有任何相似向量。通常,样本合成区域位于普通纹理区域中,因此其相似向量的长度要大于平坦的背景区域。基于此,可以利用相似向量的长度区分平坦的真实区域和篡改区域。

(4) 片段拼接检测。使用上述三个步骤可以获得被篡改区域的粗略位置。由于在可疑块搜索期间建立了被篡改区域与其参考区域之间的匹配关系,因此存在一些被错误标记为被篡改的参考区域,导致误报。为了区分被篡改区域和参考区域,需要利用片段拼接检测生成最终的篡改定位结果。首先对所有可疑区域进行编号;其次利用相似向量寻找每一个可疑区域的参考区域,并用参考区域的颜色替换当前可疑区域的颜色,以便计算参考区域的个数;最后,过滤掉参考区域较少的可疑区域,生成被篡改区域的最终位置。图 5-25 说明了片段拼接检测过程。其中,图 5-25(a)是可疑区域,(b)是使用不同颜色表示的可疑区域,(c)是颜色被参考区域的颜色替换的可疑区域,(d)是被篡改区域的最终位置,显然,与(a)相比,篡改区域的检测精度显著提高。

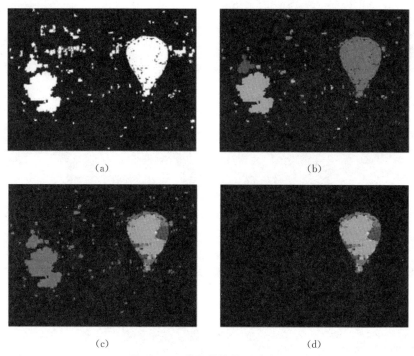

图 5-25 片段拼接检测示意图

(资料来源:Liang Z, Yang G, Ding X, et al. An efficient forgery detection algorithm for object removal by exemplar-based image inpainting [J]. Journal of Visual Communication and Image Representation,2015,30:75-85.)

图 5-26 展示了图像修复取证的可视化结果。观察图 5-26(d),可以发现其背景区域存在较多的误检块,这是由于 Wu's method[36]只检测了可疑块,而未对平坦区域进行处理。其次,比较图(e)和(f),显然基于最大零连通特征的图像修复取证方法[35]可以得到更平滑的边缘,且检测到的篡改区域边缘与修复掩码是吻合的。这是因为使用最大零连通分量的位置标记可疑像素,降低了误检率并获得了更加准确的边缘。Chang's method[37]得到锯齿形的边缘,原因在于 Chang's method[37]使用整块标记的方法确定块中心的可疑像素,无法很好地还原对象删除区域的边缘。

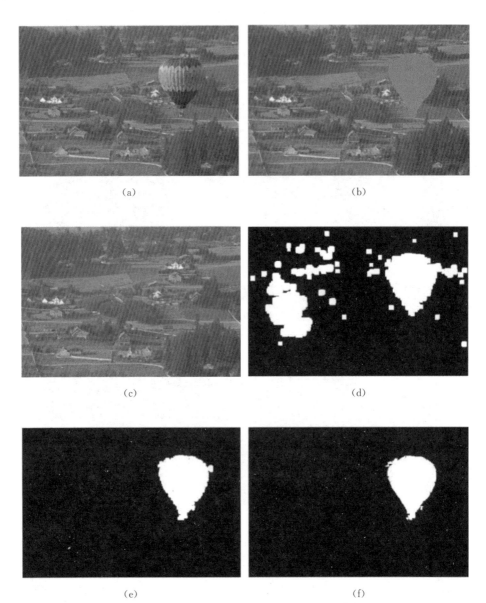

注:(a)原始图像,(b)修复掩码,(c)修复结果,(d) Wu's method 检测结果,(e) Chang's method 检测结果,(f)基于最大零连通特征的图像修复取证方法检测结果。

图 5-26　修复取证可视化结果

(资料来源:Liang Z, Yang G, Ding X, et al. An efficient forgery detection algorithm for object removal by exemplar-based image inpainting [J]. Journal of Visual Communication and Image Representation, 2015, 30:75-85.)

表5-8比较了Wu's method[36]、Bacchuwar's method[38]、Chang's method[37]和基于最大零连通特征的图像修复取证方法[35]的召回率、精度和块平均处理时间。可以发现，尽管基于最大零连通特征的图像修复取证方法[35]的标记方法会引入少量漏检，使召回率略微降低，但在检测精度上有了较大的提高，且在召回率、精度和块平均处理时间上取得了较好的平衡。

表5-8 图像修复取证算法的性能对比

方法	召回率(%)	精度(%)	块平均处理时间(μs)
Wu's method	98.00	35.34	30 400
Bacchuwar's method	98.37	40.18	12 400
Chang's method	99.58	91.29	1 540
Proposed method	98.52	97.83	252

资料来源：Liang Z, Yang G, Ding X, et al. An efficient forgery detection algorithm for object removal by exemplar-based image inpainting [J]. Journal of Visual Communication and Image Representation, 2015, 30: 75-85.

5.3.2 基于拉普拉斯变换的修复取证

基于样本合成修复的图像取证方法的基本原理是在给定图像中搜索相似块，类似于复制-粘贴检测中的块匹配过程，通常认为匹配度大的图像块对是被修复过的。然而，基于扩散的修复技术不会在修复区域中生成相似的块，因此现有的样本合成修复取证方法不能适用于检测基于扩散的修复。此外，基于扩散图像修复通常适用于小区域修复，这使得基于扩散的修复检测成为一个难题。Li等人针对基于扩散的图像修复，提出了一个基于梯度拉普拉斯变换的修复取证方法[39]。通过对扩散修复过程的分析，发现图像修复区域和未修复区域沿垂直于梯度方向的拉普拉斯变换是不同的。基于此，根据通道内和通道间的局部变化方差，Li等人构造了一个特征集，以定位图像修复区域。最后，他们还设计了两个有效的后处理操作来进一步细化定位结果。

（1）基于扩散的图像修复伪影。如图5-27所示，对于每个图像像素，计算拉普拉斯沿着等光线方向（垂直于梯度方向）的变化。

$$\delta_{\Delta I}(x, y) = \Delta I(x, y) - \Delta I(x_v, y_v), \forall (x, y) \in D \quad (5-52)$$

其中ΔI表示图像拉普拉斯计算，$\Delta I(x, y)$是坐标为(x, y)的像素经历拉普拉斯处理后的值。$\Delta I(x_v, y_v)$ 是虚拟坐标 (x_v, y_v) 对应像素经拉普拉斯处理后的值,虚拟像素位于 $\nabla I^{\perp}(x, y)$,即 ΔI 在垂直于梯度方向的导数。坐标 (x_v, y_v) 计算如下:

$$\begin{pmatrix} x_v \\ y_v \end{pmatrix} = \begin{pmatrix} x + \cos\theta \\ y + \sin\theta \end{pmatrix} \tag{5-53}$$

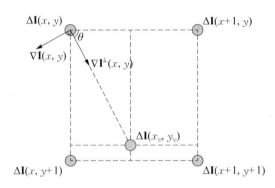

注:Δ 是拉普拉斯算子,∇ 是梯度运算符。

图 5-27 计算图像拉普拉斯沿着等光线方向变化的原理图

(资料来源:Li H, Luo W, Huang J. Localization of diffusion-based inpainting in digital images [J]. IEEE Transactions on Information Forensics and Security, 2017, 12(12):3050-3064.)

其中 $\tan\theta = \dfrac{|\nabla I^{\perp}_y(x, y)|}{|\nabla I^{\perp}_x(x, y)|}$,$\nabla I^{\perp}_x(x, y)$ 和 $\nabla I^{\perp}_y(x, y)$ 是等光线分别在水平和垂直方向上的投影。$\Delta I(x_v, y_v)$ 的值使用双线性插值计算。

图 5-28 展示了对于给定图像,拉普拉斯沿着等光线方向变化的情况。从图 5-28(b)中,可以观察到修复区域和未篡改区域的图案有很大不同。在未篡改区域,图像拉普拉斯沿着等光线方向的变化强度较大,而修复区域的变化强度较小。图 5-28(c)和(d)展示的是将两个区域放大后的结果,可以进一步看出,未篡改区域局部区域的强度范围(即最大值与最小值之差)较大,而修复区域的强度范围相对较小,表明修复区域的局部方差应该小于未篡改区域的局部方差。为了定量研究图 $\delta_{\Delta I}$ 的属性,计算每个 8×8 非重叠图像块的局部方差,并分别绘制未篡改和修复块的方差的经验累积分布函数(empirical comulective distribution function, ECDF)曲线,如图 5-28(e)和(f)所示,可以观察到修复块的方差接近于零,远小于未篡改块的方差。

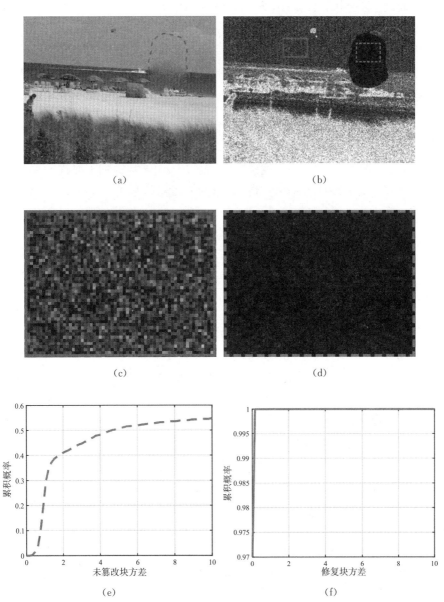

注：(a)是修复图像，修复区域被虚线包围；(b)是 $|\delta_{\Delta I}|$ 特征图；(c)是(b)中左边区块放大六倍的图示；(d)是(b)中右边区块放大六倍的图示；(e)是未篡改块的方差的 ECDF 曲线；(f)是修复块的方差的 ECDF 曲线。

图 5-28　图像拉普拉斯算子沿着等光线方向变化的图示

（资料来源：Li H, Luo W, Huang J. Localization of diffusion-based inpainting in digital images [J]. IEEE Transactions on Information Forensics and Security, 2017, 12(12): 3050-3064.）

通过上述分析,可以得出结论,即图像拉普拉斯沿着等光线方向(垂直于梯度方向)的变化可以捕获基于扩散的图像修复留下的模糊伪影,可以利用该证据检测图像修复区域。

(2) 特征提取和分类。给定一个 RGB 彩色图像,首先计算通道内 $\delta_{\Delta I}$ 的局部方差:

$$\sigma_{c,w}^2(x,y) = \frac{1}{w^2} \sum_{i=-\lfloor\frac{w}{2}\rfloor}^{\lfloor\frac{w}{2}\rfloor} \sum_{j=-\lfloor\frac{w}{2}\rfloor}^{\lfloor\frac{w}{2}\rfloor} (\delta_{\Delta I_c}(x+i, y+j) - \mu_c(x,y))^2 \quad (5-54)$$

其中 $c \in \{1,2,3\}$ 表示彩色通道,w 是窗口大小,$\lfloor \cdot \rfloor$ 是向下取整运算符,将数字舍入到最接近的整数,$\delta_{\Delta I_c}$ 是 c 通道的 $\delta_{\Delta I}$ 值,μ_c 是在 $w \times w$ 窗口下 $\delta_{\Delta I_c}$ 的均值。选择 $w \in \{3,5,7,9\}$,生成一个 12(=3×4)维的特征。

然后计算通道间的局部方差:

$$\varsigma_w^2(x,y) = \frac{1}{3w^2} \sum_{c=1}^{3} \sum_{i=-\lfloor\frac{w}{2}\rfloor}^{\lfloor\frac{w}{2}\rfloor} \sum_{j=-\lfloor\frac{w}{2}\rfloor}^{\lfloor\frac{w}{2}\rfloor} (\delta_{\Delta I_c}(x+i, y+j) - \mu(x,y))^2 \quad (5-55)$$

其中 μ 是在 $w \times w$ 窗口下 $\delta_{\Delta I}$ 的均值。选择 $w \in \{1,3,5,7\}$,生成一个 4 维特征。将通道内和通道间的局部方差组合,构造一个 16 维特征。

此时,从一些预先标记的修复图像中收集训练样本。对于每个训练图像,分别从未篡改像素中提取 16 维特征作为负样本,从修复像素中提取 16 维特征作为正样本。然后,正负样本用于训练分类器。对于待检测图像,首先从其每个像素中提取特征,然后将特征输入到经过训练的分类器中,以预测像素是否被修复。最后,生成与给定图像大小相同的二进制定位图 M,其中预测为修复的像素标记为 1,未修复的像素标记为 0。

(3) 后处理操作。上述两个步骤可能存在一些误报或漏检,所以需要进一步执行两个后处理操作,以提高定位性能、细化定位结果。

其一,异常暴露区域的排除。图像中可能存在曝光不足和曝光过度的区域,它们分别呈现为非常黑和非常亮的区域。在这些区域中,图像拉普拉斯算子的值接近于零,因此,$\delta_{\Delta I}$ 的局部方差将非常小。在这种情况下,这些区域内的像素将被归类为修复像素。为了将这些像素重新预测为未篡改的像素,定义异常曝光的度量:

$$E(x,y) = \sum_{c=1}^{3} \sum_{i=-1}^{1} \sum_{j=-1}^{1} 1(I_c(x+i, y+j) < 10) \\ + \sum_{c=1}^{3} \sum_{i=-1}^{1} \sum_{j=-1}^{1} 1(I_c(x+i, y+j) > 245) \quad (5-56)$$

其中 1(·) 是指示函数，$I_c(x,y)$ 是第 c 通道坐标 (x,y) 的像素强度。对于 $E(x,y)=27$ 的像素，即其 3×3 邻域内 RGB 分量的值均小于 10 或大于 245，将其视为异常曝光像素，并将其预测为未篡改的像素，以避免曝光不足和曝光过度的区域被错误地检测为修复区域。

其二，形态过滤。首先进行侵蚀以去除一些小的误报区域，然后应用膨胀来扩大检测为修复的区域，从而增加真阳性结果。

对于不同基于扩散的图像修复算法、修复区域的形状和大小，用 1 000 幅图像进行了修复取证的测试，表 5-9 给出了使用该方法的取证性能。修复区域大小是影响定位性能的主要因素，当尺寸增加时，平均 F_1 分数变大，对于 4 096 像素的修复区域，可以达到 0.874 8 的平均 F_1 分数，这意味着该方法能有效定位篡改区域。不同修复形状，正方形、圆形和不规则形状的平均 F_1 分数分别为 0.618 8、0.648 4 和 0.577 6。在比较不同修复算法的结果时，面向 Delaunary 的方法的性能相对较差，但修复大小为 1 024 像素时，可以达到 0.668 2 的平均 F_1 分数，这意味着所提方法仍然能取得令人满意的结果。

表 5-9 针对不同图像修复算法、修复形状和尺寸获得的 F_1 分数

尺寸	算法								
	Isotropic			Edge-oriented			Delaunary-oriented		
	正方形	圆形	不规则形状	正方形	圆形	不规则形状	正方形	圆形	不规则形状
Size=4 096 px	0.901 5	0.898 0	0.886 1	0.893 8	0.890 6	0.875 3	0.821 1	0.871 4	0.835 0
Size=1 024 px	0.813 1	0.809 7	0.783 1	0.802 3	0.797 8	0.765 4	0.619 4	0.703 8	0.681 5
Size=256 px	0.696 4	0.696 1	0.653 3	0.686 3	0.685 6	0.630 2	0.335 9	0.339 9	0.404 2
Size=64 px	0.424 8	0.523 0	0.183 1	0.333 9	0.438 9	0.158 2	0.097 5	0.126 2	0.076 3

资料来源：Li H, Luo W, Huang J. Localization of diffusion-based inpainting in digital images [J]. IEEE Transactions on Information Forensics and Security, 2017, 12(12): 3050-3064.

表 5-10 和表 5-11 分别给出了基于拉普拉斯变换的图像修复取证方法对伽马校正、旋转、缩放和 JPEG 压缩的鲁棒性。可以发现，该方法在图像进行伽马校正、旋转和缩放时，仍然能识别出修复区域，尽管在某些情况下会产生误报。对 JPEG 压缩图像，当压缩因子为 100 时，结果勉强令人满意；当压缩因子为 90 时，性能较差。

表 5-10 修复图像经历伽马校正(左)和旋转(右)操作获得的 F_1 分数

$\gamma = 0.8$				旋转角度 = 5°			
Algorithm	Isotropic	Edge-oriented	Delaunay-oriented	Algorithm	Isotropic	Edge-oriented	Delaunay-oriented
4096-px	0.8464 (↓0.0488)	0.8296 (↓0.0570)	0.7674 (↓0.0751)	4096-px	0.7275 (↓0.1677)	0.7179 (↓0.1687)	0.6846 (↓0.1579)
1024-px	0.7167 (↓0.0853)	0.6876 (↓0.1009)	0.5366 (↓0.1316)	1024-px	0.5465 (↓0.2555)	0.5342 (↓0.2543)	0.4537 (↓0.2145)
256-px	0.5777 (↓0.1042)	0.5517 (↓0.1157)	0.2526 (↓0.1074)	256-px	0.3771 (↓0.3048)	0.3655 (↓0.3019)	0.2044 (↓0.1556)
64-px	0.2872 (↓0.0898)	0.2260 (↓0.0843)	0.0609 (↓0.0391)	64-px	0.1431 (↓0.2339)	0.1093 (↓0.2011)	0.0334 (↓0.0666)
$\gamma = 1.2$				旋转角度 = 30°			
Algorithm	Isotropic	Edge-oriented	Delaunay-oriented	Algorithm	Isotropic	Edge-oriented	Delaunay-oriented
4096-px	0.8914 (↓0.0038)	0.8717 (↓0.0149)	0.8152 (↓0.0273)	4096-px	0.7851 (↓0.1101)	0.7754 (↓0.1111)	0.7238 (↓0.1187)
1024-px	0.7920 (↓0.0099)	0.7625 (↓0.0260)	0.6150 (↓0.0532)	1024-px	0.6261 (↓0.1759)	0.6088 (↓0.1797)	0.4945 (↓0.1737)
256-px	0.6772 (↓0.0047)	0.6527 (↓0.0147)	0.3398 (↓0.0202)	256-px	0.4689 (↓0.2130)	0.4509 (↓0.2165)	0.2290 (↓0.1310)
64-px	0.3780 (↑0.0011)	0.3056 (↓0.0048)	0.0946 (↓0.0054)	64-px	0.1495 (↓0.2274)	0.1082 (↓0.2021)	0.0348 (↓0.0652)

资料来源:Li H, Luo W, Huang J. Localization of diffusion-based inpainting in digital images [J]. IEEE Transactions on Information Forensics and Security, 2017, 12(12):3050-3064.

表 5-11 修复图像经历缩放(左)和 JPEG 压缩(右)操作获得的 F_1 分数

缩放因子 = 0.9				质量因子 = 100			
Algorithm	Isotropic	Edge-oriented	Delaunay-oriented	Algorithm	Isotropic	Edge-oriented	Delaunay-oriented
4096-px	0.8322 (↓0.0630)	0.8211 (↓0.0654)	0.7758 (↓0.0667)	4096-px	0.4328 (↓0.4624)	0.4103 (↓0.4763)	0.2882 (↓0.5543)
1024-px	0.6879 (↓0.1141)	0.6676 (↓0.1209)	0.5503 (↓0.1179)	1024-px	0.3149 (↓0.4871)	0.2812 (↓0.5073)	0.1698 (↓0.4985)
256-px	0.5292 (↓0.1528)	0.5079 (↓0.1594)	0.2580 (↓0.1020)	256-px	0.2329 (↓0.4491)	0.2016 (↓0.4657)	0.0774 (↓0.2826)
64-px	0.1431 (↓0.2338)	0.1135 (↓0.1968)	0.0407 (↓0.0593)	64-px	0.1129 (↓0.2641)	0.0616 (↓0.2487)	0.0098 (↓0.0902)
缩放因子 = 1.1				质量因子 = 90			
Algorithm	Isotropic	Edge-oriented	Delaunay-oriented	Algorithm	Isotropic	Edge-oriented	Delaunay-oriented
4096-px	0.6829 (↓0.2123)	0.6764 (↓0.2101)	0.6497 (↓0.1928)	4096-px	0.2172 (↓0.6780)	0.1713 (↓0.7153)	0.1472 (↓0.6953)
1024-px	0.4770 (↓0.3250)	0.4693 (↓0.3192)	0.4105 (↓0.2577)	1024-px	0.0855 (↓0.7165)	0.0631 (↓0.7254)	0.0427 (↓0.6255)
256-px	0.2960 (↓0.3860)	0.2880 (↓0.3794)	0.1709 (↓0.1891)	256-px	0.0230 (↓0.6589)	0.0206 (↓0.6468)	0.0093 (↓0.3507)
64-px	0.1230 (↓0.2540)	0.0969 (↓0.2134)	0.0275 (↓0.0725)	64-px	0.0036 (↓0.3734)	0.0030 (↓0.3074)	0.0013 (↓0.0987)

资料来源:Li H, Luo W, Huang J. Localization of diffusion-based inpainting in digital images [J]. IEEE Transactions on Information Forensics and Security, 2017, 12(12):3050-3064.

5.3.3 基于深度学习的修复取证

现有的基于样本合成修复的图像修复取证方法需要对整幅图像中任意两个块之间的相似度进行测量,异常像素块的搜索耗时且不准确,误报率高。另外,对于具有多重后处理组合操作的图像修复,缺乏鲁棒性。针对这些不足,Lu 等人提出一种基于长短期记忆-卷积神经网络(LSTM-CNN)的图像对象删除取证方法[40]。该方法包含三个模块:CNN 用于搜索异常的相似块,由于 CNN 强大的学习能力,搜索的速度和准确性有所提高;LSTM 用于消除误报块对检测结果的影响,降低误报率;过滤模块旨在消除后处理操作的攻击。

(1) 异常相似块的搜索。为了减少计算,采用基于 CNN 的最近邻图像块匹配算法,以快速搜索图像中的异常相似块。首先,对输入图像中选定的参考块都赋予一个标签,补丁块 Ψ_p 的标签被定义为

$$Z_{\Psi_p} = \begin{cases} 1, & \Psi_p = \overline{\Psi_p} \\ 0, & \Psi_p \neq \overline{\Psi_p} \end{cases} \tag{5-57}$$

其中 Ψ_p 是图像中任意的图像块(补丁块),$\overline{\Psi_p}$ 是图像中选定的参考补丁块。当 Ψ_p 被选为参考补丁块时,标签值为 1,否则为 0。当参考补丁块的标签值为 1 时,在其周边搜索目标块时,使用隐藏层[41]计算像素间的相似性,采用欧氏距离测量像素之间的相似性。当目标块与选择的参考块最相似时,算法通过参考块的标签值和中心像素以传播方式更新参考块。

(2)误报率的降低。自然图像的背景中可能有一些非常相似的斑块,尤其是在具有相同纹理的区域,例如天空或湖泊。它们与相邻的补丁块匹配度高,在可疑补丁中容易被标记为篡改区域。这样的补丁被称为"误报补丁"。为了降低对象删除操作检测的误报率,在分析 CNN 和 LSTM 网络结构的基础上,设计了一个误报去除模块。该模块结合 CNN 和 LSTM 识别图像中的正常纹理一致区域,然后从可疑斑块中去除虚警斑块,从而提高检测精度。

具体地,该模块由一层卷积层[42]和三个堆栈式的 LSTM 堆叠层组成。卷积层由具有自适应权重和偏差的不同滤波器组成。图像块作为输入,大小为 $64\times64\times3$(宽、高、颜色通道)。卷积核的大小为 $3\times3\times d$,其中 d 是滤波器的深度。滤波器将创建连接到前一层的局部区域的特征图,激活函数是 ReLU。卷积层可以从图像中提取不同的低级特征,这对于识别误报补丁非常重要。

利用 LSTM 检测图像中不同块之间的边界变换,从而准确地区分正常区域和虚警区域。虚警消除模块的具体工作流程如图 5-29 所示,首先将图像补丁块输入卷积层,生成 c 个特征映射,每个特征映射是一个特征图 $M_{feature}$,然后使用一个 3×3 的滑动窗口在特征图上从左向右滑动,步长为 1,可获得 h 个不同的特征序列。根据特征序列设置滤波向量,并将其输入 LSTM 网络。每个 LSTM 单元通过计算相邻块之间的对数距离来学习相邻块之间的相关性。LSTM 网络采用三层堆栈结构,每层使用 64 个 LSTM 单元,从最后一层的每

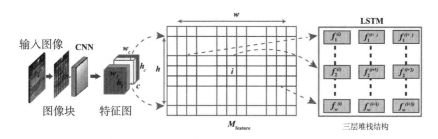

图 5-29 LSTM 网络特征映射序列化过程

(资料来源:Lu M, Niu S. A detection approach using LSTM-CNN for object removal caused by exemplar-based image inpainting [J]. Electronics,2020,9(5):858.)

个 LSTM 单元得到 64 维特征向量。所有补丁的特征向量被连接起来形成一个新的 c 维特征图。如果来自 LSTM 的误报补丁的特征图是 F_LSTM，来自 CNN 的可疑补丁的特征图是 F_CNN，那么 F_LSTM 和 F_CNN 是同构的。

最后，根据 F=[F_CNN～F_LSTM]（～定义为特征映射的选择操作），选择最终的特征并投影到特征图上。解码后，得到二值掩码表示的篡改区域定位及篡改图像的预测。

（3）后处理特征的过滤。JPEG 压缩和高斯噪声是篡改图像常用的后处理操作，针对这两种后处理操作的攻击，Lu 等人[40]设计了一个后处理特征过滤模块。在篡改图像的检测中，使 CNN 网络更侧重于学习图像篡改引入的痕迹特征。整个模块分为两层：第一层是 JPEG 压缩特征过滤层；第二层是高斯噪声过滤层。后处理特征过滤模块由一组预测误差滤波器组成，这些滤波器基于推荐窗口的中心像素值，将其他像素与中心像素值的差作为预测误差。JPEG 压缩特征过滤层算法描述如下：

算法 1. JPEG 压缩特征过滤算法

```
1: Input: test image I
2: Output: feature map
3: Initial: the filter weight ω_k (k = 1) is randomly selected, and the batch data size is N
4: Begin:
5: The test image I is decomposed into M blocks (i) with size of 32 × 32, where i = 1, 2, ..., M;
6:   for each block(i)
7:       the back-propagation algorithm is used to train the network;
8:       ω_k is updated with Adam algorithm and back propagation error;
9:       the center position (0, 0) of recommended window is determined with ω_k;
10:      for k <= max_filter_number
11:          ω_k (0, 0) = 0;
12:          ω_k (x, y) is updated according to the learning rule as Equation (10);
13:          k = k + 1;
14:      end for
15:      i = i + 1;
16:  end for
17: End.
```

模型的学习规则为

$$\begin{cases} \omega_k(0,0)=0 \\ \sum_{x,y\neq 0}\omega_k(x,y)=1 \end{cases} \quad (5-58)$$

其中 $\omega_k(x,y)$ 是位于推荐窗口中 (x,y) 处的滤波器权重，$\omega_k(0,0)$ 是推荐窗口中心 $(0,0)$ 处的滤波器权重。

高斯噪声过滤层算法主要思想是使图像中由于高斯噪声所引起的局部邻域的损失相对平稳。损失函数定义如下：

$$L(x,y) = E(x,y) + \lambda \|\nabla_x E(x,y)\|_2 \quad (5-59)$$

其中λ是权重系数，$E(x,y)$是二元带权交叉熵。这个损失函数能最大程度地抑制高斯噪声对于CNN特征识别的影响。

图5-30给出了基于LSTM-CNN的图像对象删除取证方法[40]的整体架构图，包含一个后处理过滤模块、两个分支和一个特征选择模块。其中一个分支使用LSTM网络来检测虚警区域，另一个分支使用CNN编码器搜索异常相似区域。最后通过选择之后的特征预测图像修复区域，经解码器解码，获取二值掩码表示的篡改区域。

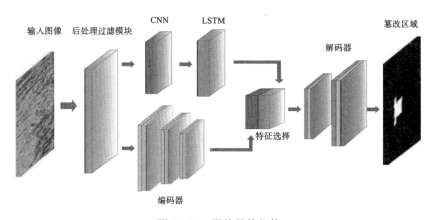

图5-30 网络整体架构

（资料来源：Lu M, Niu S. A detection approach using LSTM-CNN for object removal caused by exemplar-based image inpainting [J]. Electronics, 2020, 9(5):858.）

为了在像素级有效识别异常相似区域，考虑空间信息对修复区域位置的重要性，我们利用卷积层设计编码器，使网络可以根据修复区域和未修复区域之间的外观、形状和空间关联识别其异常相似性。该编码器由不同的CNN层组成。每个编码器由一个卷积层、一个残差单元和一个池化层组成，其中每个卷积层的卷积核大小为$3\times3\times d(d=64、128、256)$，池化层采用步长为2的最大池化，池化窗口为$2\times2$。

解码器由两层CNN网络组成，均由上采样层、卷积层和批量归一化层组成。上采样层只对前一个卷积层学习到的特征映射进行上采样操作，不涉及可学习的参数；卷积层使用不同的多通道滤波器与上采样热图的稀疏表示进行卷积，然后进行批量归一化操作，生成更密集的热力图。解码器网络的第一层和第二层分别使用了64和16个大小为3×3的卷积核。最后，网络输出一个二值掩码来表示图像中的篡改区域。

表 5-12 显示了在图像无后处理情况下,对比的三种修复取证方法(EIMR[37]、OREI[35]、LSTM-CNN[40])的准确率比较情况。可以发现随着篡改率的增大,三种方法的检测正确率也随之提高,且基于 LSTM-CNN 的取证方法[40]优于另外两种取证方法。

表 5-13 和 5-14 显示了使用单个后处理操作的修复图像的检测正确率比较。对比其他两种方法,基于 LSTM-CNN 的取证方法[40]具有最高的检测准确率。表 5-15 展示了综合运用 JPEG 压缩和高斯噪声处理修复图像的检测正确率。当质量因子和信噪比都比较低时,基于 LSTM-CNN 的取证方法[40]的准确率远高于其他两种方法,说明该方法抵御组合后处理操作攻击能力较强。

表 5-12 无后处理修复图像的检测正确率

篡改率(%)	EIMR(%)	OREI(%)	LSTM-CNN(%)
0—5	78.57	79.26	87.86
5—10	81.65	82.98	90.36
10—20	84.28	86.11	94.64
20—30	88.28	89.66	96.95
30—40	92.31	93.56	97.89
MIX	85.59	86.88	94.87

资料来源:Lu M, Niu S. A detection approach using LSTM-CNN for object removal caused by exemplar-based image inpainting [J]. Electronics, 2020, 9(5):858.

表 5-13 JPEG 压缩修复图像的检测正确率

质量因子(%)	EIMR(%)	OREI(%)	LSTM-CNN(%)
65	45.75	45.89	86.63
70	52.95	53.28	88.86
80	66.48	66.96	91.64
90	82.58	83.66	93.95
95	92.03	93.56	96.89
MIX	71.92	72.38	91.75

资料来源:Lu M, Niu S. A detection approach using LSTM-CNN for object removal caused by exemplar-based image inpainting [J]. Electronics, 2020, 9(5):858.

表 5-14　添加高斯噪声的修复图像检测正确率

高斯噪声(dB)	EIMR(%)	OREI(%)	LSTM-CNN(%)
25	51.79	50.89	84.36
30	65.95	65.28	86.96
35	74.48	73.96	89.44
40	85.58	84.86	91.38
45	94.93	93.61	94.57
MIX	73.26	73.19	89.96

资料来源:Lu M, Niu S. A detection approach using LSTM-CNN for object removal caused by exemplar-based image inpainting [J]. Electronics, 2020, 9(5):858.

表 5-15　JPEG 压缩和高斯噪声组合后处理的修复图像检测正确率

质量因子(%)	高斯噪声(dB)	EIMR(%)	OREI(%)	LSTM-CNN(%)
65	25	42.97	42.89	80.03
65	45	43.28	44.95	85.86
95	25	50.48	48.96	83.04
95	45	90.68	90.66	91.95

资料来源:Lu M, Niu S. A detection approach using LSTM-CNN for object removal caused by exemplar-based image inpainting [J]. Electronics, 2020, 9(5):858.

5.4　小结

本章主要介绍图像篡改操作取证。数字图像的篡改取证(包括检测与定位)是图像取证领域中极为重要的一部分,其主要任务是检测图像由成像设备获取之后经历过的图像语义修改操作行为,并定位出操作的位置区域。图像的篡改操作包括多种不同的类型,主要包括拼接篡改、复制-粘贴篡改、图像修复篡改等。下面将对这三类篡改操作取证技术分别做总结。

拼接篡改通过将一幅图像中的某个目标内容拷贝并粘贴到另一幅图像中的某一区域,可以达到恶意篡改图像内容的目的。图像拼接取证技术取得了一些阶段性成果,但仍存在一些亟待解决的问题。其一,虽然现有的拼接取证算法提高了对缩放、模糊、JPEG 重压缩等单个后处理操作的鲁棒性，但在实际图像伪造场景中，可能会使用多个后处理操作掩盖拼接篡改的痕迹，拼接操作和这些后处理操作组成操作链，后处理操作类型及其应用顺序都会给拼接取证带来不同的难题，因此需要设计对多重后处理伪造具有鲁棒性的方案来检测拼接篡改图像。其二，拼接篡改是将图像 A 的目标复制-粘贴到图像 B 的某个区域，当前图像拼接取证侧重于定位图像 B 中的篡改区域，篡改图像溯源研究较少。实际上，对图像 A 的溯源研究，有助于更好地恢复图像篡改历史，因此如何设计一个既能实现拼接篡改定位又能实现篡改溯源的方法，还需更进一步地探索。

复制-粘贴篡改通过将一幅图像中的某个目标内容拷贝并粘贴到该图像中的另一区域，以达到恶意掩盖特定对象的目的。图像复制-粘贴取证研究取得了不少进展，但仍存在一些亟待解决的问题。其一，虽然现有的复制-粘贴取证算法提高了对模糊操作、加性噪声、JPEG 压缩等处理的鲁棒性，但其对于旋转和缩放这类几何操作的鲁棒性与实际应用之间存在较大的差距，因此需要设计对几何操作具有鲁棒性，且计算成本低的方案来检测复制-粘贴篡改图像。其二，当前图像复制-粘贴取证侧重于定位篡改目标区域，对于源区域的定位研究较少，且对一些后处理操作的鲁棒性不强。如何设计一个复制-粘贴取证方法，能够有效区分源区域和目标区域，并适应对多种后处理操作检测鲁棒性，还需更进一步的探索。

图像修复主要分为基于样本合成修复和基于扩散修复。当恶意篡改者使用图像修复技术进行篡改并将这类图像应用于司法、科学等领域时，将会造成不可预料的严重影响。图像修复取证技术也存在一些亟待解决的问题。其一，无论是对基于样本合成修复的取证还是对基于扩散修复的取证，大多数方法对低质量因子的 JPEG 压缩后处理缺乏鲁棒性。同时，图像篡改过程可以应用的后处理操作多种多样，其组合方式亦是，因此需要设计更具有鲁棒性的方案来检测经历多重后处理的修复图像。其二，图像修复和图像修复取证是一个博弈过程。当前，图像修复技术研究发展迅速，如何设计一个图像修复取证方法，能够适应对多种图像修复技术检测鲁棒性，还需更进一步的探索。

总而言之，尽管图像篡改操作取证研究取得了较大进展，不少检测算法也有较为成熟的落地，但随着图像加工编辑技术的不断发展，检测数字图像篡改痕迹的难度也越来越大，如何应对复杂环境下的图像篡改仍然是一个开放的问题。例如,目前的篡改盲检测技术往往只针对某一类篡改操作,需要选取适用的特征进行检测。但是在实际的取证场景中,难以预知篡改操作类型。因此,在今后的研究中,应当继续研究一种对检测篡改类型以及篡改定位具有自适应性的完全盲检测方法。

◆ 注 释 ◆

[1] Lyu S, Pan X, Zhang X. Exposing region splicing forgeries with blind local noise estimation [J]. International Journal of Computer Vision, 2014, 110:202-221.
[2] Bahrami K, Kot A C, Li L, et al. Blurred image splicing localization by exposing blur type inconsistency [J]. IEEE Transactions on Information Forensics and Security, 2015, 10(5):999-1009.
[3] McLachlan G J. Discriminant Analysis and Statistical Pattern Recognition [M]. John Wiley & Sons, 2005.
[4] Chen X, Yang J, Wu Q, et al. Directional high-pass filter for blurry image analysis [J]. Signal Processing: Image Communication, 2012, 27(7):760-771.
[5] Su B, Lu S, Tan C L. Blurred image region detection and classification [C]// Proceedings of the 19th ACM International Conference on Multimedia. 2011: 1397-1400.
[6] Aizenberg I, Paliy D V, Zurada J M, et al. Blur identification by multilayer neural network based on multivalued neurons [J]. IEEE Transactions on Neural Networks, 2008, 19(5):883-898.
[7] Kee E, O'Brien J F, Farid H. Exposing photo manipulation with inconsistent shadows [J]. ACM Transactions on Graphics (ToG), 2013, 32(3):1-12.
[8] Huh M, Liu A, Owens A, et al. Fighting fake news: Image splice detection via learned self-consistency [C]//Proceedings of the European Conference on Computer Vision (ECCV). 2018:101-117.
[9] He K, Zhang X, Ren S, et al. Deep residual learning for image recognition [C]// Proceedings of the IEEE Conference on Computer Vision and Pattern Recognition. 2016:770-778.
[10] Ferrara P, Bianchi T, De Rosa A, et al. Image forgery localization via fine-grained analysis of CFA artifacts [J]. IEEE Transactions on Information Forensics and Security, 2012, 7(5):1566-1577.
[11] Ye S, Sun Q, Chang E C. Detecting digital image forgeries by measuring inconsistencies of blocking artifact [C]//2007 IEEE International Conference on Multimedia and Expo. IEEE, 2007:12-15.
[12] Mahdian B, Saic S. Using noise inconsistencies for blind image forensics [J]. Image and Vision Computing, 2009, 27(10):1497-1503.
[13] Cozzolino D, Poggi G, Verdoliva L. Efficient dense-field copy-move forgery detection [J]. IEEE Transactions on Information Forensics and Security, 2015, 10(11): 2284-2297.
[14] Hsu Y N, Arsenault H H, April G. Rotation-invariant digital pattern recognition using circular harmonic expansion [J]. Applied Optics, 1982, 21(22):4012-4015.
[15] Bravo-Solorio S, Nandi A K. Automated detection and localisation of duplicated regions affected by reflection, rotation and scaling in image forensics [J]. Signal Processing, 2011, 91(8):1759-1770.

[16] Christlein V, Riess C, Jordan J, et al. An evaluation of popular copy-move forgery detection approaches [J]. IEEE Transactions on Information Forensics and Security, 2012, 7(6):1841-1854.

[17] Amerini I, Ballan L, Caldelli R, et al. Copy-move forgery detection and localization by means of robust clustering with J-Linkage [J]. Signal Processing: Image Communication, 2013, 28(6):659-669.

[18] Cozzolino D, Poggi G, Verdoliva L. Copy-move forgery detection based on patchmatch [C]//2014 IEEE International Conference on Image Processing (ICIP). IEEE, 2014: 5312-5316.

[19] 邢文博,杜志淳. 数字图像复制粘贴篡改取证[J]. 计算机科学, 2019, 46(6A): 380-384.

[20] Li Y, Zhou J. Fast and effective image copy-move forgery detection via hierarchical feature point matching [J]. IEEE Transactions on Information Forensics and Security, 2018, 14(5):1307-1322.

[21] Amerini I, Ballan L, Caldelli R, et al. A SIFT-based forensic method for copy-move attack detection and transformation recovery [J]. IEEE Transactions on Information Forensics and Security, 2011, 6(3):1099-1110.

[22] Silva E, Carvalho T, Ferreira A, et al. Going deeper into copy-move forgery detection: Exploring image telltales via multi-scale analysis and voting processes [J]. Journal of Visual Communication and Image Representation, 2015, 29:16-32.

[23] Li J, Li X, Yang B, et al. Segmentation-based image copy-move forgery detection scheme [J]. IEEE Transactions on Information Forensics and Security, 2014, 10(3): 507-518.

[24] Zandi M, Mahmoudi-Aznaveh A, Talebpour A. Iterative copy-move forgery detection based on a new interest point detector [J]. IEEE Transactions on Information Forensics and Security, 2016, 11(11):2499-2512.

[25] Bravo-Solorio S, Nandi A K. Exposing duplicated regions affected by reflection, rotation and scaling [C]//2011 IEEE International Conference on Acoustics, Speech and Signal Processing (ICASSP). IEEE, 2011:1880-1883.

[26] Pun C M, Yuan X C, Bi X L. Image forgery detection using adaptive oversegmentation and feature point matching [J]. IEEE Transactions on Information Forensics and Security, 2015, 10(8):1705-1716.

[27] Wang J, Liu G, Li H, et al. Detection of image region duplication forgery using model with circle block [C]//2009 International Conference on Multimedia Information Networking and Security. IEEE, 2009, 1:25-29.

[28] Wang J, Liu G, Zhang Z, et al. Fast and robust forensics for image region-duplication forgery [J]. Acta Automatica Sinica, 2009, 35(12):1488-1495.

[29] Pan X, Lyu S. Region duplication detection using image feature matching [J]. IEEE Transactions on Information Forensics and Security, 2010, 5(4):857-867.

[30] Bo X, Guangjie L, Junwen W, et al. Image copy-move forgery detection based on SURF [C]//2010 International Conference on Multimedia Information Networking and Security. IEEE, 2010:889-892.

[31] Hivakumar B L, Baboo S S. Detection of region duplication forgery in digital images

using SURF [J]. International Journal of Computer Science Issues (IJCSI), 2011, 8(4): 199.

[32] Chen B, Tan W, Coatrieux G, et al. A serial image copy-move forgery localization scheme with source/target distinguishment [J]. IEEE Transactions on Multimedia, 2020, 23: 3506 – 3517.

[33] Wu Y, Abd-Almageed W, Natarajan P. Deep matching and validation network: An end-to-end solution to constrained image splicing localization and detection [C]//Proceedings of the 25th ACM International Conference on Multimedia. 2017: 1480 – 1502.

[34] Wu Y, Abd-Almageed W, Natarajan P. Busternet: Detecting copy-move image forgery with source/target localization [C]//Proceedings of the European Conference on Computer Vision (ECCV). 2018: 168 – 184.

[35] Liang Z, Yang G, Ding X, et al. An efficient forgery detection algorithm for object removal by exemplar-based image inpainting [J]. Journal of Visual Communication and Image Representation, 2015, 30: 75 – 85.

[36] Wu Q, Sun S J, Zhu W, et al. Detection of digital doctoring in exemplar-based inpainted images [C]//2008 International Conference on Machine Learning and Cybernetics. IEEE, 2008, 3: 1222 – 1226.

[37] Chang I C, Yu J C, Chang C C. A forgery detection algorithm for exemplar-based inpainting images using multi-region relation [J]. Image and Vision Computing, 2013, 31(1): 57 – 71.

[38] Bacchuwar K S, Ramakrishnan K R. A jump patch-block match algorithm for multiple forgery detection [C]//2013 International Mutli-Conference on Automation, Computing, Communication, Control and Compressed Sensing (iMac4s). IEEE, 2013: 723 – 728.

[39] Li H, Luo W, Huang J. Localization of diffusion-based inpainting in digital images [J]. IEEE Transactions on Information Forensics and Security, 2017, 12(12): 3050 – 3064.

[40] Lu M, Niu S. A detection approach using LSTM-CNN for object removal caused by exemplar-based image inpainting [J]. Electronics, 2020, 9(5): 858.

[41] Sun T, Sun L, Yeung D Y. Fine-grained categorization via CNN-based automatic extraction and integration of object-level and part-level features [J]. Image and Vision Computing, 2017, 64: 47 – 66.

[42] Hsieh T H, Su L, Yang Y H. A streamlined encoder/decoder architecture for melody extraction [C]//ICASSP 2019 – 2019 IEEE International Conference on Acoustics, Speech and Signal Processing (ICASSP). IEEE, 2019: 156 – 160.

第 2 编

图像来源取证

- 第6章 来源取证类型
- 第7章 成像设备指纹
- 第8章 来源识别
- 第9章 来源聚类

第 6 章

来源取证类型

毫无疑问,我们正处于数字时代。数码相机、智能手机和平板电脑等数码设备在我们的日常生活中非常普遍。借助这些数字设备,人们可以轻松记录生活中的场景,这也生成了每年数以亿计的数字图像。信息传输和网络技术的发展则使得人们可以很容易地将数字图像上传到各种社交网络平台,从而导致数字图像被广泛传播。事实上,数字图像已成为主要的信息载体之一,覆盖人们生活的方方面面,在军事、司法、新闻、社交、艺术等多个领域中扮演越来越重要的角色。例如:在新闻报道中,使用数字图像来增强新闻信息的可信度;在司法领域,将数字图像视为法庭上的数字证据。数字图像的爆发式增长也推动了图像处理技术的进步。功能强大且种类繁多的图像编辑工具(如Photoshop、PhotoKit 等)应运而生,使得修改图像内容变得极为方便。人们可以在没有专业知识的背景下,很轻易地对数字图像进行各种各样的篡改操作,改变其内容语义信息。然而,这些图像编辑工具的出现是一把双刃剑。尽管图像编辑为艺术创作等领域提供了极大的便利,但在司法、军事、新闻等领域中存在极大的安全隐患。经过恶意篡改的图像一旦应用在新闻媒体、互联网、科学学术研究、司法法庭等公众场合,将对社会造成十分恶劣的影响。例如,利用图像编辑工具篡改作为法庭证据的数字图像的内容及来源、侵犯摄影作品的版权等。因此,研究数字图像的来源取证刻不容缓,对于打击网络犯罪、维护司法公正和社会秩序具有重要的现实意义。

数字图像来源取证的目的在于鉴定图像的设备来源。如图 6-1 所示,数字图像来源取证可以划分为四个层次[1]。

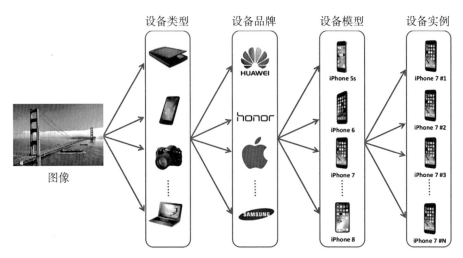

图 6-1　数字图像来源取证的粒度划分

（资料来源：Marra F. Source Identification in Image Forensics [D]. University of Naples Federico II, Italy, 2017.）

（1）设备类型（type）。常见获取数字图像的设备类型有计算机、数码相机、智能手机、扫描仪等。该层次的来源设备辨识要求鉴别出数字图像的具体来源设备类型属于哪一种。

（2）设备品牌（brand）。数码相机、智能手机等均有不同的设备生产商。以智能手机为例，不同的设备生产商有华为、苹果、三星等。

（3）设备型号（model）。同一品牌设备具有不同设备型号，例如 iPhone 11、iPhone 11Pro、iPhone 12 和 iPhone 13 等。该层次的来源设备辨识要求能辨识具体的设备型号。

（4）设备实例（device）。同一型号设备具有成千上万个设备实例。这一层次的来源设备辨识要求能判断一幅数字图像的来源与某一个设备实例相对应。

一般来说，数字图像的文件头信息中会包含诸如相机的型号、类型、拍摄日期时间、压缩细节等信息，但是这些信息很容易被篡改，无法作为可信赖的数字图像来源依据。因此，数字图像来源取证研究的核心问题是如何仅通过图像内容来确定图像的设备来源。这依赖于一个基本假设，即成像设备会在图像中隐含设备唯一性的信息。通常来说，设备工艺生产和成像处理的过程会对图像内容造成一些不明显的痕迹，而这些信息则被视为对应设备特有的模式。数字图像在被相机捕获的过程中继承了相机生产遗留的特有模式，主要包含传感器制作工艺瑕疵、色差和 CFA 插值算法差异等。这些特有模式对数字图像成像过程产生差异,表现为像素间统计分布特征并遗留在数字图像中,成为数字图像的固有相机指纹,是数字图像来源取证中的重要依据。因此,数字图像来源取证的基本流程为:分析成像设备的输出图像统计信息,建立不同成像设备拍摄图像的数据库;研究表征数据内在特征的指纹提取算法;通过设计分类器区分不同的指纹信息,鉴定数字图像的成像来源设备。对于拍摄相机的品牌/型号识别,相机内指纹在相同品牌/型号的相机之间共享,但对于不同相机品牌/型号差异明显。值得注意的是,在识别相同设备型号的不同拍摄设备实例时,图像指纹对于每个拍摄设备实例应该是唯一的。拍摄设备实例鉴定是具有挑战性的问题,因为从同一相机型号的不同设备实例提取的图像指纹非常相似,这对数字图像取证技术提出严峻的挑战。

关于数字图像来源检测问题,国内外研究学者已经提出了许多算法,这些算法可以大致分为两类:基于监督模型的学习算法和基于非监督的模型算法。其中,基于监督模型的学习算法主要用于解决数字图像的来源匹配及识别问题,而基于非监督的模型算法主要解决数字图像的来源聚类问题。

6.1 来源匹配及识别

数字图像的来源匹配及识别是图像来源取证最重要的任务之一,具有很高的应用价值和现实意义。例如:当一幅摄影作品发生版权纠纷时,将摄影作品与相机设备进行来源匹配,从而鉴定该摄影作品的实际版权归属;执法机构通过图像来源匹配或识别技术追踪某些图像来源(如色情影像信息、恐怖主义信息、军事信息等),打击违法犯罪,维护社会安定。因此,在早期的数字图像来源取证研究中,研究者主要致力于解决数字图像的来源匹配及识别问题,即判断一幅图像是否由特定的相机所拍摄(来源匹配)或给定图像是由哪一部成像设备所获取(来源识别),如图 6-2 所示。来源匹配是通过比对设备特征来确定图像来源;来源识别则被研究人员建模为一个分类问题。

如前所述,在不同的成像设备中,生产工艺所带来的硬件瑕疵和不同图像处理算法所产生的特定模式都会在获取的数字图像中留下痕迹[2]。这些瑕疵和模式以图像噪声形式遗留在数字图像中,共同组成图像指纹。图 6-3 展示了数码成像设备如何获取一幅数字图像[3]。首先,成像场景发出的光子通过相机镜头到达设备前端,CFA 收集单一色彩通道的光谱信息,其余两个颜色通道

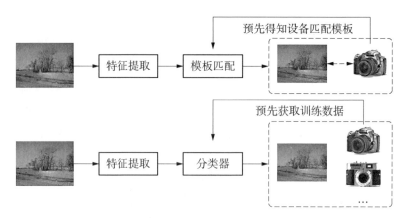

图 6-2　数字图像来源匹配及识别示意图

(资料来源:蒋翔,韦世奎,赵瑞珍,等.数字图像的设备溯源技术综述[J].北京交通大学学报,2019,43(2):48-57.)

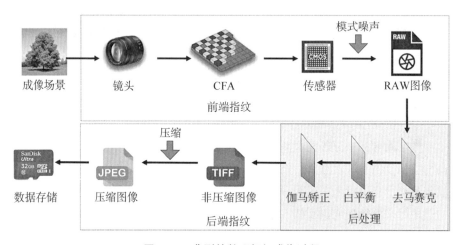

图 6-3　典型的数码相机成像过程

(资料来源:乔通,姚宏伟,潘彬民,等.基于深度学习的数字图像取证技术研究进展[J].网络与信息安全学报,2021,7(5):13-28.)

采用特定 CFA 插值算法填充。此时,光信号被图像传感器转换为电信号,并通过相机内部的模数转换器(A/D converter)将其转换为数字信号,这些携带大量原始信息的数字信号组成 RAW 格式图像。由于感光元器件对光子的响应不一致,因此不可避免地引入加性噪声(例如散粒噪声、读出噪声和暗电流等)和乘性噪声(PRNU),这些模式噪声构成设备的固有指纹。由于固有指纹与成像设备物理性质直接相关,并且指纹信息差异明显,因此通常被学者用于数字图像取证。此阶段捕获的 RAW 格式图像在数字图像后处理之前完成,因此把这种类型的指纹统称为前端指纹(或固有指纹)。经过图像后处理操作(例如去马赛克、白平衡、伽马矫正)后,成像设备获得一幅非压缩格式图像。最后,在保证可容忍的失真范围内,引入压缩算法(例如 JPEG 压缩)减少数字图像占用的存储空间。在 RAW 格式图像生成后,由后处理操作及图像压缩引入的噪声统称为后端指纹。后端指纹主要来源于信号处理过程,与成像设备物理特征相关性低,因而指纹区分度比前端指纹低,不利于高精度检测(例如成像设备来源个体识别)。

在上述的图像成像过程中,或由于镜头元件生产工艺所带来的瑕疵,或由于硬件安装过程中所产生的误差,或由于不同图像后处理算法产生的噪声,成像设备都将在数字图像中留下图像指纹。而这些图像指纹隐藏在图像内容中,充当成像设备唯一标识的重要线索。在理想情况下,设备指纹具有两个属性:多样性和稳定性。多样性要求指纹是独一无二的,且不能在不同的相机型号或设备之间共享,而稳定性要求指纹随着时间的推移保持不变[1]。通过研究图像成像各个阶段遗留的指纹信息,研究人员已经提出了很多性能优异的图像来源匹配及识别算法来鉴定数字图像的拍摄来源。然而,需要注意的是,在图像来源匹配及识别研究中,设备指纹本身必须事先知道,或者从来源已知的设备拍摄的大量照片中估计出来建立设备匹配模板,如图 6-2 所示。因此,在这些先验知识受限的场景下,图像来源匹配及识别算法便不再适用。

6.2 来源聚类

相比于数字图像来源匹配及识别,图像来源聚类无需任何先验信息,能够在信息受限的场景中发挥作用,如在社交网络中去匿名化、用户识别等,在取证领域受到广泛关注。如图 6-4 所示,图像来源聚类是指在不依赖任何先验知识的情况下,获取来源未知的图像的设备关联信息,并利用设备关联算法将这些数字图像进行聚类整合。具体来说,来源聚类问题又可划分为两个子问题:其一,对于一组来源未知的图像集,其图像由多少成像设备所拍摄;其二,在这些图像中,哪些是由同一部成像设备所获得的[2]。

对于图像来源聚类的研究,研究人员主要集中于两方面:设备特征和设备关联聚类算法。如第 6.1 节所述,设备特征信息能够表征数字图像的设备来源属性,对于数字图像盲取证算法的最终性能有着举足轻重的作用。而设备关

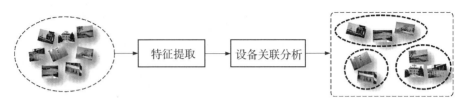

图 6-4　数字图像来源聚类示意图

(资料来源:蒋翔,韦世奎,赵瑞珍,等.数字图像的设备溯源技术综述[J].北京交通大学学报,2019,43(2):48-57.)

联聚类算法对于最终的数字图像盲取证的性能起到决定性作用,好的设备关联聚类算法能在一定程度上抑制由设备特征误差所引入的干扰。在对设备关联聚类算法的研究中,研究人员重点围绕提升聚类精度和提高运算速度两个方面,提出了许多性能优异的设备关联聚类算法。

6.3　用于来源识别的标准数据集

在数字图像来源取证研究中,研究人员在各种测试数据集上验证算法有效性。在目前所发布的用于设备取证的数据集中,较为权威的数据集主要是 Dresden[4]、RAISE[5] 和 VISION[6]。

6.3.1　Dresden

Dresden 数据集发布于 2010 年,其包含了来自 14 个相机品牌 25 种相机型号共 74 部相机的超过 15 000 幅图像。这些图像涵盖不同的相机设置、环境和特定场景,如过曝光和欠曝光、不同的白平衡设置等,有助于对制造商、型号或设备相关的特征进行严格的分析。表 6-1 展示了该数据集中选定的相机型号列表及其相应数量的可用相机设备信息。

表 6-1　Dresden 数据集技术参数

相机型号	设备数目	分辨率	传感器尺寸(inch 或 mm)	焦距(mm)	数据集 A (闪光灯打开/关闭)	数据集 B (闪光灯打开/关闭)
AgfaPhoto DC-504	1	4 032×3 024	—	7.1	84(70/14)	80(70/10)
AgfaPhoto DC-733s	1	3 072×2 304	—	6.2~18.6	151(130/21)	166(163/3)
AgfaPhoto DC-830i	1	3 264×2 448	—	6.2~18.6	183(132/51)	217(183/34)

续表

相机型号	设备数目	分辨率	传感器尺寸(inch 或 mm)	焦距(mm)	数据集 A(闪光灯打开/关闭)	数据集 B(闪光灯打开/关闭)
AgfaPhoto Sensor 505-X	1	2 592×1 944	—	7.5	87(76/11)	104(95/9)
AgfaPhoto Sensor 530s	1	4 032×3 024	—	6.1~18.3	199(149/50)	198(160/38)
Canon Ixus 55	1	2 592×1 944	1/2.5″	5.8~17.4	186(143/43)	—
Canon Ixus 70	3	3 072×2 304	1/2.5″	5.8~17.4	542(428/114)	—
Casio EX-Z150	5	3 264×2 448	1/2.5″	4.65~18.6	925(748/177)	—
Fujifilm FinePix J50	3	3 264×2 448	1/2.5″	6.2~31.0	—	495(433/62)
Kodak M1063	5	3 664×2 748	1/2.33″	5.7~17.1	999(692/307)	1 161(920/241)
Nikon Coolpix S710	5	4 352×3 264	1/1.72″	6.0~21.6	916(743/173)	—
Nikon D70/D70s	2/2	3 008×2 000	23.7×15.6 mm	18~200	715(637/78)	—
Nikon D200 Lens A/B	2	3 872×2 592	23.6×15.8 mm	18~135/17~55	712(633/79)	—
Olympus μ1050SW	5	3 648×2 736	1/2.33″	6.7~20.1	1 027(686/341)	—
Panasonsic DMC-FZ50	3	3 648×2 736	1/1.8″	7.4~88.8	—	561(493/68)
Pentax Optio A40	4	4 000×3 000	1/1.7	7.9~23.7	—	629(540/89)
Pentax Optio W60	1	3 648×2 736	1/2.3	5.0~25.0	—	146(129/17)
Praktica DCZ 5.9	5	2 560×1 920	1/2.5″	5.4~16.2	973(706/267)	—
Ricoh Capilo GX100	5	3 648×2 736	1/1.75″	5.1~15.3	—	715(632/83)
Rollei RCP-7325XS	3	3 072×2 304	1/2.5″	5.8~17.4	581(433/148)	—
Samsung L74wide	3	3 072×2 304	1/2.5″	4.7~16.7	562(425/137)	—
Samsung NV15	3	3 648×2 736	1/1.8″	7.3~21.9	566(456/110)	—
Sony DSC-H50	2	3 456×2 592	1/2.3″	5.2~78.0	—	308(284/24)
Sony DSC-T77	4	3 648×2 736	1/2.3″	6.18~24.7	—	565(506/59)
Sony DSC-W170	2	3 648×2 736	1/2.3″	5.0~25.0	—	272(246/26)

资料来源：Gloe T，Böhme R. The'Dresden Image Database'for benchmarking digital image forensics[C]//Proceedings of the 2010 ACM Symposium on Applied Computing. 2010：1584-1590.

6.3.2 RAISE

RAISE 数据集是一个具有挑战性的真实世界图像数据集,主要用于评估数字伪造检测算法。RAISE 数据集中的图像由四位摄影师在三年(2011—2014 年)期间收集,使用三台不同的相机在欧洲 80 多个地方捕捉不同的场景和瞬间,共有 8 156 幅高分辨率 RAW 图像。表 6-2 展示了 RAISE 数据集图像的技术参数信息,包括图像数量、分辨率、图像质量、相机型号和所使用的颜色空间等。

表 6-2 RAISE 数据集技术参数

技术参数		图像数量
分辨率	3 008×2 000	76
	4 288×2 848	2 276
	4 928×3 264	5 804
图像质量	压缩 RAW 格式 12-bit	2 352
	无损压缩 RAW 格式 14-bit	5 804
相机型号	Nikon D40	76
	Nikon D90	2 276
	Nikon D7000	5 804
颜色空间	sRGB	5 950
	Adobe RGB	2 206

资料来源:Dang-Nguyen D T, Pasquini C, Conotter V, et al. RAISE: A raw images dataset for digital image forensics [C]//Proceedings of the 6th ACM Multimedia Systems Conference. 2015:219-224.

6.3.3 Vision

Vision 数据集发布于 2017 年,其包含了 11 个品牌的 35 部设备个体所拍摄的 34 427 幅图像和 1 914 个视频,包括由原始数据组成的原始版本和由网络图像组成的社交版本(如 Facebook、YouTube 和 WhatsApp 等社交平台),可用作对多种图像和视频取证工具进行详尽评估的基准。表 6-3 展示了 Vision 数据集图像的技术参数信息。

表 6-3 Vision 数据集的技术参数

品牌	型号	ID	DStab	HDR	视频分辨率	♯视频	图片分辨率	♯图片	4Flat	＋Nat
Apple	iPad 2	D13	Off	F	1 280×720	16	960×720	330	159	171
Apple	Pad mini	D20	On	F	1 920×1 080	16	2 592×1 936	278	119	159
Apple	iPhone 4	D09	Off	T	1 280×720	19	2 592×1 936	326	109	217
Apple	iPhone 4S	D02	On	T	1 920×1 080	13	3 264×2 448	307	103	204
Apple	iPhone 4S	D10	On	T	1 920×1 080	15	3 264×2 448	311	133	178
Apple	iPhone 5	D29	On	T	1 920×1 080	19	3 264×2 448	324	100	224
Apple	iPhone 5	D34	On	T	1 920×1 080	32	3 264×2 448	310	106	204
Apple	iPhone 5c	D05	On	T	1 920×1 080	19	3 264×2 448	463	113	350
Apple	iPhone 5c	D14	On	T	1 920×1 080	19	3 264×2 448	339	130	209
Apple	iPhone 5c	D18	On	T	1 920×1 080	13	3 264×2 448	305	101	204
Apple	iPhone 6	D06	On	T	1 920×1 080	17	3 264×2 448	281	149	132
Apple	iPhone 6	D15	On	T	1 920×1 080	18	3 264×2 448	337	110	227
Apple	iPhone 6 Plus	D19	On	T	1 920×1 080	19	3 264×2 448	428	169	259
Asus	Zenfone 2 Laser	D23	On	F	640×480	19	3 264×1 836	327	117	210
Huawei	Ascend G6-U10	D33	Off	T	1 280×720	19	2 448×3 264	239	84	155
Huawei	Honor 5C NEM-L51	D30	On	T	1 920×1 080	19	4 160×3 120	351	80	271
Huawei	P8 GRA-L09	D28	Off	T	1 920×1 080	19	4 160×2 336	392	126	266

续表

品牌	型号	ID	DStab	HDR	视频分辨率	♯视频	图片分辨率	♯图片	4Flat	+Nat
Huawei	P9 EVA-L09	D03	Off	F	1920×1080	19	3968×2976	355	118	237
Huawei	P9 Lite VNS-L31	D16	Off	T	1920×1080	19	4160×3120	350	115	235
Lenovo	Lenovo P70-A	D07	Off	F	1280×720	19	4784×2704	375	158	217
LG electronics	D290	D04	On	F	800×480	19	3264×2448	368	141	227
Microsoft	Lumia 640 LTE	D17	Off	T	1920×1080	10	3264×1840	285	97	188
OnePlus	A3000	D25	On	T	1920×1080	19	4640×3480	463	176	287
OnePlus	A3003	D32	On	T	1920×1080	19	4640×3480	386	150	236
Samsung	Galaxy S I Mini GT-18190	D26	Off	F	1280×720	16	2560×1920	210	60	150
Samsung	Galaxy S III Mini GT-18190N	D01	Off	F	1280×720	22	2560×1920	283	78	205
Samsung	Galaxy 53 GT-9300	D11	Off	T	1920×1080	19	3264×2448	309	102	207
Samsung	Galaxy 54 Mini GT-49195	D31	Off	T	1920×1080	19	3264×1836	328	112	216
Samsung	Galaxy S5 SM-G900F	D27	Off	T	1920×1080	19	5312×2988	354	100	254
Samsung	Galaxy Tab 3 GT-P5210	D08	Off	F	1280×720	37	2048×1536	229	61	168
Samsung	Galaxy Tab A SM-T555	D35	Off	F	1280×720	16	2592×1944	280	126	154
Samsung	Galaxy Trend Plus GT-57580	D22	Off	F	1280×720	16	2560×1920	314	151	163
Sony	Xperia Z1 Compact D5503	D12	On	T	1920×1080	19	5248×3936	316	100	216
Wiko	Ridge 4G	D21	Off	T	1920×1080	11	3264×2448	393	140	253
Xiaomi	Redmi Note 3	D24	Off	T	1920×1080	19	4608×2592	486	174	312

资料来源：Shullani D, Fontani M, Iuliani M, et al. VISION: A video and image dataset for source identification [J]. EURASIP Journal on Information Security, 2017(1): 1-16.

6.4 小结

本章主要介绍了数字图像来源取证类型,包括图像来源匹配及识别、图像来源聚类,并简要介绍了三种较为权威的用于设备取证的数据集 Dresden、RAISE 和 VISION。

◆ 注 释 ◆

[1] Marra F. Source Identification in Image Forensics [D]. University of Naples Federico II, Italy, 2017.

[2] 蒋翔,韦世奎,赵瑞珍,等.数字图像的设备溯源技术综述[J].北京交通大学学报,2019,43(2):48.

[3] 乔通,姚宏伟,潘彬民,等.基于深度学习的数字图像取证技术研究进展[J].网络与信息安全学报,2021,7(5):13-28.

[4] Gloe T, Böhme R. The 'Dresden Image Database' for benchmarking digital image forensics [C]//Proceedings of the 2010 ACM Symposium on Applied Computing. 2010: 1584-1590.

[5] Dang-Nguyen D T, Pasquini C, Conotter V, et al. RAISE: A raw images dataset for digital image forensics [C]//Proceedings of the 6th ACM Multimedia Systems Conference. 2015:219-224.

[6] Shullani D, Fontani M, Iuliani M, et al. VISION: A video and image dataset for source identification [J]. EURASIP Journal on Information Security, 2017(1):1-16.

第 7 章

成像设备指纹

针对图像来源取证问题,研究人员已经提出了很多有效的取证算法。值得注意的是,这些取证算法主要依赖于成像设备指纹来探索图像来源。研究人员将这些指纹特征归纳为两类:传统指纹特征和新型指纹特征。其中,传统指纹特征主要包括镜头像差特征、色差特征、PRNU、CFA 模式和插值处理产生的指纹特征、JPEG 压缩痕迹以及图像头文件等,新型指纹特征则主要包括 CNN、Noiseprint 和统计特征。本章节对这两类指纹特征进行阐述。

7.1 传统指纹特征

众所周知,在数字图像成像的每个处理阶段都会留下不同的相机指纹特征。目前的算法大多依靠从图像中提取的指纹特征来识别图像源。根据数字图像处理流水线的先后顺序,这些指纹特征主要包括:镜头像差特征、色差特征、PRNU、CFA 模式和插值处理产生的指纹特征、JPEG 压缩痕迹以及图像头文件等。

7.1.1 镜头像差

当数码相机捕获场景图像时,场景光线通过镜头进入相机,经 CFA 光谱过滤聚焦在图像传感器上,经过一系列的光电转换和模数转换处理,最终生成相应的数字图像。需要注意的是,镜头在设计和制造方面的不完善,往往导致实际成像与理想图像之间存在偏差,例如球面像差、径向畸变等,这些偏差统称为镜头像差(lens aberration，LA)。球面像差是由于透镜表面是球面而导致经过透镜中心的光线与经过透镜边缘的光线不能相交于一点所形成的像差,如图7-1所示。当横向放大倍率[1](即像距与物距的比值)不是常数而是离轴像距的函数时,径向畸变会导致物空间中的直线在图像传感器上呈现为曲线。换句话说,透镜在不同的区域有不同的焦距和放大率。即使每个点都在焦点上,径向畸变也会使整个图像变形。当横向放大倍率随着像距增加时,光学系统会经历桶形畸变;相似地,当横向放大倍率随着像距减少时,光学系统会经历枕形畸变,如图7-2所示。

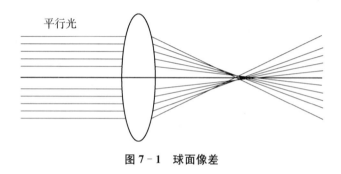

图7-1 球面像差

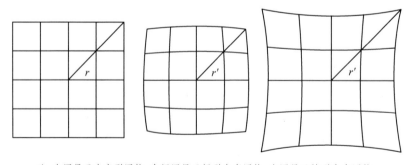

注:左图展示未变形网格,中间图展示桶形失真网格,右图展示枕形失真网格。
图7-2 矩形网格的变形

(资料来源:San Choi K, Lam E Y, Wong K K Y. Source camera identification using footprints from lens aberration [C]//Digital Photography II. SPIE, 2006, 6069: 172-179.)

值得注意的是,在现有的镜头像差类型中,镜头径向畸变可能对输出图像的影响最为严重,尤其是在使用廉价的广角镜头时。由于制造成本限制,大多数的数码相机使用球面镜头。这些球面透镜通常具有固有的径向畸变,必须通过修改系统变量进行补偿校正。但是，对径向畸变的补偿程度和顺序在不同制造商之间，甚至同一制造商的不同相机型号之间是不同的。此外，焦距也会影响径向畸变的程度[2]。焦距短的镜头具有较大程度的桶形畸变，而长焦距的镜头会遭受更多的枕形畸变。不同的品牌或型号的相机会在输出图像上留下独特的径向畸变印记。因此，镜头径向畸变可以作为图像的指纹特征进行图像的源相机识别[3]。接下来，对径向畸变的模型[3]进行简要描述。

镜头径向畸变模型可以写成无穷级数。通常，一阶径向对称畸变参数 k_1 就可以达到足够的精度[4]。为了实现更高的精度，文献[3]使用一阶和二阶畸变参数作为图像畸变程度的估计，如式(7-1)所示。这里，r_u 和 r_d 分别为未失真半径和失真半径，k_1 和 k_2 分别为一阶和二阶失真参数，可以使用直线法估计[5,6]。半径是点 (x, y) 到畸变中心（即图像中心）的径向距离 $\sqrt{x^2 + y^2}$。

$$r_u = r_d + k_1 r_d^3 + k_2 r_d^5 \tag{7-1}$$

基于指纹特征 (k_1, k_2) 以及文献[7]中提出的其他补充特征，文献[3]设计了一个 SVM 分类器并获得了相关的检测能力。然而，这个分类器只研究了源相机品牌识别问题，并没有给出在大规模图像数据库上识别源相机型号或单个设备的结果。此外，基于镜头像差的检测器还必须面对可换镜头相机的挑战，即镜头可更换的相机。在这种情况下，文献[7]提出的检测器可能无法识别源相机。

7.1.2 镜头色差

在光学中，透镜对不同波长的光具有不同折射率（即色散现象）。由于透镜的焦距取决于折射率，因此不同波长的光会聚焦在不同的位置。色差就是由于镜头未能将不同波长的光线聚焦在图像传感器上的同一位置而导致的像差（类似于光的色散现象），包括横向色差和纵向色差，如图 7-3 所示。其中，横向色差是由光轴外的物点发出的混合光线通过镜头之后汇聚于焦平面的不同位置上导致的，这种色差使物体同一点发出的不同色光所形成的影像具有不同的摄影倍率；纵向色差是光轴上的焦点位置因波长不同而产生异动的现象。

不同相机型号的镜头结构不同往往会导致图像中色差的差异。尽管相机设计者通过结合不同折射率的凸凹透镜来减少色差影响，但相机设备所产生的这种独特的色差仍会对图像产生一定的影响。色差（尤其横向色差）可作为

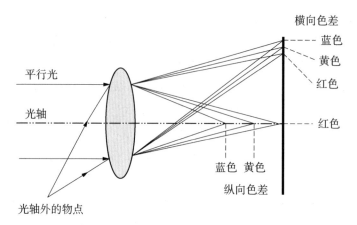

图7-3 横向色差和纵向色差

图像的指纹特征进行图像的源相机识别[8]。本节将对文献[9]所提的横向色差的模型进行简要描述。

横向色差可以用低参数模型来量化[9]。如图7-4所示,由于透镜对不同波长的光具有不同的折射率,因此白光在通过镜头之后被分解成的各色光汇聚在焦平面的不同位置上。例如,短波(蓝光)和长波(红光)在图7-4传感器上的位置,即x_b和x_r。在没有色差的情况下,这些位置是相同的。

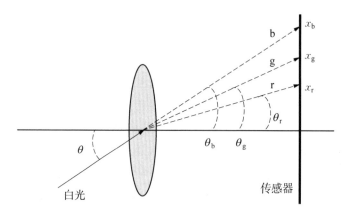

图7-4 光在一维空间中的折射

(资料来源:Van L T, Emmanuel S, Kankanhalli M S. Identifying source cell phone using chromatic aberration[C]//2007 IEEE International Conference on Multimedia and Expo. IEEE, 2007:883-886.)

在存在色差的情况下,这些位置之间的关系可以建模为式(7-2)所示。其中,式(7-3)所示的 α 是关于蓝光和红光对应透镜折射率(即 n_b 和 n_r)的函数。这个模型适用于任意两个波长的光。

$$x_r \approx \alpha x_b \tag{7-2}$$

$$\alpha = \frac{n_b}{n_r} \tag{7-3}$$

相似地,当白光通过二维镜头时,被分解成的各色光将汇聚在传感器的不同位置上。假设短波(蓝光)和长波(红光)在传感器上的位置分别为 (x_b, y_b) 和 (x_r, y_r),在存在色差的情况下,这些位置之间的关系可以建模为

$$(x_r, y_r) \approx \alpha(x_b, y_b) \tag{7-4}$$

需要注意的是,模型(7-4)是基于图像中心的。在真实的相机镜头中,由于多镜头系统的复杂性[10],光学像差的中心往往与图像中心不同。因此,在模型(7-4)的基础上增加两个参数 (x_0, y_0),即像差的中心位置,改进的模型如式(7-5)所示。文献[9]通过估计模型(7-5)的横向色差参数并将其用作分类特征,实现了给定图像的源手机识别。

$$\begin{cases} x_r = \alpha(x_b - x_0) + x_0 \\ y_r = \alpha(y_b - y_0) + y_0 \end{cases} \tag{7-5}$$

7.1.3 PRNU

基于传感器制造过程的缺陷以及硅晶片的不均匀性[11, 12],从给定图像中提取的传感器模式噪声(sensor pattern noise,SPN)成为图像来源取证所使用的第一个固定指纹[13]。值得注意的是,SPN 包含两个主要成分:固定模式噪声(fixed pattern noise,FPN)和 PRNU。FPN 来源于无光情况下的热电子,在文献[14]中用于解决相机识别问题。然而,FPN 很容易被补偿[15],并不是一个可靠的相机指纹,因此在取证工作中已不再被使用。相比而言,PRNU 是硅晶片不均匀性所引起的每个像素对入射光的差异性响应,对每个相机传感器都是独一无二的。因而,作为可靠的相机指纹,PRNU 已在取证领域得到了广泛的研究和应用,特别是解决图像来源取证问题[16-19]。接下来,本节将对 PRNU 的提取过程进行简要介绍。

由于 PRNU 源于硅晶片上每个像素对入射光的响应差异,因而,PRNU 可

以被建模为每个像素值的乘性噪声因子[16,17],如式(7-6)所示。这里,I 表示为含有噪声的相机输出图像,μ 是无噪干扰环境下的理想图像,K 则是所要提取的 PRNU 相机指纹,Ξ 表示其他加性噪声源的组合。

$$I = \mu + \mu K + \Xi \tag{7-6}$$

为了提取 PRNU 相机指纹,首先利用去噪滤波器对已知相机 C_o 的 N_{im} 幅输出图像进行式(7-7)所示的噪声提取处理。其中:$F(\cdot)$ 表示去噪滤波器函数,通常使用维纳滤波器[16,17];I^{res} 为提取的图像噪声。

$$I^{res} = I - F(I) \tag{7-7}$$

然后,将从 N_{im} 幅图像中提取的噪声 I^{res} 进行最大似然估计(maximum likelihood estimation, MLE),如式(7-8)所示,$1 \leqslant i \leqslant N_{im}$,所得噪声均值 K_{C_o} 即为该相机 C_o 的 PRNU 参考指纹。通常,从已知相机的输出图像中随机抽取 50 幅图像(即 $N_{im}=50$)来估计相机的 PRNU 参考指纹。

$$K_{C_o} = \frac{\sum_{i=1}^{N_{im}}(I_i^{res} I_i)}{\sum_{i=1}^{N_{im}} I_i^2} \tag{7-8}$$

那么,如何判断一幅未知来源的匿名图像 I 是否由已知相机 C_o 拍摄呢?首先估计相机 C_o 的 PRNU 参考指纹 K_{C_o},并对匿名图像 I 进行式(7-9)所示的噪声提取处理;然后计算匿名图像噪声 I^{res} 与 PRNU 参考指纹 K_{C_o} 之间的相关性。如式(7-9)所示,$\rho(I^{res}, K_{C_o})$ 为匿名图像噪声 I^{res} 与 PRNU 参考指纹 K_{C_o} 的互相关系数[13],这是一种比较简单、常用的方法;互相关系数 $\rho(I^{res}, K_{C_o})$ 数值越大,说明该匿名图像 I 越有可能是由已知相机 C_o 拍摄。这里,$\overline{I^{res}}$ 和 $\overline{K_{C_o}}$ 分别表示匿名图像噪声 I^{res} 与 PRNU 参考指纹 K_{C_o} 的均值;符号 $\|\cdot\|$ 表示范数。值得注意的是,互相关系数 $\rho(I^{res}, K_{C_o})$ 并不是评判图像噪声 I^{res} 与 PRNU 参考指纹 K_{C_o} 之间相关性的唯一标准。峰相关能量比(peak to correlation energy, PCE)也被作为相关性评判标准[16,17],且 PCE 是一个更稳定的统计数据,与图像大小无关。

$$\rho(I^{res}, K_{C_o}) = \frac{(I^{res} - \overline{I^{res}}) \cdot (K_{C_o} - \overline{K_{C_o}})}{\|I^{res} - \overline{I^{res}}\| \cdot \|K_{C_o} - \overline{K_{C_o}}\|} \tag{7-9}$$

7.1.4 CFA 模式和插值

当数码相机捕捉图像时,从真实场景反射的光在到达成像传感器之前会通过相机的镜头和滤光片。由于大多数相机仅配备一个传感器,因此无法实现在每个像素位置上的所有三种原色光的同时记录。为了解决这个难题,大多数商用相机在传感器之前放置了一个 CFA[20]。在光线到达传感器之前,CFA 在每个像素位置上只允许一种颜色的光通过[21]。因此,传感器在每个像素位置仅记录一个颜色值,未被记录的两个颜色值则需要通过插值算法进行估计。通常,CFA 插值算法[22]有两种类型:非自适应和自适应。非自适应插值算法应用统一策略在整个图像中估计未记录的颜色。然而,大多数现代相机采用自适应插值算法,可以提供更高的图像质量。为了防止纹理区域中的模糊伪影,自适应算法以根据图像内容变化的方式内插丢失的颜色。此外,不同的插值策略可能在不同的颜色通道中采用。

尽管几乎所有数码相机的成像流程由相同的组件构成,但每个组件的实现通常因制造商和型号而异,且这些组件通常会在输出图像中留下其特有的痕迹。一般认为,不同品牌或型号的相机使用不同的 CFA 模式和插值算法[23]。因而,CFA 模式和插值算法可被用来识别图像源相机的品牌和型号。接下来,对利用 CFA 模式和插值算法进行图像源相机的几篇文献进行简要概述。

2005 年,Bayram 等人[24]通过探索 CFA 插值过程来确定每个颜色成分中存在的可用于图像分类的相关结构。假设每个制造商(甚至每个相机型号)的插值算法和 CFA 模式各不相同,使得捕获的图像中相关结构可区分。他们使用迭代期望最大化算法,获得两组特征用于分类:图像的插值系数和概率图频谱中的峰值位置和幅度。

同年,Celiktutan 等人[25]使用一组二进制相似性度量来识别源手机。假设 CFA 插值算法会在图像的相邻位平面之间留下相关性,这些相关性可以由二进制相似性度量来表示。二进制相似性度量是用于测量二进制图像之间(即图像的位平面之间)相似性的度量。

2007 年,Swaminathan 等人[26]提出了一种算法用来估计 CFA 模式和插值算法系数,然后将这些估计系数作为训练 SVM 分类器的特征,实现源相机模型/品牌识别的目标。首先,根据大多数相机使用 RGB 类型 CFA 模式的观察结果,建立了一个包含 36 种可能的 CFA 模式的搜索空间,其固定周期为 $2\times$

2. 由于相机可能对不同类型的区域采用不同的插值算法，因此根据像素局部邻域中的梯度信息将给定图像分为三种类型的区域：具有显著水平梯度的图像部分、具有显著垂直梯度的图像部分，以及图像的剩余平滑部分。假设颜色插值算法在不同的纹理区域是局部线性的，因此每个区域的颜色插值参数是可以线性估计的。通过选择产生最小插值误差的候选 CFA 模式来确定 CFA 模式及其相应的插值系数。一旦从给定的图像中估计出插值系数，它们就被用作图像特征来识别图像的源相机型号或品牌。

2009 年，Cao 等人[27]提出了一个二阶偏导数相关模型来表示插值过程，将所有插值的颜色分量分为 16 个类别，并根据每个类别的偏导数相关模型构建一组线性插值方程，然后应用期望最大化反向分类算法来估计每个类别的插值权重。最后，他们将估计的权重、误差统计和类别大小用作分类的特征。

7.1.5 JPEG 压缩痕迹

在数字图像成像流程中，图像压缩是非常重要的一步处理[28]。JPEG 压缩是迄今为止最流行的一种图像压缩算法，能够很好地平衡文件大小和图像质量。通常，JPEG 压缩被认为有两个目标[29]：

- 压缩文件大小不得超过固定大小；
- 对给定的压缩因子，图像质量必须最大化。

第一个目标源于 JPEG 压缩不明确保证压缩文件大小的事实。在相同的压缩系数下，不同内容的图像文件大小可能会有很大差异。但是，数码相机需要预测用户可以拍摄和存储的图像数量。因此，最大压缩文件大小必须保持在阈值以下。通常，数码相机会多次重复压缩图像，直到达到目标文件大小[29]。第二个目标很明显，因为在压缩图像中保持最高质量是图像压缩的目标。在 JPEG 标准中，它只提供了丢弃一些高频内容而保留一些低频内容的机制，以达到减小文件大小的目的。JPEG 在设计量化矩阵时提供了很大的灵活性，以实现感知质量与文件大小的最佳权衡。设计正确的量化表以提高压缩因子或固定尺寸图像的质量取决于数码产品制造商的判断。

尽管大多数数码相机在 JPEG 压缩中都有这两个目标，但确切的文件大小和量化表设计可能因制造商而异，甚至在同一公司制造的不同相机型号中也可能不同。不同的组件技术（例如镜头、传感器）、不同的相机内处理操作（例如 CFA 插值、白平衡）以及不同的量化表设计都会导致量化 DCT 系数的统计差异。捕获这种统计差异并从中提取有用的特征可以区分不同的相机品牌或相机型号。接下来，对提取这类特征的一些研究[30,31]进行简要介绍。

数码相机可能有多个 JPEG 质量设置。每个质量设置在大小和质量之间都有特定的权衡。对于有限的相机型号，JPEG 质量设置的特征可能会有所不同。因此，Choi 等人[30]提出识别图像的 JPEG 质量设置特征，从而识别图像的源相机。他们提出了两种类型的特征：像素深度（bits per pixel，bpp）和每个 DCT 子带中非零整数的百分比。像素深度是指用于存储图像中一个像素所用的位数。获得第一类取证特征是非常容易的。至于第二类特征，在量化操作中，与低频或中频域中的 DCT 系数相比，高频域中的 DCT 系数通常以较大的量化步长进行量化。因此，在最高频域中，产生了零值 DCT 系数的一个重要组成部分。每个 DCT 子带中非零整数百分比的计算如式(7-10)所示。这里，$i \in \{1,2,\cdots,64\}$ 为 DCT 子带的索引，n_i 表示第 i 个子带中非零整数的数目，$n = n_1 + n_2 + \cdots + n_i + \cdots + n_{64}$ 则表示 DCT 频域中非零整数的总数目。基于从 JPEG 图像中提取的 65 个物理特征，他们建立了一个 SVM 分类器来识别图像的源相机品牌/型号。

$$\mathcal{P}_i = \frac{n_i}{n} \qquad (7-10)$$

此外，基于从四个不同方向（即水平、垂直、主对角线和次对角线）提取的转移概率矩阵，Xu 等人[31]提出使用马尔可夫链模型对量化的 DCT 系数绝对值的统计差异进行建模，并依据 JPEG 图像 Y 颜色分量和 Cb 颜色分量中的概率矩阵，设计了一个 SVM 分类器来解决源相机品牌/型号的识别问题。需要注意的是，他们不是直接从量化的 DCT 系数中提取统计特征，而是从差分 JPEG 2-D 数组中提取特征。JPEG 2-D 数组由量化 DCT 系数的大小（即绝对值）组成。采用绝对值的原因如下：DCT 系数的大小沿之(zig-zag)字形顺序减小；取绝对值可以减小结果数组的动态范围；DCT 系数的符号主要携带原始空域图像的轮廓和边缘信息，不涉及相机模型信息。因此，通过采用绝对值，有关相机型号的所有信息都将保留。为了减少图像内容的影响并增强图像处理流程中引入的统计差异，通过取 JPEG 2-D 数组中元素与其相邻元素之一之间的差值来定义差分 JPEG 2-D 数组。这个差值可以沿四个方向计算，即水平、垂直、主对角线和次对角线。为了模拟量化 DCT 系数的统计差异并考虑系数之间的相关性，他们提出使用马尔可夫转移概率矩阵。每个方向的差分 JPEG 2-D 数组都会生成其对应的转移概率矩阵。这些步骤是针对 JPEG 图像的 Y 和 Cb 分量执行的。最终，他们将收集到的 324 个 Y 分量的转移概率和 162 个 Cb 分量的转移概率用作 SVM 分类的取证特征来解决给定图像源相机品牌/型号的识别问题。

7.1.6 图像头文件

JPEG 文件格式已成为几乎所有商用数码相机采用的通用图像标准。在图像压缩过程中，JPEG 标准允许直流和交流系数使用不同的霍夫曼代码。这种熵编码分别应用于每个 YCbCr 通道，为每个通道使用单独的代码。JPEG 标准不强制执行任何特定的量化表或霍夫曼代码。因此，相机制造商可以根据需求平衡分辨率和质量。每种分辨率和质量设置都会产生具有不同 JPEG 压缩参数的图像。这些参数（即特定量化表、霍夫曼代码以及其他一些数据）被嵌入 JPEG 头文件中，在不同品牌、型号、分辨率和质量的相机之间是有差异的。JPEG 头文件中的元数据存储了有关相机和图像的各种信息。根据可交换图像文件格式（EXIF）标准，元数据被存放在图像文件目录（image file directory，IFD）中。相机制造商可以自由地将任何信息嵌入 IFD 中。因此，从 EXIF 元数据中提取的相机制造商或型号的签名可作为图像特征解决源相机识别问题[32]。

7.2 新型指纹特征

关于新型指纹特征的研究，学者一方面利用先进的深度学习算法，设计端到端的特征提取器，例如 CNN 模型、Noiseprint 模型等；另一方面，通过深入研究数字图像的成像机理，构建像素统计分布模型，设计出一套从 RAW 无损格式到 JPEG 有损格式的特征提取器。

7.2.1 CNN

传统的图像预处理主要根据不同的分类问题作特定分析，手工设计有针对性的静态滤波器，这些滤波器不随输入信号动态调整滤波器参数。近年来手工设计的滤波器已经广泛应用于数字图像取证预处理，其中包括中值滤波（median filtering，MF）[33]、高通滤波（high-pass filtering，HF）[34]、空域富模型（spatial rich model，SRM）[35]等。上述静态滤波器对输入的图像做卷积运算，提取图像残差噪声后送入图像特征提取器，其有效性已被现有的取证研究验证。然而静态滤波器也存在一个无法忽视的缺陷,即静态滤波器来源于大量实验经验分析,分析过程漫长繁杂而且可扩展性不高。

随着进一步深入分析,Bayar 等人提出基于神经网络的可学习滤波器(learnable filter)[36]。最初,研究人员观察静态滤波器工作原理,发现静态滤波器通过抑制图像内容、增强表征图像指纹的高频信号,滤除数字图像中与分类无关的干扰信号,以此来提高分类器的鲁棒性。首先,Bayar 等人提出"模仿"静态滤波器工作原理的解决方案,即约束性卷积层(constrained convolution layer)。约束性卷积层限制滤波器参数总和为 0,并作为预处理层在神经网络迭代训练过程优化滤波器参数。Bayar 等人同时将这一理论应用于数字图像来源识别[33]、图像后处理操作链检测[36-38]。值得注意的是,约束性卷积层参与神经网络的反向传播优化过程,随不同的输入信号自适应优化滤波器参数,并在其输出层保留与图像指纹相关的图像噪声信号。图 7-5 展示了静态滤波器与可学习滤波器工作流程图,静态滤波器使用固定的滤波器与输入图像做卷积运算;可学习滤波器首先预设滤波器参数,随后在反向传播中使用随机梯度下降算法自适应、自动化地更新滤波器参数[39]。

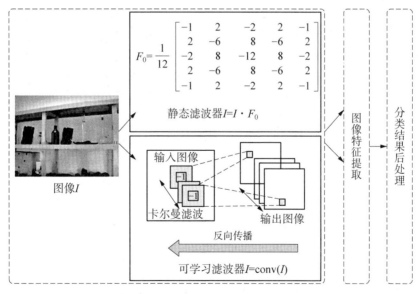

图 7-5　静态滤波器与可学习滤波器工作流程图

(资料来源:乔通,姚宏伟,潘彬民,等.基于深度学习的数字图像取证技术研究进展[J].网络与信息安全学报,2021,7(5):13-28.)

通过以上分析可知,相比于静态滤波器,可学习滤波器的优势在于:其一,自适应学习,不需要手工设计滤波器参数;其二,根据取证问题动态更新卷积核参数,使分类器收敛效果更优。然而可学习滤波器也存在不可避免的缺陷。由于静态滤波器使用预设内核参数,其输出为预处理后的残差噪声,这些残差噪声有效抑制图像内容对特征提取过程的干扰,而可学习滤波器需要使用大量的样本训练内核参数,因此导致模型收敛相比静态滤波器更慢。图 7-6 展示了不同预处理操作的图像效果,图 7-6(b)与(c)分别表示静态滤波器和可学习滤波器预处理结果。观察图 7-6(b)与(c)可知,静态滤波器和可学习滤波器均抑制了图像低纹理区域(天空、墙壁等低频分量)的内容噪声,同时保留图像高纹理区域(树枝、物体边缘等高频分量)的噪声,这些保留的残差噪声与数字图像固有指纹紧密相关,从而大大提升特征提取器的性能。在未来的研究中,随着理论研究到应用研究的不断扩展,以及计算机运算速度的不断加快,面对越来越复杂的数据集,可学习滤波器自适应学习的优势将更加凸显。

(a) 原始图像　　　　　(b) 静态滤波器预　　　　(c) 可学习滤波器
　　　　　　　　　　　　处理后的图像　　　　　　预处理后的图像

图 7-6　不同预处理操作的图像效果

(资料来源:乔通,姚宏伟,潘彬民,等.基于深度学习的数字图像取证技术研究进展[J].网络与信息安全学报,2021,7(5):13-28.)

7.2.2 Noiseprint

在 Cozzolino 等人[40]的论文中,他们提出了一种提取相机模型指纹的方法,称为噪声指纹(Noiseprint),其中场景内容被大大抑制,相机模型相关的伪影被增强。因此,Noiseprint 具有理想相机模型指纹的痕迹,就像 PRNU 残差具有理想设备指纹的痕迹一样。然而,在噪声指纹中,感兴趣的信号比 PRNU 残差强得多,从而可以可靠地完成许多取证任务。

噪声指纹是通过孪生(Siamese)网络获得的,该网络使用来自相同(标签+1)或不同(标签-1)摄像机的成对图像补丁进行训练。虽然噪声指纹可以用于各种各样的取证任务,但文献[40]主要研究图像伪造定位。

考虑到从同一个相机模型得到的图像补丁应该具有相似的 Noiseprint,从不同相机模型得到的图像补丁具有不同的 Noiseprint,因此,需要训练一个残差生成网络,不仅使得场景内容被消除,同时也使得所有的不可区分信息(相机模型之间)被消除,而可区分信息被加强。于是考虑如下的 Siamese 网络结构,该结构中有两个并行且完全一致(相同结构和参数)的 CNN。

孪生神经网络(siamese neural network),又名双生神经网络,是基于两个人工神经网络建立的耦合构架。孪生神经网络以两个样本为输入,其两个子网络各自接收一个输入,输出其嵌入高维度空间的表征,通过计算两个表征的距离,例如欧式距离,以比较两个样本的相似程度。狭义的孪生神经网络由两个结构相同且权重共享的神经网络拼接而成。广义的孪生神经网络,或伪孪生神经网络(pseudo-siamese network),可由任意两个神经网络拼接而成。孪生神经网络通常具有深度结构,可由卷积神经网络、循环神经网络等组成,其权重可以由能量函数或分类损失优化。

孪生神经网络用于处理两个输入"比较类似"的情况。比如,两个句子或者词汇的语义相似度计算,指纹或人脸的比对识别等使用孪生神经网络比较合适。伪孪生神经网络适用于处理两个输入"有一定差别"的情况。如验证标题与正文的描述是否一致,或者文字是否描述了一幅图片,就应该使用伪孪生神经网络。

在监督学习范式下,孪生神经网络会最大化不同标签的表征,并最小化相同标签的表征。在自监督或非监督学习范式下,孪生神经网络可以最小化原输入和干扰输入(例如原始图像和该图像的裁减)间的表征。孪生神经网络可以用于解决类别很多(或者说不确定),然而训练样本的类别数较少的分类任务,即可以进行小样本,且不容易被错误样本干扰,因此可用于对容错率要求严格的模式识别问题,例如人像识别、指纹识别、目标追踪等。孪生神经网络亦可以完成类别数目固定,且每类下的样本数也较多(比如 ImageNet)的分类任务。

Noiseprint 网络由两个相同的 CNN(残差神经网络)并行构成(如图 7-7 所示),它们具有相同的架构和权重。使用同一相机模型获取的两个不同的输入图像被馈送到两个分支。由于它们具有相似的 Noiseprint,也就是输出预期

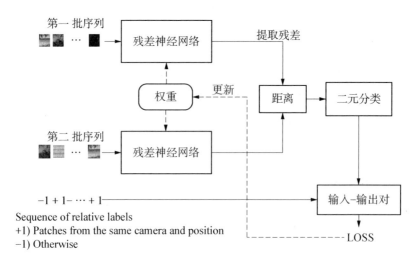

图 7-7　Noiseprint 网络结构图

(资料来源:Cozzolino D, Verdoliva L. Noiseprint: A CNN-based camera model fingerprint [J]. IEEE Transactions on Information Forensics and Security, 2019, 15: 144-159.)

相似,因此第一个网络的输出可以充当第二个网络的期望输出,反之亦然,从而提供两个合理的输入-输出对。因此,对于这两个网络,它们可以计算实际输出和期望输出之间的误差,并反向传播它以更新网络权重。更一般地说,一个网络的输入和它的兄弟网络的输出所形成的所有对代表有用的训练数据。对于正面示例(同一模型),更新权重以减少输出之间的距离;而对于负面示例(不同模型),更新权重以增加该距离。值得强调的是,负面例子的重要性不亚于正面例子。事实上,它们教会网络丢弃所有模型共有的不相关信息,只保留最具辨别力的特征。该网络训练的具体流程如下:首先,对网络进行初始化并使用 minibatch 进行训练;其次,增强小批量信息;再次,计算基于距离的损失函数,对于通用的补丁,可以通过 softmax 处理建立一个合适的概率分布;最后,正则化(为了保持 Noiseprint 之间的差异性),从而得到最终的损失函数。

7.2.3　统计特征

如前面章节所述,作为可靠的相机指纹特征,PRNU、CNN 以及 Noiseprint 已被广泛应用于解决图像来源取证问题。尽管基于以上指纹特征所设计的图像源识别检测器取得了令人满意的检测效果,但我们仍然无法从理论层面定性分析这些检测器的性能。即使其中一些取证检测器研究了假设检验理论,但有限的研究使得其统计性能也只能在特定的测试集上经验性地得出,并不能被定性分析。

研究人员在假设检验理论框架下设计了基于自然图像统计噪声模型的图像源识别检测器,例如基于泊松-高斯噪声模型和广义相关噪声模型的相机型号识别检测器以及基于改进的泊松-高斯噪声模型的相机设备识别检测器,不仅能够定性分析检测器的统计性能,而且能够较为准确地识别图像来源(即相机设备、相机型号等)。本小节将这些自然图像统计噪声模型称为图像的统计特征。接下来,简要介绍几个比较常用的图像统计噪声模型,即 RAW 图像的泊松-高斯噪声模型[41]和改进的泊松-高斯噪声模型[42],JPEG 图像的广义信号相关噪声模型[43]、改进的广义信号相关噪声模型[44]和简化的广义信号相关噪声模型[45]。

7.2.3.1 RAW 图像的泊松-高斯噪声模型

假设 RAW 图像是一个具有 I 个像素的集合 $Z=\{z_i\}$,$i \in \{1,\cdots,I\}$。在图像成像过程中,光电转换实质上包含了一个可以建模为泊松过程的电子计数过程。收集到的电子 n_{e_i} 是入射光子 n_{p_i} 产生的电子和热噪声产生的暗电子 n_{t_i} 之和,遵循如式(7-11)所示的泊松分布。这里,$\mathcal{P}(\cdot)$ 表示泊松分布,η_i 为考虑了滤波器透射率和量子效率的转换因子。

$$n_{e_i} \sim \mathcal{P}(\eta_i n_{p_i} + n_{t_i}) \tag{7-11}$$

为了便于分析,假设在这个阶段并没有产生 PRNU 或 FPN,即每个像素的光敏度和热噪声是恒定的。因此,转换因子 η_i 和暗电子 n_{t_i} 可以省略索引 i。在读出过程中,记录的信号会被不同的电子噪声源破坏。这些电子噪声被看作遵循均值为 0、方差为 w^2 的高斯分布的随机变量 ε_i。因此,像素 z_i 可以表示为式(7-12)所示的形式,g 为灵敏度所控制的模拟增益。应该注意的是,RAW 图像像素是统计独立的[46,47]。

$$z_i = g \cdot (n_{e_i} + \varepsilon_i) \tag{7-12}$$

当光电转换过程中计数的电子数足够大时,该计数过程可以描述为泊松分布的高斯近似。因而,像素 z_i 被认为遵循均值为 $\mathbb{E}[z_i]$、方差为 $\mathbb{D}[z_i]$ 的高斯分布,如式(7-13)所示。这个公式描述了 RAW 图像的泊松-高斯噪声模型。其中,均值 $\mathbb{E}[z_i]$、方差 $\mathbb{D}[z_i]$ 以及参数 (a, b) 如式(7-14)、(7-15)、(7-16)所示。值得注意的是,在一些图像传感器中,收集的电子 n_{e_i} 通常由基

参数 p_0 进行补偿,从而实现输出像素的零偏移。此时,$b=g^2(w^2-p_0)$[41,46]。因此,当 $p_0 > w^2$ 时,$b < 0$。

$$z_i \sim \mathcal{N}(\mathbb{E}[z_i], a\mathbb{E}[z_i]+b) \quad (7-13)$$

$$\mathbb{E}[z_i] = g(\eta n_{p_i} + n_t) \quad (7-14)$$

$$\mathbb{D}[z_i] = a\mathbb{E}[z_i] + b \quad (7-15)$$

$$a = g \text{ 且 } b = g^2 w^2 \quad (7-16)$$

在此统计噪声模型中,参数 (a,b) 被称为相机参数,主要由 ISO 感光度的模拟增益 g 控制。当然,快门速度、焦距长度等其他相机设置也会对参数 (a,b) 产生轻微影响。然而,与 ISO 感光度的影响相比,这些影响可以忽略不计。

因此,这个 RAW 图像的泊松-高斯统计噪声模型主要描述了图像传感器的响应,解释了在传感器输出处干扰 RAW 图像的噪声,展示了像素的期望值和方差之间的线性关系,如图 7-8 所示。值得注意的是,对于固定的 ISO 感光度,相机参数 (a,b) 对于不同的相机型号是有区别的,说明了参数 (a,b) 对来自不同相机型号的 RAW 图像具有可分辨性,如图 7-8 和图 7-9 所示。在假设检验理论框架下,基于该统计噪声模型的检测器[41]不仅能够建立检测器的统计性能,而且能够准确地区分来自不同相机型号的 RAW 图像。

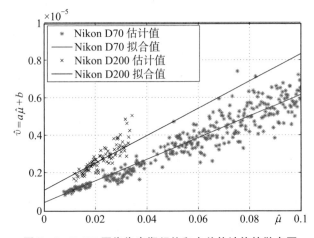

图 7-8 RAW 图像像素期望值和方差估计值的散点图

(资料来源:Thai T H, Cogranne R, Retraint F. Camera model identification based on the heteroscedastic noise model [J]. IEEE Transactions on Image Processing, 2013, 23(1):250-263.)

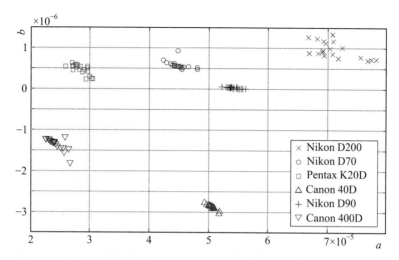

图 7-9 来自不同相机型号的 20 张 RAW 图像的相机参数 (a,b) 的估计值

（资料来源：Thai T H, Cogranne R, Retraint F. Camera model identification based on the heteroscedastic noise model [J]. IEEE Transactions on Image Processing, 2013, 23(1): 250-263.）

7.2.3.2 RAW 图像改进的增强型泊松-高斯噪声模型

然而，基于泊松-高斯噪声模型的检测器[41]并不能实现 RAW 图像的相机设备源识别。图 7-10 展示了来自相同相机型号 Nikon D70 但不同设备的 RAW 图像的泊松-高斯噪声模型所表述的像素期望值与方差估计值的散点图。可以看出，两幅图像的散点图几乎重合在一起，使得泊松-高斯噪声模型的参数 (a,b) 无法区分相同相机型号但不同设备的 RAW 图像，如图 7-11 所示。

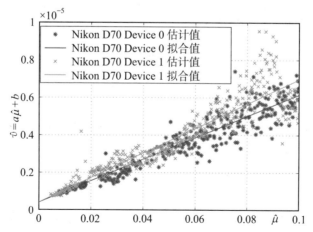

图 7-10 Nikon D70 不同相机设备的 RAW 图像像素期望值和方差估计值的散点图

（资料来源：Qiao T, Retraint F. Identifying individual camera device from raw images [J]. IEEE Access, 2018, 6: 78038-78054.）

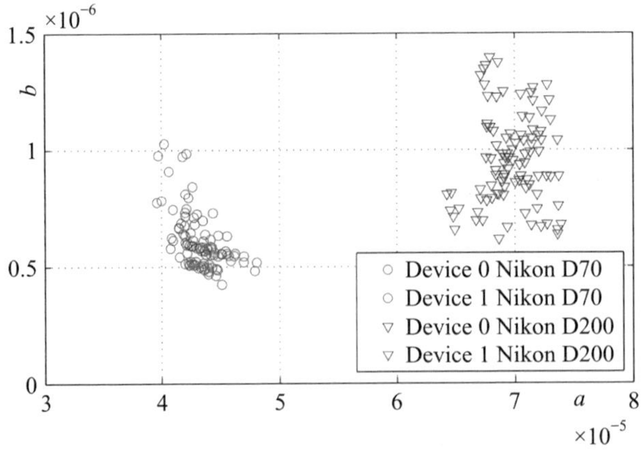

图 7 - 11 相同相机型号不同相机设备的 50 幅 RAW 图像的相机参数 (a, b) 的估计值

(资料来源:Qiao T, Retraint F. Identifying individual camera device from raw images [J]. IEEE Access, 2018, 6:78038 - 78054.)

实际上,由于像素响应的空间变化(例如 PRNU),对于 RAW 图像中的所有像素而言,泊松-高斯噪声模型的相机参数 (a, b) 可能并不是恒定的。因此,考虑到像素的响应不均匀性[48],一种改进的泊松-高斯噪声模型被提出,如式(7-17)所示,即具有不同期望的像素遵循不同参数的泊松-高斯噪声模型。这里,假设相机设备的参数 (a, b) 为两组向量,即 $a = \{a_1, \cdots, a_K\}$,$b = \{b_1, \cdots, b_K\}$,用来描述像素期望值与方差之间的关系;$k \in \{1, \cdots, K\}$ 为像素期望值 $\mathbb{E}[z_i]$ 的索引,K 为分割处理时的水平集数目。每个水平集由其中心值 u_i 和允许的偏差 Δ 来描述,即 $\mathbb{E}[z_i] \in \left[u_i - \dfrac{\Delta}{2}, u_i + \dfrac{\Delta}{2}\right]$。$\mathcal{N}(\cdot)$ 表示均值为 $\mathbb{E}[z_i]$、方差为 $a_k \mathbb{E}[z_i] + b_k$ 的高斯分布。

$$z_i \sim \mathcal{N}(\mathbb{E}[z_i], a_k \mathbb{E}[z_i] + b_k) \quad (7-17)$$

$$a_k = a \cdot w_k \text{ 且 } b_k = b w_k^2 \quad (7-18)$$

需要注意的是,相机参数 (a_k, b_k) 表示从第 k 个水平集提取的唯一指纹,如式(7-19)所示,二者之间具有非线性关系(如图 7-12 所示)。

$$b_k = \dfrac{b}{a^2} a_k^2 \quad (7-19)$$

当 $w_k = 1$ 时,改进的泊松-高斯噪声模型(7-17)即为泊松-高斯噪声模型(7-13)。相比于泊松-高斯噪声模型(7-13)的相机参数 (a, b) 能够区分来自相同相机型号的 RAW 图像(如图 7-9 所示)而无法区分来自相同相机型号但

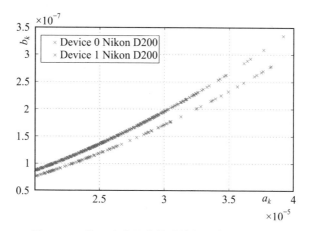

图 7-12　第 k 个水平集估计的相机参数 (a_k, b_k)

（资料来源：Qiao T, Retraint F. Identifying individual camera device from raw images [J]. IEEE Access, 2018, 6：78038-78054.）

不同设备的 RAW 图像（如图 7-11 所示），改进的泊松-高斯噪声模型（7-17）的相机参数 (a_k, b_k) 在同一型号的不同设备之间是可区分的，如图 7-12 和图 7-13 所示。在假设检验理论框架下，基于该统计噪声模型（7-17）的检测器[42]不仅能够定性分析检测器的统计性能，而且能够准确地区分来自不同相机设备的 RAW 图像。

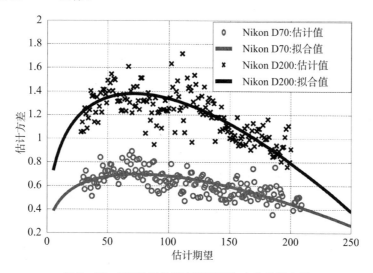

图 7-13　JPEG 图像像素期望值和方差的散点图

（资料来源：Thai T H, Retraint F, Cogranne R. Generalized signal-dependent noise model and parameter estimation for natural images [J]. Signal Processing, 2015, 114：164-170.）

7.2.3.3　JPEG 图像的广义信号相关噪声模型

JPEG 图像的广义信号相关噪声模型以 RAW 图像的泊松-高斯噪声模型 (7-13) 为基础，并考虑了数字图像成像后处理[48-50]（即去马赛克、白平衡、伽马校正以及 JPEG 图像压缩）的影响。在泊松-高斯噪声模型 (7-13) 中，像素 z_i 遵循期望值为 $\mathbb{E}[z_i]$、方差为 $a\mathbb{E}[z_i]+b$ 的高斯分布。事实上，由于去马赛克和白平衡是线性变换[48]，因此经过这两个后处理后，像素 y_i 依旧遵循高斯分布，如式 (7-20) 所示。这里，η_{y_i} 为遵循期望值为 0、方差为 $\tilde{a}\mathbb{E}[y_i]+\tilde{b}$ 的高斯分布的信号相关噪声，即 $\eta_{y_i} \sim \mathcal{N}(0, \tilde{a}\mathbb{E}[y_i]+\tilde{b})$。

$$y_i = \mathbb{E}[y_i] + \eta_{y_i} \sim \mathcal{N}(\mathbb{E}[y_i], \tilde{a}\mathbb{E}[y_i]+\tilde{b}) \tag{7-20}$$

然而，伽马校正是对逐个像素进行的非线性处理，如式 (7-21) 所示；γ 为伽马校正因子；x_i 为伽马校正处理后所得 TIFF 图像像素，其统计分布是相当复杂的。

$$x_i = y_i^{\frac{1}{\gamma}} \tag{7-21}$$

基于 $(1+p)^{\frac{1}{\gamma}}$ 在 $p=0$ 处的一阶泰勒展开，像素 x_i 可以近似为式 (7-22) 所述形式，即像素 x_i 遵循期望值为 $\mathbb{E}[x_i]$、方差为 $\mathbb{D}[x_i]$ (7-23) 的高斯分布。

$$x_i \approx \mathbb{E}[x_i] + \frac{1}{\gamma}\mathbb{E}[x_i]^{1-\gamma}\eta_i \sim \mathcal{N}(\mathbb{E}[x_i], \mathbb{D}[x_i]) \tag{7-22}$$

$$\mathbb{D}[x_i] = \frac{1}{\gamma^2}\mathbb{E}[x_i]^{2-2\gamma}(\tilde{a}\mathbb{E}[x_i]^\gamma + \tilde{b}) \tag{7-23}$$

最后，将 TIFF 图像压缩成便于存储和传输的 JPEG 图像。在压缩过程中，量化噪声会对图像像素产生影响。假设量化步长 $\Delta=1$，则该量化噪声可被认为是遵循方差为 $\frac{\Delta^2}{12}$ 的均匀分布且独立于输入信号的加性噪声[51]。因此，JPEG 图像像素的方差可以表述为 (7-24) 所述形式；如图 7-13 所示，像素期望值 $\mathbb{E}[x_i]$ 和方差 $\mathbb{D}[x_i]$ 呈非线性关系。需要注意的是，基于式 (7-24)，广义信号相关噪声模型 (7-22) 中的像素 x_i 被重新定义为 JPEG 图像的像素。

$$\mathbb{D}[x_i] = \frac{1}{\gamma^2}\mathbb{E}[x_i]^{2-2\gamma}(\tilde{a}\mathbb{E}[x_i]^\gamma + \tilde{b}) + \frac{\Delta^2}{12} \tag{7-24}$$

值得注意的是,对给定 JPEG 图像中的所有像素而言,相机参数 $(\tilde{a},\tilde{b})$ 被认为是恒定的,且对来自不同相机型号的 JPEG 图像具有可分辨性,如图 7-13 和图 7-14 所示。在假设检验理论[52]框架下,基于该统计噪声模型(7-22)的检测器[43]不仅能够定性分析检测器的统计性能,而且能够准确地区分来自不同相机型号的 JPEG 图像。

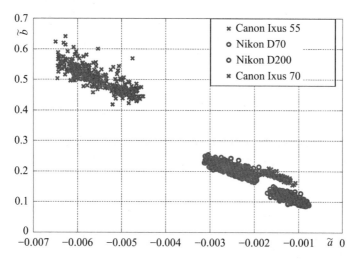

图 7-14　不同相机型号的 JPEG 图像的相机参数 $(\tilde{a},\tilde{b})$ 的估计值

(资料来源:Thai T H, Retraint F, Cogranne R. Generalized signal-dependent noise model and parameter estimation for natural images [J]. Signal Processing, 2015, 114:164-170.)

7.2.3.4　JPEG 图像改进的广义信号相关噪声模型

然而,如图 7-15 所示,从相同相机型号但不同相机设备的 JPEG 图像中估计的相机参数 $(\tilde{a},\tilde{b})$ 几乎混合在一起,使得该参数 (a,b) 无法区分相同相机型号但不同设备的 JPEG 图像。因而,基于广义信号相关噪声模型(7-22)的检测器并不能识别来自相同相机型号但不同相机设备的 JPEG 图像。

实际上,考虑像素响应的空间变化等影响(例如 PRNU)[48],对于给定 JPEG 图像中的所有像素而言,广义信号相关噪声模型(7-22)的相机参数 $(\tilde{a},\tilde{b})$ 可能并不是恒定的。因此,考虑到像素的响应非均匀性,通过假设相机参数对每个位置块内的像素是恒定的,在不同位置块之间是不同的,即不同位置块中的像素遵循不同参数的广义信号相关噪声模型(7-22),提出了一种改进的广义信号相关噪声模型,如式(7-25)所示。这里,$k \in \{1,\cdots,K\}$ 为块索引,相机参数 $(\tilde{a}_k,\tilde{b}_k)$ 由若干幅 JPEG 图像同一位置处的块像素估计得来,也被称

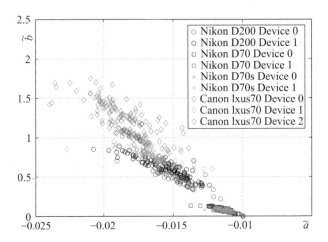

图 7-15　相同相机型号不同相机设备的 JPEG 图像的相机参数 $(\tilde{a}, \tilde{b})$ 的估计值

(资料来源：Qiao T, Retraint F, Cogranne R, et al. Individual camera device identification from JPEG images [J]. Signal Processing：Image Communication, 2017, 52:74-86.)

作块指纹。图 7-16 展示了来自 Nikon D200 的若干幅 JPEG 图像同一位置处的第 k 个块像素期望与方差的非线性关系，说明了所提出的改进的广义信号相关噪声模型(7-25)的正确性。

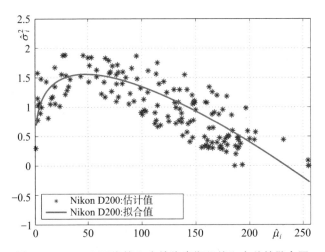

图 7-16　JPEG 图像第 k 个块像素期望值和方差的散点图

(资料来源：Qiao T, Retraint F, Cogranne R, et al. Individual camera device identification from JPEG images [J]. Signal Processing：Image Communication, 2017, 52:74-86.)

$$x_i \approx \mathbb{E}[x_i] + \frac{1}{\gamma}\mathbb{E}[x_i]^{1-\gamma}\eta_i \sim \mathcal{N}(\mathbb{E}[x_i], \mathbb{D}[x_i]) \qquad (7-25)$$

$$\mathbb{D}[x_i] = \frac{1}{\gamma^2}\mathbb{E}[x_i]^{2-2\gamma}(\widetilde{a}_k\mathbb{E}[x_i]^\gamma + \widetilde{b}_k) + \frac{\Delta^2}{12} \qquad (7-26)$$

接下来,简要描述从图像中提取相机块指纹的过程。

(1) 假设矩阵 $\boldsymbol{X} = \{x_{i,j}\}$ 表示大小 $I\times J$ 的 JPEG 图像,$i \in \{1,\cdots,I\}$, $j \in \{1,\cdots,J\}$;令 $\boldsymbol{X}^{(N)} = (\boldsymbol{X}_1,\cdots,\boldsymbol{X}_N)$ 表示 N 幅图像集。使用 BM3D 去噪滤波器[53,54]对每幅图像 $\boldsymbol{X}_n$,$n \in \{1,\cdots,N\}$ 进行噪声提取,可得像素期望 $\mathbb{E}[x_{i,j}]$ 的估计值 $\boldsymbol{X}_n^{app}$ 和残留噪声 $\boldsymbol{X}_n^{res}$,即 $\boldsymbol{X}_n^{res} = \boldsymbol{X}_n - \boldsymbol{X}_n^{app}$。

(2) 基于 JPEG 图像的块特性,将 $\boldsymbol{X}_n^{app}$ 分解为 8×8 大小的块;用矩阵 $\{\boldsymbol{x}_{n,k}^{app}\}$ 来表示每个块,这里,$\boldsymbol{x}_{n,k}^{app} = \{x_{n,k,l}^{app}\}$,$k \in \{1,\cdots,K\}$,$l \in \{1,\cdots,64\}$,$K \approx \frac{I\times J}{64}$。

(3) 同样地,将 $\boldsymbol{X}_n^{res}$ 分解为 8×8 大小的块;用矩阵 $\{\boldsymbol{x}_{n,k}^{res}\}$ 来表示每个块,$\boldsymbol{x}_{n,k}^{res} = \{x_{n,k,l}^{res}\}$。

(4) 计算每个块 $\{\boldsymbol{x}_{n,k}^{app}\}$ 的标准差,并设置阈值 $\tau = 2$ 来剔除图像中的非均匀块。实际上,这些非均匀块往往对应于高纹理区域;在这些区域,像素期望和块方差的估计可能是不准确的。

(5) 对 N 幅图像同一位置处的第 k 个块 $\boldsymbol{x}_{n,k}^{app}$(即 $\{\boldsymbol{x}_{1,k}^{app},\cdots,\boldsymbol{x}_{N,k}^{app}\}$),选取其中 N_k 个均匀块来估计块 $\boldsymbol{x}_{n,k}^{app}$ 的期望和方差,$N_k \leqslant N$。

(6) 最后,基于像素期望和方差的估计值,使用最小二乘算法对改进的广义信号相关噪声模型参数 $(\widetilde{a}_k, \widetilde{b}_k)$ 进行估计。然后,估计的参数 $(\widetilde{a}_k, \widetilde{b}_k)$ 作为相机指纹被用于解决图像源相机设备识别问题。

相比于广义信号相关噪声模型(7-22)的相机参数 (a,b) 能够区分来自不同相机型号的 JPEG 图像(图 7-14 所示)而无法区分来自相同相机型号但不同相机设备的 JPEG 图像(图 7-15 所示),改进型广义信号相关噪声模型(7-25)的相机参数 $(\widetilde{a}_k, \widetilde{b}_k)$ 在同一型号的不同设备之间是可区分的,如图 7-17 所示。在假设检验理论框架下,基于该统计噪声模型(7-25)的检测器[44]不仅能够定性分析检测器的统计性能,而且能够准确地区分来自不同相机设备的 JPEG 图像。

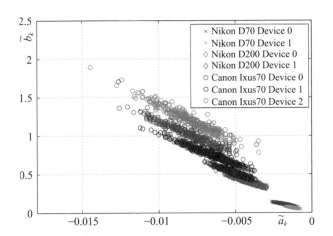

图 7-17 相同相机型号不同相机设备的 JPEG 图像的相机参数 $(\tilde{a}_k, \tilde{b}_k)$ 的估计值

(资料来源：Qiao T, Retraint F, Cogranne R, et al. Individual camera device identification from JPEG images [J]. Signal Processing：Image Communication, 2017, 52：74-86.)

7.2.3.5 简化的广义信号相关噪声模型

假设 JPEG 图像是一个具有 N 个像素的集合 $Z=\{z_i\}, i \in \{1, \cdots, N\}$，基于泊松-高斯噪声模型[41]以及广义信号相关噪声模型[43]，像素 z_i 被认为遵循均值为 $\mathbb{E}[z_i]$、方差为 $\mathbb{D}[z_i]$ 的高斯分布，如式(7-27)所示。像素 z_i 的期望 $\mathbb{E}[z_i]$ 和噪声 ξ_i 的方差之间具有一个非线性关系。根据对广义信号相关噪声模型像素期望和方差散点图(图7-13)的实验观察以及压缩过程产生量化噪声的影响，一种简化的广义信号相关噪声模型[45]被提出，如式(7-28)所示。

如前文所述，假设量化步长 $\Delta=1$，量化噪声被认为是遵循方差为 $\dfrac{\Delta^2}{12}$ 的均匀分布且独立于输入信号的加性噪声[51]。简化模型将方差 $\mathbb{D}[z_i]$ 近似为期望 $\mathbb{E}[z_i]$ 关于参数 (a, b) 的一个二次函数。

$$z_i = \mathbb{E}[z_i] + \xi_i \sim \mathcal{N}(\mathbb{E}[z_i], \mathbb{D}[z_i]) \qquad (7-27)$$

$$\mathbb{D}[z_i] \triangleq f(\mathbb{E}[z_i]; a, b) = a\,\mathbb{E}[z_i]^2 + b\,\mathbb{E}[z_i] + \dfrac{\Delta^2}{12} \qquad (7-28)$$

图 7-18 展示了将 JPEG 图像像素方差 $\mathbb{D}[z_i]$ 和期望值 $\mathbb{E}[z_i]$ 的散点图与式(7-28)拟合结果的比较。可以看出，该噪声模型(7-28)可以准确地描述 JPEG 图像中像素的方差和期望之间的非线性关系，实验性地验证了该简化噪

声模型(7-28)的准确性。此外,如图7-19所示,模型参数(a,b)能够区分不同相机型号的JPEG图像。这意味着,该简化噪声模型同样被用于处理图像源相机型号识别问题。

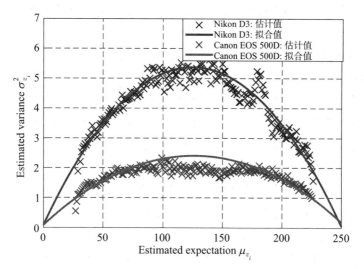

图 7-18　JPEG 图像像素期望值 μ_{z_i} 和方差 σ_i^2 的散点图

(资料来源:Chen Y, Retraint F, Qiao T. Detecting spliced image based on simplified statistical model [C]//2022 14th International Conference on Computer Research and Development (ICCRD). IEEE, 2022:220-224.)

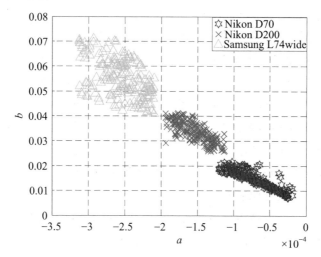

图 7-19　不同相机型号的 JPEG 图像的相机参数 (a,b)

(资料来源:Chen Y, Retraint F, Qiao T. Detecting spliced image based on simplified statistical model [C]//2022 14th International Conference on Computer Research and Development (ICCRD). IEEE, 2022:220-224.)

7.3 小结

本章研究了图像来源取证算法所依赖的指纹特征,主要包括两类:传统指纹特征和新型指纹特征。

其中,传统指纹特征主要包括镜头像差特征、色差特征、PRNU、CFA 模式和插值处理产生的指纹特征、JPEG 压缩痕迹以及图像头文件等。例如,不同的品牌或型号的相机在输出图像上会留下独特的径向畸变印记,因此,镜头径向畸变可以作为图像的指纹特征进行图像的源相机识别。不同相机型号的镜头结构不同导致图像中色差的差异,使得色差可作为图像的指纹特征进行图像的源相机识别。不同品牌或型号的相机往往使用不同的 CFA 模式和插值算法,这使得 CFA 模式和插值算法也可被用来识别图像源相机的品牌和型号。JPEG 压缩过程中导致的量化 DCT 系数的统计差异特征也可以用于区分不同的相机品牌或相机型号。此外,从 JPEG 标头元数据中提取的相机制造商或型号的签名也可作为图像特征解决源相机识别问题。值得注意的是,作为最具代表性的相机指纹之一,PRNU 已在取证领域得到了广泛的研究和应用,特别是解决图像来源取证问题。

新型指纹特征则主要包括 CNN、Noiseprint 和统计特征。CNN 特征基于神经网络的可学习滤波器进行提取,实现自适应学习,不需要手工设计滤波器参数,且根据取证问题动态更新卷积核参数,能够使分类器收敛效果更优。在未来的研究中,随着理论研究到应用研究的不断扩展,以及计算机运算速度的不断加快,面对越来越复杂的数据集,可学习滤波器自适应学习的优势将更加凸显。基于 Noiseprint 特征的取证算法应用孪生神经网络解决分类问题,可以用于解决类别很多(或者说不确定),然而训练样本的类别数较少的分类任务,即可以进行小样本任务,且不容易被错误样本干扰,因此可用于对容错率要求严格的数字图像来源取证研究。此外,基于数字图像成像过程的统计特征也被广泛应用于解决图像来源取证问题。研究人员在假设检验理论框架下设计的基于自然图像统计噪声模型的图像源识别检测器,不仅能够定性分析检测器的统计性能,而且能够较为准确地识别图像来源。

◆ 注 释 ◆

[1] Hecht E, Zajac A. Optics [M]. Addison-wesley, 1974:350-351.
[2] Tordoff B, Murray D W. Violating rotating camera geometry: The effect of radial distortion on self-calibration [C]//Proceedings 15th International Conference on Pattern Recognition. ICPR-2000. IEEE, 2000, 1:423-427.
[3] San Choi K, Lam E Y, Wong K K Y. Source camera identification using footprints from lens aberration [C]//Digital Photography II. SPIE, 2006, 6069:172-179.
[4] Devernay F, Faugeras O D. Automatic calibration and removal of distortion from scenes of structured environments [C]//Investigative and Trial Image Processing. SPIE, 1995, 2567:62-72.
[5] San Choi K, Lam E Y, Wong K K Y. Feature selection in source camera identification [C]//2006 IEEE International Conference on Systems, Man and Cybernetics. IEEE, 2006, 4:3176-3180.
[6] Kovesi P D. MATLAB and Octave functions for computer vision and image processing [EB/OL]. [2023-10-10]. https://www.peterkovesi.com/matlabfns/.
[7] Kharrazi M, Sencar H T, Memon N. Blind source camera identification [C]//2004 International Conference on Image Processing, 2004. ICIP'04. IEEE, 2004, 1:709-712.
[8] Van L T, Emmanuel S, Kankanhalli M S. Identifying source cell phone using chromatic aberration [C]//2007 IEEE International Conference on Multimedia and Expo. IEEE, 2007:883-886.
[9] Johnson M K, Farid H. Exposing digital forgeries through chromatic aberration [C]//Proceedings of the 8th Workshop on Multimedia and Security. 2006:48-55.
[10] Willson R G, Shafer S A. What is the center of the image? [J]. JOSA A, 1994, 11(11):2946-2955.
[11] Janesick J R, Elliott T, Collins S, et al. Scientific charge-coupled devices [J]. Optical Engineering, 1987, 26(8):692-714.
[12] Nakamura J. Image sensors and signal processing for digital still cameras [M]. CRC press, 2017.
[13] Lukas J, Fridrich J, Goljan M. Digital camera identification from sensor pattern noise [J]. IEEE Transactions on Information Forensics and Security, 2006, 1(2):205-214.
[14] Kurosawa K, Kuroki K, Saitoh N. CCD fingerprint method-identification of a video camera from videotaped images [C]//Proceedings 1999 International Conference on Image Processing (Cat. 99CH36348). IEEE, 1999, 3:537-540.
[15] Meynants G, Dierickx B, Uwaerts D, et al. Fixed pattern noise suppression by a differential readout chain for a radiation-tolerant image sensor [C]//Proc. 2001 CCD & AIS workshop. 2001:52.
[16] Chen M, Fridrich J, Goljan M, et al. Determining image origin and integrity using sensor noise [J]. IEEE Transactions on information forensics and security, 2008, 3(1):74-90.

[17] Goljan M, Fridrich J, Filler T. Large scale test of sensor fingerprint camera identification [C]//Media Forensics and Security. SPIE, 2009, 7254:170-181.

[18] Li C T, Li Y. Color-decoupled photo response non-uniformity for digital image forensics [J]. IEEE Transactions on Circuits and Systems for Video Technology, 2011, 22(2): 260-271.

[19] Filler T, Fridrich J, Goljan M. Using sensor pattern noise for camera model identification [C]//2008 15th IEEE International Conference on Image Processing. IEEE, 2008:1296-1299.

[20] Bae T W. Image-quality metric system for color filter array evaluation [J]. PloS one, 2020, 15(5):e0232583.

[21] Bayer B E. Color imaging array: us3971065A [P]. 1976-7-20.

[22] Gunturk B K, Glotzbach J, Altunbasak Y, et al. Demosaicking: Color filter array interpolation [J]. IEEE Signal Processing Magazine, 2005, 22(1):44-54.

[23] Ramanath R, Snyder W E, Bilbro G L, et al. Demosaicking methods for Bayer color arrays [J]. Journal of Electronic Imaging, 2002, 11(3):306-315.

[24] Bayram S, Sencar H, Memon N, et al. Source camera identification based on CFA interpolation [C]//IEEE International Conference on Image Processing 2005. IEEE, 2005, 3:Ⅲ-69.

[25] Celiktutan O, Avcibas I, Sankur B, et al. Source cell-phone identification [J]. IEEE Signal Processing and Communications Applications, 2005:1-3.

[26] Swaminathan A, Wu M, Liu K J R. Nonintrusive component forensics of visual sensors using output images [J]. IEEE Transactions on Information Forensics and Security, 2007, 2(1):91-106.

[27] Cao H, Kot A C. Accurate detection of demosaicing regularity for digital image forensics [J]. IEEE Transactions on Information Forensics and Security, 2009, 4(4):899-910.

[28] Hussain A J, Al-Fayadh A, Radi N. Image compression techniques: A survey in lossless and lossy algorithms [J]. Neurocomputing, 2018, 300:44-69.

[29] Mancuso M, Battiato S. An introduction to the digital still camera technology [J]. ST Journal of System Research, 2001, 2(2).

[30] San Choi K, Lam E Y, Wong K K Y. Source camera identification by JPEG compression statistics for image forensics [C]//TENCON 2006-2006 IEEE Region 10 Conference. IEEE, 2006:1-4.

[31] Xu G, Gao S, Shi Y Q, et al. Camera-model identification using Markovian transition probability matrix [C]//International Workshop on Digital Watermarking. Springer, Berlin, Heidelberg, 2009:294-307.

[32] Kee E, Johnson M K, Farid H. Digital image authentication from JPEG headers [J]. IEEE Transactions on Information Forensics and Security, 2011, 6(3):1066-1075.

[33] Bayar B, Stamm M C. Augmented convolutional feature maps for robust CNN-based camera model identification [C]//2017 IEEE International Conference on Image Processing (ICIP). IEEE, 2017:4098-4102.

[34] Yao H, Wang S, Zhang X, et al. Detecting image splicing based on noise level inconsistency [J]. Multimedia Tools and Applications, 2017, 76(10):12457-12479.

[35] Fridrich J, Kodovsky J. Rich models for steganalysis of digital images [J]. IEEE

Transactions on Information Forensics and Security, 2012, 7(3):868-882.

[36] Bayar B, Stamm M C. Constrained convolutional neural networks: A new approach towards general purpose image manipulation detection [J]. IEEE Transactions on Information Forensics and Security, 2018, 13(11):2691-2706.

[37] Bayar B, Stamm M C. A generic approach towards image manipulation parameter estimation using convolutional neural networks [C]//Proceedings of the 5th ACM Workshop on Information Hiding and Multimedia Security. 2017:147-157.

[38] Bayar B, Stamm M C. A deep learning approach to universal image manipulation detection using a new convolutional layer [C]//Proceedings of the 4th ACM Workshop on Information Hiding and Multimedia Security. 2016:5-10.

[39] 乔通,姚宏伟,潘彬民,等.基于深度学习的数字图像取证技术研究进展[J].网络与信息安全学报,2021,7(5):13-28.

[40] Cozzolino D, Verdoliva L. Noiseprint: A CNN-based camera model fingerprint [J]. IEEE Transactions on Information Forensics and Security, 2019, 15:144-159.

[41] Thai T H, Cogranne R, Retraint F. Camera model identification based on the heteroscedastic noise model [J]. IEEE Transactions on Image Processing, 2013, 23(1):250-263.

[42] Qiao T, Retraint F, Cogranne R, et al. Source camera device identification based on raw images [C]//2015 IEEE International Conference on Image Processing (ICIP). IEEE, 2015:3812-3816.

[43] Thai T H, Retraint F, Cogranne R. Camera model identification based on the generalized noise model in natural images [J]. Digital Signal Processing, 2016, 48:285-297.

[44] Qiao T, Retraint F, Cogranne R, et al. Individual camera device identification from JPEG images [J]. Signal Processing: Image Communication, 2017, 52:74-86.

[45] Chen Y, Retraint F, Qiao T. Detecting spliced image based on simplified statistical model [C]//2022 14th International Conference on Computer Research and Development (ICCRD). IEEE, 2022:220-224.

[46] Foi A, Trimeche M, Katkovnik V, et al. Practical Poissonian-Gaussian noise modeling and fitting for single-image raw-data [J]. IEEE Transactions on Image Processing, 2008, 17(10):1737-1754.

[47] Healey G E, Kondepudy R. Radiometric CCD camera calibration and noise estimation [J]. IEEE Transactions on Pattern Analysis and Machine Intelligence, 1994, 16(3):267-276.

[48] Ramanath R, Snyder W E, Yoo Y, et al. Color image processing pipeline [J]. IEEE Signal Processing Magazine, 2005, 22(1):34-43.

[49] Jim Adams, Ken Parulski, and Kevin Spaulding. Color processing in digital cameras. IEEE Micro, 18(6):20-30, 1998.

[50] Deever A, Kumar M, Pillman B. Digital camera image formation: Processing and storage [M]//Digital Image Forensics. Springer, New York, NY, 2013:45-77.

[51] Widrow B, Kollar I, Liu M C. Statistical theory of quantization [J]. IEEE Transactions on Instrumentation and Measurement, 1996, 45(2):353-361.

[52] Lehmann E L, Romano J P, Casella G. Testing Statistical Hypotheses [M]. New

York: springer, 2005.
[53] Lebrun M. An analysis and implementation of the BM3D image denoising method [J]. Image Processing On Line, 2012, 2012:175-213.
[54] Dabov K, Foi A, Katkovnik V, et al. Image denoising by sparse 3-D transform-domain collaborative filtering [J]. IEEE Transactions on image processing, 2007, 16(8):2080-2095.

第 8 章

来源识别

来源识别基准方法可以分为基于成像过程指纹的来源识别、基于统计模型的来源识别和基于 CNN 的来源识别。其中，基于 PRNU 的来源识别方法为目前使用较为广泛的方法，主要依赖于成像设备传感器在制造过程中留有的独特"痕迹"。PRNU 是成像过程产生的一种设备指纹，在本章中，对基于 PRNU 的来源识别方法将进行单独阐述。基于统计模型的来源识别方法依赖于图像中的统计特征。相较于成像过程与统计模型指纹，最后一种方法主要围绕数据驱动的 CNN 模型算法展开，这类算法的主要特点为特征提取过程自动化。CNN 模型算法通过标记大量数据训练神经网络参数，并使用训练好的神经网络分类器完成未标记的数据分类。

8.1 基于成像过程指纹的来源识别

本章节首先简单论述早期利用成像过程指纹特征，包括镜头径向畸变、镜头色差、CFA 模式与差值、JPEG 压缩痕迹、JPEG 头文件等，完成图像来源识别的研究工作。其次，重点描述学者如何利用最具代表性的指纹特征 PRNU，完成系列来源识别工作。

8.1.1 镜头径向畸变

相机镜头在设计和制造方面的不完善，使得实际成像与理想图像之间存在偏差。其中，镜头径向畸变（lens radial distortion，LRD）对图像的影响最为严重。尽管设计人员通过修改系统变量对径向畸变进行补偿校正,但不同品牌或型号相机的镜头径向畸变仍会在输出图像上留下其独特的印记。因此,LRD 可以作为图像的指纹特征来解决图像源相机识别问题。本节对基于 LRD 的图像源相机识别算法进行简要概述。

2006 年,San Choi 等人[1]首次提出了 LRD 模型,用于解决图像源相机识别问题。他们采用直线法[2]估计了模型参数 (k_1,k_2),并将模型参数 (k_1,k_2) 作为图像的指纹特征,与 Kharrazi 等人[3]提出的表征光度效应的 34 个指纹特征一起构成分类的特征向量,即每幅图像都由一个包含 36 个特征的特征向量表示。在这项工作中,他们使用 SVM 分类器[4]来评估分类的有效性,对来自三个不同品牌相机的图像进行三组分类实验(即将 LRD 模型参数作为分类的特征向量、将表征光度效应的 34 个指纹特征作为分类的特征向量以及将两者结合的 36 个特征作为分类的特征向量)。实验结果(详见表 8-1、表 8-2 和表 8-3)表明,LRD 模型参数单独作为分类的特征向量实现了约 90% 的图像源相机识别准确率,验证了镜头径向畸变作为图像指纹特征对来自三个相机设备的图像源相机识别的可行性。此外,与将 34 个指纹特征单独作为分类的特征向量相比,将两者结合的 36 个特征能够更加准确地识别图像源相机。然而,San Choi 等人所设计的分类器只研究了源相机品牌识别问题,并没有给出在大规模图像数据库上识别源相机型号或单个设备的结果。根据径向畸变差异判断相机型号或设备个体,分类精度应该不高。此外,如果图像中没有直线,那么此方法将无法测量径向畸变,因为畸变参数是使用直线法估计的。最后,在这项工作中,图像失真的中心被假设为图像的中心,但事实可能并非如此。如果考虑到这一点,可能会有更高的准确度。此外,在面对可换镜头相机的挑战,即镜头可更换的相机时,基于 LRD 的检测器可能会分类失败。

表 8-1 仅将 LRD 模型参数作为分类特征向量的相机识别性能

准确率	相机	预测(%)		
		Camera A	Camera B	Camera C
实际(%)	Camera A	**97.80**	1.10	1.10
	Camera B	5.60	**92.00**	2.40
	Camera C	3.13	12.07	**84.80**
平均准确度(%)		91.53		

资料来源:San Choi K, Lam E Y, Wong K K Y. Source camera identification using footprints from lens aberration [C]//Digital Photography II. SPIE, 2006, 6069:172-179.

表 8-2 仅将表征光度效应的 34 个指纹特征作为分类特征向量的相机识别性能

准确度	相机	预测(%)		
		Camera A	Camera B	Camera C
实际(%)	Camera A	**83.70**	14.87	1.43
	Camera B	15.90	**83.33**	0.77
	Camera C	2.43	2.47	**95.10**
平均准确度(%)		87.38		

资料来源:San Choi K, Lam E Y, Wong K K Y. Source camera identification using footprints from lens aberration [C]//Digital Photography II. SPIE, 2006, 6069:172-179.

表 8-3 将两者结合的 36 个特征作为分类特征向量的相机识别性能

准确度	相机	预测(%)		
		Camera A	Camera B	Camera C
实际(%)	Camera A	**90.67**	8.07	1.27
	Camera B	10.00	**88.37**	1.63
	Camera C	2.33	2.53	**95.13**
平均准确度(%)		91.39		

资料来源:San Choi K, Lam E Y, Wong K K Y. Source camera identification using footprints from lens aberration [C]//Digital Photography II. SPIE, 2006, 6069:172-179.

随后,对于使用包含 36 个特征的特征向量训练、测试分类器来解决图像源识别问题,San Choi 等人[5]又提出这 36 个特征并不是同等重要的,一些特征可能是多余的,一些特征容易受到噪声污染,直接使用全部的 36 个特征可能会降低分类准确率并浪费计算资源。因此,他们提出通过逐步判别分析(stepwise discriminant analysis, SDA)[6]优化特征集,来解决图像源相机识别问题。在这项工作中,对来自三个不同品牌相机的图像进行了三组分类实验(即包含 36 个特征的全特征集、优化特征集以及随机选择同等数量特征的特征集)。其中,全特征集和优化特征集的平均分类准确率分别为 92.6% 和 96.67%,如表 8-4 和表 8-5 所示。特征优化过程确实优化掉了一些会削弱 SVM 分类性能的冗余或受污染的特征,使用优化特征集的 SVM 分类器性能更好。

表 8-4 使用全特征集的相机识别性能

准确度	相机	预测(%)		
		Camera A	Camera B	Camera C
实际(%)	Camera A	**91.0**	9.0	0.0
	Camera B	11.6	**87.8**	0.6
	Camera C	0.6	0.4	**99.0**
平均准确度(%)		92.6		

资料来源：San Choi K, Lam E Y, Wong K K Y. Feature selection in source camera identification [C]// 2006 IEEE International Conference on Systems, Man and Cybernetics. IEEE, 2006, 4: 3176-3180.

表 8-5 使用优化特征集的相机识别性能

准确度	相机	预测(%)		
		Camera A	Camera B	Camera C
实际(%)	Camera A	**96.6**	3.4	0.0
	Camera B	5.4	**93.8**	0.8
	Camera C	0.2	0.2	**99.6**
平均准确度(%)		96.7		

资料来源：San Choi K, Lam E Y, Wong K K Y. Feature selection in source camera identification [C]// 2006 IEEE International Conference on Systems, Man and Cybernetics. IEEE, 2006, 4: 3176-3180.

同时,使用随机特征集的分类准确率只有 79.69%,这说明了逐步判别分析对于选择特征子集的有效性。此外,在这项工作中,他们也给出了每组特征集训练和测试所需的处理时间,详见表 8-6。实验数据表明,优化特征集的训练时间比全特征集的训练时间少了约 15%。有趣的是,尽管随机特征集和优化特征集具有相同数量的特征,但随机特征集的处理时间更长。这是因为在分类过程中,SVM 分类器需要搜索相应的参数用于径向基函数内核。如果特征相互矛盾,则可能需要更多的迭代周期来解决参数选择问题。也就是说,一个好的缩减特征集可以通过减少输入分类器的数据量和参数选择中的迭代次数来减少处理时间。尽管通过 SDA 有效消除了冗余或受污染的特征,使用优化特征集提高了分类的准确性且减少了 SVM 分类器的处理时间,但是优化得到的特征集并不是最优特征集。在逐步判别分析中,选择过程并没有考虑那些未被选择的特征之间的关系。因此,在优化过程中可能会排除一些重要的特征。

表 8-6 三组特征集训练和测试所需的处理时间

特征集	规范化训练时间	规范化测试时间
全特征集	194.9	1.2
优化的选择特征集	165.4	1.0
随机选择的特征集	191.4	1.1

注:以上时间是以优化选择的特征集测试时间为标准进行规范的。
资料来源:San Choi K, Lam E Y, Wong K K Y. Feature selection in source camera identification [C]// 2006 IEEE International Conference on Systems, Man and Cybernetics. IEEE, 2006, 4:3176-3180.

基于先前的研究工作[1],San Choi 等人[7]进一步验证了 LRD 作为图像指纹特征对来自五个相机设备的图像源相机识别的可行性。此外,由于大多数消费类数码相机都配备了光学变焦镜头,因此测试图像可能是通过各种光学变焦捕获而来的。需要注意的是,径向畸变的程度与焦距有关。通常,短焦距镜头的桶形畸变程度较大,而长焦距镜头的枕形畸变程度更大。LRD 参数随焦距变化,会使得通过径向畸变对图像进行分类变得困难。因此,使用 SVM 分类器来评估光学变焦对 LRD 作为图像源相机识别特征有效性的影响。在实验中,通过对焦距进行间隔采样来校准 LRD 和有效焦距之间的关系。其中,实验相机佳能(A80)第五变焦间隔的畸变参数与卡西欧相机的参数有相当大的重叠,使得基于径向畸变的 SVM 分类器无法清楚地区分两个实验相机(佳能 A80 和卡西欧)的图像。与仅使用镜头畸变参数的分类结果相比,该实验的分类准确率下降了 10.7%(如表 8-7 和表 8-8 所示),说明光学变焦确实会影响

表 8-7 使用镜头畸变参数的相机识别性能

准确度	相机	预测(%)		
		Canon(A80)	Casio	Ricoh
实际(%)	Canon (A80)	**97.8**	1.1	1.1
	Casio	5.6	**92.0**	2.4
	Ricoh	3.1	12.1	**84.8**
平均准确度(%)		91.5		

资料来源:San Choi K, Lam E Y, Wong K K Y. Automatic source camera identification using the intrinsic lens radial distortion [J]. Optics Express, 2006, 14(24):11551-11565.

表 8-8　在光学变焦影响下使用镜头畸变参数的相机识别性能

准确度	相机	预测(%)		
		Canon(A80)	Casio	Ricoh
实际(%)	Canon（A80）	**75.9**	23.3	0.8
	Casio	12.7	**80.0**	7.3
	Ricoh	2.2	11.2	**86.6**
平均准确度(%)		80.8		

资料来源:San Choi K, Lam E Y, Wong K K Y. Automatic source camera identification using the intrinsic lens radial distortion [J]. Optics Express, 2006, 14(24):11551-11565.

LRD 参数的有效性。由于焦距受变焦和对焦共同影响,因此尽管通过在相机的变焦上间隔采样来校准焦距和径向畸变参数之间的关系,但是无法实现以指定的焦距间隔获取样本。此外,在大多数消费数码相机中,对焦是自动控制的,对焦信息是无法检索的。这些因素可能会影响分类的准确性。

由于不同品牌或型号相机的镜头畸变参数存在一定的差异,因此用于校正径向畸变的插值映射也是特定于相机品牌或型号的。Hwang 等人[8]提出通过镜头径向畸变校正的插值映射模式来识别图像源相机。为了检测映射中使用的插值轨迹,他们提出了一种重插值算法。当一个插值区域和另一个非插值区域以相同的值重新插值时,使用 DFT 确定模式结果,并通过最终插值识别两个模式之间的差异。实验测试采用灰卡(graycard)方式进行,在实际场景图像中进行验证,并根据制造商和型号调整了对每幅图像的重新插值算法。实验结果表明,每个相机型号都有不同的插值模式,可以使用重插值算法来识别,从而确定数码相机的特征,实现图像的源相机识别。然而,一旦图像被压缩,这种算法对于检测最终的映射图是无效的。因为压缩去除了高频分量,所以可以改变整个图像的频率分量,并且内插轨迹被移除。

8.1.2　镜头色差

类似于光的色散现象,镜头未能将不同波长的光线聚焦在图像传感器上的同一位置,使得实际成像与理想图像之间存在偏差,即色差(包括纵向色差和横向色差)。每个相机型号都包含不同的镜头结构,会出现不同的色差,从而在图像 RGB 通道之间产生错位。尽管相机设计者通过结合不同折射率的凸凹透镜来减少色差影响,但色差仍会在输出图像上留下其与相机镜头相关的独特的印记。因此,色差可以作为图像的指纹特征来解决图像源相机识别问题。目前,基于色差的图像源相机识别算法主要是基于横向色差设计的。本小节对这类算法进行简要概述。

2007 年,Van 等人[9]通过使用迭代暴力搜索校正后的 R、B 通道与 G 通道之间的最大化互信息来估计横向色差参数 $(\alpha_1, x_1, y_1; \alpha_2, x_2, y_2)$,然后将提取的参数用作 SVM 分类器的输入特征,以识别图像的源手机设备。为了确保找到全局最大值,他们提出在整幅图像上考虑畸变中心 (x_1, y_1) 和 (x_2, y_2)。同时,根据经验,将参数 α 的范围设置在 $[0.5, 1.5]$ 之间。然而,由于搜索整幅图像的计算量太大,因此在每次迭代中使用搜索空间的采样来减少计算量。由于每次迭代的主要执行时间很大程度上取决于插值和互信息计算下的通道大小,因此,为了进一步减少运行时间,考虑在每幅图像上只使用一小块区域参与计算。在实验中,使用一个大小为 100×100 的图像中心区域计算插值和互信息。基于这样的设计,准确率保持稳定,但执行时间急剧下降,平均每幅图像的处理时间从 3 小时减少到 10 分钟。此外,Van 等人也尝试了不同位置(右上和下,左上和下)的 100×100 像素区域而不是图像中心区域,结果仍然具有可比性。实验图像来自四部手机,其中两部为同一型号。实验表明,横向色差参数作为 SVM 分类器的特征向量实现了 92.2% 的平均分类准确率(如表 8-9 所示),验证了横向色差参数作为图像指纹特征对来自 3 个不同型号手机设备的图像源识别的可行性。但是,区分同一型号的手机设备的准确率却低至 50%(如表 8-10 所示),类似于随机猜测。因此,仅凭横向色差不足以识别同一型号的源相机。

表 8-9 三个不同型号手机设备的识别性能

准确度	手机	预测(%)		
		O2XII	Z140	V3i
实际(%)	O2 XphoneII	86.67	13.33	0.00
	Samsung Z140	3.33	96.67	0.00
	Motorola V3i	6.67	0.00	93.33

资料来源:Van L T, Emmanuel S, Kankanhalli M S. Identifying source cell phone using chromatic aberration [C]//2007 IEEE International Conference on Multimedia and Expo. IEEE,2007:883-886.

表 8-10 对同一型号的手机设备的识别性能

准确度	手机	预测(%)			
		O2 XII	Z140	V3i♯1	V3i♯
实际(%)	O2 XII	86.67	13.33	0.00	0.00
	Z140	3.33	96.67	0.00	0.00
	V3i♯1	3.33	0.00	50.00	46.67
	V3i♯2	6.67	0.00	36.67	56.67

资料来源：Van L T, Emmanuel S, Kankanhalli M S. Identifying source cell phone using chromatic aberration [C]//2007 IEEE International Conference on Multimedia and Expo. IEEE, 2007：883-886.

基于横向色差分析在源识别[9]和图像伪造检测[10]应用时处理时间长的问题，Gloe 等人[11]提出了一种从角落点检测合适的块以进行横向色差(lateral chromatic aberration，LCA)分析及其局部估计的方法。每个块都按采样因子 u 进行上采样以允许子像素估计。通过仔细估计该采样因子可以提高估计的位移矢量的准确性。对于每个子采样块，该方法确定了 x 和 y 方向上的最大位移向量，并通过使用来自每一侧的该值来裁剪参考颜色通道。最大的相似度是通过将裁剪后的块在 x 和 y 方向上以 $\frac{1}{u}$ 像素移动到对应于参考颜色通道的所有完整重叠位置上来确定的。基于局部估计的位移矢量，采用 Mallon 等人[12]给出的迭代高斯-牛顿方案拟合模型参数。与以往的方法[9, 10]相比，该方法成功地缩短了计算时间。然而，Gloe 等人[11]所提出的方法对 LCA 参数的大规模评估带来了以下限制：一是 LCA 参数值的模型间相似性很高；二是不同焦距的 LCA 参数变化很大，会对大规模设置中的相机模型属性产生负面影响。

在这些限制的激励下，Yu 等人[13]开发了足够稳定的 LCA 参数，用于识别可更换镜头的数码单反相机中相同型号的镜头。该方法利用打印出来的白噪声图案作为拍摄目标，以消除小的相机移动和焦点检测算法可能导致的错位。完整的 LCA 特征空间的大小包括：通道 R-G 和 B-G 分别对应的一个 2D 向量矩阵，此外还有额外维度，包括焦距、对焦距离和孔径大小。实际镜头取证问题的可靠性取决于保持焦距和对焦距离的粒度，而不是增加要区分的镜头数量。该方法将一个来自特定图像的 LCA 模式指定为参考模式，利用该 LCA 模式与所有可用图像的失配图进行评估。查询图像 LCA 模式和参考模式之间的少量不匹配计数来表明镜头检测。

8.1.3 CFA 模式和插值

一般认为，不同品牌或型号的相机使用不同的 CFA 模式和插值算法，这会在捕获的图像中产生可区分的相关结构。这些相关结构可被用来识别图像源相机的品牌和型号。本小节对利用 CFA 模式和插值算法进行图像源相机识别的这类算法进行简要概述。

2005 年，基于 Popescu 等人[14]对 CFA 插值过程的建模分析，Bayram 等人[15]通过使用 EM 算法检测插值算法在图像上留下的痕迹，来识别数字图像的源相机设备。EM 算法首先被 Popescu 等人[14]用来检测图像重采样的痕迹，包含两个步骤：期望和最大化。期望部分使用参数的当前估计值和基于观测的条件来关注未知变量，而最大化部分将给出参数的新估计值。这两个步骤不断迭代直到发生收敛。最终，EM 算法生成两个输出：一是一个二维数组，称为概率图，其中每个数组元素表示每个图像像素与两组样本（即邻域相关的样本和邻域不相关的样本）之一的相似性；二是加权（插值）系数的估计，表示插值内核中每个像素的贡献量。由于没有假设关于插值内核大小的先验信息（即用于估计缺失颜色分量值的相邻分量的数量），因此可以获得不同大小的内核的概率图。当在频域中观察时，这些概率图在不同频率处产生具有不同幅度的峰值，表明空间样本之间的相关结构。在这项工作中，有两组特征被用作区分相机模型：一是从图像中获得的一组插值系数；二是概率图频谱中的峰值位置和幅度。在许多公开可用的 SVM 实现中，采用 LibSVM 分类器[16]来测试所提出特征的有效性，并使用顺序前向浮动搜索（sequential floating forward selection，SFSS）算法[17]从给定特征集合中选择最佳特征。基于三组不同的插值内核大小（即 3×3、4×3、5×5），所设计的分类器对来自两个不同型号相机的图像实现了较好的分类效果（平均分类准确率分别为 89.3%、92.86% 和 95.71%，如表 8-11、表 8-12 和表 8-13 所示）。此外，基于 5×5 插值内核的分类器对三个不同品牌相机的平均分类准确率为 83.3%，如表 8-14 所示。实验结果验证了基于所选择的特征对来自两个和三个摄像头的图像进行分类的可靠性。

表 8‑11 使用 3×3 插值内核的分类器对两个不同品牌相机识别性能

准确度	相机	预测(%)	
		Nikon	Sony
实际(%)	Nikon	95.71	4.29
	Sony	17.14	82.86

资料来源:Bayram S, Sencar H, Memon N, et al. Source camera identification based on CFA interpolation [C]//IEEE International Conference on Image Processing 2005. IEEE, 2005, 3: III‑69.

表 8‑12 使用 4×4 插值内核的分类器对两个不同品牌相机识别性能

准确度	相机	预测(%)	
		Nikon	Sony
实际(%)	Nikon	91.43	8.57
	Sony	5.71	94.29

资料来源:Bayram S, Sencar H, Memon N, et al. Source camera identification based on CFA interpolation [C]//IEEE International Conference on Image Processing 2005. IEEE, 2005, 3: III‑69.

表 8‑13 使用 5×5 插值内核的分类器对两个不同品牌相机识别性能

准确度	相机	预测(%)	
		Nikon	Sony
实际(%)	Nikon	94.64	5.36
	Sony	3.57	96.43

资料来源:Bayram S, Sencar H, Memon N, et al. Source camera identification based on CFA interpolation [C]//IEEE International Conference on Image Processing 2005. IEEE, 2005, 3: III‑69.

表 8‑14 使用 5×5 插值内核的分类器对三个不同品牌相机识别性能

准确度	相机	预测(%)		
		Nikon	Sony	Canon
实际(%)	Nikon	58.71	10.71	3.57
	Sony	10.71	75.00	14.28
	Canon	0.00	10.71	89.28

资料来源:Bayram S, Sencar H, Memon N, et al. Source camera identification based on CFA interpolation [C]//IEEE International Conference on Image Processing 2005. IEEE, 2005, 3: III‑69.

同年,Celiktutan等人[18]使用一组二进制相似性度量来解决图像源手机识别问题。假设CFA插值算法会在图像的相邻位平面之间留下相关性,他们提出使用二进制相似性度量来衡量这些相关性。其将获得的108个二进制相似性度量特征以及10个图像质量度量的补充特征一起构成SVM分类器的特征向量。实验数据表明,对三组相机进行分类的最高平均准确率为98.7%,而最低平均准确率为81.3%。

2006年,Bayram等人[19]又提出将插值信号二阶导数的周期性作为检测低阶插值轨迹的新特征,与文献[15]中使用EM算法获得的特征一起构成分类的特征向量。这项研究工作计算了每行的二阶导数,并对所有行进行平均。通过在频域中投影伪方差信号,方差信号的峰值位置揭示了插值率,峰值的大小决定了插值方法。当对平滑和非平滑图像区域进行不同处理时,在同一测试数据集上的平均分类准确率提高到了96%,如表8-15所示。不过,上述方法仅限于没有被严重压缩的图像,因为压缩伪影会抑制和消除由于CFA插值导致的像素之间的空间相关性。

表8-15 对三个不同品牌相机识别性能

准确度	相机	预测(%)		
		Nikon	Sony	Canon
实际(%)	Nikon	94.78	1.50	3.72
	Sony	2.08	95.28	2.64
	Canon	0.00	2.26	97.74

资料来源:Bayram S, Sencar H T, Memon N, et al. Improvements on source camera-model identification based on CFA interpolation [J]. Proc. of WG, 2006, 11(9).

大多数数码相机拍摄的照片都经过了CFA插值处理。由于CFA中的滤色器通常以周期性图案排列,因此CFA插值图像会展现出空间周期性像素间的相关性。2006年,Long等人[20]通过使用二次像素相关模型来表述这种像素间相关性。该模型先获得每个颜色通道的系数矩阵,提取主成分以降低系数矩阵维数,并将其插入三层前馈反向神经网络中进行去插值算法识别。由于分类是针对每个通道独立进行的,因此该方法采用多数表决方案[21]来提高分类器的可靠性,即只有在三个通道之间达成共识(至少两个通道作出相同判断)时,CFA插值算法才会被识别;否则拒绝。该算法对四个不同品牌相机所拍摄的未压缩图像实现了近乎完美的分类效果,但该算法对JPEG压缩和中值滤波敏感。此外,实验结果显示了通道间相关方法[22]优于多数表决方案。由于该算法是一种通用的CFA插值识别方法,不依赖于CFA插值算法的技术细节,因此,当要检测的CFA插值算法非常复杂,或者只能使用但不知道时,该算法特别有用。

基于大多数相机CFA模式的应用,2007年,Swaminathan等人[23]建立了一个包含36种可能的CFA模式的搜索空间,其固定周期为2×2,通过对搜索空间中每个CFA模式拟合线性滤波模型来估计插值系数,并将这些估计系数作为SVM分类器的分类特征,实现源相机模型/品牌识别。所提出的方法执行以下步骤:

(i) 根据像素局部邻域中的梯度信息将给定图像分为三种类型的区域(包含具有显著水平梯度的像素的区域、包含具有显著垂直梯度的像素的区域和剩余的大部分平滑的区域);

(ii) 从每个区域中选择一个区域来估计插值系数,并使用这些系数重新估计输出图像并评估其插值误差;

(iii) 找到三个颜色通道的误差加权和,以确定插值误差最小的最佳区域;

(iv) 对该最佳区域进行全局搜索,找到插值误差最小的模式;

(v) 估计检测到的模式的插值系数;

(vi) 将估计的系数作为特征分量建立概率SVM分类器;

(vii) 估计测试样本来自某一类的概率;

(viii) 计算置信度。

值得注意的是,系数估计是在三个颜色通道(红色、绿色和蓝色)中的每一个7×7邻域中进行的,因此每幅图像有$7\times7\times3\times3=441$个系数。这些系数作为441维特征被输入SVM分类器,用于训练和分类未知来源的图像。实验数据表明,所提算法对相机中可能发生的各种后处理具有鲁棒性,对九个不同品牌相机的平均分类准确率为90%(如表8-16所示),验证了正确识别相机品牌的有效性。然而,该算法只考虑了同一颜色通道中的像素间相关性,忽略了通道间的相关性。

表 8-16 对九个不同品牌相机识别性能

相机	Canon	Nikon	Sony	Olympus	Minolta	CASIO	Fuji	Kodak	Epson
Canon	96%	*	*	*	*	*	*	*	*
Nikon	*	83%	5%	*	*	*	*	*	*
Sony	*	*	90%	*	*	*	*	*	*
Olympus	*	*	*	93%	*	*	*	*	*
Minolta	8%	*	*	*	81%	*	*	*	*
CASIO	*	*	*	6%	*	89%	*	*	*
Fuji	*	*	*	*	7%	*	87%	*	*
Kodak	*	*	*	*	*	*	*	89%	*
Epson	*	*	*	*	*	*	*	*	100%

资料来源：Swaminathan A, Wu M, Liu K J R. Nonintrusive component forensics of visual sensors using output images [J]. IEEE Transactions on Information Forensics and Security, 2007, 2(1):91-106.

2008 年, Cao 等人[24]提出了一种基于二阶导数相关性检测 CFA 插值特征的新模型。该模型允许估计通道内和通道间的相关性。分析表明, 该模型的预测精度优于 Swaminathan 等人[23]的方法。该方法可以利用跨通道信息对 Bayer 模式进行合理准确的检测。2009 年, Cao 等人在文献[25]的工作中又改进了文献[24]中提出的这种检测模型。首先根据 Bayer CFA 将传感器样本与 CFA 插值样本分离, 通过使用期望最大化逆向分类算法将 CFA 插值样本分为 16 组, 然后应用偏导数相关模型形成一组线性 CFA 插值方程, 并将权重估计为正则化最小二乘解。最后, 从 16 个 CFA 插值组中计算三组 CFA 插值特征集：

(i) 权重, 代表了所应用的去马赛克公式, 总共为 16 个去马赛克类别计算了 312 个权重；

(ii) 误差统计, 包括均值、方差、偏度和峰度这四个误差累积量, 总共计算了 16 个类别的 64 个误差累积量；

(iii) 归一化组大小, 共八个特征。

此外, 将上述特征数量乘以 4 来覆盖所有可能的四种 Bayer CFA 模式。最终, 得到 312×4=1248 个权重, 64×4=256 个误差累积量, 和 8×4=32 个归一化组大小, 共有 1536 个特征来表述所有 16 个 CFA 插值类别的规律。鉴于高维特征向量用于训练分类的计算成本, Cao 等人使用顺序前向浮动搜索算法选择了 250 个特征来降低特征维数。实验数据表明，基于所提出特征子集的分类器实现了对 14 个不同型号相机 97.5% 的平均分类准确率和对 10 个 RAW 工具 99.1% 的平均分类准确率。此外，Cao 等人将在文献[25]中所提方法用于解决手机相机模型识别问题[26]。在这项工作中，他们通过特征正则化导出一组紧凑的判别特征。特征正则化方法对基于小型训练集计算的特征谱的不可靠部分进行正则化，然后进行白化变换和主成分分析特征缩减，允许从一个非常高维的特征空间中选择一个具有较高判别性的低维子空间。实验表明，文献[26]的算法对九个不同模型的相机实现了约 99% 的平均分类识别率。但对于相同型号或型号非常接近的相机，由于软件处理相同或非常相似，因此该算法的测试精度会因相机型号而在一定程度上相互混淆。

同年，Bayram 等人[27]提出了一种基于 CFA 插值特征来区分不同相机模型的方法，其采用了两种方法来定义一组图像特征，作为相机模型分类器的特征向量。他们首先假设线性模型估计 CFA 插值系数，然后提取周期性特征以检测简单形式的 CFA 插值。为了确定指定图像特征在区分源相机模型中的可靠性，他们考虑了在固定场景中的相似设置下拍摄图像和在独立条件下拍摄图像。依据实验结果，识别多达五个相机模型的平均分类准确率约为 90%。实验结果表明，即使场景和相机设置是相同的，CFA 插值特征也可以用于检测和分类不同相机模型。同年，McKay 等人[28]提出了一种基于融合的信号处理特征来识别数字图像来源的方法。该方法主要是基于两种类型的特征，即颜色插值系数和噪声特征。该工作将两种特征构成的特征向量作为 SVM 分类器的输入，用于区分数码相机、手机相机、扫描仪和计算机图形图像。颜色插值系数特征的提取步骤主要包括：

(i) 假设 CFA 的 Bayer 模式，从而得到从传感器获得的像素位置和插值的像素位置；

(ii) 根据局部梯度值将图像像素分为三种不同类型的区域；

(iv) 将颜色插值近似为线性，并将插值像素表示为其直接从传感器获得的相邻像素的加权和；

(v) 计算插值系数。

此外，对于噪声特征：

(i) 将不同类型的去噪算法（即线性滤波和平均滤波器、使用高斯滤波器进行线性滤波、中值滤波和维纳自适应图像去噪）应用于输入图像，并计算估计噪声幅度的自然对数的均值和标准差，以获得第一组特征（30 个特征）；

(ii) 对图像应用小波分析来测量频域中噪声的统计特性(18 个特征);

(iii) 采用邻域预测并测量平滑区域中相邻像素的预测误差(12 个特征)。

实验结果表明,该算法对四种不同类型扫描仪具有 96.2% 的识别率、五种不同品牌的手机相机具有 97.7% 的识别率、五种不同型号相机具有 94.3% 的识别率,以及 93.75% 的整体识别率。

之后,Wang 等人[29]提出了一种基于 CFA 插值系数进行图像源相机识别的新方法。为了减少 JPEG 重压缩引入的干扰,他们提出使用协方差矩阵来估计 CFA 插值系数,确定了 1022 个插值系数。该方法通过将一类 SVM[30]与多类 SVM[31]集成,开发了一个用于相机模型识别的分类器。一类 SVM 分类器首先用三幅可能的决策分析测试图像:测试图像由异常相机捕获,测试图像由已知相机模型捕获,以及测试图像由集中训练的已知相机模型之一捕获。针对以上三种可能性,该方法使用多类 SVM 分类器来找到与相应测试图像的最佳匹配类。分类实验表明,该方法对于 JPEG 重压缩图像既准确又鲁棒。

8.1.4 JPEG 压缩痕迹

不同品牌或型号的相机可能会使用不同的 JPEG 压缩设置,这会在捕获的图像中产生可区分的统计差异。捕获这种统计差异并从中提取有用的特征可以区分不同的相机品牌或相机型号。本小节对利用 JPEG 压缩痕迹进行图像源相机识别的这类算法进行简要概述。

2006 年,Choi 等人[32]提出了一种基于 JPEG 质量设置差异的图像源相机识别方法。这项研究工作提出了两种类型的特征:像素比特位和每个 DCT 子带中非零整数的百分比。由于头文件信息很容易被操纵,假设只能获取图像的像素强度,且无法访问 JPEG 头信息,因此,从像素强度估计量化表,重新压缩图像,以测量每个像素的比特位和每个 DCT 系数中非零整数的百分比。从图像中提取一个包含 65 个特征的特征向量,用于训练 SVM 分类器以区分给定图像的源相机。由于相机可能有多个 JPEG 质量设置,因此将相机的每个 JPEG 质量设置分配为一个类。从每个类别中随机选择 40 幅图像来训练分类器,60 幅图像用于测试分类器。根据实验,该算法对三个相机模型的平均识别准确率为 92%(如表 8-17 所示),说明通过 JPEG 压缩统计对图像源相机模型分类是可行的。尽管初步结果令人鼓舞,但存在两个主要限制:第一,这种方法不能适用于所有相机,因为有些相机对所有图像使用一个固定的量化表;第二,当相机数量增加时,仅使用 JPEG 压缩可能无法区分。

表 8-17 对三个相机模型的识别性能

准确度	相机	预测(%)			
		A	B	C	D
实际(%)	A	**93**	1	2	4
	B	6	**92**	0	2
	C	4	0	**93**	3
	D	7	2	0	**91**
平均准确度(%)		92			

资料来源:San Choi K, Lam E Y, Wong K K Y. Source camera identification by JPEG compression statistics for image forensics [C]//TENCON 2006 - 2006 IEEE Region 10 Conference. IEEE, 2006: 1 - 4.

同年,Farid 等人[33]通过从图像中提取 JPEG 量化表并将其与已知数码相机的数据库进行比较来解决图像源相机识别问题。此外,它可以与照片编辑软件的数据库进行比较,以确定篡改的迹象。对 204 台相机的初步调查显示,204 台相机中有 62 台(30.4%)具有独特的量化表,而在其余相机中,不仅同一厂商的相机可能共享相同的量化表,甚至不同品牌和型号的相机也可能具有相同的量化表。

2009 年,Xu 等人[34]提出使用马尔可夫链模型对量化的 DCT 系数绝对值的统计差异进行建模,并依据 JPEG 图像 Y 颜色分量和 Cb 颜色分量中的概率矩阵,设计了一个 SVM 分类器来解决源相机品牌/型号的识别问题。为了减少图像内容的影响并增强图像处理流程中引入的统计差异,通过取 JPEG 2 - D 数组中元素与其相邻元素之一之间的差值来定义差分 JPEG 2 - D 数组。这个差值可以沿四个方向计算,即水平、垂直、主对角线和次对角线。为了模拟量化 DCT 系数的统计差异并考虑系数之间的相关性,Xu 等人提出使用马尔可夫转移概率矩阵。每个方向的差分 JPEG 2 - D 数组都会生成其对应的转移概率矩阵。转移概率矩阵的所有元素,直接用作分类的特征。这些步骤是针对 JPEG 图像的 Y 和 Cb 分量执行的。最终,他们将收集到的 324 个 Y 分量的转移概率和 162 个 Cb 分量的转移概率用作 SVM 分类的取证特征来解决给定图像源相机品牌/型号的识别问题。大规模实验结果证明了所提出的统计模型的有效性。

2013 年,Liu 等人[35]在 DCT 域中将边缘密度特征(45 个特征)与基于隐写分析的相邻联合密度特征(50 个特征)一起构成 SVM 分类器的特征向量,用于智能手机模型识别。他们从每个品牌智能手机拍摄的图像中随机选择60%的图像样本用于分类器训练,其余40%的图像用于测试。其中,应用LibSVM来处理多分类问题。根据实验结果,基于合并特征集的分类器能够取得很好的性能。该研究表明,检测性能不仅与压缩质量因素有关,还与图像复杂度有关。因此,应将图像复杂性和压缩质量作为一个整体来考虑,以提高检测性能。

8.1.5 图像头文件

JPEG文件格式已成为几乎所有商用数码相机采用的通用图像标准。JPEG头文件中的元数据存储了有关相机和图像的各种信息。其中,JPEG压缩参数(例如特定量化表、霍夫曼代码以及其他一些数据)也被嵌入JPEG头文件中,并在不同品牌、型号、分辨率和质量的相机之间存在差异。根据EXIF标准,元数据被存放在IFD中。相机制造商可以自由地将任何信息嵌入IFD中。因此,从EXIF元数据中提取的相机制造商或型号的签名可作为图像特征解决源相机识别问题。但是,由于EXIF标头可以很容易地修改,因此基于元数据的解决方案在实践中并不可靠。本小节对基于图像元数据的一些相机源识别算法进行简要概述。相机内的另一个操作是生成图像缩略图,它是全分辨率图像的缩略图大小版本,通常存储在JPEG图像的头文件中。缩略图用于快速预览图像,而无须加载和显示全尺寸图像。缩略图的创建涉及一系列操作,包括裁剪、模糊、下采样、锐化、对比度和亮度调整以及JPEG压缩。这些操作的参数因相机品牌甚至型号而异,因此可用于识别图像的源设备。

2010年,Kee等人[36]基于缩略图参数对来自142个不同品牌/型号相机的1514幅图像进行分类识别。其中,40.8%的相机可以通过缩略图参数进行唯一识别。为了提高相机识别的准确性,2011年,Kee等人[37]将原始图像和缩略图图像的最小和最大图像尺寸、量化表以及霍夫曼代码作为相机指纹特征来解决图像源相机识别问题。图像尺寸用于区分具有不同传感器分辨率的相机。三个8×8量化表的集合被指定为包含192个元素的一维数组。霍夫曼代码被指定为六组15个值,对应于长度为1、2、…、15的码数。这里的六组霍夫曼代码是指三个通道中的每一个都需要两个码(一个用于直流系数,一个用于交流系数)。该算法总共从全分辨率图像中提取了284个特征:两个图像维度、192个量化值和90个霍夫曼代码。此外,该算法从元数据中提取了八个特征:五个来自标准IFD的条目计数,一个用于附加IFD的数量,一个用于这些附加IFD中的条目数量,以及一个用于解析器错误的数量。将从头文件中提取的相机指纹特征(即 576 个特征)与从已知相机品牌和型号中提取的真实图像特征进行比较。通过分析各个参数的相对贡献,以区分相机配置。相比于前一方法[36]中 40.8%的相机识别率,该算法将相机识别率提升到了 72.2%。

8.2 基于 PRNU 的来源识别

PRNU 是由硅晶片中的不均匀性以及传感器制造过程中的缺陷引入的。这些缺陷会导致对传感器光电二极管的光敏感度不一致。由于 PRNU 与成像设备物理性质直接相关,并且设备与设备之间的 PRNU 信息差异明显,因此它被视为"设备个体指纹"[38]。作为将图像连接到其来源设备的最独特痕迹,PRNU 已经被研究和改进了多年,可用于以下任务:将图像归类于它的来源相机;确定两幅图像是否属于同一个来源相机;基于来源设备聚类大量图像;检测并定位篡改图像区域的存在。

2006 年,Lukas 等人[38]最早发现传感器模式噪声可以作为设备来源识别的可靠特征。传感器模式噪声的两个主要成分是 FPN 和 PRNU。FPN 是由暗电流引起的,主要指的是当传感器阵列不暴露在光线下时的像素间差异。由于 FPN 是一种加性噪声,一些中高端消费类相机通过从拍摄的每幅图像中减去暗帧抑制这种噪声,因此,FPN 很容易被补偿,并不是一个可靠的相机指纹。相比而言,PRNU 是硅晶片不均匀性所引起的每个像素对入射光的差异性响应,对每个相机传感器都是独一无二的。事实上,在自然图像中,模式噪声的主要部分是 PRNU。对于被检测的数码相机,需要确定它的参考模式噪声(reference pattern noise)并以此作为识别标准。Lukas 等人所提的方法大致如下:首先使用有效的滤波器对多幅图像进行去噪,获得的噪声残差将作为 PRNU 特征并进行平均以得到参考模式噪声,之后从待检测图像中提取噪声残差,计算参考噪声模式和噪声残差之间的相关性。如果参考模式噪声和提取的噪声残差相关性大于阈值,则说明待检测图像是由该相机所拍摄的。为了评估该算法识别设备来源的性能,研究人员对九个数码相机所拍摄的 320 幅图像进行实验。实验结果如表 8-18 所示,可以看出,来自相同相机品牌型号的两个不同相机的图像是可区分的。此外,该工作还研究了伽马校正、JPEG 压缩以及 JPEG 压缩和相机内重采样的组合处理分别对设备来源识别可靠性的影响。然而,需要注意的是,几何操作(例如裁剪、调整大小、旋转、数字缩放)会导致不同步并妨碍正确的相机识别。在这种情况下,检测算法将不得不求

表 8-18 九个不同相机的决策阈值 t 和拒识率

相机	none		Gamma 0.7		Gamma 1.4	
	t	FRR	t	FRR	t	FRR
Nikon	0.0449	4.68×10^{-3}	0.0443	1.09×10^{-2}	0.0435	6.33×10^{-3}
C765-1	0.017	3.79×10^{-4}	0.0163	3.88×10^{-4}	0.0172	3.85×10^{-4}
C765-2	0.008	5.75×10^{-11}	0.0076	2.57×10^{-11}	0.0081	2.83×10^{-10}
G2	0.0297	2.31×10^{-4}	0.0271	3.23×10^{-4}	0.0313	4.78×10^{-5}
S40	0.0322	1.42×10^{-4}	0.0298	1.64×10^{-4}	0.0343	1.02×10^{-4}
Sigma	0.0063	2.73×10^{-4}	0.006	2.93×10^{-4}	0.0064	2.76×10^{-4}
Kodak	0.0097	1.14×10^{-11}	0.0096	1.08×10^{-8}	0.0094	3.73×10^{-13}
C3030	0.0209	1.87×10^{-3}	0.0216	1.58×10^{-3}	0.0195	2.67×10^{-3}
A10	0.0166	7.59×10^{-5}	0.0162	4.71×10^{-5}	0.016	2.93×10^{-4}

相机	JPEG 90		JPEG 70		JPEG 50	
	t	FRR	t	FRR	t	FRR
Nikon	0.0225	3.71×10^{-3}	0.0231	5.83×10^{-2}	0.021	1.63×10^{-1}
C765-1	0.0122	5.36×10^{-6}	0.0064	1.55×10^{-6}	0.006	1.17×10^{-4}
C765-2	0.0061	0	0.0065	9.63×10^{-14}	0.0065	2.14×10^{-6}
G2	0.0097	8.99×10^{-11}	0.0079	4.85×10^{-11}	0.0076	5.13×10^{-4}
S40	0.0133	3.96×10^{-11}	0.0085	4.41×10^{-14}	0.0083	9.48×10^{-5}
Sigma	0.005	3.44×10^{-6}	0.0055	9.16×10^{-6}	0.0059	6.57×10^{-5}
Kodak	0.0107	2.27×10^{-9}	0.0127	4.53×10^{-4}	0.0131	4.65×10^{-3}

注：假阳率设置为 10^{-3}；FRR，即 false rejection rate，拒识率。
资料来源：Lukas J, Fridrich J, Goljan M. Digital camera identification from sensor pattern noise [J]. IEEE Transactions on Information Forensics and Security, 2006, 1(2): 205-214.

助于暴力搜索。然而，搜索将不可避免地增加识别假阳率。

2007 年，Chen 等人[39]重新审视了 Lukas 等人提出的基于 PRNU 的数码相机传感器识别方法，并将识别任务视为联合估计和检测问题，对传感器输出使用简化模型，推导出 PRNU 的最大似然估计量。同时，为了进一步提高识别算法的准确性，他们提出在识别之前设置预处理步骤抑制图像生成过程中产生的伪像。在此研究基础上，2008 年，他们提出了一种用于设备来源识别和图像完整性验证的统一框架[40]。该框架首先基于传感器输出的简化模型,推导出 PRNU 的最大似然估计量,然后使用相同模型将检测 PRNU 的任务表述为 Neyman-Pearson 假设检验问题,如表 8-19 所示,通过检测调查图像的特定区域中传感器指纹 PRNU 的存在来完成设备来源识别和图像完整性验证两项数字取证任务。他们在与 PRNU 相同的相机图像的小块上构建了一个相关预测器,基于该相关预测器获得了两种假设下的检验统计量分布,并指出影响该检测器的三个因素分别是图像强度、纹理和信号平坦化。为了测试检测器的稳健性,他们在六个数码相机上进行了测试。结果表明,即使经过组合图像处理和 JPEG 压缩,该算法也可以从图像中可靠地识别源相机。值得注意的是,测试结果也指出图像纹理强度在一定程度上影响 PRNU 指纹的可靠性。与之前工作相比,该算法更好地利用了可用数据(获得 PRNU 因子所需的图像显著减少)并允许更准确的误差估计。

表 8-19 取证任务的假设检验表述

假设	相机识别	完整性验证
H_0	待检测图像由可疑相机拍摄	图像区域被篡改
	PRNU 不存在	
H_1	待检测图像不由可疑相机拍摄	图像区域未被篡改
	PRNU 存在	

资料来源:Chen M, Fridrich J, Goljan M, et al. Determining image origin and integrity using sensor noise [J]. IEEE Transactions on Information Forensics and Security, 2008, 3(1):74-90.

尽管将 SPN 作为成像设备指纹已被证明是设备来源识别的有效方法,但识别性能有待进一步提高。2010 年,Li[41]指出 Chen 等人提出的提取 SPN 方法[40]存在一定的局限性,即从图像中提取的 SPN 可能会被场景细节严重污染,除非是大尺寸图像,否则识别率并不令人满意。为了规避这一限制,Li 假设:SPN 中的信号分量越强,该分量的可信度越低,因此应该被衰减。该假设表明,可以通过分配与 SPN 分量大小成反比的权重因子来获得增强的 SPN。为此,Li 提出了六个增强模型来实现该假设,并对 1 200 幅测试图像进行相机源识别。如表 8-20 所示,模型 3、4 和 5 表现相对稳定,更可取。值得注意的是。模型 5 实现了最高的性能水平(1 040/1 200)。

表8-20 基于不同模型检测器正确识别源相机设备的测试图像数量

模型	α														
	1	2	3	4	5	6	7	8	9	10	11	12	13	14	15
1	934	1020	1033	1029	1010	971	947	916	883	859	837	811	794	776	762
2	940	986	1017	1029	1032	1029	1018	999	987	966	954	932	914	899	880
3	936	976	1008	1021	1039	1039	1036	1038	1039	1032	1024	1021	1020	1019	1016
4	582	783	890	940	964	985	998	1012	1020	1027	1031	1033	1037	1034	1033
5	823	960	1003	1021	1039	1035	1040	1036	1036	1031	1030	1024	1019	1020	1017
6	931	987	1014	1006	970	904	853	795	741	678	637	619	573	514	473

资料来源：Li C T. Source camera identification using enhanced sensor pattern noise [J]. IEEE Transactions on Information Forensics and Security，2010，5(2)：280-287.

为了验证所提模型的有效性，Li 使用模型 5 对 1 200 幅照片进行了相机识别测试。表 8-21 展示了提取的 SPN 在应用模型 5 和不应用模型 5 时的真阳率。结果表明，图像块越大，性能越强，证实了所提模型的合理性。这种 SPN 增强方法确实减弱了场景细节对 SPN 的影响，提升了基于 PRNU 检测器的来源识别效果。此外，Li 指出所提出的 SPN 增强算法也可用于解决无监督图像分类中的挑战性问题，例如取证人员无法获得拍摄调查图像的源相机设备，也无法获知关于成像设备的数量和类型的先验知识等。

表8-21 提取的 SPN 应用模型 5 和不应用模型 5 时识别性能

是否应用	不同图像块尺寸的真阳率(%)								
	128×128	128×256	256×256	256×512	512×512	512×1024	1024×1024	1024×2048	128×128
不应用	61.68	67.5	71.42	77.92	82.33	87.12	93.25	96.75	61.68
应用	79.75	85.58	91.00	93.17	94.75	96.33	97.95	98.25	79.75

资料来源：Li C T. Source camera identification using enhanced sensor pattern noise [J]. IEEE Transactions on Information Forensics and Security，2010，5(2)：280-287.

此外，Li 等人[42]指出 CFA 插值操作会引入插值噪声，而现有的提取 PRNU 的方法并没有考虑到这一点，并将插值噪声作为 PRNU 的一部分包括在内，从而对设备来源识别性能产生影响。为了提升基于 PRNU 的来源识别性能，他们提出了一种改进的提取 PRNU 的方法，即颜色解耦 PRNU（color-decoupled PRNU，CD-PRNU）。该方法首先将每个颜色通道分解为四幅子图像,从每幅子图像中提取 PRNU 噪声,然后将子图像的 PRNU 噪声模式组合起来,得到颜色解耦的分解 PRNU(CD-PRNU)。为了验证 CD-PRNU 的性能,他们对六个相机所拍摄的 300 幅图像进行了实验。如表 8-22 所示,相比传统 PRNU 指纹,CD-PRNU 提取算法提升了设备源识别性能。

表 8-22 使用传统 PRNU 和 CD-PRNU 的源相机识别性能

图像块尺寸	方法	不同相机识别率					
		C1	C2	C3	C4	C5	Total
1536×2048	PRNU	0.92	0.96	0.98	1.00	0.98	0.9400
	CD-PRNU	0.96	0.96	0.98	1.00	1.00	0.9767
768×1024	PRNU	0.68	0.84	0.72	1.00	0.62	0.7700
	CD-PRNU	0.94	0.92	1.00	1.00	0.82	0.9433
384×512	PRNU	0.50	0.76	0.46	0.96	0.42	0.6167
	CD-PRNU	0.84	0.80	0.84	0.98	0.68	0.8367
192×256	PRNU	0.22	0.66	0.32	0.76	0.30	0.4300
	CD-PRNU	0.60	0.60	0.58	0.82	0.46	0.6067
96×128	PRNU	0.26	0.42	0.16	0.54	0.22	0.3200
	CD-PRNU	0.30	0.42	0.48	0.66	0.32	0.4533
48×64	PRNU	0.14	0.48	0.16	0.38	0.20	0.2500
	CD-PRNU	0.24	0.42	0.30	0.62	0.36	0.3633

资料来源:Li C T, Li Y. Digital camera identification using colour-decoupled photo response non-uniformity noise pattern [C]//Proceedings of 2010 IEEE International Symposium on Circuits and Systems. IEEE, 2010:3052-3055.

一些研究人员也注意到了在图像设备源识别中传感器模式噪声维度过高所引发的匹配算法计算复杂度问题。特别是,取证分析人员可能需要确定给定的传感器指纹是否存在于大型相机指纹数据库中,或者给定图像是否由数据库中指纹所对应的相机拍摄。通常,使用参考指纹和图像噪声之间的互相关检测器来确定图像中是否存在相机指纹。检测器的复杂性与图像中的像素数目成正比。尽管在单处理器上处理几百万像素图像的统计数据仅仅需要几秒钟,但如果需要搜索相当大的相机指纹数据库,则处理时间会变得不切实际。为此,部分研究人员致力于降低匹配算法的计算复杂度。例如,2010 年,Goljan 等人[43]提出了一种快速搜索算法(approximate rank matching search,ARMS),通过利用特殊的"指纹摘要"来解决 PRNU 的高维度问题。在最坏的情况下，其复杂度仍与数据库大小成正比，但不依赖于传感器分辨率。由于比例常数非常小，因此在实践中搜索速度非常快。例如，在一个包含3000个指纹的指纹数据库中进行搜索时（每个指纹具有200万像素指纹），平均搜索时间约为0.2秒。该算法的工作原理是提取10000个最优的指纹值形成查询指纹摘要，然后将它们的位置与所有数据库指纹摘要中的像素位置近似匹配。该算法旨在确保快速搜索的匹配以及误报概率与直接暴力搜索的相应错误概率相同。为了验证所提算法有效性，在含有2425部iPhone设备的3091个指纹的数据库上验证了所提出方法的可行性。结果表明，Goljan等人提出的快速搜索算法性能远远优于指纹摘要的暴力搜索。

虽然Goljan等人提出的快速搜索算法提高了匹配过程的速度，但超大型数据库的主要瓶颈问题（即内存操作和存储）仍未得到解决。为此，Bayram等人[44]展示了通过对实值传感器指纹数据进行二进制量化，可以显著加快传感器指纹匹配，同时仍然保持可接受的匹配精度。理想情况下，通过二值化，可以在存储增益、内存操作上获得64倍的提升。实验表明，指纹数据的二值化处理可以将存储需求减少到原来的1/64，将加载到内存的速度提高21倍以及计算速度提高9倍。总之，传感器指纹的二值化是一种有效的方法，提供了可观的存储增益并降低复杂度，且不会显著降低指纹匹配精度。为了在计算复杂度和识别准确性之间取得更好的平衡，2013年，Goljan等人[45]又提出可以根据传感器指纹中的异常值选择信号子集作为指纹摘要。与简单的下采样相比，指纹摘要的测试统计量随着信号长度的减小而显著降低，在速度增益和检测精度之间获得了更好的权衡。根据指纹质量、图像内容、相机模型及其设置，他们在三个相机上进行了实验，如表8-23所示：在相同检测精度下，指纹摘要方法比简单下采样方法实现了10～20倍的加速。此外，相比于将信号调整为更小尺寸的方法，指纹摘要的方法能够实现更低的漏检概率或更快的处理速度或两者方面取得较好的权衡。

表8-23 在相同PCE值情况下，下采样方法与指纹摘要方法对应像素数目比值

相机模型	Digest from K	Digest from IK	Digest from T(I)K	成功率
Canon SX230 HS	10.08	18.96	19.28	100%
Panasonic ZS7	8.17	15.87	14.77	45%
Nikon CoolPix S9100	14.92	22.31	22.35	71%

资料来源：Goljan M, Fridrich J. Sensor fingerprint digests for fast camera identification from geometrically distorted images [C]//Media Watermarking, Security, and Forensics 2013. SPIE, 2013, 8665:85-94.

2019年，Zhao等人[46]提出了一种基于低维PRNU特征的高效图像源分类器，通过利用基于纹理的权重函数对PRNU进行降维，从而有效降低计算复杂度，提高分类效率。大量结果验证了该分类器不仅可以检测由不同相机模型捕获的图像，还可以检测来自同一模型不同实例设备的图像。当遭受JPEG压缩、噪声添加以及噪声消除等攻击时，该分类器仍然具有相关性能。

基于Johnson-Lindenstrauss引理[47]，高维空间中的一组点可以嵌入低维空间中，近似地保留点之间的距离。随机线性投影可以提供这种嵌入[48]。因此，Valsesia等人[49]提出通过使用随机投影来解决相机指纹数据库中存储和匹配复杂性问题。基于相机传感器PRNU模式的指纹不连贯性，随机投影可以有效地保留数据库的几何形状，并以小的惩罚显著降低维度。实验数据的ROC(receiver operating characteristic)曲线已经证实了所提出的方法在两个图像数据库上的有效性，如图8-1、图8-2所示。此外，在处理百万像素图像时，计算随机投影的复杂度等实际问题非常重要。他们通过使用部分循环矩阵解决了这些问题，大大降低了随机投影指纹的复杂度，进一步降低了存储和计算要求。

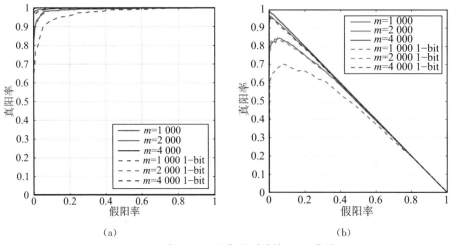

图8-1 在PoliTo图像库测试的ROC曲线

(资料来源：Valsesia D, Coluccia G, Bianchi T, et al. Compressed fingerprint matching and camera identification via random projections [J]. IEEE Transactions on Information Forensics and Security, 2015, 10(7):1472-1485.)

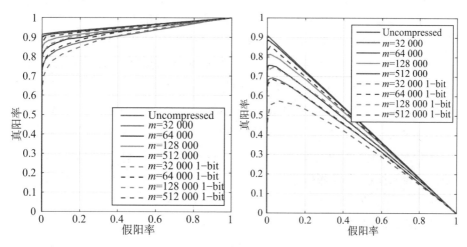

图 8-2 在 Dresden 图像库测试的 ROC 曲线

(资料来源：Valsesia D，Coluccia G，Bianchi T，et al. Compressed fingerprint matching and camera identification via random projections [J]. IEEE Transactions on Information Forensics and Security，2015，10(7)：1472-1485.)

在实际场景的应用方面,研究人员也致力于将 PRNU 应用于当下新的实际场景中。例如,2019 年,Ba 等人[50]提出了一种指纹隐藏系统。该系统结构如图 8-3 所示,介于用户智能手机和社交媒体之间。在图像共享过程中,用户首先使用相机应用程序捕获图像或从该用户的相册中选择一幅图像,然后使用系统隐藏该用户的 PRNU 特征,将匿名图像上传到社交网络。

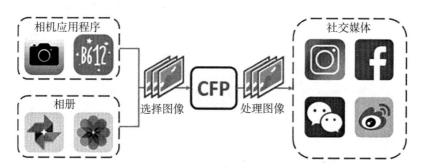

图 8-3 指纹隐藏系统结构

(资料来源：Ba Z, Zhang X, Qin Z, et al. CFP: Enabling camera fingerprint concealment for privacy-preserving image sharing [C]//2019 IEEE 39th International Conference on Distributed Computing Systems (ICDCS). IEEE，2019：1094-1105.)

该系统基于混淆的指纹隐藏,即无论图像是否由相同的拍摄设备拍摄,所有混淆的图像都将具有共同的噪声分量。因此,匹配和非匹配的 PRNU 特征之间的 PCE 分布变得非常相似。这样,攻击者便不能够使用 PCE 阈值来确定两个估计指纹是否来自同一个设备进而发起身份链接攻击。2020 年以来,线上教学与会议逐渐取代了线下面对面的教学与沟通,因此,视频会议软件的安全性引起研究者们的关注。Mohanty 等人[51]发现常用的视频会议软件 Zoom 由于身份验证机制薄弱,存在着严重的安全与隐私问题。基于此,他们提出基于 PRNU 的相机身份验证,该身份验证可以对 Zoom 会议中使用设备的相机进行身份验证,无须使用参与者提供一些生物特征进行识别。为了验证所提方法的有效性,他们在 10 台设备上进行了小规模实验。如图 8-4 所示,所有设备均匹配成功,初步验证了该方法的可行性。

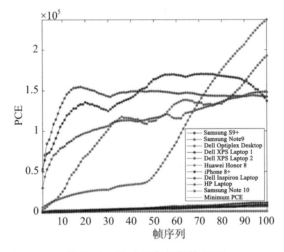

图 8-4 10 台设备视频的 PCE

(资料来源:Mohanty M,Yaqub W. Towards seamless authentication for Zoom-based online teaching and meeting [J]. arXiv preprint arXiv:2005. 10553,2020.)

除上述外,人们还目睹了数码相机行业的巨大进步,特别是在传感器设计中。这种进步为基于 PRNU 的来源识别带来了新的挑战。例如,2020 年,Quan 等人[52]认为 Fridrich 团队[38]忽略了一个重要特征,即相机的感光度(ISO)。他们提出图像的噪声残差与设备的参考 PRNU 之间的相关性不仅依赖于先前的一些已知内容,而且还依赖于相机的 ISO 设置,并展示了不匹配的 ISO 速度如何影响相关性预测过程。基于 PRNU 相关性对 ISO 速度的依赖性分析，他们假设相关预测器是特定于 ISO 速度的，即只有当相关预测器使用与所讨论图像具有相似 ISO 速度的图像进行训练时，才能做出可靠的相关预测，并提出了一种基于内容的 ISO 速度推断（content-based inference of ISO speeds，CINFISOS）方法从图像内容推断 ISO 速度。将提出的 ISO 特定相关性预测过程与 CINFISOS 一起应用，在两台相机（Canon M6 和 Sigma SdQuattro）的七种不同 ISO 的 560 幅合成伪造图像上进行了测试。其中，相关预测包括：混合 ISO 相关预测器、ISO 100 相关预测器、基于 CINFISOS 推断的 ISO 特定相关预测器和基于 Oracle 推断的 ISO 特定相关预测器。检测结果的 ROC 曲线如图 8-5 所示，可以观察到相关性预测和伪造检测结果的明显改进。

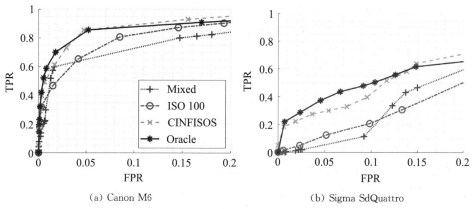

图 8-5　具有各种相关预测因子的检测器的 ROC 曲线

（资料来源：Quan Y, Li C T. On addressing the impact of ISO speed upon PRNU and forgery detection [J]. IEEE Transactions on Information Forensics and Security，2020，16：190-202.）

值得注意的是，基于 PRNU 的取证算法普遍存在隐私泄露的风险。研究人员指出，在 PRNU 算法中，从图像中提取的指纹会泄露图像的相关信息（如图 8-6 所示），从而对隐私构成潜在威胁，并通过两个量化措施展示了隐私泄露的严重性[53]。在实际取证应用中，如果某人的相机指纹被泄露，那么通过将相机指纹与从社交媒体上抓取的图像的 PRNU 噪声联系起来便可以获知其身份（即使指纹是匿名的）。例如，一位知名人士被定为儿童色情案件的嫌疑人接受警方调查。鉴于案件的敏感性，嫌疑人在被证明有罪之前，其身份信息不能泄露。为了判定该嫌疑人的犯罪事实，第三方取证专家从嫌疑人的手机中提取相机指纹，将其与已知的儿童色情图片数据库进行匹配。然而，嫌疑人的

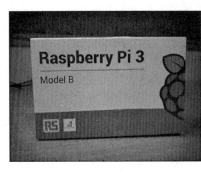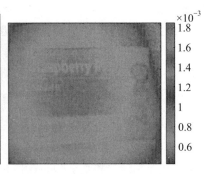

图 8-6　PRNU 指纹泄露图像内容隐私

（资料来源：Fernández-Menduina S, Pérez-González F. On the information leakage of camera fingerprint estimates [J]. arXiv preprint arXiv：2002.11162，2020.）

相机指纹因处理不当被公之于众。为了获知嫌疑人身份，记者将来自社交媒体的图像的 PRNU 噪声与泄露的嫌疑人相机指纹进行匹配，在知名音乐人物的 Facebook 账户上找到匹配的图像，从而获知嫌疑人身份。最终，嫌疑人的名字出现在新闻头条上，被描述为虐待儿童者。尽管最终嫌疑人被证明是无罪的，然而，新闻事件的发生对嫌疑人的职业生涯造成了不可挽回的影响。再比如，在毒品案件的审判中，一名证人提供了一张记录某集团毒品交易的照片。为了确保证人安全，其身份信息是保密的。但是，由于某种原因，该照片还是被泄露了。为了找到照片拍摄者，毒品集团将这张照片与一些调查记者的相机设备指纹进行匹配（设备指纹可能是该集团以前知道的，也可能是使用社交媒体账户的图像新获得的）。基于图像设备源匹配，该集团能够识别出拍摄该照片的记者，导致记者收到来自该集团的威胁。

针对这些对隐私泄露的担忧，研究人员正迫切希望能够找到平衡取证技术有效性和隐私安全的解决方案。2017 年，Valsesia 等人[54]提出了一种创新的用户身份验证方案，该方案通过相机的唯一标识来验证某用户是否拥有特定智能手机，其中，从原始图像中提取 PRNU 的高频分量将用作物理不可克隆函数。在这项工作中，作为保护相机指纹隐私的加密方案，随机投影将相机指纹 PRNU 从高维空间压缩到低维空间。随机投影矩阵作为加密方案的密钥。一旦噪声残差通过随机投影被压缩，便无法再重建，从而避免了相机指纹的隐私泄露。值得注意的是，由于随机投影近似地保留了由指纹组成的点云的几何形状，因此当将相同的随机投影矩阵应用于噪声残差和相机指纹时，压缩指纹仍然可以用于解决相机识别问题。Valsesia 等人通过一系列实验验证了通过自适应随机投影压缩指纹仍能实现图像不同源设备的区分,如图 8-7 所示。此外,随机投影的思想还可用于保护图像特征的隐私。2019 年,Zheng 等人[55]提出将基于内容的图像特征投影到物理不可克隆函数定义的伯努利随机空间中,不仅可以检测和精确定位图像伪造,而且可以高精度地识别图像的相机来源。

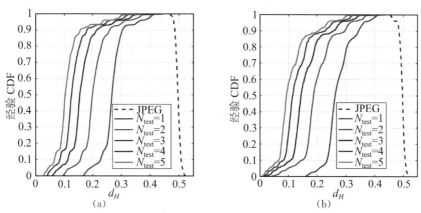

注:对于所有可用的测试指纹和相机,从图像中提取的压缩参考指纹与从同一相机测试图像中提取的压缩测试指纹之间的汉明距离累积分布。

图 8-7 汉明距离累积分布

(资料来源:Valsesia D, Coluccia G, Bianchi T, et al. User authentication via PRNU-based physical unclonable functions [J]. IEEE Transactions on Information Forensics and Security, 2017, 12(8):1941-1956.)

为了解决基于 PRNU 取证算法中隐私泄漏问题,Mohanty 等人[56]提出了一种基于 PRNU 的安全取证方法 e-PRNU(encrypted domain PRNU),如图 8-8 所示。在可信赖环境中提取指纹,并采用 Boneh-Goh-Nissim(BGN)加密方案加密指纹实现图像源设备的安全识别。取证分析在加密域中进行,从而保护相机指纹的隐私。在这项工作中,他们对所提出的安全取证方法 e-PRNU 进行了详细的安全分析。实验结果也验证了所提算法识别图像源设备的有效性。值得注意的是,他们所采用的 BGN 加密方案只是对任意数量的加法和一次乘法是同态的,而不是针对所有的计算操作。因此,只有部分取证计算可以外包给第三方实体。第三方实体的同态计算结果需要在另一个实体上解密才能完成剩余的取证计算,这无疑增加了隐私泄露的风险。另外,在加密处理过程中需要对浮点数进行四舍五入操作,从而对数据精度造成了轻微损失。为了解决计算开销的问题,在这项工作中,他们还使用了基于指纹摘要的压缩来降低指纹维度。因此，与明文域基于 PRNU 的取证方法相比，这种安全取证方法存在一定的性能损失，如图 8-9、图 8-10 所示。

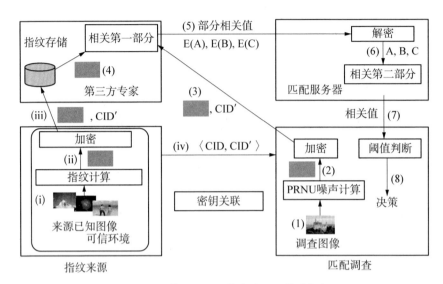

图 8-8　基于 PRNU 的安全取证算法框架

（资料来源：Mohanty M, Zhang M, Asghar M R, et al. e-PRNU：Encrypted domain PRNU-based camera attribution for preserving privacy [J]. IEEE Transactions on Dependable and Secure Computing, 2019, 18(1):426-437.）

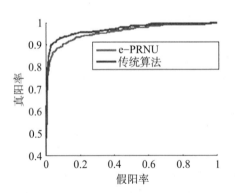

图 8-9　e-PRNU 与基于 PRNU 的传统算法的性能比较（使用指纹摘要）

（资料来源：Mohanty M, Zhang M, Asghar M R, et al. e-PRNU：Encrypted domain PRNU-based camera attribution for preserving privacy [J]. IEEE Transactions on Dependable and Secure Computing, 2019, 18(1):426-437.）

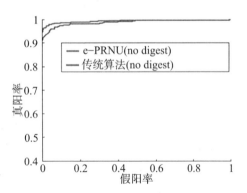

图 8-10　e-PRNU 与基于 PRNU 的传统算法的性能比较（不使用指纹摘要）

（资料来源：Mohanty M, Zhang M, Asghar M R, et al. e-PRNU：Encrypted domain PRNU-based camera attribution for preserving privacy [J]. IEEE Transactions on Dependable and Secure Computing, 2019, 18(1):426-437.）

此外,Pedrouzo-Ulloa 等人[57]也提出了一种密文域基于 PRNU 的图像源设备取证方法。该方法采用基于格的同态密码系统对加密域中的摄像源设备进行同态识别,如图 8-11 所示。与 Mohanty 等人[56]提出的安全取证方法相比,该方法以完全无人值守的方式工作,即在过程中无需密钥所有者的干预。与明文域基于 PRNU 的取证方法相比,该方法采用更简单的加密去噪算法和

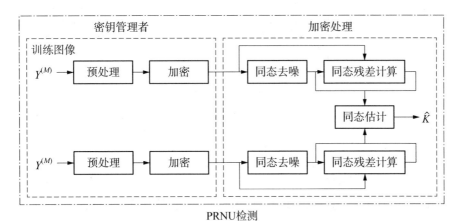

图 8-11 基于 PRNU 的图像源设备取证方法

(资料来源:Pedrouzo-Ulloa A, Masciopinto M, Troncoso-Pastoriza J R, et al. Camera attribution forensic analyzer in the encrypted domain [C]//2018 IEEE International Workshop on Information Forensics and Security (WIFS). IEEE, 2018:1-7.)

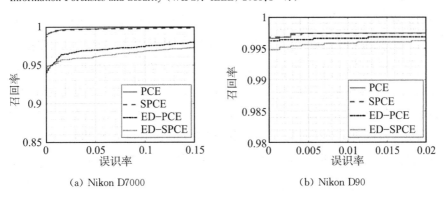

(a) Nikon D7000   (b) Nikon D90

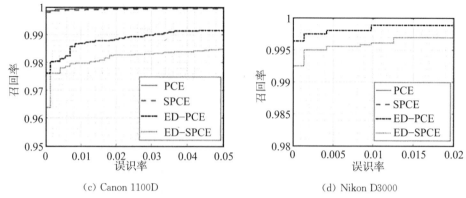

(c) Canon 1100D   (d) Nikon D3000

图 8-12　基于 PRNU 的图像源设备取证性能

(资料来源：Pedrouzo-Ulloa A，Masciopinto M，Troncoso-Pastoriza J R，et al. Camera attribution forensic analyzer in the encrypted domain [C]//2018 IEEE International Workshop on Information Forensics and Security (WIFS). IEEE，2018：1-7.)

更简单的估计处理来实现加密域中相机属性的识别，也存在一定的性能损失，如图 8-12 所示。尽管如此，在加密域中进行相机属性识别的可行性已经从安全性、性能方面进行了验证。

8.3　基于统计模型的来源识别

作为图像的统计特征，统计噪声模型能够准确地描述自然图像。然而，不同来源图像的噪声特性是有差异的，模型参数在不同相机模型或相机设备之间是不同的。研究人员设计了基于这些自然图像统计噪声模型的图像源识别检测器来识别图像的相机设备或相机型号等，例如基于泊松-高斯噪声模型的 RAW 图像相机型号识别检测器[58]、基于改进的泊松-高斯噪声模型的 RAW 图像相机设备识别检测器[59]、基于广义相关噪声模型的 JPEG 图像相机型号识别检测器[60]、基于改进的广义相关噪声模型的 JPEG 图像相机设备识别检测器[61]、基于简化的广义相关噪声模型的 JPEG 图像相机型号识别检测器[62]等。值得注意的是，基于统计模型的这类检测器是在假设检验理论框架下设计的，不仅能够较为准确地识别图像来源（即相机设备、相机型号等），而且能够定性分析检测器的统计性能。接下来，以基于广义相关噪声模型的 JPEG 图像相机型号识别检测器[60]为例，介绍如何在假设检验理论框架下设计基于统计模型的图像源识别检测器，并简要分析这类检测器的图像源识别性能。

8.3.1 问题描述

以 RAW 图像的泊松-高斯噪声模型[58]为基础,并考虑数字图像成像后处理(即去马赛克、白平衡、伽马校正以及 JPEG 图像压缩)的影响,Thai 等人提出了能够准确描述 JPEG 图像的广义信号相关噪声模型[63],如式(8-1)所示,即 JPEG 图像 Z 的像素 z_i 服从期望值 $\mathbb{E}[z_i]$、方差 $\mathbb{D}[z_i]$ 的高斯分布。在下文中以 μ_i 表示 $\mathbb{E}[z_i]$,以 σ_i^2 表示 $\mathbb{D}[z_i]$。

$$z_i \sim \mathcal{N}(\mu_i, \sigma_i^2) \tag{8-1}$$

$$\sigma_i^2 = f(\mu_i; \tilde{a}, \tilde{b}, \gamma) = \frac{1}{\gamma^2} \mu_i^{2-2\gamma}(\tilde{a}\mu_i^{\gamma} + \tilde{b}) + \frac{\Delta^2}{12} \tag{8-2}$$

为了应用假设检验理论设计基于广义相关噪声模型的 JPEG 图像相机型号识别检测器,Thai 等人首先对 JPEG 图像像素的统计分布进行分析[60]。JPEG 压缩处理主要涉及 DCT 和 DCT 域中的量化,而 JPEG 解压缩执行去量化和逆 DCT 操作以返回空间域。通常,从压缩文件重建的图像与原始图像不同。这种空间域误差主要涉及两个基本因素:DCT 基向量和在 DCT 域中引入的量化误差。像素位置的空间域误差是 8×8 块内 64 个 DCT 域量化误差的加权和。由于难以在数学上建立 DCT 系数模型、表征 DCT 域中的量化影响以及推导这些随机变量之和的分布,因此提供 JPEG 图像像素的精确统计分布是一项具有挑战性的任务。

Thai 等人提出应用林德伯格中心极限定理(Lindeberg central limit theorem)[64]解决上述问题。首先对 JPEG 图像进行预处理,即将 JPEG 图像 Z 分割为 K 个不重叠的同质片段 S_k,其大小为 n_k,$k \in \{1, \cdots, K\}$。假设在每个同质片段 S_k 中,像素 $z_{k,i}$,$i \in \{1, \cdots, n_k\}$ 服从独立同分布。分割算法详见文献[63]。事实上,该预处理也用于估计模型参数 $(\tilde{a}, \tilde{b}, \gamma)$。片段 S_k 中的像素 $z_{k,i}$ 可以被分解为式(8-3)形式,μ_k 为片段 S_k 中所有像素的期望值,$\eta_{z_{k,i}}$ 表示 JPEG 压缩之后的空间域噪声。

$$z_{k,i} = \mu_k + \eta_{z_{k,i}} \tag{8-3}$$

由于 DCT 可以近似为将输入图像进行去相关处理[65],因此空间域噪声 $\eta_{z_{k,i}}$ 可以看作独立随机变量的线性组合。基于林德伯格中心极限定理[64],噪声 $\eta_{z_{k,i}}$ 可以近似地服从均值为 0 的高斯分布[65]。根据广义噪声相关模型式

(8-2),噪声 $\eta_{z_{k,i}}$ 的方差取决于像素的期望值 μ_k。从图 8-13 展示的 JPEG 自然图像同质片段中噪声残差的经验分布与理论高斯分布的对比来看,像素 $z_{k,i}$ 可以被认为服从期望为 μ_k、方差为 $\sigma_{k,i}^2 = f(\mu_k; \tilde{a}, \tilde{b}, \gamma)$ 的高斯分布:

$$z_{k,i} \sim \mathcal{N}[\mu_k, f(\mu_k; \tilde{a}, \tilde{b}, \gamma)] \tag{8-4}$$

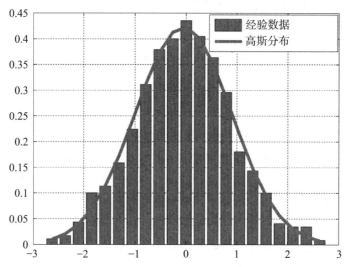

图 8-13 JPEG 图像同质片段中像素的统计分布和理论高斯分布

(资料来源:Thai T H, Retraint F, Cogranne R. Generalized signal-dependent noise model and parameter estimation for natural images [J]. Signal Processing, 2015, 114:164-170.)

以两个相机模型 S_0 和 S_1 的分析为例,在假设检验框架下对图像源相机型号识别问题进行描述。每个相机模型 S_j, $j \in \{0, 1\}$,由三个相机参数 ($\tilde{a}_j$, $\tilde{b}_j$, γ_j) 表征。很明显,$(\tilde{a}_0, \tilde{b}_0, \gamma_0) \neq (\tilde{a}_1, \tilde{b}_1, \gamma_1)$。在二元假设检验中,调查图像 Z 来自相机模型 S_0 或者相机模型 S_1。检验的目标就是在这两个假设[如式(8-5)所示]之间判断。这里,$\forall k \in \{1, \cdots, K\}$,$\forall i \in \{1, \cdots, N\}$,$\sigma_{k,j}^2 = f(\mu_k; \tilde{a}_j, \tilde{b}_j, \gamma_j)$ 为假设 H_j 下的噪声方差。

$$\begin{cases} H_0 = \{z_{k,i} \sim \mathcal{N}(\mu_k, \sigma_{k,0}^2)\} \\ H_1 = \{z_{k,i} \sim \mathcal{N}(\mu_k, \sigma_{k,1}^2)\} \end{cases} \tag{8-5}$$

Thai 等人还致力于设计一个能够保证假阳率的检测,如式(8-6)所示。这类检测的假阳率上限为 α_0。这里:$\boldsymbol{\mu} = (\mu_1, \cdots, \mu_k)$ 为均值向量;$\mathbb{P}_{H_j}[E]$

表示事件 E 在假设 H_j, $j \in \{0, 1\}$ 中的概率；$\sup\limits_{(\mu, \tilde{a}_0, \tilde{b}_0, \gamma_0)}$ 表示参数 $(\mu, \tilde{a}_0, \tilde{b}_0, \gamma_0)$ 的上确界。在 $\mathcal{K}_{\alpha_0}$ 这类检测中，最大化的性能函数能够通过式(8-7)得到。

$$\mathcal{K}_{\alpha_0} = \{\delta : \sup_{(\mu, \tilde{a}_0, \tilde{b}_0, \gamma_0)} \mathbb{P}_{H_0}[\delta(Z) = H_1] \leqslant \alpha_0\} \tag{8-6}$$

$$\beta_\delta = \mathbb{P}_{H_1}[\delta(Z) = H_1] \tag{8-7}$$

式(8-5)突出了图像源相机模型识别所面临的困难，即参数 $(\mu; \tilde{a}_j, \tilde{b}_j, \gamma_j)$ 在实践中是未知的。假设相机模型 S_0 是已知的，那么取证研究人员可以访问该相机模型的指纹特征获得参数 $(\tilde{a}_0, \tilde{b}_0, \gamma_0)$，通过检测调查图像中是否包含对应相机参数作出判断。下文将进一步介绍为解决上述问题所设计的假设检验，即所有参数已知的理想情况下的似然比检验(likelihood radio test, LRT)和参数未知的实际情况下的广义似然比检验(generalized likelihood radio test, GLRT)。

8.3.2 LRT

当所有参数 $(\mu; \tilde{a}_j, \tilde{b}_j, \gamma_j)$ 已知时，基于奈曼-皮尔逊引理(Neyman-Pearson lemma)[64]，解决上述问题(8-5)的最有效检测 δ 就是 LRT，如式(8-8)所示。为了确保 LRT 在 $\mathcal{K}_{\alpha_0}$ 这类检测中，令决策阈值 τ 为等式 $\mathbb{P}_{H_0}[\Lambda(Z) \geqslant \tau] = \alpha_0$ 的解。像素 $z_{k,i}$ 的似然比(LR)由式(8-9)给出。

$$\delta(Z) = \begin{cases} H_0, & \text{若 } \Lambda(Z) = \sum_{k=1}^{K}\sum_{i=1}^{N} \Lambda(z_{k,i}) < \tau \\ H_1, & \text{若 } \Lambda(Z) = \sum_{k=1}^{K}\sum_{i=1}^{N} \Lambda(z_{k,i}) \geqslant \tau \end{cases} \tag{8-8}$$

$$\Lambda(z_{k,i}) = \ln \frac{\dfrac{1}{\sqrt{2\pi\sigma_{k,1}^2}} \exp\left[-\dfrac{(z_{k,i} - \mu_k)^2}{2\sigma_{k,1}^2}\right]}{\dfrac{1}{\sqrt{2\pi\sigma_{k,0}^2}} \exp\left[-\dfrac{(z_{k,i} - \mu_k)^2}{2\sigma_{k,0}^2}\right]} \tag{8-9}$$

$$= \frac{1}{2} \ln \frac{\sigma_{k,0}^2}{\sigma_{k,1}^2} + \frac{1}{2}\left(\frac{1}{\sigma_{k,0}^2} - \frac{1}{\sigma_{k,1}^2}\right)(z_{k,i} - \mu_k)^2$$

为了定性分析 LRT 的统计性能,有必要在每个假设 H_j 下,对像素 $z_{k,i}$ 的似然比 $\Lambda(z_{k,i})$ 的统计分布进行描述。

命题 1 在每个假设 H_j 下,似然比 $\Lambda(z_{k,i})$ 的期望和方差分别由式(8-10)和(8-11)给出,$\mathbb{E}_{H_j}[\cdot]$ 和 $\mathrm{Var}_{H_j}[\cdot]$ 分别表示在假设 H_j 下的数学期望和方差。

$$m_{k,j} \triangleq \mathbb{E}_{H_j}[\Lambda(z_{k,i})] = \frac{1}{2}\ln\frac{\sigma_{k,0}^2}{\sigma_{k,1}^2} + \frac{1}{2}\left(\frac{1}{\sigma_{k,0}^2} - \frac{1}{\sigma_{k,1}^2}\right)\sigma_{k,j}^2 \quad (8-10)$$

$$v_{k,j} \triangleq \mathrm{Var}_{H_j}[\Lambda(z_{k,i})] = \frac{1}{2}\left(\frac{1}{\sigma_{k,0}^2} - \frac{1}{\sigma_{k,1}^2}\right)\sigma_{k,j}^4 \quad (8-11)$$

命题 1 证明 由于像素 $z_{k,i}$ 服从期望为 μ_k、方差为 $\sigma_{k,i}^2 = f(\mu_k;\tilde{a},\tilde{b},\gamma)$ 的高斯分布(8-4),因而可以推导出 $(z_{k,i}-\mu_k)^2$ 的统计分布(8-12),χ_1^2 表示自由度为 1 的卡方分布,期望和方差分别如式(8-13)和(8-14)所示。

$$\frac{(z_{k,i}-\mu_k)^2}{\sigma_{k,j}^2} \sim \chi_1^2 \quad (8-12)$$

$$\mathbb{E}_{H_j}[(z_{k,i}-\mu_k)^2] = \sigma_{k,j}^2 \quad (8-13)$$

$$\mathrm{Var}_{H_j}[(z_{k,i}-\mu_k)^2] = 2\sigma_{k,j}^4 \quad (8-14)$$

基于林德伯格中心极限定理[64],$\Lambda(z_{k,i})$ 在每个假设 H_j 下的统计分布如式(8-15)所示,符号 $\xrightarrow{\mathcal{D}}$ 表示依分布收敛(convergence in distribution)。

$$\Lambda(Z) \xrightarrow{\mathcal{D}} \mathcal{N}(m_j, v_j) \quad (8-15)$$

$$m_j = \sum_{k=1}^{K}\sum_{i=1}^{n_k} m_{k,j} = \sum_{k=1}^{K} n_k m_{k,j} \quad (8-16)$$

$$v_j = \sum_{k=1}^{K}\sum_{i=1}^{n_k} v_{k,j} = \sum_{k=1}^{K} n_k v_{k,j} \quad (8-17)$$

由于自然图像是异质的,因此对 LRT $\Lambda(Z)$ 进行正规化处理[如式(8-18)所示],以独立于图像内容设置决策阈值。需要注意的是,$\Lambda(Z)$ 与 $\Lambda^*(Z)$ 的区别仅在于一个是加性常数和一个是乘性常数,这并不会改变 LRT 给出的决策规则。相应地,检测 δ 可以改写为式(8-19)的形式。决策阈值 τ^* 为等式 $\mathbb{P}_{H_0}[\Lambda^*(Z) \geqslant \tau^*] = \alpha_0$ 的解。决策阈值 τ^* 和性能函数 β_{δ^*} 由**定理 1** 给出。

$$\Lambda^*(Z) = \frac{\Lambda(Z) - m_0}{\sqrt{v_0}} \tag{8-18}$$

$$\delta^*(Z) = \begin{cases} H_0, & \text{若 } \Lambda^*(Z) < \tau^* \\ H_1, & \text{若 } \Lambda^*(Z) \geqslant \tau^* \end{cases} \tag{8-19}$$

定理 1 在所有参数 $(\mu; \tilde{a}_j, \tilde{b}_j, \gamma_j)$ 已知的理想情况下，LRT δ^* 的决策阈值 τ^* 和性能函数 β_{δ^*} 分别如下所示。其中，$\phi(\cdot)$ 和 $\phi^{-1}(\cdot)$ 分别为标准高斯随机变量的累积分布函数及其逆函数。

$$\tau^* = \phi^{-1}(1 - \alpha_0) \tag{8-20}$$

$$\beta_{\delta^*} = 1 - \phi\left(\frac{m_0 - m_1 + \tau^* \sqrt{v_0}}{\sqrt{v_1}}\right) \tag{8-21}$$

定理 1 证明 由式(8-15)可得正规化似然比 $\Lambda^*(Z)$ 的统计分布：

$$\begin{cases} \Lambda^*(Z) \xrightarrow{\mathcal{D}} \mathcal{N}(0, 1), & \text{在假设 } H_0 \text{ 下} \\ \Lambda^*(Z) \xrightarrow{\mathcal{D}} \mathcal{N}\left(\frac{m_1 - m_0}{\sqrt{v_0}}, \frac{v_1}{v_0}\right), & \text{在假设 } H_1 \text{ 下} \end{cases} \tag{8-22}$$

基于决策阈值 τ^* 的定义(8-23)可推导出 τ^* 的计算公式(8-20)。

$$1 - \alpha_0 = \mathbb{P}_{H_0}[\Lambda^*(Z) \leqslant \tau^*] = \phi(\tau^*) \tag{8-23}$$

相似地，基于性能函数 β_{δ^*} 的定义(8-24)可推导出 β_{δ^*} 的计算公式：

$$\begin{aligned} \beta_{\delta^*} &= \mathbb{P}_{H_1}[\Lambda^*(Z) \geqslant \tau^*] \\ &= 1 - \mathbb{P}_{H_0}[\Lambda^*(Z) \leqslant \tau^*] \\ &= 1 - \phi\left(\frac{\tau^* - \frac{m_1 - m_0}{\sqrt{v_0}}}{\sqrt{\frac{v_1}{v_0}}}\right) \end{aligned} \tag{8-24}$$

从**定理 1**可以看出，决策阈值 τ^* 是独立于图像内容的。因此 LRT δ^* 可以应用于任何自然图像，在保证假阳率的情况下最大化正确检测概率。由于其统计性能是通过分析建立的，因此能够为任意假阳率 α_0 提供可分析的预测结果。检测性能 β_{δ^*} 可以作为相机模型识别问题的任何统计检测的上限。

8.3.3 GLRT

LRT 是在所有参数 $(\mu; \tilde{a}_j, \tilde{b}_j, \gamma_j)$ 已知的情况下设计的。然而,这是不现实的,即参数 $(\mu; \tilde{a}_j, \tilde{b}_j, \gamma_j)$ 在实践中是未知的。为此,Thai 等人[60]提出两个 GLRT 以解决未知参数的困难。

8.3.3.1 图像参数 μ_k 未知情况下的 GLRT

假设相机参数 $(\tilde{a}_0, \tilde{b}_0, \gamma_0)$ 和 $(\tilde{a}_1, \tilde{b}_1, \gamma_1)$ 是已知的,在图像参数 μ_k 未知情况下所设计的 GLRT 用来判断待测图像 Z 是由已知相机模型 S_0 获取还是由相机模型 S_1 获取。将式(8-9)中的未知参数 μ_k 替换为其 ML 估计值 $\hat{\mu}_k$,那么像素 $z_{k,i}$ 的 GLR 如式(8-25)所示。$\hat{\sigma}_{k,j}^2 = f(\hat{\mu}_k; \tilde{a}_j, \tilde{b}_j, \gamma_j)$。

$$\hat{\Lambda}_1(z_{k,i}) = \frac{1}{2}\ln\frac{\hat{\sigma}_{k,0}^2}{\hat{\sigma}_{k,1}^2} + \frac{1}{2}\left(\frac{1}{\hat{\sigma}_{k,0}^2} - \frac{1}{\hat{\sigma}_{k,1}^2}\right)(z_{k,i} - \hat{\mu}_k)^2 \quad (8-25)$$

当像素数量很大时,估计值 $\hat{\mu}_k$ 的方差可以忽略不计[63]。因此,GLR $\hat{\Lambda}_1(z_{k,i})$ 的数学期望和方差是不变的,那么在假设 H_j 下 GLR $\hat{\Lambda}_1(Z) = \sum_{k=1}^{K}\sum_{i=1}^{n_k}\hat{\Lambda}_1(z_{k,i})$ 的统计分布如式(8-26)所示。这里,m_j 和 v_j 由式(8-16)和式(8-17)给出。

$$\hat{\Lambda}_1(Z) \xrightarrow{\mathcal{D}} \mathcal{N}(m_j, v_j) \quad (8-26)$$

相似地,正规化的 $\hat{\Lambda}_1^*(Z)$ 可以定义为:$\hat{\Lambda}_1^*(Z) = \dfrac{\hat{\Lambda}_1(Z) - m_0}{\sqrt{v_0}}$。然而,由于参数 μ_k 是未知的,在实践中期望 m_0 和方差 v_0 并不能被定义给出,因此,Thai 等人提出将式(8-16)和式(8-17)中参数 μ_k 替换为估计值 $\hat{\mu}_k$,以此来获得期望 m_0 和方差 v_0 的估计值,即 $\hat{m}_0$ 和 $\hat{v}_0$。因而,在实践中,正规化的 GLR $\hat{\Lambda}_1^*(Z)$ 可以表述为式(8-27)所述形式。由于估计值 $\hat{m}_0$ 和 $\hat{v}_0$ 的方差可以忽略不计,因此正规化的 GLR $\hat{\Lambda}_1^*(Z)$ 在假设 H_j 下的统计分布如式(8-28)所示。

$$\hat{\Lambda}_1^*(Z) = \frac{\hat{\Lambda}_1(Z) - \hat{m}_0}{\sqrt{\hat{v}_0}} \quad (8-27)$$

$$\begin{cases} \hat{\Lambda}_1^*(Z) \xrightarrow{\mathcal{D}} \mathcal{N}(0, 1), & \text{在假设 } H_0 \text{ 下} \\ \hat{\Lambda}_1^*(Z) \xrightarrow{\mathcal{D}} \mathcal{N}\left(\dfrac{m_1 - m_0}{\sqrt{v_0}}, \dfrac{v_1}{v_0}\right), & \text{在假设 } H_1 \text{ 下} \end{cases} \quad (8-28)$$

那么,基于正规化的 GLR $\hat{\Lambda}_1^*(Z)$ 的广义似然比检测 GLRT $\hat{\delta}_1^*(Z)$ 如式(8-29)所示。决策阈值 $\hat{\tau}_1^*$ 为等式 $\mathbb{P}_{H_0}[\hat{\Lambda}_1^*(Z) \geqslant \hat{\tau}_1^*] = \alpha_0$ 的解。相应地,GLRT $\hat{\delta}_1^*$ 的决策阈值和性能函数由**定理 1** 给出。

$$\hat{\delta}_1^*(Z) = \begin{cases} H_0, & \text{若 } \hat{\Lambda}_1^*(Z) < \hat{\tau}_1^* \\ H_1, & \text{若 } \hat{\Lambda}_1^*(Z) \geqslant \hat{\tau}_1^* \end{cases} \quad (8-29)$$

8.3.3.2 图像参数 μ_k 和相机参数 $(\tilde{a}_1, \tilde{b}_1, \gamma_1)$ 未知情况下的 GLRT

假设相机参数 $(\tilde{a}_0, \tilde{b}_0, \gamma_0)$ 是已知的,在图像参数 μ_k 和相机参数 $(\tilde{a}_1, \tilde{b}_1, \gamma_1)$ 未知情况下所设计的 GLRT 用来判断调查图像 Z 是否由已知相机模型 S_0 获取。调查图像 Z 可以是从未知的相机型号中获取。在设计 GLRT 之前,相机参数 $(\tilde{a}_1, \tilde{b}_1, \gamma_1)$ 从调查图像 Z 中估计[63],表征一个特定的未知相机模型。令 $\gamma_1 = \gamma_0$,将三个参数 $(\tilde{a}_1, \tilde{b}_1, \gamma_1)$ 的估计问题简化为两个参数 $(\tilde{a}_1, \tilde{b}_1)$ 的估计。$(\hat{\tilde{a}}_1, \hat{\tilde{b}}_1)$ 的最大似然估计具有渐近一致性[64],即它们在概率上渐近收敛于真实值:$\hat{\tilde{a}}_1 \xrightarrow{\mathcal{P}} \tilde{a}_1, \hat{\tilde{b}}_1 \xrightarrow{\mathcal{P}} \tilde{b}_1$。需要注意的是,$(\hat{\tilde{a}}_1, \hat{\tilde{b}}_1)$ 的最大似然估计具有一定的可变性。因此,令 $\hat{\sigma}_{\tilde{a}_1}^2$、$\hat{\sigma}_{\tilde{b}_1}^2$ 和 $\hat{\sigma}_{\tilde{a}_1 \tilde{b}_1}$ 分别表示 $\hat{\tilde{a}}_1$ 的方差、$\hat{\tilde{b}}_1$ 的方差以及 $\hat{\tilde{a}}_1$ 与 $\hat{\tilde{b}}_1$ 的协方差。将式(8-9)中 $(\mu_k, \tilde{a}_1, \tilde{b}_1)$ 替换为 $(\hat{\mu}_k, \hat{\tilde{a}}_1, \hat{\tilde{b}}_1)$,像素 $z_{k,i}$ 的 GLR 如式(8-30)所示

$$\begin{aligned}
\hat{\Lambda}_2(z_{k,i}) = & \frac{1}{2} \ln \frac{f(\hat{\mu}_k; \tilde{a}_0, \tilde{b}_0, \gamma_0)}{f(\hat{\mu}_k; \hat{\tilde{a}}_1, \hat{\tilde{b}}_1, \gamma_1)} \\
& + \frac{1}{2} \left(\frac{1}{f(\hat{\mu}_k; \tilde{a}_0, \tilde{b}_0, \gamma_0)} - \frac{1}{f(\hat{\mu}_k; \hat{\tilde{a}}_1, \hat{\tilde{b}}_1, \gamma_1)} \right) (z_{k,i} - \hat{\mu}_k)^2
\end{aligned}$$
$$(8-30)$$

命题 2 在假设 H_j 下,GLR $\hat{\Lambda}_2(z_{k,i})$ 的期望和方差分别由式(8-31)和式(8-32)给出(证明参见文献[60])。

$$\mathbb{E}_{H_j}[\hat{\Lambda}_2(z_{k,i})] = m_{k,j} \tag{8-31}$$

$$\operatorname{Var}_{H_j}[\hat{\Lambda}_2(z_{k,i})] = v_{k,j} + \frac{1}{4} \frac{\operatorname{Var}_{H_j}[f(\hat{\mu}_k; \hat{\tilde{a}}_1, \hat{\tilde{b}}_1, \gamma_1)]}{\sigma_{k,1}^4}$$
$$+ \frac{3}{4} \frac{\operatorname{Var}_{H_j}[f(\hat{\mu}_k; \hat{\tilde{a}}_1, \hat{\tilde{b}}_1, \gamma_1)]}{\sigma_{k,1}^8} \sigma_{k,j}^4 \tag{8-32}$$

$$\operatorname{Var}_{H_j}[f(\hat{\mu}_k; \hat{\tilde{a}}_1, \hat{\tilde{b}}_1, \gamma_1)] = \frac{\mu_k^{4-2\gamma_1}}{\gamma_1^4}\sigma_{\tilde{a}_1}^2 + \frac{\mu_k^{4-4\gamma_1}}{\gamma_1^4}\sigma_{\tilde{b}_1}^2 + 2\frac{\mu_k^{4-3\gamma_1}}{\gamma_1^4}\hat{\sigma}_{\tilde{a}_1\tilde{b}_1} \tag{8-33}$$

需要注意的是,GLR $\hat{\Lambda}_2(z_{k,i})$ 的数学期望不变,且在 GLR 的方差 $\operatorname{Var}_{H_j}[\hat{\Lambda}_2(z_{k,i})]$ 中考虑了 $(\hat{\tilde{a}}_1, \hat{\tilde{b}}_1)$ 的可变性。为了简化,令 $\tilde{v}_{k,j} = \operatorname{Var}_{H_j}[\hat{\Lambda}_2(z_{k,i})]$。基于林德伯格中心极限定理[64],在假设 H_j 下,GLR $\hat{\Lambda}_2(Z) = \sum_{k=1}^{K}\sum_{i=1}^{n_k}\hat{\Lambda}_2(z_{k,i})$ 服从高斯分布,如式(8-34)所示。其中,期望 m_j 由式(8-16)给出,方差 $\tilde{v}_j = \sum_{k=1}^{K} n_k \tilde{v}_{k,j}$。

$$\hat{\Lambda}_2(Z) \xrightarrow{\mathcal{D}} \mathcal{N}(m_j, \tilde{v}_j) \tag{8-34}$$

基于正规化的 GLR $\hat{\Lambda}_2^*(Z) = \dfrac{\hat{\Lambda}_2(Z) - \hat{m}_0}{\sqrt{\hat{\tilde{v}}_0}}$,GLRT $\hat{\delta}_1^*(Z)$ 如式(8-35)所示。$\hat{m}_0$ 和 $\hat{\tilde{v}}_0$ 分别为 m_0 和 $\tilde{v}_0$ 的估计值,通过将 $(\mu_k, \tilde{a}_1, \tilde{b}_1)$ 替换为 $(\hat{\mu}_k, \hat{\tilde{a}}_1, \hat{\tilde{b}}_1)$ 所得。决策阈值 $\hat{\tau}_2^*$ 为等式 $\mathbb{P}_{H_0}[\hat{\Lambda}_2^*(Z) \geqslant \hat{\tau}_2^*] = \alpha_0$ 的解。

$$\hat{\delta}_2^*(Z) = \begin{cases} H_0, & \text{若} \hat{\Lambda}_2^*(Z) < \hat{\tau}_2^* \\ H_1, & \text{若} \hat{\Lambda}_2^*(Z) \geqslant \hat{\tau}_2^* \end{cases} \tag{8-35}$$

定理 2 当调查图像 Z 被检测是否来自相机参数 $(\tilde{a}_0, \tilde{b}_0, \gamma_0)$ 所描述的相机模型 S_0 时,GLRT $\hat{\delta}_2^*(Z)$ 的决策阈值和性能函数分别由式(8-36)和式(8-37)给出(证明参见文献[60])。

$$\hat{\tau}_2^* = \phi^{-1}(1-\alpha_0) \tag{8-36}$$

$$\beta_{\hat{\delta}_2^*} = 1 - \phi\left(\frac{m_0 - m_1 + \hat{\tau}_2^*\sqrt{\tilde{v}_0}}{\sqrt{\tilde{v}_1}}\right) \tag{8-37}$$

由此,所设计的 GLRT $\hat{\delta}_1^*$ 和 $\hat{\delta}_2^*$ 的统计性能被分析性地给出。这些检验能够保证预设的假阳率且能够独立于图像内容设置决策阈值。值得注意的是,由于决策是在两个已知的相机模型 S_0 和 S_1 之间执行的,因此 GLRT $\hat{\delta}_1^*$ 可以解释为一个封闭的假设检验。GLRT $\hat{\delta}_2^*$ 是一个开放的假设检验,这是因为该检测的目的是确认调查图像 Z 是否由相机模型 S_0 获取。所设计的这两个 GLRT 可以直接在实践中应用。

8.3.4 性能分析

在假设检验理论框架之下,研究人员基于统计噪声模型设计了性能优异的数字图像相机型号/设备识别检测器,接下来,对几种基于统计噪声模型的图像来源识别检测器性能进行简要分析。

Thai 等人首先提出了泊松-高斯噪声模型来更准确地描述 RAW 格式自然图像。基于该统计噪声模型,在假设检验理论框架之下,Thai 等人设计了 RAW 图像相机型号识别检测器[58],并在包含八个相机型号的大规模测试图像集(Dresden 数据集、BOSS 数据集及其所在团队的图像数据集,如表 8-24 所示)上进行实验来验证所设计检测器识别图像来源的有效性。表 8-25 至表 8-28 展示了所设计检测器对 ISO 分别为 100、200、400 和 800 的测试图像的测试结果。从这些数据可以看出,该检测器能够有效识别 RAW 图像的相机型号来源。

表 8-24 测试图像数据集参数信息

相机	设备数	传感器尺寸	位深	感光度(ISO)	图像数
Nikon D70	N70	3	23.7×15.6 mm CCD	12	200-400-800	1 300
Nikon D90	N90	2	23.6×15.8 mm CMOS	12	200-400-800	800
Nikon D200	N200	2	23.6×15.8 mm CCD	12	200	750
Canon 7D	C7	1	22.3×14.9 mm CMOS	14	100	250
Canon 40D	C40	2	22.2×14.8 mm CMOS	14	200-400-800	800
Canon 400D	C400	1	22.2×14.8 mm CMOS	12	100-200-800	1 300
Canon 450D	C450	2	22.2×14.8 mm CMOS	14	100-400	800
Pentax K20D	P	1	23.4×15.6 mm CMOS	12	100-200-400	1 200

资料来源:Thai T H, Cogranne R, Retraint F. Camera model identification based on the heteroscedastic noise model [J]. IEEE Transactions on Image Processing, 2013, 23(1):250-263.

表 8-25　对 ISO=100 的 RAW 图像的检测结果

		待测图像			
		C7	C400	C450	P
H_0	C7	97.3	0.0	0.0	0.0
	C400	0.0	99.7	0.0	0.0
	C450	1.7	0.0	100.0	0.0
	P	0.0	0.0	0.0	99.8

资料来源：Thai T H, Cogranne R, Retraint F. Camera model identification based on the heteroscedastic noise model [J]. IEEE Transactions on Image Processing, 2013, 23(1): 250-263.

表 8-26　对 ISO=200 的 RAW 图像的检测结果

		待测图像					
		N70	N90	N200	C40	C400	P
H_0	N70	99.6	1.1	0.2	0.0	0.0	0.0
	N90	1.1	100.0	0.0	0.0	0.0	0.0
	N200	0.0	0.0	99.6	0.0	0.0	0.0
	C40	0.0	0.0	0.0	100.0	0.0	0.0
	C400	0.0	0.0	0.0	0.0	99.8	0.0
	P	0.7	0.0	0.0	0.0	0.0	99.8

资料来源：Thai T H, Cogranne R, Retraint F. Camera model identification based on the heteroscedastic noise model [J]. IEEE Transactions on Image Processing, 2013, 23(1): 250-263.

表 8-27　对 ISO=400 的 RAW 图像的检测结果

		待测图像			
		N70	N90	C40	P
H_0	N70	100	0	0	0
	N90	0	100	0	0
	C40	0	0	100	0
	P	0	0	0	100

资料来源：Thai T H, Cogranne R, Retraint F. Camera model identification based on the heteroscedastic noise model [J]. IEEE Transactions on Image Processing, 2013, 23(1): 250-263.

表 8-28 对 ISO=800 的 RAW 图像的检测结果

		待测图像			
		N70	N90	C40	C400
H_0	N70	100.0	0.0	0.0	0.0
	N90	0.0	100.0	0.0	0.0
	C40	0.0	0.0	100.0	0.0
	C400	0.0	0.0	0.0	99.5

资料来源：Thai T H，Cogranne R，Retraint F. Camera model identification based on the heteroscedastic noise model [J]. IEEE Transactions on Image Processing，2013，23(1)：250-263.

尽管 Thai 等人所设计的基于泊松-高斯噪声模型的 RAW 图像相机型号识别检测器[58]能够有效识别来自不同相机型号的测试图像，但无法区分来自同一相机型号但不同相机设备的测试图像。因而，在 Thai 的研究工作基础之上，Qiao 等人改进了描述 RAW 图像的泊松-高斯噪声模型[59]，设计了基于改进的噪声模型的 RAW 图像相机设备识别检测器，并在测试图像数据集上验证该检测器的性能。在测试实验中，测试图像选自 Dresden 图像数据集中的三个不同相机型号（Nikon D70、Nikon D70s 和 Nikon D200），其中每种相机型号包含两个不同的相机设备。为了突出所设计检测器的有效性，将检测结果与基于泊松-高斯噪声模型的 RAW 图像相机型号识别检测器[58]、基于 PRNU 的相机源识别检测器的检测结果进行比较，如表 8-29 所示，分别对应表 8-29 中的 Test 1 和 Test 2。可以看出，在对来自同一相机型号但不同相机设备的测试图像进行源识别时，Qiao 所设计的检测器性能与基于 PRNU 的相机源识别检测器性能相近，且明显优于 Thai 等人设计的检测器。

表 8-29 RAW 图像相机设备识别检测结果

检测		Min. P_E	Power $\alpha_0=0.05$
Proposed test	Nikon D70	0.065	0.91
	Nikon D70s	0.070	0.89
	Nikon D200	0.015	0.98
Test 1	Nikon D70	0.005	1.00
	Nikon D70s	0.010	1.00
	Nikon D200	0.015	1.00

续表

检测		Min. P_E	Power $\alpha_0 = 0.05$
Test 2	Nikon D70	0.375	0.23
	Nikon D70s	0.305	0.33
	Nikon D200	0.415	0.05

资料来源：Thai T H, Cogranne R, Retraint F. Camera model identification based on the heteroscedastic noise model [J]. IEEE Transactions on Image Processing, 2013, 23(1): 250-263.

鉴于RAW图像的应用局限性，通过分析数字图像的成像过程，Thai等人又提出了能够准确描述JPEG格式自然图像的广义相关噪声模型[63]。在假设检验理论框架之下，设计了基于该噪声模型的JPEG图像相机型号识别检测器[60]，并在包含10个相机型号的5 700幅测试图像的图像数据集（来自Dresden图像数据集，如表8-30所示）上进行了相机型号识别性能检测。如表8-31所示，基于广义相关噪声模型的检测器能够有效识别JPEG图像的相机型号，对来自10个不同相机型号的测试图像实现了97.77%的平均识别准确率。

表8-30 测试图像数据集参数信息

相机		设备数	分辨	图像数
Canon Ixus 70	Cn	3	3 072×2 304	500
CASIO EX-Z150	Cs	5	3 264×2 448	600
Fujifilm J50	F	3	3 264×2 448	500
Nikon D200	N1	2	3 872×2 592	500
Nikon D70	N2	2	3 008×2 000	300
Olympus 1050SW	O	5	3 648×2 736	700
Panasonic FZ50	Pa	3	3 648×2 736	600
Pentax A40	Pe	4	4 000×3 000	600
Praktica DCZ	Pr	5	2 560×1 920	700
Ricoh GX100	Ri	5	3 648×2 736	700
累计		10	37	—	5 700

资料来源：Thai T H, Retraint F, Cogranne R. Camera model identification based on the generalized noise model in natural images [J]. Digital Signal Processing, 2016, 48: 285-297.

表 8-31　RAW 图像相机型号识别检测结果

		待测图像									
		Cn	Cs	F	N1	N2	O	Pa	Pe	Pr	Ri	Avg.
H_0	Cn	100.00	*	*	*	*	*	*	*	*	*	
	Cs	*	99.82	*	*	*	*	*	*	*	*	
	F	*	*	91.55	*	*	*	*	*	*	*	
	N1	*	*	*	100.00	*	*	*	*	*	*	
	N2	*	*	*	*	100.00	*	*	*	*	*	
	O	*	*	*	*	*	97.25	*	*	*	*	
	Pa	*	*	*	*	*	*	98.57	*	*	*	
	Pe	*	*	*	*	*	*	*	92.21	*	*	
	Pr	*	*	*	*	*	*	*	*	100.00	*	
	Ri	*	*	*	*	*	*	*	*	*	98.33	
												97.77

资料来源：Thai T H，Retraint F，Cogranne R. Camera model identification based on the generalized noise model in natural images［J］. Digital Signal Processing，2016，48：285-297.

同理，尽管 Thai 等人所设计的基于广义相关噪声模型的 JPEG 图像相机型号识别检测器[60]能够有效识别来自不同相机型号的测试图像，但无法区分来自同一相机型号而相机设备不同的测试图像。为了能够有效识别来自同一相机型号但不同相机设备的 JPEG 测试图像，Qiao 等人改进了描述 JPEG 图像的广义相关噪声模型，设计了基于改进的广义相关噪声模型的 JPEG 图像相机设备识别检测器[61]，并在来自 Dresden 数据集的三个相机型号 11 个相机设备的 2 055 幅 JPEG 全分辨率测试图像（如表 8-32 所示）上进行实验来验证所设计检测器识别图像来源的有效性。为了突出所设计检测器的有效性，他们将检测结果与基于广义相关噪声模型的 JPEG 图像相机型号识别检测器[60]、基于 PRNU 的相机源识别检测器的检测结果进行比较，如表 8-33 所示，分别对应表 8-33 中的 Test 1 和 Test 2。可以看出，对来自同一相机型号但不同相机设备的测试图像进行源识别时，Qiao 等人所设计的检测器与基于 PRNU 的相机源识别检测器均实现了非常好的检测性能，且明显优于基于广义相关噪声模型的 JPEG 图像相机型号识别检测器[60]。

表 8-32　测试图像数据集参数信息

相机	设备	σ	γ	分辨率	图像数
Nikon D200 ♯ 0	N_D200_0	3.4	0.846 4	3 872×2 592	372
Nikon D200 ♯ 1	N_D200_1	3.329 4	0.859 1	3 872×2 592	380
Nikon D70 ♯ 0	N_D70_0	2.236 5	0.749 4	3 008×2 000	180
Nikon D70 ♯ 1	N_D70_1	2.182 3	0.702 4	3 008×2 000	189
Nikon D70s ♯ 0	N_D70s_0	2.232 2	0.700 1	3 008×2 000	178
Nikon D70s ♯ 1	N_D70s_1	2.099 8	0.750 6	3 008×2 000	189
Canon Ixus70 ♯ 0	C_I70_0	4.357 3	0.859 6	3 072×2 304	187
Canon Ixus70 ♯ 1	C_I70_1	4.045 6	0.842 5	3 072×2 304	194
Canon Ixus70 ♯ 2	C_I70_2	4.553 5	0.881 9	3 072×2 304	186
合计		11	std:1.002 5	std:0.072 6	3	2 055

资料来源：Qiao T, Retraint F, Cogranne R, et al. Individual camera device identification from JPEG images [J]. Signal Processing: Image Communication, 2017, 52:74-86.

表 8-33　JPEG 图像相机设备识别检测结果

相机	Proposed Test	Test 1	Test 2
N_D200_0 vs N_D200_1	1	0.01	1
N_D70_0 vs N_D70_1	1	0.01	1
N_D70s_0 vs N_D70s_1	1	0.01	1
C_I70_0 vs C_I70_1	1	0.02	1
C_I70_0 vs C_I70_2	1	0.03	1
C_I70_1 vs C_I70_2	1	0.07	1
均值	1	0.03	1

资料来源：Qiao T, Retraint F, Cogranne R, et al. Individual camera device identification from JPEG images [J]. Signal Processing: Image Communication, 2017, 52:74-86.

尽管上述检测器能够有效识别图像来源（相机设备/型号），但取证过程均是在明文域中进行的。值得注意的是，作为司法取证的数字证据，调查图像往往涉及犯罪、恐怖主义、军事等敏感信息，使得其取证数据往往具有高度敏感性、机密性。然而，现有的大多数取证方法却是不足够安全的，往往存在图像隐私(如图像内容、来源等)泄露的潜在威胁。因此,如何保护调查图像的隐私安全成为当前取证工作所面临的具有挑战性的问题。此外,随着数据库的日益增长,如何解决沉重的计算开销成为取证工作中一个具有挑战性的问题,特别是对于具有较低计算能力的取证机构(如法院等司法机构)而言。

针对图像来源识别取证工作中存在的上述两个问题,Chen等人提出了一种基于图像统计噪声模型的安全高效的取证方法[66],如图8-14所示。该方法能够在保护调查图像隐私安全的同时高效率地完成图像源取证工作。具体来说,针对取证工作中计算开销沉重的问题,他们提出将取证工作外包给具有强大计算能力的第三方机构进行处理,有效提高取证效率;而针对图像隐私泄露的潜在威胁,他们设计了一个能够在图像加密域中进行图像源取证的高性能检测器。

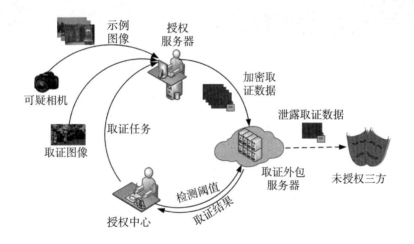

图8-14 安全取证方法示意图

(资料来源:Chen Y, Qiao T, Retraint F, et al. Efficient privacy-preserving forensic method for camera model identification [J]. IEEE Transactions on Information Forensics and Security, 2022, 17: 2378-2393.)

值得注意的是,与上述基于明文域统计噪声模型的检测器不同,Chen等人所设计的相机来源取证检测器基于加密域的统计噪声模型[66],能够在保护图像隐私的同时识别图像来源。为了验证在隐私保护和图像来源识别两方面的有效性,Chen等人采用一种混合隐私保护方案对图像进行加密处理,并在此加密域中使用所设计的检测器在来自Dresden数据集的16个不同相机型号图像上进行图像来源识别取证。实验结果从隐私保护(即图像内容隐私保护和图像源相机模型身份隐私保护,如图 8-15、图 8-16 所示)和取证有效性(如图 8-17 所示)两方面验证了该方法的可行性,并表明该方法在解决图像源相机模型身份识别问题方面优于当前先进的安全取证算法,特别是当用于估计相机指纹的样本图像不足够时(如只有两幅可用图像)。此外,与当前安全取证算法大多应用复杂加密算法加密 PRNU 指纹不同,该检测器是在应用一种简易隐私

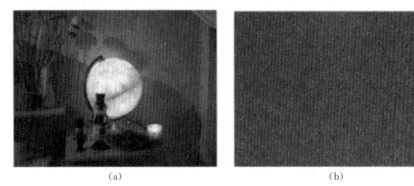

(a) （b）

图 8-15　图像内容的隐私保护

(资料来源:Chen Y, Qiao T, Retraint F, et al. Efficient privacy-preserving forensic method for camera model identification [J]. IEEE Transactions on Information Forensics and Security, 2022, 17:2378-2393.)

	N70	N200	Nco	Cas	Pra	Son
N70	0.0053	0	0.9500	0.0500	0.0053	0
N200	0.0026	0.0053	0.0053	0.0447	0.0105	0.7763
Nco	0.1237	0.0842	0	0	0.0474	0.1816
Cas	0.3868	0.5132	0	0	0.3974	0
Pra	0	0	0.0447	0.8974	0	0.0342
Son	0.4816	0.3974	0	0.0079	0.5395	0.0079

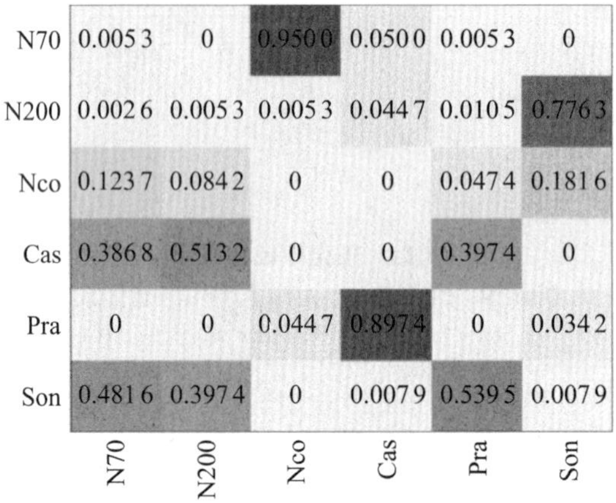

图 8-16　图像源相机模型身份的隐私保护

(资料来源:Chen Y, Qiao T, Retraint F, et al. Efficient privacy-preserving forensic method for camera model identification [J]. IEEE Transactions on Information Forensics and Security, 2022, 17:2378-2393.)

保护方案的加密域中基于简化的统计噪声模型[62]设计的,不仅能够有效识别待测图像的相机模型身份,而且能够对其统计性能进行系统性分析,有效弥补了当前安全取证算法在此方面的不足。

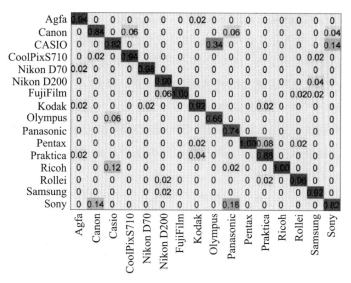

图 8‑17　基于统计噪声模型检测器的检测性能

(资料来源:Chen Y, Qiao T, Retraint F, et al. Efficient privacy-preserving forensic method for camera model identification [J]. IEEE Transactions on Information Forensics and Security, 2022, 17:2378‑2393.)

8.4　基于 CNN 的来源识别

卷积神经网络(CNN)这一名词频繁出现在人们的视野里,这是因为它们在计算机视觉领域(例如自然语言处理和通用物体识别等)获得了极大的成功。该网络应用在数字图像取证领域已成为一种流行趋势。与上述传统的"手工"提取特征的算法不同,CNN 可以在学习过程中自动且同时地提取特征并且学习分类。在海量数据分析场景中,采用这种端到端方法简化了分析模型的复杂流程,使数据处理更为高效。

例如,Baroffio 等人[67]在 2016 年开创性地将 CNN 应用于设备来源取证。他们提出了一种基于数据驱动的 CNN 算法,该算法可以直接从所获取的图像中学习表征相机型号的特征。在包含 27 种相机型号的图像数据集上,该算法的准确性大于 94%。同年，Tuama 等人[68]改进了 Baroffio 等人的模型，在预处理过程中添加了去噪滤波器。他们分别使用了高通滤波器（high-pass filter, HPF）和小波滤波器（wavelet noise filter, WNF）进行实验，通过滤波器抑制由图像边缘和纹理引起的干扰，使得性能得到进一步提升。Baroffio 等人在文献[69]中利用 CNN 获取独特的来源特征，并且结合 SVM 分类器进行分类。经过实验证明，该网络具有通用性，即对没有受过训练的相机型号，该网络也具有一定的效果。除此之外，该网络对小尺寸图像有较好的效果。2018 年，Yao 等人[70]认为基于 CNN 模型的特征提取器相较于传统"手工"提取方法对局部特征更敏感，仅仅使用小图像块（例如 64×64）即可精准识别图像的设备型号来源。他们通过引进 13 个卷积层的 CNN 模型和多数投票算法，使得该模型在一定程度上能够抵抗 JPEG 压缩和添加随机噪声攻击，但是 13 个卷积层会导致模型收敛速度慢等问题。

2019 年，Cozzolino 等人[71]提出了 Noiseprint，它被称为相机的模型指纹。简而言之，Noiseprint 是通过一个孪生神经网络所获得的。该网络由两个相同结构和权重的 CNN 组成。与传统滤波器不同，该网络被认为是基于 CNN 的滤波器。由于来自同一相机型号的图像块会产生相似的 Noiseprint 块，而来自不同相机型号的图像块会产生不相似的 Noiseprint 块。因此，该网络采用来自相同型号设备和不同型号设备的成对图像块训练。此外，在该网络中，图像场景内容和非分辨性的信息都被丢弃，而具有分辨性的信息得到增强。Noiseprint 具有较强的鲁棒性。除了能够进行设备型号溯源外，当图像发生篡改时，Noiseprint 中会留下非常明显的痕迹，从而即使是直接检查也可以轻松定位。针对 CNN 梯度消失导致网络收敛慢、检测正确率低等问题，Chen 等人引入 DenseNet 以增强表征分类问题特征的传播，降低神经网络梯度消失的影响，从而提高了识别的正确性[72,73]。同年，Yang 等人[74]提出了一种内容自适应融合残差网络用于识别小尺寸图像来源，他们考虑到预处理阶段使用滤波器可能会丢失图像中的一些与来源有关的重要信息，因此他们使用基于多分支结构的网络替代滤波器以获得更全面的信息。

识别图像的相机型号是数字取证领域的一个重要问题。虽然研究人员已经提出了几种算法来实现这一点，但如果图像经过后处理，它们的性能会显著下降。因为社交媒体应用程序和照片共享网站通常会调整图像大小和重新压缩图像，所以已提出的几种算法是有缺陷的。Bayar 等人提出了一种新的基于 CNN 的方法来执行相机模型识别，该方法对重采样和再压缩的图片具有鲁棒性[75]。为此，他们提出了一种取证特征提取的新方法，称为增强卷积特征图（argument convolutional feature maps，ACFM）。这种方法先并行使用约束卷积层和非线性残余特征提取器，后将由这两个层产生的特征图串联起来，并由随后的卷积层学习这些特征图之间的更高级别的关联。

当 CNN 与自适应特征提取器（例如约束卷积层）一起使用时，它展示出学习一组多样化的预测残差特征的能力。为了在后处理图像中进行相机模型识别的任务，Bayar 等人需要同时保留由约束卷积层产生的自适应学习线性预测残差特征以及非线性残差特征。这意味着，Bayar 等人不想用固定的非线性残差特征提取器替换 CNN 的第一层，同时希望将这些非线性残差整合进 CNN 中。

在 ACFM 方法中，固定的非线性残差特征提取器与一组受约束的卷积滤波器并行放置。约束卷积层产生的特征图与非线性特征残差连接，以创建一组增强的特征图。然后将这组增强的特征图直接传递给常规卷积层。CNN 中更深的卷积层将学习更高级别的特征以及这些线性和非线性残差之间的关联。在训练过程中，非线性特征提取器保持恒定，而约束卷积层中的滤波器通过随机梯度下降进行更新。通过学习一组不同的线性预测误差特征提取器，它们补充了非线性残差特征，这些特征主要用于提高 CNN 对后处理的鲁棒性。图 8-18 描绘了 Bayar 等人提出的基于增强卷积特征图的 CNN 的整体架构。他们提出的 CNN 有以下特点：

- 在训练网络时联合抑制图像的内容并自适应地学习低级线性残差特征；
- 使用线性和非线性残差执行卷积特征图增强；
- 能够提取更高级别的深层特征；
- 使用 1×1 卷积滤波器学习更高级别的增强特征图之间的新关联。

这些类型的滤波器用于学习位于不同特征图中但位于相同空间位置的特征的线性组合。

为了研究使用非线性 MFR 特征增强 CNN 的影响，Bayar 等人将 CNN 与不包括特征图增强的体系结构进行了比较，即仅使用"约束 Conv"层来提取低级线性残差特征。然后，将结果与使用高通滤波器的 CNN 进行比较，以执行低级特征提取。

实验结果表明，使用 MFR 特征增强约束卷积层产生的特征图通常可以提高所有可能的篡改操作的整体识别率。值得注意的是，它可以在原始图像中达到 98.58% 的识别率，在缩小 50% 的图像中达到至少 79.74% 的识别率。从

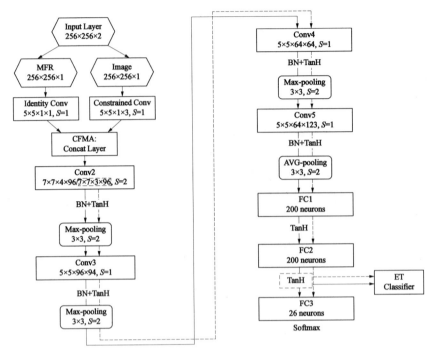

图 8-18 基于增强卷积特征图的 CNN

(资料来源:Bayar B,Stamm M C. Augmented convolutional feature maps for robust CNN-based camera model identification [C]//2017 IEEE International Conference on Image Processing (ICIP). IEEE,2017:4098-4102.)

表 8-34 可以看出,基于极端随机树(extremely randomized trees,ET)的 CNN 方法优于基于 softmax 的 CNN。

表 8-34　CNN 对使用 softmax 层(上)和极端随机树(ET)分类器(下)处理图像识别率

方法		Resampling			Resampling+JPEG (QF=90)			JPEG	Original
		120%	90%	50%	120%	90%	50%	QF=90	—
Softmax 层	ACFM-based CNN	97.14%	95.93%	90.75%	93.86%	91.42%	79.31%	97.26%	98.26%
	Non ACFM-based CNN	96.75%	95.76%	87.70%	94.94%	91.89%	75.68%	97.23%	98.24%
	HPF-based CNN	95.94%	95.68%	87.54%	90.45%	83.96%	67.16%	96.00%	97.52%

续表

方法		Resampling			Resampling+JPEG (QF=90)			JPEG	Original
		120%	90%	50%	120%	90%	50%	QF=90	—
极端随机树	ACFM-based CNN	97.61%	96.44%	91.47%	94.71%	92.10%	79.74%	97.63%	98.58%
	Non ACFM-based CNN	97.28%	96.38%	88.88%	95.50%	92.50%	76.05%	97.60%	98.52%
	HPF-based CNN	96.47%	96.14%	88.67%	91.31%	84.71%	67.42%	96.36%	97.83%

资料来源：Bayar B, Stamm M C. Augmented convolutional feature maps for robust cnn-based camera model identification[C]//2017 IEEE International Conference on Image Processing (ICIP). IEEE, 2017: 4098-4102.

早期基于 CNN 的相机模型识别方法使用非自适应手工设计的线性残差作为分类特征。从表 8-34 可以看出，作者提出的基于 ACFM 的 CNN 方法比基于非自适应 HPF 的 CNN 方法更精确、更健壮。此外，实验结果表明，基于自适应非 ACFM 的方法也优于基于 HPF 的 CNN，并且可以在所有可能的篡改操作下实现高于 90% 的识别率。更准确地说，使用 ET 分类器，在未改变图像的情况下，可以实现 98.52% 的识别率，在 50% 的缩小后压缩（QF=90）图像的情况下，可以实现至少 76.05% 的识别率。这证明了受约束卷积层能够直接从数据中自适应地提取低级像素值相关性特征，即使输入图像经历了一次或多次篡改操作。另外，从表 8-34 可以看出，ET 分类器还显著提高了 CNN 的相机模型识别率。

Tuama 等人[68]也采用 CNN 模型识别数字图像拍摄来源。他们对于网络的改进是在 CNN 模型中添加了一层预处理，由应用于输入图像的高通滤波器组成。在输入 CNN 之前，他们实现了具有两种残差的 CNN 模型。然后在网络内部处理卷积和分类。CNN 为每个相机模型输出一个识别分数。该方法针对 33 个成像设备模型取得了 91.9% 的正确率。尽管 Tuama 等人的研究取得了重要突破，但由于输入图像块尺寸（如 256×256×3）的限制，该研究在小尺寸图像块检测中存在检测鲁棒性低、抗攻击能力差等问题。

Tuama 等人提出的模型框架如图 8-19 所示，其中描述了架构的详细设置。第一层是过滤层,后面是三个卷积层,从第一层(Conv1)到第三层(Conv3),而最后三层是用于分类的全连接层(FC1、FC2、FC3)。

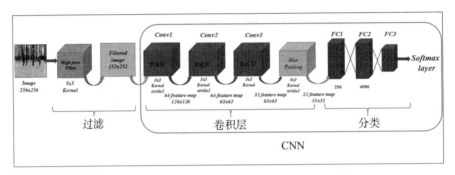

图 8-19 相机模型识别的传统神经网络的架构

(资料来源:Tuama A, Comby F, Chaumont M. Camera model identification with the use of deep convolutional neural networks [C]//2016 IEEE International Workshop on Information Forensics and Security (WIFS). IEEE, 2016:1-6.)

对图像进行去噪处理的经典方法是应用去噪滤波器。对于每个图像 I,通过从图像本身中减去图像的去噪版本来提取残余噪声,如下所示:

$$N = I - F(I) \tag{8-38}$$

其中 $F(I)$ 是去噪图像,F 是去噪滤波器。应用这种类型的滤波器在所提出的方法中很重要,因为它可以抑制由图像边缘和纹理引起的干扰,以便获得图像残差。此步骤的输出将馈送到 CNN。在他们的实验中,Tuama 等人使用了两种类型的滤波器作为预处理,第一个是高通滤波器,第二个是基于小波的去噪滤波器。

AlexNet 卷积神经网络经过调整和修改以适应模型要求。第一个卷积层(Conv1)用 64 个大小为 3×3 的内核处理残差图像,生成的特征图大小为 126×126。第二个卷积层(Conv2)将第一层的输出作为输入,使用大小为 3×3 的内核进行卷积,并生成大小为 64×64 的特征图。第三个卷积层应用具有 32 个大小为 3×3 的内核的卷积。线性整流函数(ReLU)是一种非线性激活函数,应用于每个卷积层的输出,被认为是对神经元输出进行建模的标准方法。第三个卷积层之后是窗口大小为 3×3 的最大池化操作,它对相应卷积层中的特征图进行操作,并导致相同数量的特征图随着空间分辨率的降低而降低。

完全连接层 FC1、FC2 分别有 256 个和 4 096 个神经元。ReLUs 激活功能应用于全连接层的输出。最后一个完全连接层 FC3 的输出馈送至 softmax 层。

为了评估模型效果,Tuama 等人使用了来自两个不同数据集的 33 个摄像机模型。表 8-35 中的残差 1(residual 1)和残差 2(residual 2)分别是使用高通滤波器和小波去噪滤波器提取出的噪声残差。表 8-35 展示了 Tuama 等人的模型与对比模型(AlexNet 和 GoogleNet)的实验结果。GoogleNet 由 27 层组成,这解释了为什么它获得的分数更高。对于实验 1,使用 12 个摄像头模型,AlexNet 对残差 1 和残差 2 分别达到 94.5% 和 91.8% 的识别准确率,GoogleNet 分别达到 98.99% 和 95.9% 的识别准确率,Tuama 等人的模型使用 12 种相机型号实现了残差 1、残差 2 分别为 98% 和 95.1% 的识别准确率。

表 8-35 与 AlexNet 和 GoogleNet 相比,所有实验的识别精度

方法	实验 1 (1~12)模型		实验 2 (1~14)模型		实验 3 (1~33)模型
	残差 1	残差 2	残差 1	残差 2	残差 1
AlexNet	94.50%	91.80%	90.50%	89.45%	83.50%
GoogleNet	98.99%	95.90%	98.01%	96.41%	94.50%
Proposed Net	98.00%	95.1%	97.09%	93.23%	91.90%

资料来源:Tuama A, Comby F, Chaumont M. Camera model identification with the use of deep convolutional neural networks [C]//2016 IEEE International Workshop on Information Forensics and Security (WIFS). IEEE, 2016:1-6.

实验 2(14 个相机模型)的实验结果与实验 1 相似。AlexNet 在残差 1 和残差 2 的条件下实现了 90.5% 和 89.45% 的准确率,Tuama 等人提出的模型达到了 97.09% 和 93.23% 的准确率,GoogleNet 则达到了 98.01% 和 96.41% 的识别准确率。

可以看到,与 AlexNet 相比,在包含 14 个相机模型的实验中,所提模型的准确率提高了 7%,效率仅比 GoogleNet 低 1%。考虑到复杂性度量,Tuama 等人所提出的 CNN 模型训练 12 个相机模型所花费的时间大约是 5.5 小时,而使用 GoogleNet 训练相同集合所花费的时间大约是 16 小时。前者测试 12 个摄像头所花费的时间约为 10 分钟,而 GoogleNet 则为 30 分钟。因此,与

GoogleNet 相比，Tuama 等人提出的 CNN 模型在更小的复杂度上可以达到良好的性能。

Bondi 等人[69]提出使用四个卷积层的神经网络模型提取图像指纹，通过使用支持向量机对提取的图像指纹分类以识别成像设备型号，并采用切分图像块的方法将输入图像尺寸降至 64×64。具体来说，他们提出了一种基于 CNN 的数据驱动算法，该算法直接从获取的图片中学习表征每个相机模型的特征。之后利用 CNN 以自动方式捕获相机特定的伪像，并用 SVM 进行分类。

图 8-20 展示了整个系统的训练和测试过程。图 8-20 的上半部分是 CNN 和 SVM 训练过程：从每个训练图像中提取的补丁 I 继承了图像的相同标签 L。图 8-20 的下半部分是评估测试过程：对于正在分析的图像 I 中的每个补丁 P_k，通过 CNN 提取特征向量 V_k。特征向量被馈送到一组线性 SVM 分类器，以便将候选标签 $\hat{L}_k$ 与每个向量相关联。图像 I 的预测标签 $\hat{L}$ 是通过多数投票获得的。

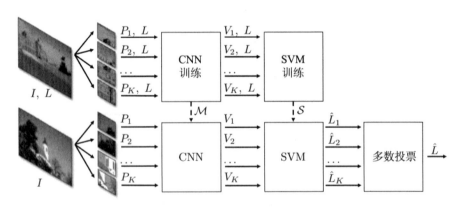

图 8-20　训练和测试的流程图

（资料来源：Bondi L，Baroffio L，Güera D，et al. First steps toward camera model identification with convolutional neural networks [J]. IEEE Signal Processing Letters，2016，24 (3)：259-263.）

为了验证所提出的算法，Bondi 等人比较了与最新技术的优劣。特别是，Bondi 等人选择了 Chen 等人[76]和 Marra 等人[77]提出的两种方法作为基准。

对于这个实验，Bondi 等人使用了 Dresden 图像数据集，图 8-21 显示了在增加每个图像的投票补丁数量时,来自 11 个场景和每个模型一个实例中选择的图像的平均分类精度如何变化。

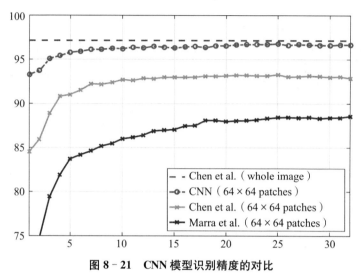

图 8-21　CNN 模型识别精度的对比

(资料来源:Bondi L, Baroffio L, Güera D, et al. First steps toward camera model identification with convolutional neural networks [J]. IEEE Signal Processing Letters, 2016, 24(3):259-263.)

实验表明,Bondi 等人的方法在小补丁上优于所有其他方法。特别是 Marra 等人的方法,由于存在许多相同型号的相机模型,显示出比理论中更差的结果。

值得注意的是,尽管 Bondi 等人的方法通过使用相当少的输入数据(即只有几个补丁而不是完整图像),但仍然获得了接近 Chen 等人的结果。

Yao 等人[70]讨论了神经网络的广度和深度对取证结果的影响。随着神经网络宽度增加,CNN 模型的记忆能力不断增强,对函数模拟能力加强,但模型预测能力有所下降;相反,随着神经网络的深度增加,CNN 模型对数据的预测能力不断增强,但对数据的模拟能力受到限制。对此,Yao 等人提出了具有 13 个卷积层的 CNN 模型,并用投票算法对多个 64×64 图像块结果投票(如图 8-22 所示),达到了接近 100% 的图像来源检测正确率,但 13 个卷积层带来收敛速度慢等问题(如图 8-23 所示)。

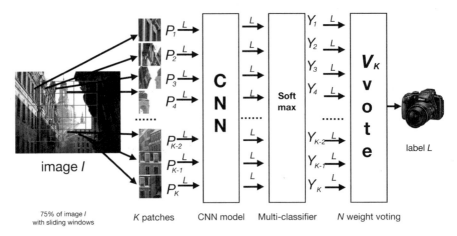

图 8-22 训练流程说明

(资料来源：Yao H, Qiao T, Xu M, et al. Robust multi-classifier for camera model identification based on convolution neural network [J]. IEEE Access, 2018, 6:24973-24982.)

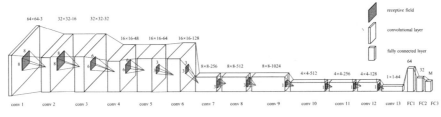

图 8-23 CNN 模型架构

(资料来源：Yao H, Qiao T, Xu M, et al. Robust multi-classifier for camera model identification based on convolution neural network [J]. IEEE Access, 2018, 6:24973-24982.)

模型训练的过程可以分为以下三步。一般来说，第 1 步属于图像预处理，第 2 步用于提取特征，第 3 步用于输出预测标签。

(1) 补丁选择。他们将一个全尺寸的图像分割成一组不重叠的补丁，并从中选择高质量的补丁。图像被分割成大量的补丁，有效地增加了训练数据的数量。此外，用补丁（图像的一部分）给 CNN 模型输送数据，而不是全尺寸图像，大大减小了 CNN 模型的规模，同时使 CNN 模型对特征提取非常敏感。

(2) 卷积层。卷积层的建立通常包括两个主要阶段：非线性操作和线性卷积，其中非线性操作通常包括激活函数和池化层的设计。有两个对线性卷积至关重要的理论：感受野和共享权重。感受野是指每次迭代的卷积矩阵的最小尺寸，特征提取过程主要依赖于感受野。共享权重可以减少网络中的参数数量，并提高所提出网络的效率。此外，对于卷积层的输出，卷积层的激活域定义为特征图，卷积的共享权重用于定义滤波器。没有激活函数的神经网络将被简化为线性回归模型。它从数据中学习复杂的功能映射的能力较小，在实际分类中表现不佳。因此，Yao 等人将激活函数添加到他们提出的 CNN 模型中的每个隐藏层。在众多激活函数中，线性整流函数（ReLU）已被证明可以极大地加速随机梯度下降（stochastic gradient descent，SGD）的收敛。ReLU 激活所有大于零的输出单元，同时抑制小于零的输出单元，有助于提高多分类器检测性能。

(3) 分类层。当卷积层提取特征时，全连接层将特征图反馈给 softmax 分类器，将标签分解为树。然后将每个标签表示为沿相应树的路径。在梯度下降过程中，反向传播算法通过调整损失函数，不断将模型参数调整到 CNN 模型的顶层。在这种情况下，可以将 CNN 模型性能训练到最佳。

最后但同样重要的是，在他们提出的 CNN 模型架构中，Yao 等人尝试考虑 softmax 之后的投票层机制，这有助于多分类器作出最终判断。当检查的图像被分成 K 个块，并推入训练好的 CNN 模型时，每个块都可以获得一个分类结果，表示为输出层的概率。投票的结果被定义为使用他们的多分类器的最终分类结果。

为了建立一个全面的测试数据集，Yao 等人考虑使用 Dresden 图像数据集，它们都是质量因子超过 75 的 JPEG 图像。该基准数据集也被其他研究来源取证的人员广泛用于解决源相机识别问题。该数据集包含总共 27 个相机模型，对于某些模型，它包含多个实例，总共包含 74 个摄像头实例。

图 8-24 显示了各个模型的平均分类精度。很明显 Yao 等人设计的多分类器可以达到更好的精度。

Yao 等人还评估了自身算法的鲁棒性，并考虑了一些实际攻击，例如 JPEG 压缩、噪声添加。如表 8-36、表 8-37 所示，不管是在 JPEG 压缩，还是噪声添加的攻击下，Yao 等人提出的多分类器都保持较高的检测精度。

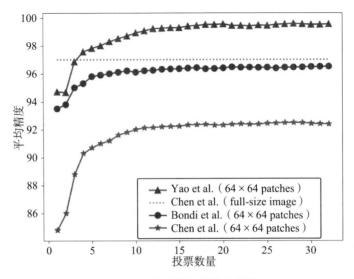

图 8‑24 与其他先进算法比较

(资料来源：Yao H, Qiao T, Xu M, et al. Robust multi-classifier for camera model identification based on convolution neural network [J]. IEEE Access, 2018, 6:24973‑24982.)

表 8‑36 多分类器在 JPEG 压缩攻击下的鲁棒性结果

相机	质量因子		
	70	80	90
Agfa Sensor505‑x	96.3	97.1	100.0
Kodak M1063	95.0	98.0	97.5
Nikon D200	98.8	94.8	96.3
Rollei RCP_7325X	58.8	70.5	81.2
Sony DSC‑H50	62.5	78.4	90.0
平均精度	82.3	87.8	93.0

资料来源：Yao H, Qiao T, Xu M, et al. Robust multi-classifier for camera model identification based on convolution neural network [J]. IEEE Access, 2018, 6:24973‑24982.

表 8‑37 多分类器在高斯分布噪声攻击下的鲁棒性结果

相机	噪声			
	$N_1(0, 1)$	$N_2(1, 1)$	$N_3(1, 4)$	$N_4(2, 4)$
Agfa Sensor505‑x	87.5	87.5	87.5	87.5
Kodak M1063	95	93.8	91.2	91.2

续表

相机	噪声			
	$N_1(0, 1)$	$N_2(1, 1)$	$N_3(1, 4)$	$N_4(2, 4)$
Nikon D200	88.7	91.2	86.3	81.2
Rollei RCP_7325X	90	90	90	95
Sony DSC-H50	86.3	82.5	83.8	76.2
平均精度	89.5	89	87.8	86.2

资料来源:Yao H, Qiao T, Xu M, et al. Robust multi-classifier for camera model identification based on convolution neural network [J]. IEEE Access, 2018, 6:24973-24982.

Wang 等人[78]通过修改 AlexNet 并为其配备局部二进制模式(local binary patterns, LBP)预处理层开发了一种 CNN 模型(以下简称 LBP-CNN),以使 CNN 更加关注内在的隐藏在图像中的源信息(例如 PRNU、镜头失真噪声模式以及与 CFA 插值相关的颜色依赖性痕迹)而不是场景细节中的。图像被分成大小为 256×256 像素的非重叠块来训练 CNN 模型。Wang 等人提出的方法在 12 个相机模型上实现了 98.78% 的识别准确率。

首先介绍编码预处理的操作,该操作在基于本地二进制模式的 CNN 体系结构之前应用。它通过对每个像素的邻域设置阈值来标记图像的像素,并将结果视为二进制数。LBP 编码的流程如图 8-25 所示。

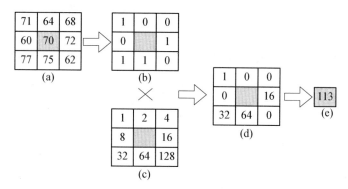

注:(a)一个图像邻域的像素值;(b)对每个像素的邻域进行阈值处理后的结果;(c)每个位置的权重;(d)将结果视为二进制数字;(e)中间的像素的 LBP 值。

图 8-25 一个像素的 LBP 值计算过程的示例

(资料来源:Wang B, Yin J, Tan S, et al. Source camera model identification based on convolutional neural networks with local binary patterns coding [J]. Signal Processing: Image Communication, 2018, 68:162-168.)

接下来具体介绍 LBP‐CNN 的网络架构(如图 8‐26 所示)。LBP‐CNN 的主要部分是类似于 AlexNet 的 CNN 架构,主要是在卷积和激活单元层之间添加了批量归一化层。因此,LBP‐CNN 移除了原始的归一化层,但保留了完全连接层的 dropout 层。并且它在第一个卷积层之前配备了一个简单的 LBP 操作预处理。CNN 架构由三个卷积层和三个全连接层组成。彩色图像首先通过 LBP 编码操作编码为 LBP 图,然后输入 CNN。卷积层计算 LBP 图的卷积,并在将结果输入激活函数 ReLU 之前对结果进行批量归一化操作。最后,激活结果由一个最大池化层处理并进入下一层。根据卷积层提取的特征图,全连接层可以完成分类任务。

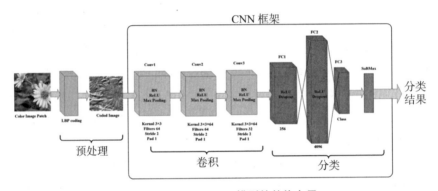

图 8‐26　LBP‐CNN 模型的整体布局

(资料来源:Wang B, Yin J, Tan S, et al. Source camera model identification based on convolutional neural networks with local binary patterns coding [J]. Signal Processing:Image Communication, 2018, 68:162‐168.)

在对比实验中,Wang 等人进行了两个不同的实验来评估他们提出的方法,并与最先进的经典方法[76]和前述 Tuama 等人的方法[68]进行了比较。测试图像依然来自 Dresden 图像数据集,并将其切割成如上所述的补丁。对于来自同一型号的各种设备的图像,他们只关注它们的源摄像机模型,并将它们混合在一起,以便能够获得相对较大数量的样本,这对 CNN 的训练过程至关重要。

实验使用 12 个相机模型。训练集中的每个补丁首先根据 LBP 编码规则进行编码,然后将编码图像输入各 CNN 架构中训练。最后,他们使用它将测试集中的补丁与其源相机模型进行匹配,并计算此识别过程的准确性。为了公平比较,他们还使用 Chen 等人[76]提出的方法训练了一个表示为 EDF(去马赛克特征集合)的识别模型,并展示了识别结果。值得注意的是,Wang 等人实验中的相机模型与 Tuama 等人的[68]完全相同,只是统一模型包含多个设备个体,这是比 Tuama 等人[68]更严格的设置。因此直接使用 Tuama 等人[68]的实验结果作为基线是合理的,Wang 等人将其表示为 H-CNN。

各模型的分类结果见表 8-38。与 EDF 和 H-CNN 分别达到 94.93% 和 98.00% 的准确率相比,LBP-CNN 的平均准确率达到 98.78%,与基线相比明显提升了 3.85 个百分点和 0.78 个百分点。

表 8-38 不同模型的识别精度

相机	模型		
	EDF	H-CNN	LBP-CNN
Agfa Photo DC733s	94.22%	96.50%	94.74%
Agfa Photo DC830i	94.68%	94.50%	98.15%
Agfa Photo Sensor530s	94.55%	99.57%	98.81%
Canon Ixus55	99.47%	98.54%	97.51%
Fujifilm FinePix-J50	97.16%	98.17%	99.40%
Kodak M1063	96.65%	99.89%	99.75%
Nikon D200	94.76%	97.83%	99.46%
Olympus M1050	94.61%	96.38%	98.72%
Panasonic DMC-FZ50	92.83%	98.46%	99.77%
Praktica DCZ5.9	97.24%	90.44%	99.18%
Samsung L74wide	93.88%	98.13%	98.78%
Samsung NV15	91.92%	96.73%	98.40%
均值	94.93%	98.00%	98.78%

资料来源:Wang B, Yin J, Tan S, et al. Source camera model identification based on convolutional neural networks with local binary patterns coding [J]. Signal Processing: Image Communication, 2018, 68:162-168.

8.5 CG 合成图像来源识别

CG(computer graphics or computer generated)合成图像源自合成软件,并非真实成像设备捕获,因此也可归为来源识别研究的范畴。此外,本章节关于 CG 图像的来源识别研究并不包括新型的深度伪造合成图像。关于新型的合成算法,将在后续章节重点介绍。

8.5.1 去马赛克痕迹

在自然图像的 CFA 插值过程中留下的去马赛克痕迹可以用于设计图像来源取证算法。Gallagher 等人[79]通过大量实验发现在自然图像的成像过程中使用的 CFA 插值算法会留下明显的处理痕迹。研究人员将检测图像经过高通滤波器过滤,再经过快速傅里叶变换(fast Fourier transform,FFT),然后以频域中是否会出现峰值为依据来区分自然图像和计算机生成图像。这是因为自然图像在成像过程中经过 CFA 插值操作后,在频域中会出现明显的峰值,但是计算机生成图像却不会出现峰值。然而,在实际的图像来源取证任务中,例如在网络环境下,由于检测图像的峰值可能会受到图像纹理、图像后处理(例如压缩)等因素的干扰,很难保证 Gallagher 等人所提算法的鲁棒性。

大多数数码相机采用带有 CFA 的图像传感器,如图 8-27 左侧子图所示。去马赛克的过程对原始图像进行插值,在每个像素处为每个颜色通道生成估计值。通过适当的分析,在分析信号的峰值中会显示出去马赛克的痕迹,如图 8-27 右侧子图所示。去马赛克的存在表明图像来自数码相机,而不是由计算机生成。

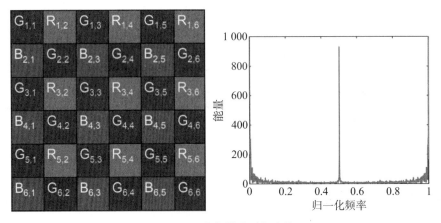

图 8-27 滤色器阵列和峰值

(资料来源:Gallagher A C, Chen T. Image authentication by detecting traces of demosaicing [C]//2008 IEEE Computer Society Conference on Computer Vision and Pattern Recognition Workshops. IEEE, 2008:1-8.)

用相邻像素值的加权线性组合产生插值像素值。权重直接影响绘制插值像素值的分布的方差。可以检测到这种差异模式，是检测去马赛克痕迹的基础。在 Gallagher 等人的实际操作中，他们仅使用了图像的绿色通道来演示提出的方法。当然，也可以以类似的方式分析其他颜色通道（或颜色通道之间的差异）。

去马赛克检测首先应用高通滤波器，并估计每个对角线的方差。傅里叶分析用于查找方差信号中的周期性，表明存在去马赛克。具体来说，首先将图像 $i(x, y)$ 与高通算子 $h(x, y)$ 卷积，以便在去马赛克发生时去除低频信息并增强嵌入周期性。运算符如下：

$$h(x, y) = \begin{bmatrix} 0 & 1 & 0 \\ 1 & -4 & 1 \\ 0 & 1 & 0 \end{bmatrix} \tag{8-39}$$

其次，假设原始绿色光点是从方差为 σ^2 的分布中提取的，如果进一步简化，那么在绿色通道上算子 $h(x, y)$ 的输出方差可以通过线性插值获得：

$$\begin{aligned}
\sigma_o^2 &= 4\left(\frac{1}{4}\right)^2 \sigma^2 + 4\left(\frac{1}{2}\right)^2 \sigma^2 + (1-4)^2 \sigma^2 \\
&= \frac{41}{4}\sigma^2 \\
\sigma_i^2 &= 0\sigma^2
\end{aligned} \tag{8-40}$$

其中，σ_o^2 是在图像传感器中原始绿色光点的位置应用 $h(x, y)$ 的输出的方差。事实上，如果缺失的绿色值是用线性插值估计，那么滤波器 $h(x, y)$ 的应用会在每个像素位置产生一个零值，并带有一个插值的绿色值。选择 $h(x, y)$ 是为了保持 σ_o^2/σ_i^2 的较大值并使用少量训练图像进行测试。较大的 σ_o^2/σ_i^2 比率有助于检测去马赛克特征的周期性方差模式。

双线性插值示例只是说明如何从自然图像中恢复去马赛克痕迹。Gallagher 等人的测试图像是来自真实消费类相机的成品图像，其中去马赛克实际上是通过非线性滤波器执行的，CFA 模式未知，图像处理路径包含非线性操作，例如噪声抑制、颜色增强和 JPEG 压缩。Gallagher 等人的算法没有假设去马赛克的线性，只假设插值像素的方差与原始像素的方差是可区分的。在他们的实验中，尽管存在这些非线性操作，但去马赛克的痕迹仍然是可检测的，并有助于区分自然图像和计算机生成图像。

再次，使用最大似然估计对每个光点的方差进行估计。应用 $h(x,y)$ 后，假设每个像素值来自具有特定方差的正态分布，并且对于经过去马赛克处理的图像，沿对角线的方差假设为常数。为了计算方差的 MLE，需要找到沿每个对角线的像素值的统计方差。为了代替实际计算方差，他们使用图像中每个对角线绝对的平均值。这将图像投影为单维信号 $m(d)$，其中 $m(d)$ 表示对应于第 d 条对角线的方差的估计。

$$m(d) = \frac{\sum_{x+y=d} |h(x,y) * i(x,y)|}{N_d} \quad (8-41)$$

其中 N_d 是沿 d 条对角线的像素数，用于归一化。为了找到 $m(d)$ 中的周期性，计算 DFT 以找到 $|M(e^{j\omega})|$。频率 $\omega = \pi$ 处的相对较高的峰值表明图像已经历了两倍的插值，并且具有去马赛克的特征。$\omega = \pi$ 处的峰值大小量化如下：

$$s = \frac{|M(e^{j\omega})|_{\omega=\pi}}{k} \quad (8-42)$$

其中 k 是频谱的中值，不包括 DC 值。通过 k 进行归一化对于区分真正的去马赛克和包含在整个频谱上具有大能量的信号或噪声的图像很重要。

Gallagher 等人验证了他们的方法能否将自然图像与计算机生成图像区分开来。值得强调的是，他们所用的自然图像都是来自相机的 JPEG 压缩图像。因此，自然图像经历了去马赛克、非线性渲染和 JPEG 压缩等处理。为了验证所提方法，他们使用了来自哥伦比亚大学的 ADVENT 数据集。此数据集包含 2400 幅图像，包括来自 Philip Greenspun（个人收集）的 800 幅拍摄图像，来自 Google 图像搜索的 800 幅自然图像以及来自各种 3D 艺术家网站的 800 幅计算机生成图像。图像包含各种主题，例如人、动物、物体和建筑。自然图像和计算机生成图像的示例如图 8-28 所示。

对于每幅图像，如果图像的值 s 超过阈值 t，则将其分类为自然图像，否则将其分类为计算机生成图像。通过改变 t，生成性能曲线。图 8-29 显示了 Gallagher 等人的实验结果。他们的方法在区分由数码相机直接捕获的图像和计算机合成图像方面非常有效。由于他们的算法依赖于像素样本来估计方差，因此当算法限于使用图像的小尺寸区域时，性能会受到影响，如图 8-29 所示。

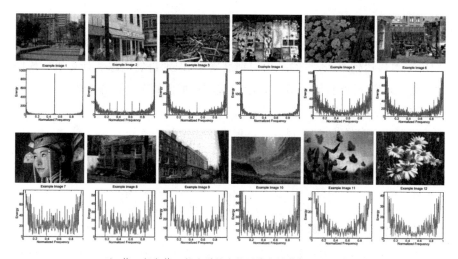

注:第一行和第三行分别是自然图像和计算机生成图像。

图 8-28　图像示例

(资料来源:Gallagher A C, Chen T. Image authentication by detecting traces of demosaicing [C]//2008 IEEE Computer Society Conference on Computer Vision and Pattern Recognition Workshops. IEEE, 2008:1-8.)

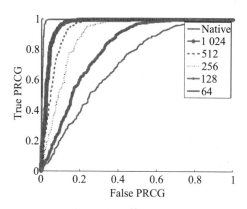

图 8-29　算法性能

(资料来源:Gallagher A C, Chen T. Image authentication by detecting traces of demosaicing [C]//2008 IEEE Computer Society Conference on Computer Vision and Pattern Recognition Workshops. IEEE, 2008:1-8.)

8.5.2　PRNU 二值相似度

针对自然图像和计算机生成图像的识别,Long 等人[80]提出一种基于 PRNU 二值相似度度量的图像来源取证方法。由于 PRNU 是自然图像的独特属性,因此使用 PRNU 的二值相似性度量来表示自然图像和计算机生成图像之间的差异。二进制 Kullback-Leibler 距离、二进制最小直方图距离、二进制绝对直方图距离和二进制互熵由 RGB 三通道的 PRNU 计算。实验结果和分析表明,它可以达到 99.83% 的平均识别准确率,识别自然图像和计算机生成图像的能力均衡。同时,它对 JPEG 压缩、旋转和加性噪声具有鲁棒性。

识别方法主要由特征提取和图像识别两部分组成。

给定一幅图像 I,特征提取的过程主要有五个步骤。

步骤 1 首先对 I 做高斯高通滤波。根据

$$I' = I - G(I) \tag{8-43}$$

可以得到残差图像 I'。其中 $G(.)$ 是高斯高通滤波器。

步骤 2 获取中心图像区域。由于自然图像和计算机生成图像的大小不同,因此仅考虑包含图像最多信息的中心部分进行识别。中央 300×300 区域 I'_c 是从残差图像 I' 中获取的。

步骤 3 提取 PRNU。首先对 I'_c 进行小波分解。对于子带 LH、HL、HH,大小为 $W \times W (W \in \{3,5,7,9\})$ 的相邻窗口在每个像素上滑动,并且每个像素的值是通过使用最大后验概率来估计的。以 R 通道为例,

$$\delta_w(i,j) = \max\left(0, \frac{1}{w^2} \sum_{i,j \in N}(h_R^2(i,j) - \delta_0^2)\right) \tag{8-44}$$

其中 $h_R(i,j)$ 表示 (i,j) 处的系数,$\delta_0 = 5$。对于不同的窗口大小,得到四个估计值 $\delta_3(i,j)$、$\delta_5(i,j)$、$\delta_7(i,j)$、$\delta_9(i,j)$,并选择它们中的最小值作为估计结果,即

$$\delta_w(i,j) = \min(\delta_3(i,j), \delta_5(i,j), \delta_7(i,j), \delta_9(i,j)) \tag{8-45}$$

之后,PRNU 可以计算为

$$h_R(i,j) = \frac{\delta_w(i,j)}{\delta_w(i,j) + \delta_0^2} \tag{8-46}$$

步骤 4 PRNU 增强。由于**步骤 2** 计算的 PRNU 通常较小,因此对 PRNU 的每个子带进行增强。增强模型为

$$n_e(i,j) = \begin{cases} e^{-\frac{n^2(i,j)}{2a^2}}, & \text{若 } n(i,j) \geqslant 0 \\ -e^{-\frac{n^2(i,j)}{2a^2}}, & \text{若 } n(i,j) < 0 \end{cases} \tag{8-47}$$

其中 $n(i,j)$ 表示估计系数,$n_e(i,j)$ 表示增强对应,a 的值一般设置为 7。

步骤 5 对增强的 PRNU 进行小波逆变换。对于增强 PRNU 的 R、G、B 通道,它们的值被归一化到 0～255 的范围内。将每个通道的归一化增强 PRNU 变换为八个比特平面,并计算每个比特平面的 p_j^β。根据 p_j^β,从第 5～6 位平面、第 6～7 位平面和第 7～8 位平面计算四个二进制相似特征。因此,可以从 R、G、B 三个通道中获得 36 维的特征。特征提取如图 8-30 所示。

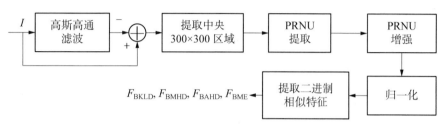

图 8-30 特征提取

(资料来源:Long M, Peng F, Zhu Y. Identifying natural images and computer generated graphics based on binary similarity measures of PRNU [J]. Multimedia Tools and Applications, 2019, 78(1):489 - 506.)

图像识别包括训练过程和测试过程。对于给定的图像数据集,以一定的比例将其划分为训练数据集和测试数据集。在识别过程中,自然图像的标签为"1",而计算机生成图像的标签为"-1"。

(1) 训练过程。提取训练数据集中所有图像的二进制相似性特征。因此,可以为每幅图像获得 36 维的二值相似性特征。将上述特征输入 LIBSVM[81],用 RBF 核进行五次交叉验证后得到分类模型。

(2) 测试过程。提取测试数据集中所有图像的二进制相似性特征。上述特征输入 LIBSVM 中,利用分类模型可以识别自然图像和计算机生成图像。

(3) 实验结果。实验在 MATLAB R2010a、Python 和 gnuplot 上进行。图像数据集包含 6 000 幅 JPEG 图像,包括 3 000 幅自然图像和 3 000 幅计算机生成图像。其中 2 000 幅(800 幅自然图像和 1 200 幅计算机生成图形)来自哥伦比亚大学 ADVENT 图像数据库,3 400 幅(2 200 幅自然图像和 1 200 幅计算机生成图形)来自 Dresden 图像数据库,其余 600 幅计算机生成图像是从互联网获得的。对于这些图像,自然户外场景的图像占整个自然图像的比例约为 50%。图像数据库被随机划分为包含 4 000 幅图像的训练数据集和包含 2 000 幅图像的测试数据集。每个分区进行 10 次随机试验,试验结果如表 8-39 所示。这里,AVG 代表 10 次试验的平均识别准确率。

表 8-39 试验结果

No.	1	2	3	4	5	6	7	8	9	10	AVG
NI (%)	99.9	100	99.9	100	99.8	99.9	99.9	99.9	99.9	99.9	99.91
CG (%)	99.9	99.9	99.8	99.7	99.7	99.6	99.7	99.6	100	99.6	99.75
Total (%)	99.9	99.95	99.85	99.85	99.75	99.75	99.8	99.75	99.95	99.75	99.83

资料来源：Long M, Peng F, Zhu Y. Identifying natural images and computer generated graphics based on binary similarity measures of PRNU [J]. Multimedia Tools and Applications, 2019, 78(1): 489-506.

如表 8-40 所示，自然图像的平均识别精度为 99.91%，而计算机生成图像的平均识别精度为 99.75%，整个图像数据集的平均识别精度为 98.83%。Long 等人提出的方法可以在识别自然图像和计算机生成图像方面达到平衡的能力，在识别自然图像和计算机生成图像方面是有效的。同时，该方案在不同场景下的性能保持稳定。

8.5.3 深度学习

与前两种方法不同，De Rezende 等人[82]提出了一种使用基于残差网络模型和迁移学习概念的深度 CNN 模型进行计算机生成图像检测的新方法。他们提出的方法无须任何预处理或手工特征提取。

该方法基于具有 50 层的残差网络模型（ResNet-50）[83]，使用迁移学习方法[84]，将在 ImageNet 数据集上预训练的 ResNet-50 的权重转移到自己的模型中，用经过训练的分类器替换最后一层，便能够以 94% 的准确率对图像进行分类。

De Rezende 等人提出的 CG 检测方法依赖于深度 CNN 架构，使用像素的原始 RGB 值作为输入对数据集中的每幅图像进行分类，而无须手动提取特征。图 8-31 概述了整个算法流程。数据集由可变分辨率图像组成，而 De Rezzende 等人的模型需要恒定的输入维度。因此，他们将图像的大小调整为 224×224 的固定分辨率。所做的唯一预处理是从每个像素中减去在 ImageNet 数据集上计算的平均 RGB 值。之后使用迁移学习方法，将在 ImageNet 数据集上预训练的 ResNet-50 的权重迁移到深度 CNN 模型，移除最后 1 000 个全连接 softmax 层。然后，将预处理的训练集图像通过深度 CNN 提取瓶颈特征。

在该模型中,瓶颈特征是平均池化层生成的激活图,被用来训练用于 CG 图像检测的新分类器。这种方法相当于用新的分类器在训练过程中冻结卷积层的参数来代替 ResNet-50 的最后 1 000 个全连接 softmax 层,优点是训练时间更短。在这项工作中,De Rezzende 等人提出了两种不同的深度 CNN 模型:第一个具有两个全连接的 softmax 层,第二个具有 SVM 分类器。

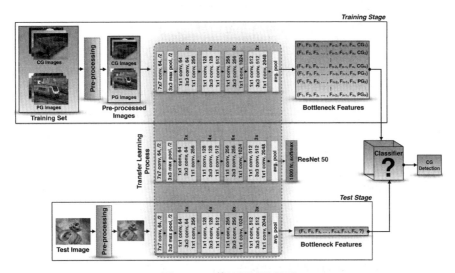

图 8-31 算法概述流程图

(资料来源:De Rezende E R S, Ruppert G C S, Carvalho T. Detecting computer generated images with deep convolutional neural networks [C]//2017 30th SIBGRAPI Conference on Graphics, Patterns and Images (SIBGRAPI). IEEE, 2017:71-78.)

迁移学习包括将使用一个数据集和任务训练的神经网络的参数转移到使用不同数据集和任务训练的另一个神经网络的问题。通常的迁移学习方法包括训练一个基本网络,然后将其前 n 层复制到目标网络的前 n 层。然后,针对目标任务对目标网络的其余层进行训练。可以选择将新任务中的错误反向传播到基本(复制的)特征中,以将其微调到新任务中,也可以将传输的特征层保持为冻结状态,这意味着它们在新任务的训练期间不会更改。是否微调目标网络的前 n 层取决于目标数据集的大小和前 n 层中的参数数量。如果目标数据集很小且参数数量很大,则微调可能会导致过度拟合,特征通常被冻结。如果目标数据集很大或参数数量很小,过度拟合不是问题,可以根据新任务微调基本特征以提高性能。

这个过程听起来可能毫无意义,因为机器学习中的传统常识期望训练应该专门针对目标数据集和任务执行。但是,许多在自然图像上训练的深度神经网络都表现出一种共同的奇怪现象:在第一层,学习的特征似乎不是局限于特定数据集或任务的,而是一般的,因为它们适用于许多数据集和任务。功能最终必须由网络的最后一层从一般过渡到特定。当目标数据集明显小于基础数据集时,迁移学习可以成为一种强大的工具,能够在不过度拟合的情况下训练大型目标网络。大量研究利用这一事实获得了最先进的结果,共同表明这些层的神经网络确实计算出相当普遍的特征。在本迁移学习方法中,使用 ResNet-50 作为基础模型。ResNet-50 在包含 1 000 类的 128 万幅图像的 ImageNet 2012 数据集上进行了目标检测任务的预训练。De Rezzende 等人复制了前 49 层 ResNet-50,在第一个提出的模型中用两个完全连接的 softmax 层代替了顶层,在第二个提出的模型中用 SVM 分类器代替了顶层。这两个模型在 CG 检测任务的训练过程中,传输的特征层被冻结。

残差网络(ResNet)[83]是深度卷积网络,其基本思想是通过使用快捷连接来跳过卷积层的块,形成称为残差块的快捷块。残差块可以用一般形式表示:

$$
\begin{aligned}
y_l &= h(x_l) + F(x_l, W_l) \\
x_{l+1} &= f(y_l)
\end{aligned}
\tag{8-48}
$$

其中 x_l 和 x_{l+1} 是第 l 块的输入和输出。$F(\cdot)$ 是残差映射函数,$h(x_l)=x_l$ 是恒等式映射函数,f 是 ReLU 激活函数。这些堆积的残差块极大地提高了训练效率,很大程度上解决了深度网络中存在的退化问题。

在 ResNet-50 体系结构中,基本块由一系列卷积层组成,分别具有 1×1、3×3 和 1×1 滤波器,遵循两个简单的设计规则:一是对于相同的输出特征映射大小,各层具有相同数量的滤波器;二是如果特征映射大小减半,则滤波器的数量加倍。下采样由步幅为 2 的卷积层直接执行,并且在每次卷积之后和 ReLU 激活之前执行批归一化。

当输入和输出具有相同的维度时,可以直接使用标识快捷方式。当维度增加时,考虑两个选项:一是快捷方式仍然执行标识映射,为增加维度填充额外的零项,此选项不引入额外的参数;二是投影捷径用于匹配尺寸(通过 1×1 卷积完成)。对于这两个选项,当快捷方式跨越两个大小的特征映射时,它们的步幅为 2。该网络以一个全局平均池层和一个带有 softmax 激活的 1 000 维全连接层结束。加权层的总数为 50。

ResNet-50 的原始工作[83]提出了一种架构,其中最后一层是 1 000 个完全连接的 softmax 层。在 De Rezzende 等人的方法中,他们探索两个完全连接的 softmax 的相同体系结构,因为这里只有两个类。最后一层作为顶部分类器,完成分类任务,而前面的几层可以被视为特征提取层。此外,他们还扩展了该方法,将最后一层替换为 SVM 分类器,以评估在该体系结构之上的不同 CG 检测分类器的性能。

De Rezzende 等人提出的方法已经在 Tokuda 等人[85]提出的公共数据集上进行了测试。该数据集由 9 700 幅 CG 和 PG(photo generated)图像组成,这些图像分别来自不同的场景,如户外、动物、物体、人、汽车等。所有的图像都是从互联网上收集到的,并以 JPEG 格式压缩,容量大小在 12 kB 到 1.8 MB 之间。

De Rezzende 等人的实验方案与 Tokuda 等人采用的完全相同,在相同的数据集上使用相同的五重交叉验证协议,实验结果如表 8-40 所示。从表中可以看出,对比算法所获得的精确度,从 0.930(最高)到 0.552(最低)。DNN2 克服了文献中所有基于单一特征的方法,DNN1 的平均精度仅略低于 Li 等人的方法[86]。这一事实说明了迁移学习方法在特征提取过程中的表达能力。在 Tokuda 等人的工作中,他们阐述了特征融合的结果,平均正确率为 0.928~0.973;然而,即使使用单一的特征,De Rezzende 等人的方法也比最低融合方法表现得更好。值得注意的是,这项技术仍有许多潜力有待探索,例如融合从不同深度 CNN 提取的特征。

表 8-40 每种方法的特征维数、精度

方法	m	CG	PG	平均精度
DNN2	150 528	0.932	0.950	0.941
Li	144	0.948	0.911	0.930
DNN1	150 528	0.922	0.924	0.923
LYU	216	0.942	0.899	0.920
CON	696	0.918	0.887	0.902
LBP	78	0.904	0.838	0.871
CUR	2 328	0.806	0.805	0.805
HSC	96	0.818	0.787	0.802

续表

方法	m	CG	PG	平均精度
HOG	256	0.754	0.720	0.740
SHE	60	0.748	0.677	0.713
LSB	12	0.672	0.651	0.662
GLC	12	0.640	0.630	0.635
POP	12	0.570	0.575	0.573
BOX	3	0.541	0.568	0.554
SOB	150	0.554	0.552	0.553

注:DNN1 代表 softmax 层方法;DNN2 代表 SVM 层方法。
资料来源:De Rezende E R S, Ruppert G C S, Carvalho T. Detecting computer generated images with deep convolutional neural networks [C]//2017 30th SIBGRAPI Conference on Graphics, Patterns and Images (SIBGRAPI). IEEE, 2017:71-78.

8.5.4 统计特征

自然图像是指通过数码设备拍摄产生的图像,图像内容是对真实场景或客观事实的记录;而计算机生成图像是人们借助计算机图形软件模拟自然场景或虚假世界的图像。随着计算机图形技术的快速发展,计算机生成图像越来越逼真,使得这两类图像在视觉上很难准确区分。然而,自然图像或计算机生成图像在成像机制上大不相同,导致两类图像的统计特征存在很大差异,这种差异可以作为图像来源取证的依据。

已有的利用统计特征鉴别两类图像的算法大多存在训练集较大、特征维数较高和理论证明不足的缺点。针对这些问题,黄明瑛提出了一种所需训练样本很少(约为 20 幅)、只提取一维特征并且对算法正检率上限进行理论证明的图像来源取证算法[87]。

从自然图像和计算机生成图像的成像机制来看,计算机生成图像的成像过程几乎不受成像设备和自然光线的影响,所以没有自然图像成像过程中的 CFA 插值、白平衡和伽马校正等图像后处理操作。为了减少非必要因素的干扰,选取有效的特征来描述这两类图像差异,对于准确识别自然图像和计算机生成图像来源至关重要。

通常情况下,为了获取一幅完整的自然图像,需要对从感知器上获得的马赛克图像进行CFA插值处理，经过CFA插值的马赛克图像不可避免地会留下一些可以被可靠检测出的处理痕迹。例如，通过CFA插值补齐的缺失像素值形成了自然图像的独特特征。首先，本文设计一个典型的高通滤波器来提取图像的一阶噪声，该噪声可以代表图像经过CFA插值处理的痕迹。由于拜耳滤镜广泛应用于数码相机生产线，因此本小节使用拜耳滤镜作为CFA进行研究。需要强调的是，本小节提出的图像来源取证算法可以顺利地扩展到其他图像插值模式。

下面对图像一阶噪声提取的步骤进行详细论述。首先，只选择给定图像的绿色通道进行特征提取操作，然后用高通滤波器对提取出的图像绿色通道进行卷积操作，提取表示图像细节的一阶噪声。因为提取出的图像高频部分（表示数字图像的细节信息）能比原始的自然图像更好地描述马赛克图像经过CFA插值留下的特征。对自然图像的一阶噪声进行分析，发现提取出的一阶噪声可以显现出绿色通道像素间的周期性。但是，对计算机生成图像进行相同的操作，其像素间却不会呈现出这种周期性。

为了设计基于统计模型的数字图像来源取证算法，将提取出的一阶噪声从时空域变换到频域中。首先，计算出一阶噪声在对角线方向的平均值。然后，将计算得到的平均值使用快速傅里叶变换转换到频域中表示。最后，可以获得作为向量的一维噪声。在频域中，使用线性回归模型，借助最小二乘算法拟合一阶噪声，可以提取出图像I的二阶噪声。

理想条件下，每类图像噪声的高斯分布模型参数都是已知的，利用已知的参数建立每类图像的高斯分布模型即可完成图像来源取证任务。具体的模型构建与统计分析，可以参考8.3小节。

下面对取证算法进行验证，实验图像数据集包含来自Dresden图像数据库中的400幅自然图像和自己收集的400幅计算机生成图像，验证广义似然比检测的有效性。为了保证在实际图像来源取证中所有图像拥有相同的尺寸，选取大小为256×256的图像中央部分作检测部分。在实验阶段，选取图像的一阶噪声滤波器和二阶噪声滤波器。

这里对不同滤波器得到的检测准确率进行对比研究。在对比三个滤波器（高通滤波器以及另外两个基于小波基设计的滤波器）的检测性能任务中，使用准确率（即 ACC＝TP＋TN）和ROC受试者特征曲线下的面积（the area under the curve, AUC）作为度量指标。如表8-41所示，在实际的自然图像和计算机生成图像的分类任务中，第三个噪声滤波器表现出比其他两个滤波器更好的性能[87]。这是因为第三个滤波器利用多尺度的小波分解,可以获得包括一阶噪声在内的更多有用信息,来帮助提高取证的准确率。

表 8-41 不同滤波器的准确率对比

滤波器	一	二	三
ACC	70.40%	75.63%	90.08%
AUC	0.7324	0.7742	0.9196

资料来源:黄明瑛.基于统计分布模型的数字图像来源取证[D].杭州电子科技大学,2019.

在表 8-42 中,明确显示了 900 幅用于测试的自然图像和 900 幅用于测试的计算机生成图像做来源识别得到的准确率结果,用于比较的取证算法来自参考文献[79,88-90]。与比较算法使用非线性内核的 LIBSVM 相比,本小节使用留出法(hold-out)来计算图像来源识别的准确率。为了保证实验的可靠性,首先从图像数据集中随机选择 300 幅自然图像和 300 幅计算机生成图像作为训练数据集,并将剩余的 100 幅自然图像和 100 幅计算机生成图像设置为测试数据集。然后从每幅图像中任意裁剪出九个非重叠图像切块,这样就可以将选定的训练图像数据集扩展到包含 2 700 幅自然图像和 2 700 幅计算机生成图像的数据集,将剩余的测试数据集扩展到包含 900 幅自然图像和 900 幅计算机生成图像。

表 8-42 不同算法的检测精度对比

图像	本小节算法[87]	文献[88]	文献[89]	文献[90]	文献[79]
P_{NI}	95.33%	56.90%	98.78%	99.11%	80.33%
P_{CG}	96.44%	57.35%	96.78%	97.89%	73.44%

资料来源:黄明瑛.基于统计分布模型的数字图像来源取证[D].杭州电子科技大学,2019.

与比较算法(即表 8-42 中文献[89][90]所提算法)的分类性能相比,本小节提出的取证算法的性能比现有的基于机器学习的取证算法的分类性能略差。这是因为本小节所提出的取证算法只是将提取出的被检测图像的残差噪声作为唯一特征。此外,基于监督学习的取证算法需要大规模的训练样本对分类器进行训练(如表 8-42 中文献[90]中至少需要 500 幅图像用于训练分类器;文献[89]中至少需要 4 800 幅图像用于训练分类器),而本小节提出的算法只使用 20 幅图像来估计模型参数。随着训练图像数量的减少,所提出的取证算法[87]的正确检索率保持相对稳定,这意味着该算法可以克服实际场景中难以收集大量训练样本的困难。Qiao 等人[88]提出的取证算法需要像素尺寸值较大的被检测图像,但是在对比试验中,仅使用 256×256 像素值的测试图像,导致其取证算法无法收集到足够多的像素点来建立有效的图像分类器,最终导致分类性能大大降低。相反,本小节提出的取证算法不容易受到图像像素值大小的干扰,这也从侧面证明了本小节所提出的取证算法有较好的鲁棒性。Gallagher 等人[79]提出的取证算法在很大程度上依赖于频谱中的峰值,频谱中的峰值作为自然图像的唯一特征,对于具有可变纹理的图像不具有很强的鲁棒性。

尽管当前的研究已经提出了许多算法来区分计算机生成图像和自然图像,但是很少研究针对从 RAW 到 JPEG 格式的图像。此外,图像采集的每个步骤如何影响计算机生成图像和自然图像之间的分类也是不明确的。为了填补这一空白,Qiao 等人[91]设计了在计算机生成图像和自然图像之间进行分类的多个鉴别器,并解释了不同后处理步骤及参数(例如伽马校正或 JPEG 压缩)对分类性能的影响。

8.6 小结

本章主要介绍数字图像来源识别的研究进展,包括基于成像过程指纹的来源识别、基于 PRNU 的来源识别、基于统计模型的来源识别、基于 CNN 的来源识别和 CG 合成图像来源识别。

基于成像过程中的各类指纹特征(例如镜头径向畸变、镜头色差、CFA 模式和插值、JPEG 压缩痕迹以及头文件),研究人员已经提出了很多取证算法来解决图像来源取证问题。然而,受限于各类因素(物理条件、图像压缩等)影响,各类取证算法的鲁棒性面临一定的挑战。例如,在大多数消费数码相机中,自动控制对焦使得对焦信息无法被检索,以及相机镜头可更换等,这些因素在一定程度上影响了基于镜头径向畸变的取证算法的分类准确性。图像压缩处理会抑制 CFA 插值导致的像素间的空间相关性,从而影响算法性能。事实上,基于相机硬件特征(镜头径向畸变、镜头色差等)的取证算法要比基于相机处理过程的(CFA 模式和插值等)取证算法提供更可靠的结果。此外,目前的研究多集中于成像设备型号的来源识别,较难实现成像设备个体的来源识别。如何提取更可靠的相机指纹特征依旧是未来研究的重点。

作为图像来源设备独特的指纹特征，PRNU已被广泛研究并应用在取证领域，如图像来源识别、图像篡改检测等。因此，将PRNU应用于各种实际场景吸引了当前研究人员的注意。此外，值得注意的是，基于PRNU的取证算法普遍存在隐私泄露的风险。随着人们对隐私的日益关注，如何保护隐私安全成为未来PRNU取证算法的研究重点和难点。

作为图像的统计特征，统计模型能够准确地描述自然图像。因此，基于统计模型特征，研究人员开发了一系列的取证算法来解决图像来源识别问题。这种基于统计模型的数字图像来源取证算法克服了当前取证算法所需训练集较大、特征维数较高的缺陷，能够保持较高的正检率，并且对算法的识别准确率进行了理论证明。值得注意的是，由于参数估计的精度问题，这种算法的指纹提取存在一定局限。因此，开发更为准确可靠的统计模型以及指纹提取算法仍是这类取证算法的研究重点。

相较于传统"手工"提取的方法，基于CNN的来源识别方法存在优势。传统方法需要分析大尺寸图像（如512×512），而CNN模型能够实现小尺寸图像（如64×64或32×32）的来源识别，这一优势不仅降低了图像指纹的复杂度，而且进一步提升了检测单元的精细度。此外，CNN模型算法在自适应提取图像指纹方面具有明显优势，提取过程无须根据取证先验知识修改图像指纹提取算法。然而，基于CNN的来源识别方法也存在一定缺陷，例如目前的研究大多数为成像设备型号的来源识别，较难实现成像设备个体的来源识别。这也是未来基于CNN的来源识别研究的难点和重点。

现有的CG合成图像来源取证的算法大多从图像统计特征、CFA插值以及模式噪声等方面入手，对训练样本有较强的依赖性，并且训练样本所需的数据量较大。虽然CFA插值可以在一定程度上反映自然图像和计算机生成图像的差异性，但由于CFA插值痕迹很容易受到图像后处理的干扰而消失，鲁棒性无法令人满意，使得经过后处理操作的图像的来源取证效果仍然受限。已有的数字图像来源识别方法也存在以下一些问题：特征维数较大、所需训练样本大、算法复杂度高，且基于模式识别的图像分类方法没有很好的理论解释。在未来的研究中，对于CG合成图像来源检测可以着手解决以上问题。

◆ 注 释 ◆

[1] San Choi K, Lam E Y, Wong K K Y. Source camera identification using footprints from lens aberration [C]//Digital Photography II. SPIE, 2006, 6069:172-179.
[2] Devernay F, Faugeras O D. Automatic calibration and removal of distortion from scenes of structured environments [C]//Investigative and Trial Image Processing. SPIE, 1995, 2567:62-72.
[3] Kharrazi M, Sencar H T, Memon N. Blind source camera identification [C]//2004 International Conference on Image Processing, 2004. ICIP'04. IEEE, 2004, 1: 709-712.
[4] Duda R O, Hart P E. Pattern Classification [M]. John Wiley & Sons, 2006.
[5] San Choi K, Lam E Y, Wong K K Y. Feature selection in source camera identification [C]//2006 IEEE International Conference on Systems, Man and Cybernetics. IEEE, 2006, 4:3176-3180.
[6] Statistical Analysis System Institute. SAS/STAT User's Guide [M]. SAS Publ. ,1999.
[7] San Choi K, Lam E Y, Wong K K Y. Automatic source camera identification using the intrinsic lens radial distortion [J]. Optics Express, 2006, 14(24):11551-11565.
[8] Hwang M G, Park H J, Har D H. Source camera identification based on interpolation via lens distortion correction [J]. Australian Journal of Forensic Sciences, 2014, 46(1): 98-110.
[9] Van L T, Emmanuel S, Kankanhalli M S. Identifying source cell phone using chromatic aberration [C]//2007 IEEE International Conference on Multimedia and Expo. IEEE, 2007:883-886.
[10] Johnson M K, Farid H. Exposing digital forgeries through chromatic aberration [C]// Proceedings of the 8th Workshop on Multimedia and Security. 2006:48-55.
[11] Gloe T, Borowka K, Winkler A. Efficient estimation and large-scale evaluation of lateral chromatic aberration for digital image forensics [C]//Media Forensics and Security II. SPIE, 2010, 7541:62-74.
[12] Mallon J, Whelan P F. Calibration and removal of lateral chromatic aberration in images [J]. Pattern Recognition Letters, 2007, 28(1):125-135.
[13] Yu J, Craver S, Li E. Toward the identification of DSLR lenses by chromatic aberration [C]//Media Watermarking, Security, and Forensics III. SPIE, 2011, 7880:373-381.
[14] Popescu A C, Farid H. Exposing digital forgeries by detecting traces of resampling [J]. IEEE Transactions on Signal Processing, 2005, 53(2):758-767.
[15] Bayram S, Sencar H, Memon N, et al. Source camera identification based on CFA interpolation [C]//IEEE International Conference on Image Processing 2005. IEEE, 2005, 3:Ⅲ-69.
[16] Chang C C, Lin C J. LIBSVM: A library for support vector machines [J]. ACM Transactions on Intelligent Systems and Technology (TIST),2011, 2(3):1-27.
[17] Pudil P, Ferri F J, Novovicova J, et al. Floating search methods for feature selection with nonmonotonic criterion functions [C]//Proceedings of the 12th IAPR International

Conference on Pattern Recognition, Vol. 3 - Conference C: Signal Processing (Cat. No. 94CH3440-5). IEEE, 1994, 2:279-283.

[18] Celiktutan O, Avcibas I, Sankur B, et al. Source cell-phone identification [J]. IEEE Signal Processing and Communications Applications, 2005:1-3.

[19] Bayram S, Sencar H T, Memon N, et al. Improvements on source camera-model identification based on CFA interpolation [J]. Proc. of WG, 2006, 11(9).

[20] Long Y, Huang Y. Image based source camera identification using demosaicking [C]// 2006 IEEE Workshop on Multimedia Signal Processing. IEEE, 2006:419-424.

[21] Lam L, Suen S Y. Application of majority voting to pattern recognition: An analysis of its behavior and performance [J]. IEEE Transactions on Systems, Man, and Cybernetics-Part A: Systems and Humans, 1997, 27(5):553-568.

[22] Gunturk B K, Altunbasak Y, Mersereau R M. Color plane interpolation using alternating projections [J]. IEEE transactions on image processing, 2002, 11(9): 997-1013.

[23] Swaminathan A, Wu M, Liu K J R. Nonintrusive component forensics of visual sensors using output images [J]. IEEE Transactions on Information Forensics and Security, 2007, 2(1):91-106.

[24] Cao H, Kot A C. A generalized model for detection of demosaicing characteristics [C]// 2008 IEEE International Conference on Multimedia and Expo. IEEE, 2008:1513-1516.

[25] Cao H, Kot A C. Accurate detection of demosaicing regularity for digital image forensics [J]. IEEE Transactions on Information Forensics and Security, 2009, 4(4):899-910.

[26] Cao H, Kot A C. Mobile camera identification using demosaicing features [C]// Proceedings of 2010 IEEE International Symposium on Circuits and Systems. IEEE, 2010:1683-1686.

[27] Bayram S, Sencar H T, Memon N. Classification of digital camera-models based on demosaicing artifacts [J]. digital investigation, 2008, 5(1-2):49-59.

[28] McKay C, Swaminathan A, Gou H, et al. Image acquisition forensics: Forensic analysis to identify imaging source [C]//2008 IEEE International Conference on Acoustics, Speech and Signal Processing. IEEE, 2008:1657-1660.

[29] Wang B, Kong X, You X. Source camera identification using support vector machines [C]//IFIP International Conference on Digital Forensics. Springer, Berlin, Heidelberg, 2009:107-118.

[30] Schölkopf B, Smola A J, Williamson R C, et al. New support vector algorithms [J]. Neural Computation, 2000, 12(5):1207-1245.

[31] Boser B E, Guyon I M, Vapnik V N. A training algorithm for optimal margin classifiers [C]//Proceedings of the Fifth Annual Workshop on Computational Learning Theory. 1992:144-152.

[32] San Choi K, Lam E Y, Wong K K Y. Source camera identification by JPEG compression statistics for image forensics [C]//TENCON 2006 - 2006 IEEE Region 10 Conference. IEEE, 2006:1-4.

[33] Farid H. Digital image ballistics from JPEG quantization [R/OL]. (2020-9-25)[2023-10-20]. https://digitalcommons.dartmouth.edu/cs_tr/291.

[34] Xu G, Gao S, Shi Y Q, et al. Camera-model identification using Markovian transition

probability matrix [C]//International Workshop on Digital Watermarking. Springer, Berlin, Heidelberg, 2009:294-307.

[35] Liu Q, Cooper P A, Chen L, et al. Detection of JPEG double compression and identification of smartphone image source and post-capture manipulation [J]. Applied Intelligence, 2013, 39(4):705-726.

[36] Kee E, Farid H. Digital image authentication from thumbnails [C]//Media Forensics and Security II. SPIE, 2010, 7541:139-148.

[37] Kee E, Johnson M K, Farid H. Digital image authentication from JPEG headers [J]. IEEE Transactions on Information Forensics and Security, 2011, 6(3):1066-1075.

[38] Lukas J, Fridrich J, Goljan M. Digital camera identification from sensor pattern noise [J]. IEEE Transactions on Information Forensics and Security, 2006, 1(2):205-214.

[39] Chen M, Fridrich J, Goljan M. Digital imaging sensor identification (further study) [C]//Security, Steganography, and Watermarking of Multimedia Contents IX. SPIE, 2007, 6505:258-270.

[40] Chen M, Fridrich J, Goljan M, et al. Determining image origin and integrity using sensor noise [J]. IEEE Transactions on Information Forensics and Security, 2008, 3(1):74-90.

[41] Li C T. Source camera identification using enhanced sensor pattern noise [J]. IEEE Transactions on Information Forensics and Security, 2010, 5(2):280-287.

[42] Li C T, Li Y. Digital camera identification using colour-decoupled photo response non-uniformity noise pattern [C]//Proceedings of 2010 IEEE International Symposium on Circuits and Systems. IEEE, 2010:3052-3055.

[43] Goljan M, Fridrich J, Filler T. Managing a large database of camera fingerprints [C]//Media Forensics and Security II. SPIE, 2010, 7541:75-86.

[44] Bayram S, Sencar H T, Memon N. Efficient sensor fingerprint matching through fingerprint binarization [J]. IEEE Transactions on Information Forensics and Security, 2012, 7(4):1404-1413.

[45] Goljan M, Fridrich J. Sensor fingerprint digests for fast camera identification from geometrically distorted images [C]//Media Watermarking, Security, and Forensics 2013. SPIE, 2013, 8665:85-94.

[46] Zhao Y, Zheng N, Qiao T, et al. Source camera identification via low dimensional PRNU features [J]. Multimedia Tools and Applications, 2019, 78(7):8247-8269.

[47] Johnson W B. Extensions of Lipschitz mappings into a Hilbert space [J]. Contemp. Math., 1984, 26:189-206.

[48] Achlioptas D. Database-friendly random projections: Johnson-Lindenstrauss with binary coins [J]. Journal of Computer and System Sciences, 2003, 66(4):671-687.

[49] Valsesia D, Coluccia G, Bianchi T, et al. Compressed fingerprint matching and camera identification via random projections [J]. IEEE Transactions on Information Forensics and Security, 2015, 10(7):1472-1485.

[50] Ba Z, Zhang X, Qin Z, et al. CFP: Enabling camera fingerprint concealment for privacy-preserving image sharing [C]//2019 IEEE 39th International Conference on Distributed Computing Systems (ICDCS). IEEE, 2019:1094-1105.

[51] Mohanty M, Yaqub W. Towards seamless authentication for Zoom-based online

teaching and meeting [J]. arXiv preprint arXiv:2005.10553, 2020.

[52] Quan Y, Li C T. On addressing the impact of ISO speed upon PRNU and forgery detection [J]. IEEE Transactions on Information Forensics and Security, 2020, 16: 190-202.

[53] Fernández-Menduina S, Pérez-González F. On the information leakage of camera fingerprint estimates [J]. arXiv preprint arXiv:2002.11162, 2020.

[54] Valsesia D, Coluccia G, Bianchi T, et al. User authentication via PRNU-based physical unclonable functions [J]. IEEE Transactions on Information Forensics and Security, 2017, 12(8):1941-1956.

[55] Zheng Y, Cao Y, Chang C H. A PUF-based data-device hash for tampered image detection and source camera identification [J]. IEEE Transactions on Information Forensics and Security, 2019, 15:620-634.

[56] Mohanty M, Zhang M, Asghar M R, et al. e-PRNU: Encrypted domain PRNU-based camera attribution for preserving privacy [J]. IEEE Transactions on Dependable and Secure Computing, 2019, 18(1):426-437.

[57] Pedrouzo-Ulloa A, Masciopinto M, Troncoso-Pastoriza J R, et al. Camera attribution forensic analyzer in the encrypted domain [C]//2018 IEEE International Workshop on Information Forensics and Security (WIFS). IEEE, 2018:1-7.

[58] Thai T H, Cogranne R, Retraint F. Camera model identification based on the heteroscedastic noise model [J]. IEEE Transactions on Image Processing, 2013, 23(1): 250-263.

[59] Qiao T, Retraint F, Cogranne R, et al. Source camera device identification based on raw images [C]//2015 IEEE International Conference on Image Processing (ICIP). IEEE, 2015:3812-3816.

[60] Thai T H, Retraint F, Cogranne R. Camera model identification based on the generalized noise model in natural images [J]. Digital Signal Processing, 2016, 48:285-297.

[61] Qiao T, Retraint F, Cogranne R, et al. Individual camera device identification from JPEG images [J]. Signal Processing: Image Communication, 2017, 52:74-86.

[62] Chen Y, Retraint F, Qiao T. Detecting spliced image based on simplified statistical model [C]//2022 14th International Conference on Computer Research and Development (ICCRD). IEEE, 2022:220-224.

[63] Thai T H, Retraint F, Cogranne R. Generalized signal-dependent noise model and parameter estimation for natural images [J]. Signal Processing, 2015, 114:164-170.

[64] Lehmann E L, Romano J P, Casella G. Testing Statistical Hypotheses [M]. New York: Springer, 2005.

[65] Robertson M A, Stevenson R L. DCT quantization noise in compressed images [J]. IEEE Transactions on Circuits and Systems for Video Technology, 2005, 15(1): 27-38.

[66] Chen Y, Qiao T, Retraint F, et al. Efficient privacy-preserving forensic method for camera model identification [J]. IEEE Transactions on Information Forensics and Security, 2022, 17:2378-2393.

[67] Baroffio L, Bondi L, Bestagini P, et al. Camera identification with deep convolutional

networks [J]. arXiv preprint arXiv:1603.01068, 2016, 460.

[68] Tuama A, Comby F, Chaumont M. Camera model identification with the use of deep convolutional neural networks [C]//2016 IEEE International Workshop on Information Forensics and Security (WIFS). IEEE, 2016:1-6.

[69] Bondi L, Baroffio L, Güera D, et al. First steps toward camera model identification with convolutional neural networks [J]. IEEE Signal Processing Letters, 2016, 24(3): 259-263.

[70] Yao H, Qiao T, Xu M, et al. Robust multi-classifier for camera model identification based on convolution neural network [J]. IEEE Access, 2018, 6:24973-24982.

[71] Cozzolino D, Verdoliva L. Noiseprint: A CNN-based camera model fingerprint [J]. IEEE Transactions on Information Forensics and Security, 2019, 15:144-159.

[72] Chen Y, Kang X, Shi Y Q, et al. A multi-purpose image forensic method using densely connected convolutional neural networks [J]. Journal of Real-Time Image Processing, 2019, 16(3):725-740.

[73] Huang G, Liu Z, Van Der Maaten L, et al. Densely connected convolutional networks [C]//Proceedings of the IEEE Conference on Computer Vision and Pattern Recognition. 2017:4700-4708.

[74] Yang P, Ni R, Zhao Y, et al. Source camera identification based on content-adaptive fusion residual networks [J]. Pattern Recognition Letters, 2019, 119:195-204.

[75] Bayar B, Stamm M C. Augmented convolutional feature maps for robust CNN-based camera model identification [C]//2017 IEEE International Conference on Image Processing (ICIP). IEEE, 2017:4098-4102.

[76] Chen C, Stamm M C. Camera model identification framework using an ensemble of demosaicing features [C]//2015 IEEE International Workshop on Information Forensics and Security (WIFS). IEEE, 2015:1-6.

[77] Marra F, Poggi G, Sansone C, et al. Evaluation of residual-based local features for camera model identification [C]//International Conference on Image Analysis and Processing. Springer, Cham, 2015:11-18.

[78] Wang B, Yin J, Tan S, et al. Source camera model identification based on convolutional neural networks with local binary patterns coding [J]. Signal Processing: Image Communication, 2018, 68:162-168.

[79] Gallagher A C, Chen T. Image authentication by detecting traces of demosaicing [C]//2008 IEEE Computer Society Conference on Computer Vision and Pattern Recognition Workshops. IEEE, 2008:1-8.

[80] Long M, Peng F, Zhu Y. Identifying natural images and computer generated graphics based on binary similarity measures of PRNU [J]. Multimedia Tools and Applications, 2019, 78(1):489-506.

[81] Chang C C, Lin C J. LIBSVM: A library for support vector machines [J]. ACM Transactions on Intelligent Systems and Technology (TIST), 2011, 2(3):1-27.

[82] De Rezende E R S, Ruppert G C S, Carvalho T. Detecting computer generated images with deep convolutional neural networks [C]//2017 30th SIBGRAPI Conference on Graphics, Patterns and Images (SIBGRAPI). IEEE, 2017:71-78.

[83] He K, Zhang X, Ren S, et al. Deep residual learning for image recognition [C]//

Proceedings of the IEEE Conference on Computer Vision and Pattern Recognition. 2016:770-778.

[84] Yosinski J, Clune J, Bengio Y, et al. How transferable are features in deep neural networks?[J]. Advances in Neural Information Processing Systems, 2014, 27.

[85] Tokuda E, Pedrini H, Rocha A. Computer generated images vs. digital photographs: A synergetic feature and classifier combination approach[J]. Journal of Visual Communication and Image Representation, 2013, 24(8):1276-1292.

[86] Li W, Zhang T, Zheng E, et al. Identifying photorealistic computer graphics using second-order difference statistics[C]//2010 Seventh International Conference on Fuzzy Systems and Knowledge Discovery. IEEE, 2010, 5:2316-2319.

[87] 黄明瑛. 基于统计分布模型的数字图像来源取证[D]. 杭州电子科技大学, 2019.

[88] Qiao T, Retraint F, Cogranne R. Image authentication by statistical analysis[C]//21st European Signal Processing Conference (EUSIPCO 2013). IEEE, 2013:1-5.

[89] Lyu S, Farid H. How realistic is photorealistic?[J]. IEEE Transactions on Signal Processing, 2005, 53(2):845-850.

[90] Peng F, Zhou D, Long M, et al. Discrimination of natural images and computer generated graphics based on multi-fractal and regression analysis[J]. AEU-International Journal of Electronics and Communications, 2017, 71:72-81.

[91] Qiao T, Luo X, Yao H, et al. Classifying between computer generated and natural images: An empirical study from RAW to JPEG format[J]. Journal of Visual Communication and Image Representation, 2022, 85:103506.

第 9 章

来源聚类

数字图像的来源聚类是对一组图像根据其拍摄的设备进行来源有关的聚类,如图9-1所示。数字图像来源聚类的最大挑战在于研究者无法获取先验知识,需要在"盲目"的场景下对图像进行聚类分析。来源聚类主要被应用于解决两个实际问题:其一,对于一组来源未知的图像集,其图像由多少成像设备所拍摄;其二,在这些图像中,哪些由同一个成像设备所获得。数字图像的来源聚类使得数字图像取证的应用前景得到了进一步的拓宽,例如可以实现社交网络中的用户关联和识别等。

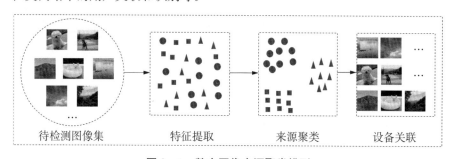

图 9-1 数字图像来源聚类模型

(资料来源:张俐.基于成像设备指纹的多媒体取证技术研究[D].杭州电子科技大学,2022.)

9.1 来源聚类的基本算法

9.1.1 图论聚类算法

图 $G(\text{graph})$ 由点的集合 $V(\text{vertex})$ 和边的集合 $E(\text{edge})$ 组成,即 $G=(V,$

E),其中 V 为数据集,E 为样本点与样本点之间的权重。在来源聚类时,每个顶点表示一幅图像,边的权值就是图像之间的相似度。对构成的图进行分割,要使得连接不同簇之间的边的权重尽可能低(簇间相似度小),簇内部的边的权重尽可能高(簇内相似度高)。

图论聚类方法又称作最大(小)支撑聚类算法。图论聚类要建立与问题相适应的图,图的节点对应于被分析数据的最小单元,图的边或弧对应于最小数据之间的相似性度量。因此,每个最小处理单元之间都会有一个度量的表达,这就确保数据局部特性比较易于处理。图论聚类法是以样本数据的局域链接特征作为聚类的主要信息源,因而其优点是易于处理局部数据的特性。

在图论分析中,把待分类的对象(x_1, x_2, …)看作一个全连接无向图 $G=(V,E)$ 中的节点,然后给每一条边赋值,计算任意两点之间的距离(例如欧氏距离)定义为边的权值,并生成最小支撑树,设置阈值将对象进行聚类分析。

下文将举例说明拉普拉斯矩阵构建的过程。假设现在有六个数据点,如图 9-2 分布(可以是二维原始数据,也可以是基于某种相似规则计算了数据间的相似度量后所呈现的关联)。

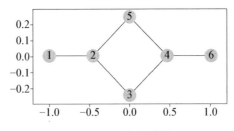

图 9-2 无向图连接

将此图转换为邻接矩阵的形式,记为矩阵 A:

$$A = \begin{pmatrix} 0 & 1 & 0 & 0 & 0 & 0 \\ 1 & 0 & 1 & 0 & 1 & 0 \\ 0 & 1 & 0 & 1 & 0 & 0 \\ 0 & 0 & 1 & 0 & 1 & 1 \\ 0 & 1 & 0 & 1 & 0 & 0 \\ 0 & 0 & 0 & 1 & 0 & 0 \end{pmatrix} \quad (9-1)$$

$$D_i = \sum_{j=1}^{n} A_i$$

度矩阵 D 为对角矩阵：

$$D = \begin{pmatrix} 1 & 0 & 0 & 0 & 0 & 0 \\ 0 & 3 & 0 & 0 & 0 & 0 \\ 0 & 0 & 2 & 0 & 0 & 0 \\ 0 & 0 & 0 & 3 & 0 & 0 \\ 0 & 0 & 0 & 0 & 2 & 0 \\ 0 & 0 & 0 & 0 & 0 & 1 \end{pmatrix} \quad (9\text{-}2)$$

构造的拉普拉斯矩阵 $L = D - A$，故

$$L = \begin{pmatrix} 1 & -1 & 0 & 0 & 0 & 0 \\ -1 & 3 & -1 & 0 & -1 & 0 \\ 0 & -1 & 2 & -1 & 0 & 0 \\ 0 & 0 & -1 & 3 & -1 & -1 \\ 0 & -1 & 0 & -1 & 2 & 0 \\ 0 & 0 & 0 & -1 & 0 & 1 \end{pmatrix} \quad (9\text{-}3)$$

通常，对于双向划分准则，我们可以求取拉普拉斯矩阵特征值的第二小的特征向量即 Fiedler 向量，Fiedler 向量也是图划分的势函数，用来进行聚类。势函数是表示样本归属于某个子集的指示型向量，势函数表示为

$$q_i = \begin{cases} 1, & i \in a \\ 0, & i \in b \end{cases} \quad (9\text{-}4)$$

通俗地说：如果样本势函数为 1，那么此样本归属为 a 划分；如果是 0，那么此样本归属为 b 划分。

9.1.2 K‑means 聚类算法

K‑means 算法是最常用的聚类算法之一，其主要思想是：在给定 K 个初始类簇中心点的情况下，把每个点（即数据记录）分到离其最近的类簇中心点所代表的类簇中，所有点分配完毕之后，根据一个类簇内的所有点重新计算该类簇的中心点（取平均值），然后再迭代地进行分配点和更新类簇中心点的步骤，直至类簇中心点的变化很小，或者达到指定的迭代次数。接下来，我们简

单介绍其基本原理。

给定样本集 $D=\{x_1, x_2, \cdots, x_m\}$，K-means 算法针对聚类所得簇划分 $C=\{C_1, C_2, \cdots, C_K\}$ 进行最小化平方误差：

$$E = \sum_{i=1}^{k} \sum_{x \in C_i} \|x - \mu_i\|_2^2 \tag{9-5}$$

其中，$\mu_i = \frac{1}{|C_i|} \sum_{x \in C_i} x$ 是簇 C_i 的均值向量。直观来看，式(9-5)在一定程度上刻画了簇内样本围绕簇均值向量的紧密程度，E 值越小，则簇内样本相似度越高。

最小化上述公式并不容易，找到它的最优解须考察样本集 D 所有可能的簇划分，这是一个 NP 难问题。因此，K-means 算法采用了贪心策略，通过迭代优化来近似求解上面的公式。算法流程如图 9-3 所示，其中第 1 行对均值向量进行初始化，在第 4~8 行与第 9~16 行依次对当前簇划分及均值向量迭代更新，若迭代更新后聚类结果保持不变，则在第 18 行将当前簇划分结果返回。

输入：样本集 $D = \{x_1, x_2, \cdots, x_m\}$；
　　　　聚类簇数 k.
过程：
1: 从 D 中随机选择 k 个样本作为初始均值向量 $\{\mu_1, \mu_2, \cdots, \mu_k\}$
2: **repeat**
3: 　　令 $C_i = \varnothing$ $(1 \leqslant i \leqslant k)$
4: 　　**for** $j = 1, 2, \cdots, m$ **do**
5: 　　　　计算样本 x_j 与各均值向量 μ_i $(1 \leqslant i \leqslant k)$ 的距离：$d_{ji} = \|x_j - \mu_i\|_2$;
6: 　　　　根据距离最近的均值向量确定 x_j 的簇标记：$\lambda_j = \arg\min_{i \in \{1,2,\cdots,k\}} d_{ji}$;
7: 　　　　将样本 x_j 划入相应的簇：$C_{\lambda_j} = C_{\lambda_j} \bigcup \{x_j\}$;
8: 　　**end for**
9: 　　**for** $i = 1, 2, \cdots, k$ **do**
10: 　　　　计算新均值向量：$\mu_i' = \frac{1}{|C_i|} \sum_{x \in C_i} x$;
11: 　　　　**if** $\mu_i' \neq \mu_i$ **then**
12: 　　　　　　将当前均值向量 μ_i 更新为 μ_i'
13: 　　　　**else**
14: 　　　　　　保持当前均值向量不变
15: 　　　　**end if**
16: 　　**end for**
17: **until** 当前均值向量均未更新
输出：簇划分 $\mathcal{C} = \{C_1, C_2, \cdots, C_k\}$

图 9-3　K-means 算法流程

(资料来源：周志华. 机器学习[M]. 清华大学出版社, 2016.)

从流程来看,K-means 算法计算步骤基本上可以概括为两个部分:一是计算每一个对象到类簇中心的距离;二是根据类簇内的对象计算新的类簇中心。为避免运行时间过长,通常设置一个最大运行轮数或最小调整幅度阈值,若达到最大轮数或调整幅度小于阈值,则停止运行。

下面以六个点的 K-means 聚类为例来演示算法的学习过程。坐标系中有六个点,如表 9-1 所示。

表 9-1 示例点坐标

点	X 轴坐标	Y 轴坐标
$P1$	0	0
$P2$	1	2
$P3$	3	1
$P4$	8	8
$P5$	9	10
$P6$	10	7

将这组点分为两组,即 $K=2$,随机选择两个质心:$P1$、$P2$。

通过欧氏距离计算剩余点分别到这两个点的距离,结果如表 9-2 所示。

表 9-2 两点间距离

点	$P1$	$P2$
$P3$	3.16	2.24
$P4$	11.30	9.22
$P5$	13.50	11.30
$P6$	12.20	10.30

此时,第一次分组后的结果为:组 A 有 $P1$;组 B 有 $P2$、$P3$、$P4$、$P5$、$P6$。

然后,分别计算组 A 和组 B 的质心:

组 A 的质心还是 $P1=(0,0)$。

组 B 新的质心坐标为

$$P=((1+3+8+9+10)/5,(2+1+8+10+7)/5)=(6.2,5.6)$$

再次计算每个点到质心的距离,如表 9-3 所示。

表 9-3 与质心距离

点	P1	P
P2	2.24	6.32
P3	3.16	5.60
P4	11.30	3.00
P5	13.50	5.21
P6	12.20	4.04

所以，第二次分类结果为：组 A 有 $P1$、$P2$、$P3$；组 B 有 $P4$、$P5$、$P6$。

再次计算质心：$P11=(1.33,1)$；$P22=(9,8.33)$。

再次计算每个点到质心的距离，如表 9-4 所示。

表 9-4 与新质心的距离

点	P11	P22
P1	1.4	12.0
P2	0.6	10.0
P3	1.4	9.5
P4	47.0	1.1
P5	70.0	1.7
P6	56.0	1.7

所以，第三次分类结果为：组 A 有 $P1$、$P2$、$P3$；组 B 有 $P4$、$P5$、$P6$。可以发现，第三次分组结果和第二次分组结果一致，说明已经收敛，聚类结束。

9.1.3 谱聚类算法

谱聚类本质上就是将聚类问题转换为图论问题。从图论的角度来说，聚类的问题就相当于一个图的分割问题，谱聚类的目的便是找到一种合理的分割图的方法，使得分割后形成若干个子图，连接不同子图的边的权重（相似度）尽可能低，同子图内的边的权重（相似度）尽可能高。物以类聚，人以群分，相似的聚在一起，不相似的彼此远离。

优化目标则是让被割掉各边的权值和最小。因为被割掉的边的权值和越小,代表被它们连接的子图之间的相似度越小,隔得越远,而相似度低的子图正好可以从中一刀切断。

为了更好地把谱聚类问题转换为图论问题,定义如下概念。

无向图 $G=(V,E)$,顶点集 V 表示各个样本,带权重的边表示各个样本之间的相似度。与某节点邻接的所有边的权值和定义为该顶点的度 d,多个 d 形成一个度矩阵 $\boldsymbol{D}$(对角阵),即

$$d_{ij} = \sum_{j=1}^{n} w(i,j) \tag{9-6}$$

邻接矩阵 $\boldsymbol{W}$ 为 A 子图与 B 子图之间所有边的权值之和,定义如下:

$$W(A,B) := \sum_{i \in A, j \in B} w_{ij} \tag{9-7}$$

其中,w_{ij} 定义为节点 i 到节点 j 的权值,如果两个节点不是相连的,则权值为零。

相似度矩阵即指任意两个对象 x_i 和 x_j,其相似度基于高斯核函数(也称径向基函数核),计算相似度定义为

$$S(x_i, x_j) = e^{\frac{-\|x_i - x_j\|^2}{2\sigma^2}} \tag{9-8}$$

距离越大,则代表其相似度越小。最后,拉普拉斯矩阵为 $\boldsymbol{L} = \boldsymbol{D} - \boldsymbol{W}$。

子图 A 的指示向量如下:

$$1_A = (f_1, \cdots, f_n)' \in \mathbb{R}^n$$
$$f_i = 1, 若 v_i \in A$$
$$f_i = 0, 否则 \tag{9-9}$$

接下来,如何切割图则成为问题的关键。换言之,最优的结果要把图片分割为几个区域(或若干个组),要求是分割所得的 Cut 值最小,相当于那些被切断的边的权值之和最小。

设 $A_1, A_2, \cdots, A_k$ 为图的几个子集(各个子集之间不存在交集),为了让分割的 Cut 值最小,谱聚类便是要最小化下述目标函数:

$$\text{Cut}(A_1, A_2, \cdots, A_k) = \frac{1}{2} \sum_{i=1}^{k} W(A_i, \bar{A}_i) \tag{9-10}$$

但很多时候,最小化切割通常会导致不好的分割。以分成两类为例,这个式子通常会将图分成一个点和其余的 $n-1$ 个点。如图 9-4 所示,很明显,最小化切割不是最好的切割。相反,把 $\{A、B、C、H\}$ 分为一边,$\{D、E、F、G\}$ 分为一边很可能就是最好的切割。

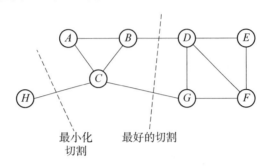

图 9-4 最小化切割示例

为了让每个类都有合理的大小,目标函数尽量让 $A_1,A_2,\cdots,A_k$ 足够大。改进后的目标函数为

$$\text{RatioCut}(A_1,A_2,\cdots,A_k)=\frac{1}{2}\sum_{i=1}^{k}\frac{W(A_i,\bar{A}_i)}{|A_i|} \qquad (9-11)$$

其中,$|A_i|$ 表示 A_i 组中包含的顶点数目。或者,也可以将优化目标定义为最小化 NCut:

$$\text{NCut}(A_1,A_2,\cdots,A_k)=\frac{1}{2}\sum_{i=1}^{k}\frac{W(A_i,\bar{A}_i)}{\text{vol}|A_i|} \qquad (9-12)$$

其中 $\text{vol}|A_i|=\sum_{j\in A_i}w_{ij}$。

接下来,重点研究 RatioCut 函数。定义向量:$\boldsymbol{f}=(f_1,\cdots,f_n)^\text{T}\in\mathbb{R}^n$,且:

$$f_i=\begin{cases}\sqrt{\dfrac{|\bar{A}|}{|A|}}, & \text{若 } v_i\in A \\ -\sqrt{\dfrac{|A|}{|\bar{A}|}}, & \text{若 } v_i\in\bar{A}\end{cases} \qquad (9-13)$$

由拉普拉斯矩阵的性质,可知:

$$\boldsymbol{f}^\text{T}\boldsymbol{L}\boldsymbol{f}=\frac{1}{2}\sum_{i=1}^{n}\sum_{j=1}^{n}w_{ij}(f_i-f_j)^2 \qquad (9-14)$$

现在把 f_i 的定义代入上式,推导过程如下:

$$\begin{aligned}
\boldsymbol{f}^{\mathrm{T}}\boldsymbol{L}\boldsymbol{f} &= \frac{1}{2}\sum_{i,j=1}^{N} w_{ij}(f_i - f_j)^2 \\
&= \frac{1}{2}\sum_{i \in A, j \in \bar{A}} w_{ij}\left(\sqrt{\frac{|\bar{A}|}{|A|}} + \sqrt{\frac{|A|}{|\bar{A}|}}\right)^2 + \\
&\quad \sum_{i \in \bar{A}, j \in A} w_{ij}\left(-\sqrt{\frac{|\bar{A}|}{|A|}} - \sqrt{\frac{|A|}{|\bar{A}|}}\right)^2 \\
&= \mathrm{Cut}(A, \bar{A})\left(\frac{|\bar{A}|}{|A|} + \frac{|A|}{|\bar{A}|} + 2\right) \\
&= \mathrm{Cut}(A, \bar{A})\left(\frac{|A|+|\bar{A}|}{|A|} + \frac{|A|+|\bar{A}|}{|\bar{A}|}\right) \\
&= |V| \cdot \mathrm{RatioCut}(A, \bar{A})
\end{aligned} \quad (9-15)$$

由此可得,拉普拉斯矩阵 $\boldsymbol{L}$ 和要优化的目标函数 RatioCut 有着密切的关系。更进一步说,因为 $|V|$ 是一个常量,所以最小化 RatioCut 函数等价于最小化 $\boldsymbol{f}^T\boldsymbol{L}\boldsymbol{f}$。

同时,因单位向量的各个元素全为 1,所以直接展开可得到约束条件:

$$\|\boldsymbol{f}\|^2 = \sum f_i^2 = n \quad (9-16)$$

$$\boldsymbol{f}^{\mathrm{T}}\mathbf{1} = \sum f_i = 0 \quad (9-17)$$

最终新的目标函数可以表示为

$$\min_{f \in \mathbb{R}^n} \boldsymbol{f}^{\mathrm{T}}\boldsymbol{L}\boldsymbol{f} \text{ 使得 } \boldsymbol{f} \perp \mathbf{1}, \ \|\boldsymbol{f}\| = \sqrt{n} \quad (9-18)$$

可得,$\boldsymbol{f}^T\boldsymbol{f} = n$。

在继续推导前,需要注意特征向量和特征值的定义:若数 λ 和非零向量 v 满足 $\boldsymbol{A}v = \lambda v$,则 v 为 $\boldsymbol{A}$ 的一个特征向量,λ 是其对应的特征值。假定 $\boldsymbol{L}\boldsymbol{f} = \lambda\boldsymbol{f}$,此刻,$\lambda$ 是特征值,$\boldsymbol{f}$ 是 $\boldsymbol{L}$ 的特征向量。两边同时左乘 $\boldsymbol{f}^T$,得到 $\boldsymbol{f}^T\boldsymbol{L}\boldsymbol{f} = \lambda\boldsymbol{f}^T\boldsymbol{f}$,而 $\boldsymbol{f}^T\boldsymbol{f} = n$,其中 n 为图中顶点的数量之和,因此 $\boldsymbol{f}^T\boldsymbol{L}\boldsymbol{f} = \lambda n$,因 n 是个定值,所以要最小化 $\boldsymbol{f}^T\boldsymbol{L}\boldsymbol{f}$,即最小化 λ。因此,接下来,我们只要找到 $\boldsymbol{L}$ 的最小特征值 λ 及其对应的特征向量即可。

基于 Rayleigh-Ritz 理论，我们可以取第二小的特征值以及对应的特征向量 v。

更进一步，由于实际中特征向量 v 里的元素是连续的任意实数，因此可以根据 v 大于 0 还是小于 0 对应到离散情况下的：$f=(f_1,\cdots,f_n)^T \in \mathbb{R}^n$ 决定 f 是取 $\sqrt{|\bar{A}|/|A|}$ 还是取 $-\sqrt{|A|/|\bar{A}|}$。而如果能求取 L 的前 k 个特征向量，进行 K-means 聚类，得到 k 个簇，便从二聚类扩展到了 K-means 聚类的问题。

所要求的这前 k 个特征向量就是拉普拉斯矩阵的特征向量（计算拉普拉斯矩阵的特征值，特征值按照从小到大顺序排序，特征值对应的特征向量也按照特征值递增的顺序排列，取前 k 个特征向量，便是我们所要求的前 k 个特征向量）。所以，问题就转换成了：求拉普拉斯矩阵的前 k 个特征值，再对前 k 个特征值对应的特征向量进行 K-means 聚类。而两类的问题也很容易推广到 k 类的问题，即求特征值并取前 k 个最小的，将对应的特征向量排列起来，再进行 K-means 聚类。两类分类和多类分类的问题如出一辙。

综上可得，谱聚类的算法过程如下。

（1）根据数据构造一个图，图的每一个节点对应一个数据点，将各个点连接起来（随后将那些已经被连接起来但并不怎么相似的点，通过 Cut、RatioCut、NCut 的方式切割），并且边的权重用于表示数据之间的相似度。把这个图用邻接矩阵的形式表示出来，记为 W。

（2）把 W 的每一列元素加起来得到 N 个数，把它们放在对角线上（其他地方都是零），组成一个 $N \times N$ 的对角矩阵，记为度矩阵 D，并把 $W-D$ 的结果记为拉普拉斯矩阵 $L=D-W$。

（3）求出 L 的前 k 个特征值（前 k 个指按照特征值的大小从小到大排序得到）以及对应的特征向量。

（4）把这 k 个特征（列）向量排列在一起组成一个 $N \times k$ 的矩阵，将其中每一行看作 k 维空间中的一个向量，并使用 K-means 算法进行聚类。聚类的结果中每一行所属的类别就是原来图中的节点，即最初的 N 个数据点分别所属的类别。

谱聚类的基本思想是利用样本数据之间的相似矩阵（拉普拉斯矩阵）进行特征分解，然后将得到的特征向量进行 K-means 聚类。此外，谱聚类和传统的聚类方法（例如 K-means）相比，它只需要数据之间的相似度矩阵就可以了,而不必像 K-means 那样要求数据必须是 N 维欧氏空间中的向量。

9.2 基于 PRNU 的来源聚类

9.2.1 NCuts

2014 年,Amerini 等人[1]对标准化图割算法(normalized cut)[2]进行了改进,提出了一种基于标准化图割的来源聚类算法,简称为 NCuts。通过添加最佳阈值来终止聚类过程而不需要任何附加信息。最佳阈值通过实验的 ROC 曲线得出。与其他算法相比,NCuts 在准确度和计算复杂性方面表现更为优异。使用最佳阈值来结束聚类过程而不需要有关聚类数目的信息,使得该算法符合实际应用场景,具有一定实用价值。

假设 $f(x,y), x=1,2,\cdots,M; y=1,2,\cdots,N$ 为一张图片,为了对其进行分割,给定某一个距离函数,可以用于衡量任意两点 i,j 的相似度:

$$W_{ij} = w(i,j) \tag{9-19}$$

把图片的每一个像素看成一个节点,像素和像素之间的边为一条无向边,则整体构成了一个无向的图 $G=(V,E)$,每条边的权重是 $w(i,j)$,故易知 $w(i,j)=w(j,i)$。我们的目标是将图分成相斥的两块 (A,B),即满足:$A \bigcup B = V, A \bigcap B = \emptyset$。

以往的做法是,找到一个分割,使得下列指标最小:$\mathrm{Cut}(A,B) = \sum_{u \in A, v \in B} w(i,j)$。但是这种策略往往会导致不均匀的分割,即最角落里的元素被单独分割出来,如图 9-5 所示。

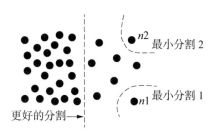

图 9-5 最小分割

(资料来源:Shi J, Malik J. Normalized cuts and image segmentation [J]. IEEE Transactions on Pattern Analysis and Machine Intelligence, 2000, 22(8):888-905.)

于是，Amerini 等人提出了一种新的指标：

$$\text{NCut}(A, B) = \frac{\text{Cut}(A, B)}{\text{assoc}(A, V)} + \frac{\text{Cut}(A, B)}{\text{assoc}(B, V)} \tag{9-20}$$

其中，$\text{assoc}(A, V)$ 代表区域 A 中的所有点到图中所有点的边权和，$\text{assoc}(B, V)$ 也是如此。注意到：

$$\text{NCut}(A, B) = \frac{\text{Cut}(A, B)}{\text{Cut}(A, B) + \text{assoc}(A, A)} + \frac{\text{Cut}(A, B)}{\text{Cut}(A, B) + \text{assoc}(B, B)} \tag{9-21}$$

所以只有到 $\text{assoc}(A, A)$、$\text{assoc}(B, B)$ 都足够大的时候，NCut 才会足够小，这说明该指标更关注了内部的一种紧密性。

令

$$x_i = +1, 若 i \in A; \ x_i = -1, 若 i \in B$$
$$d_i = \sum_j w_{ij} \tag{9-22}$$

则

$$\text{NCut}(A, B) = \frac{\sum_{x_i>0, x_j<0}(-w_{ij}x_ix_j)}{\sum_{x_i>0} d_i} + \frac{\sum_{x_i<0, x_j>0}(-w_{ij}x_ix_j)}{\sum_{x_i<0} d_i} \tag{9-23}$$

易证：

$$\left[\frac{1+x}{2}\right]_i = x_i = +1, 若 i \in A; \ \left[\frac{1+x}{2}\right]_i = 0, 若 i \in B$$
$$\left[\frac{1-x}{2}\right]_i = -x_i = +1, 若 i \in B; \ \left[\frac{1-x}{2}\right]_i = 0, 若 i \in A \tag{9-24}$$

令

$$[\boldsymbol{W}]_{ij} = w_{ij}$$
$$\boldsymbol{D}_{ii} = d_i \tag{9-25}$$

且 $\boldsymbol{D}_{ii}$ 为对角矩阵。

所以我们能够证明以下事实：

$$4 \cdot \text{Cut}(A, B) = (1+\boldsymbol{x})^\text{T} \boldsymbol{W} (1-\boldsymbol{x})$$
$$4 \cdot \text{assoc}(A, V) = 2 \cdot (1+\boldsymbol{x})^\text{T} \boldsymbol{D} \boldsymbol{1} = (1+\boldsymbol{x})^\text{T} \boldsymbol{D} (1+\boldsymbol{x})$$

$$4 \cdot \operatorname{assoc}(B, V) = 2 \cdot (\mathbf{1}-\mathbf{x})^{\mathrm{T}} \mathbf{D} \mathbf{1} = (\mathbf{1}-\mathbf{x})^{\mathrm{T}} \mathbf{D} (\mathbf{1}-\mathbf{x})$$

$$\operatorname{assoc}(V, V) = \sum_i d_i = \mathbf{1}^{\mathrm{T}} \mathbf{D} \mathbf{1}$$

$$(\mathbf{1}+\mathbf{x})^{\mathrm{T}} \mathbf{D} (\mathbf{1}-\mathbf{x}) = 0 \tag{9-26}$$

又注意到：

$$\sum_{x_i>0, x_j<0} (-w_{ij} x_i x_j) = \sum_{x_i>0} \Big[d_i - \sum_{x_j>0} w_{ij} \Big] \tag{9-27}$$

$$= \frac{1}{4} (\mathbf{1}+\mathbf{x})^{\mathrm{T}} (\mathbf{D}-\mathbf{W}) (\mathbf{1}+\mathbf{x})$$

于是同理可证：

$$(\mathbf{1}+\mathbf{x})^{\mathrm{T}} \mathbf{W} (\mathbf{1}-\mathbf{x}) = (\mathbf{1}+\mathbf{x})^{\mathrm{T}} (\mathbf{D}-\mathbf{W}) (\mathbf{1}+\mathbf{x}) \tag{9-28}$$

$$= (\mathbf{1}-\mathbf{x})^{\mathrm{T}} (\mathbf{D}-\mathbf{W}) (\mathbf{1}-\mathbf{x})$$

令

$$k = \frac{\operatorname{assoc}(A, V)}{\operatorname{assoc}(V, V)} \tag{9-29}$$

则

$$1 - k = \frac{\operatorname{assoc}(B, V)}{\operatorname{assoc}(V, V)} \tag{9-30}$$

综上可得

$$\operatorname{NCut}(A, B) = \frac{\operatorname{Cut}(A, B)}{k \mathbf{1}^{\mathrm{T}} \mathbf{D} \mathbf{1}} + \frac{\operatorname{Cut}(A, B)}{(1-k) \mathbf{1}^{\mathrm{T}} \mathbf{D} \mathbf{1}} = \frac{\operatorname{Cut}(A, B)}{k(1-k) \mathbf{1}^{\mathrm{T}} \mathbf{D} \mathbf{1}} \tag{9-31}$$

又因为：

$$[(\mathbf{1}+\mathbf{x}) - b(\mathbf{1}-\mathbf{x})]^{\mathrm{T}} (\mathbf{D}-\mathbf{W}) [(\mathbf{1}+\mathbf{x}) - b(\mathbf{1}-\mathbf{x})]$$
$$= (\mathbf{1}+\mathbf{x})^{\mathrm{T}} (\mathbf{D}-\mathbf{W}) (\mathbf{1}+\mathbf{x}) + b^2 (\mathbf{1}-\mathbf{x})^{\mathrm{T}} (\mathbf{D}-\mathbf{W})$$
$$\quad - 2b (\mathbf{1}+\mathbf{x})^{\mathrm{T}} (\mathbf{D}-\mathbf{W}) (\mathbf{1}-\mathbf{x})$$
$$= 4(1+b^2) \operatorname{Cut}(A, B) - 2b (\mathbf{1}+\mathbf{x})^{\mathrm{T}} \mathbf{D} (\mathbf{1}-\mathbf{x}) + 2b (\mathbf{1}+\mathbf{x})^{\mathrm{T}} \mathbf{W} (\mathbf{1}-\mathbf{x})$$
$$= 4(1+b^2) \operatorname{Cut}(A, B) - 0 + 8b \operatorname{Cut}(A, B)$$
$$= 4(1+b)^2 \operatorname{Cut}(A, B)$$

$$\tag{9-32}$$

且

$$\left(1+\frac{k}{1-k}\right)^2 = \frac{1}{(1-k)^2} \tag{9-33}$$

所以

$$4 \cdot \text{NCut}(A, B) = \frac{4(1+b)^2}{b\mathbf{1}^T\mathbf{D1}}$$

$$= \frac{[(1+\mathbf{x})-b(1-\mathbf{x})]^T(\mathbf{D}-\mathbf{W})[(1+\mathbf{x})-b(1-\mathbf{x})]}{b\mathbf{1}^T\mathbf{D1}}$$

$$b = \frac{k}{1-k} \tag{9-34}$$

令 $\mathbf{y} = (1+\mathbf{x}) - b(1-\mathbf{x})$，且

$$\mathbf{y}^T\mathbf{D}\mathbf{y} = \sum_{x_i>0} d_i + b^2 \sum_{x_i<0} d_i \tag{9-35}$$

$$= b\left(\sum_{x_i<0} d_i + b\sum_{x_i<0} d_i\right) = b\mathbf{1}^T\mathbf{D1}$$

$$4 \cdot \text{NCut}(A, B) = \frac{\mathbf{y}^T(\mathbf{D}-\mathbf{W})\mathbf{y}}{\mathbf{y}^T\mathbf{D}\mathbf{y}} \tag{9-36}$$

故

$$\min_x \text{NCut}(A, B) = \min_y \frac{1}{4} \frac{\mathbf{y}^T(\mathbf{D}-\mathbf{W})\mathbf{y}}{\mathbf{y}^T\mathbf{D}\mathbf{y}}$$

$$\text{s.t.} \ y_i \in \{1, 1-b\} \tag{9-37}$$

倘若我们能放松条件至实数域中，则此时只需要通过求解下列系统：

$$(\mathbf{D}-\mathbf{W})\mathbf{y} = \lambda \mathbf{D}\mathbf{y} \Leftrightarrow \mathbf{D}^{-\frac{1}{2}}(\mathbf{D}-\mathbf{W})\mathbf{D}^{-\frac{1}{2}}\mathbf{z} = \lambda \mathbf{z}, \ \mathbf{z} = \mathbf{D}^{\frac{1}{2}}\mathbf{y} \tag{9-38}$$

需要注意的是：

$$(\mathbf{D}-\mathbf{W})\mathbf{1} = \mathbf{0} \tag{9-39}$$

此时 $\mathbf{z}_0 = \mathbf{D}^{\frac{1}{2}}\mathbf{1}$。故 $\mathbf{1}$ 实际上是上述式子的一个解，且对应最小的特征值，但并不是我们所要的解。因为 $\mathbf{y}$ 必须还要满足：

$$\mathbf{y}^T\mathbf{D1} = \sum_{x_i>0} d_i - b\sum_{x_i<0} d_i = 0 \tag{9-40}$$

这意味着,我们要的恰恰是

$$D^{-\frac{1}{2}}(D-W)D^{-\frac{1}{2}}z=\lambda z, z=D^{\frac{1}{2}}y \quad (9-41)$$

的第二小的特征值对应的特征向量 $y_1=D^{\frac{1}{2}}z_1$。

总的算法流程如下:

(1) 计算权重矩阵 W 以及 D;

(2) 通过

$$D^{-\frac{1}{2}}(D-W)D^{-\frac{1}{2}}z=\lambda z \quad (9-42)$$

计算得到第二小的特征值对应的特征向量 z_1,并令 $y_1=z_1$;

(3) 通过某种方法(如网格搜索)找到一个阈值 t:

$$x_i=1, 若 y_i>t, 否则为 -1 \quad (9-43)$$

且 x 的划分如下,并使其较小:

$$\text{NCut}(A, B) \quad (9-44)$$

(4) 对于 A, B 可以重复上述分割过程,直到满足区域数目或者其他某种条件(比如文中说的特征向量的分布过于均匀时停止)。

9.2.2 CCC

为了解决在实际应用场景中没有任何先验知识的情况下根据设备来源归类一组待检测图像的问题,Marra 等人[3]在 2017 年提出了一种基于集成聚类的算法(correlation and consensus clustering,CCC)。该算法的主要优势在于不需要用户设置任何参数(例如聚类的数目、与数据相关性有关的一些阈值等)。CCC 算法是一种新颖的、基于 PRNU 的盲图像聚类算法,其聚类多次,使用了相关性聚类和一致性聚类。CCC 算法主要步骤包括:相关性聚类、一致性聚类、ad hoc 集群细化。

相关性聚类给定数据相似性(相关性)的合适度量,通过解决受约束的能量最小化问题来获得最佳分区。与所有聚类算法一样,相关性聚类严重依赖于某些参数的合理设置。为了克服这一需求,Marra 等人使用一致性聚类来提取一个独特的解决方案,该解决方案聚合了许多基础算法。作为这些步骤的结果,他们获得了第一个保守分区,其特点是在同一集群中找到不相关残差的概率非常低。然后继续使用迭代合并集群的细化算法。随着算法的进行,会出现越来越大的集群,从而更好地估计相应的 PRNU,并允许包含更多的小集群和异常值,直到满足合适的停止条件。CCC 算法的主要贡献在于:其一,能够解决盲聚类问题,使得数字图像来源取证更加适用于实际应用场景;其二,不需要用户设置任何参数,也不需要训练集进行训练。

图 9-6 为 CCC 算法流程框图。考虑到计算开销,该算法首先利用无向图模型对待检测图像集进行相关性聚类,初步获得若干个簇,每一个簇中只包含相同来源的图像。之后,将相关性聚类获得的多个簇通过加权证据累积聚类算法(weighted evidence accumulation clustering,WEAC)获得一致性聚类结果。最后,进行聚类优化,通过合并基于最大似然比统计量选择的相同 PRNU 簇可以更好地估计出每个簇的 PRNU 值,如果该簇聚集的图像数量足够多,则估算出的 PRNU 值将不受噪声影响。该算法不依赖于任何先验知识。实验是基于 Dresden 图像数据库[4]中十个不同型号的设备所构成的九个数据集进行的。值得肯定的是,该方法是该领域内效果最佳的方法之一,并且在一定压缩的情况下也能够保持较好的效果。

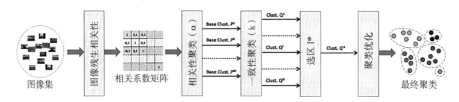

图 9-6　CCC 算法流程框图

(资料来源:Marra F,Poggi G,Sansone C,et al. Blind PRNU-based image clustering for source identification [J]. IEEE Transactions on Information Forensics and Security,2017,12(9):2197-2211.)

如表 9-5 所示,Marra 等人提出的方法在所有的数据集上都能呈现最好的效果,有时甚至远胜于效果次优的方法。调整兰德系数(adjusted Rand index,ARI)是聚类性能指标。例如,在数据集为 C.max 时,CCC 算法的效果(ARI=0.821)远优于 Marra2016[5](ARI=0.686)。正如预期的那样,随着数据集中设备数量的增加,CCC 算法的性能会受到一定程度的影响。尽管如此,即使在 39 个设备的数据集 C.max 上,CCC 算法也能够提供一个较为准确的聚类结果(ARI=0.821)。

表 9-5 CCC 算法及其对比算法主要实验结果

数据集	设备数	Bloy 2008	Amerini 2014	Fahmy 2015	Marra 2016	CCC	NCut oracle	CC oracle	WSCE true-k
A.1	5	0.708	0.763	0.707	0.665	0.916	0.872	0.908	0.832
A.2	10	0.725	0.699	0.683	0.813	0.852	0.801	0.848	0.606
A.max	18	0.689	0.568	0.374	0.398	0.729	0.665	0.761	0.467
B.1	S	0.388	0.722	0.324	0.911	0.915	0.722	0.736	0.813
B.2	10	0.538	0.606	0.505	0.833	0.836	0.683	0.819	0.789
B.max	21	0.464	0.451	0.457	0.86	0.881	0.631	0.834	0.527
C.1	10	0.627	0.669	0.703	0.844	0.865	0.669	0.836	0.696
C.2	20	0.683	0.607	0.486	0.856	0.956	0.607	0.929	0.723
C.max	39	0.598	0.536	0.413	0.686	0.821	0.536	0.798	0.318

资料来源：Marra F，Poggi G，Sansone C，et al. Blind PRNU-based image clustering for source identification[J]. IEEE Transactions on Information Forensics and Security，2017，12(9)：2197-2211.

9.2.3 SSC

传感器模式噪声的高维度阻碍了大规模的应用，并且现有的方法通常是利用 PRNU 指纹之间的相关性，这可能无法捕捉到矢量子空间联合中的内在数据结构。Phan 等人[6]在 2018 年利用文献[7]提出的稀疏子空间聚类算法（sparse subspace clustering，SSC）来解决上述问题，其中，SSC 的潜在思想是每个数据点可以由少数其他数据点的线性组合来表示，且具有相似表示系数的数据点被认为是属于同一组的数据点。他们利用 LASSO（least absolute shrinkage and selection operator）约束将一些不重要的系数压缩为 0，这样既实现了较为准确的参数估计，也实现了降维的效果。然后再利用谱聚类算法得出最终的聚类结果（sparse subspace clustering with non-negativity constraint，SSC-NC）。此外，还将其改进以适用于大规模图像数据集（large-scale SSC，LS-SSC）。然而，基于 SSC 的算法仍存在一些缺陷，例如用于表示数据点的其他数据点的数目是不规律的，这可能会引入更多异常值从而对最终的聚类结果产生一定负面影响。

图 9-7 为 LS-SSC 算法的流程框图，其中包含三个阶段。阶段 1 采用的是"分而治之"的策略，即将一个难以解决的问题分成几个小的可解决的问题。指纹集 X 被随机分成大小相同的 B 批次，每次只在内存上加载一个数据批次。

然后,在数据批次上利用 LASSO 约束来学习指纹之间的稀疏表征。该阶段的主要目的是提取纯度高的簇(即簇中仅有相同来源的图像),使其合并以形成更大的簇。阶段 2(即合并阶段)作为迭代过程进行,分别选择具有最大质心相关的子簇,并将它们与阈值进行比较。如果相关性大于阈值,则合并两个子簇,并更新相关信息。当不再存在满足合并条件的子簇时,算法停止。最后在阶段 3(即吸引阶段),使用簇的质心来吸引数据集中剩余的未聚合指纹。

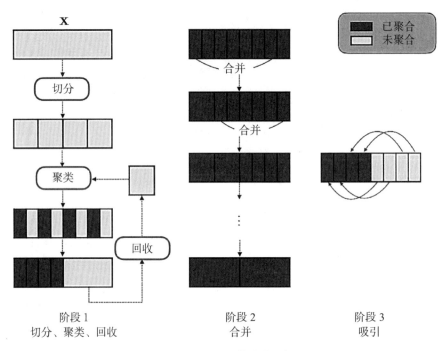

图 9-7　LS-SSC 算法流程框图

(资料来源:Phan Q T, Boato G, De Natale F G B. Accurate and scalable image clustering based on sparse representation of camera fingerprint [J]. IEEE Transactions on Information Forensics and Security, 2018, 14(7):1902-1916.)

实验数据集为 Dresden 图像数据库[4]中 20 个不同型号的设备所构成的四个中等规模大小的数据集,对应实验结果分别如图 9-8 中的(a)、(b)、(c)和(d)所示。Phan 等人在这些数据集上对所有方法进行了评估,其中最大的数据集中包含有 4 000～5 000 幅待检测图像。SSC 通过解决一个优化问题找到数据的稀疏表示。如图 9-8 所示,在大多数情况下 SSC 算法优于 MSC 算法[8],有着较高的 F 值。作为 SSC 的一个改进版本,SSC-NC 在大多数数据集上的表现与 SSC 相同或更好。SSC 和 SSC-NC 所预测的聚类数目是一致的(如图 9-8 第三列所示)。除此之外,与其他测试方法相比,二者预测的聚类数目最为精确。尽管 Lin-LS[9] 和 LS-SSC 是为大规模数据集量身定制的算法,但二者在中等规模大小的数据集上也产生了令人信服的结果。尽管 LS-SSC 所预测聚类数目的精确度不及 Lin-LS[9],但 LS-SSC 在 F 值和 ARI 方面优于 Lin-LS[9]。为了保持较高的精度,Lin-LS 和 LS-SSC 都倾向于高估中等规模数据集的聚类数目。

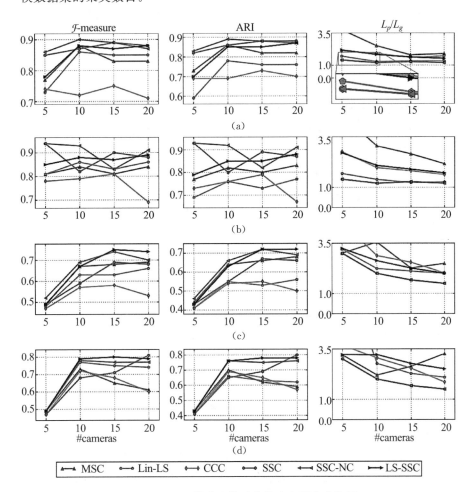

图 9-8 SSC 算法及其对比算法主要实验结果

(资料来源:Phan Q T, Boato G, De Natale F G B. Accurate and scalable image clustering based on sparse representation of camera fingerprint[J]. IEEE Transactions on Information Forensics and Security, 2018, 14(7):1902-1916.)

9.2.4 BCSC

基于 PRNU 的来源聚类问题主要面临两个挑战。其一是成像设备数量未知。也就是说，给定一组 N 幅图像，类别的数量分布在 1 到 N。其二是在盲识别场景中无法准确估计 PRNU。通常，通过对一组同源图像的残余噪声进行平均来获得一个精细的 PRNU。在盲识别场景中，我们事先并不知道哪些图像属于同一个源相机。作为权衡，假设每幅图像来自一个单独的相机，并且每幅图像的残余噪声近似地作为 PRNU。但是，从单幅图像中提取的 PRNU 信号微弱，容易被图像内容影响；因此，在它们的成对相关值中可能会观察到许多异常值。例如，来自不同设备的两幅图像之间可能存在较大的相关性（类间异常值），而来自相同设备的两幅图像之间可能存在较小的相关性（类内异常值）。这些异常值模糊了不同相机的边界（尤其是属于同一模型的相机之间），并显著降低了聚类方法的性能。2020 年，Jiang 等人[10]提出的方法专注于解决聚类过程中产生的异常值。为了实现这一目标，他们首先将来源聚类问题转化为一个行稀疏性规则化的类间和类内损失最小化问题，可以充分利用结构信息来筛选出异常值。然后，他们提出一种基于簇间和簇内差异的快速优化方法以实现对聚类数目更准确的估计。

针对提出的问题，所提出的方法应满足两个因素：一是不依赖于成像设备数量；二是对异常值具有鲁棒性。因此，Jiang 等人提出了一种基于稀疏重建理论的新型成像设备聚类算法（blind camera source clustering, BCSC）。特别是，将 BCSC 表述为最小化表示误差的问题。为了抑制异常值，在学习表示系数矩阵时对列和行都引入了强约束。对于列约束，假设每个列向量中只有一个元素为 1，其他元素为 0。通过这种方式，可以强制使用唯一的点来表示来自同一相机的图像。对于行稀疏约束，强制非零行的数量尽可能少。即充分挖掘数据点之间的结构信息，以区分来自不同相机的图像，可以粗略估计相机的数量。图 9-9 展示了一个示例。

为了消除分散簇类的负面影响，他们进一步提出了一种新的优化方法来合并冗余和稀疏行（即集群）。优化方法包含基于类间和类内差异的两阶段合并策略。首先，通过使用预先定义的规则来合并具有多个成员的簇类，以构建更可靠的相机指纹（即簇类质心）。然后，对只有一个成员的簇进行进一步的后处理，以消除分散的簇。

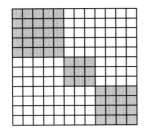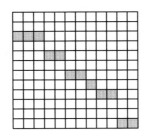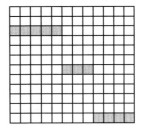

注:颜色深浅分别表示不同的相机来源。

图 9-9 BCSC 算法流程框图

(资料来源:Jiang X,Wei S,Liu T,et al. Blind image clustering for camera source identification via row-sparsity optimization [J]. IEEE Transactions on Multimedia,2020,23:2602-2613.)

图 9-9 为 BCSC 算法的流程框图。考虑到成对相似性矩阵(左),通过解决优化问题,可获得行稀疏自表示。在约束下,每一列中只有一个非零元素(中间),通过行稀疏正则化,使得行中的非零行数量尽可能减少(右)。

表 9-6 显示了所提 BCSC 算法及其对比算法实验结果。BCSC 算法在数据集 D_1 和 D_2 上都显示出相当的性能。在数据集 D_1 上,BCSC 的 F_1 值为 0.849 6,ARI 值为 0.835 1,仅次于最佳算法 CCC[3]。N_p/N_g 表示,BCSC 估算出数据集 D_1 共有 17 个簇,而实际上 D_1 中的待检测图像仅来源于 10 个设备(即 10 个簇),这意味着有 7 个冗余的簇。在数据集 D_2 上,BCSC 表现最佳,并且能够准确估算出聚类数目,突出显示了该算法的优势。不同于数据集 D_1 和 D_2,数据集 D_3 和 D_4 包含有相同设备型号不同设备个体拍摄的图像,更具有挑战性。BCSC 在数据集 D_3 和 D_4 上依旧表现最佳。在数据集 D_3 上,BCSC 的 F_1 值为 0.855 1,ARI 值为 0.840 5,明显优于 CCC[3](F_1=0.838 4 和 ARI=0.818 8)。对于数据集 D_4,BCSC 的 F_1 值为 0.713 1,ARI 值为 0.701 8,同样优于 CCC[3](F_1=0.698 4 和 ARI=0.688 1)。除此之外,可以看出,相同设备型号的样本比不同设备型号的样本更容易造成聚类的混乱。与数据集 D_1 和 D_2 相同,数据集 D_5 和 D_6 也不包含有相同设备型号不同设备个体拍摄的图像,但是每一簇中含有的待检测图像数量不相等。BCSC 在两个数据集上的表现保持最佳。综上,BCSC 在大多数数据集上优于目前最先进的来源聚类算法。BCSC 的一个显著特点是,该算法在不同数量的设备、同一设备型号不同设备个体的混淆以及簇中样本数量的不平衡这三种情况下表现非常稳定。

表 9-6　BCSC 算法及其对比算法主要实验结果

算法	D_1					D_2				
	P	R	F_1	ARI	N_p/N_g	P	R	F_1	ARI	N_p/N_g
PNN	0.6814	0.7709	0.7234	0.7177	7/10	0.6788	0.7667	0.7201	0.7145	11/20
HC	0.8904	0.6027	0.7188	0.7004	27/10	0.8015	0.6079	0.6914	0.6847	29/20
MSC	0.7213	0.7402	0.7601	0.7549	14/10	0.8103	0.7707	0.79	0.7708	29/20
NCuts	0.8602	0.7677	0.8113	0.7914	29/10	0.8219	0.7806	0.8007	0.7883	34/20
MRF	0.8994	0.7707	0.8301	0.8112	14/10	0.8407	0.8182	0.8293	0.8094	24/20
CCC	0.9073	0.8662	0.8842	0.8717	11/10	0.8698	0.8289	0.8488	0.8411	31/20
SSC	0.9611	0.7084	0.8156	0.8101	15/10	0.8631	0.7739	0.8161	0.8031	29/20
Ours	0.9625	0.7603	0.8496	0.8351	17/10	0.8485	0.8561	0.8523	0.8445	20/20

算法	D_3					D_4				
	P	R	F_1	ARI	N_p/N_g	P	R	F_1	ARI	N_p/N_g
PNN	0.609	0.7705	0.6803	0.6654	6/10	0.3617	0.8903	0.5145	0.5007	14/30
HC	0.7119	0.6523	0.6808	0.6713	18/10	0.4694	0.7004	0.5621	0.5504	21/30
MSC	0.758	0.7809	0.7693	0.7531	17/10	0.6102	0.5103	0.5558	0.5403	71/30
NCuts	0.8443	0.7607	0.7999	0.7801	23/10	0.5737	0.7331	0.6204	0.6024	59/30
MRF	0.8478	0.7804	0.8127	0.8004	18/10	0.5893	0.6844	0.6401	0.6333	44/30
CCC	0.7704	0.9197	0.8384	0.8188	9/10	0.6969	0.6999	0.6984	0.6881	46/30
SSC	0.7103	0.9077	0.7968	0.7881	10/10	0.5452	0.9608	0.6956	0.7044	16/30
Ours	0.9309	0.7907	0.8551	0.8405	15/10	0.6186	0.8417	0.7131	0.7018	26/30

算法	D_5					D_6				
	P	R	F_1	ARI	N_p/N_g	P	R	F_1	ARI	N_p/N_g
PNN	0.32	0.8221	0.4607	0.4446	19/30	0.2626	0.8547	0.4122	0.4018	10/30
HC	0.5997	0.6021	0.6009	0.5891	37/30	0.4778	0.5235	0.4996	0.4813	35/30
MSC	0.6661	0.4296	0.5223	0.5019	92/30	0.5522	0.4272	0.4817	0.4703	61/30
NCuts	0.5397	0.7014	0.61	0.5899	63/30	0.4464	0.6307	0.5228	0.5119	44/30
MRF	0.4913	0.7709	0.6001	0.5817	38/30	0.4004	0.6708	0.5015	0.4897	34/30
CCC	0.5627	0.7434	0.6405	0.6255	40/30	0.5317	0.5577	0.5444	0.5242	28/30
SSC	0.4407	0.8401	0.5781	0.5883	19/30	0.427	0.6479	0.5148	0.5009	23/30
Ours	0.6934	0.9028	0.7844	0.7754	27/30	0.7741	0.8695	0.819	0.8107	27/30

资料来源：Jiang X, Wei S, Liu T, et al. Blind image clustering for camera source identification via row-sparsity optimization [J]. IEEE Transactions on Multimedia, 2020, 23: 2602-2613.

9.3 小结

本章主要介绍了数字图像来源聚类算法,包括来源聚类的基本算法(图论聚类算法、K-means 聚类算法和谱聚类算法)以及基于 PRNU 的来源聚类算法。值得注意的是,目前主流的来源聚类算法都是根据图像的 PRNU 特征来进行的。然而,社交网络服务使用量的爆炸性增长为成像设备指纹(PRNU)带来了新的挑战,例如当用户在社交网络平台上上传图像时,图像会经过剪裁和压缩等后处理操作,这些操作会破坏成像设备指纹的质量。此外,当成像设备指纹的尺寸较小时,其图像或者视频辨识能力也会下降。因此,提出全新的更加符合实际应用需求的成像设备指纹特征显得尤为重要。除此之外,提出更精确的来源聚类算法也不失为一种可行的方案。

注 释

[1] Amerini I, Caldelli R, Crescenzi P, et al. Blind image clustering based on the normalized cuts criterion for camera identification [J]. Signal Processing: Image Communication, 2014, 29(8):831-843.

[2] Shi J, Malik J. Normalized cuts and image segmentation [J]. IEEE Transactions on Pattern Analysis and Machine Intelligence, 2000, 22(8):888-905.

[3] Marra F, Poggi G, Sansone C, et al. Blind PRNU-based image clustering for source identification [J]. IEEE Transactions on Information Forensics and Security, 2017, 12(9):2197-2211.

[4] Gloe T, Böhme R. The 'Dresden Image Database' for benchmarking digital image forensics [C]//Proceedings of the 2010 ACM Symposium on Applied Computing. 2010:1584-1590.

[5] Marra F, Poggi G, Sansone C, et al. Correlation clustering for PRNU-based blind image source identification [C]//2016 IEEE International Workshop on Information Forensics and Security (WIFS). IEEE, 2016:1-6.

[6] Phan Q T, Boato G, De Natale F G B. Accurate and scalable image clustering based on sparse representation of camera fingerprint [J]. IEEE Transactions on Information Forensics and Security, 2018, 14(7):1902-1916.

[7] Elhamifar E, Vidal R. Sparse subspace clustering: Algorithm, theory, and applications [J]. IEEE Transactions on Pattern Analysis and Machine Intelligence, 2013, 35(11):2765-2781.

[8] Liu B, Lee H K, Hu Y, et al. On classification of source cameras: A graph based approach [C]//2010 IEEE International Workshop on Information Forensics and Security. IEEE, 2010:1-5.

[9] Lin X, Li C T. Large-scale image clustering based on camera fingerprints [J]. IEEE Transactions on Information Forensics and Security, 2016, 12(4):793-808.

[10] Jiang X, Wei S, Liu T, et al. Blind image clustering for camera source identification via row-sparsity optimization [J]. IEEE Transactions on Multimedia, 2020, 23:2602-2613.

第 3 编

新型多媒体取证

- 第 10 章 新型篡改类型
- 第 11 章 深伪视频/图像取证
- 第 12 章 面向社交媒体取证
- 第 13 章 图像操作链取证

第 10 章

新型篡改类型

在快速发展的信息时代,以音频、图像和视频为代表的数字媒介作为信息传播的主要载体,其内容的完整性、来源可靠性、真伪性对于接收信息的大众而言,其重要性不言而喻。经过人为篡改、加工、编辑的不良媒体信息通过社交网络的加速传播,不仅会对社会安全产生不可估量的影响,严重扰乱人们的日常生活,而且会进一步威胁到社会的和谐稳定发展。为了防止这种人为制造的虚假信息进一步扩散,我们需要先了解主要流行的新型多媒体篡改类型以及它们的工作原理,并针对这些篡改类型中存在的技术漏洞进行深入研究,才能有目的性地逐一击破。本章介绍目前主要流行的四种新型篡改类型:深度伪造、GAN生成、图像彩色化以及人脸欺骗攻击。

10.1 深度伪造

近年来,随着深度学习在计算机视觉领域取得的重大成功,以深度伪造(DeepFake)为主的换脸技术开始出现在各种类型的数字图像及视频当中。DeepFake一词源于deep-learning(深度-学习)和fake(造假)的组合,通过这种技术可以实现目标人物和图像视频原人物的替换,也能够让目标人物在设定的场景下做出一些特定动作,从而达到混淆视听的目的。

深度伪造视频主要包含面部表情篡改和人脸身份篡改两种篡改方式[1]。这两种篡改方式区别在于目标人物的身份是否被篡改。对于面部表情篡改来说,攻击者往往只改变了视频中目标人物的头部姿态以及面部表情等;对于人脸身份篡改来说,目标人物的五官已经发生了变化。两种篡改方式的示例图如图 10-1 所示。需要强调的是,目前流行的"木偶-主人"(puppet-master)、"嘴唇同步"(lip-sync)等篡改手段属于面部表情篡改,而常见的"换脸"(face-swapping)属于人脸身份篡改。

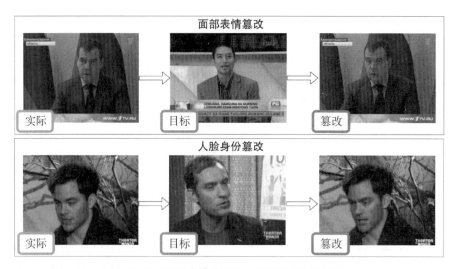

图 10-1　面部表情篡改及人脸身份篡改示例图

(资料来源:Juefei-Xu F, Wang R, Huang Y, et al. Countering malicious deepfakes: Survey, battleground, and horizon [J]. International Journal of Computer Vision,2022:1-57.)

深度伪造视频的伪造主要包括基于计算机图形学和深度学习两种方法。其中经典的基于计算机图形学的方法包括 Face2Face 和 FaceSwap,基于深度学习的方法包括 DeepFake[①] 和 NeuralTexture[2]。

DeepFake 已广泛成为基于深度学习的脸部替换的代名词。该方法总体可以分为目标人脸图像提取、模型训练、换脸图像生成以及后处理四个核心步骤。

(1) 人脸图像提取。人脸收集图像要尽可能地包含丰富的表情,诸如张嘴、闭嘴、抬头、低头、睁眼、闭眼等头部姿态。对图像使用人脸检测技术,定位人脸关键点(landmark detection)可用多任务级联卷积神经网络(multi-task cascaded convolutional neural network,MTCNN)检测实现。裁剪人脸面部区域(regions of interest,RoI)。然后对其进行人脸对齐(face alignment)至归一

---

① 此处指代狭义的深度伪造,作为其中一种深度伪造视频生成方式。

化区域。

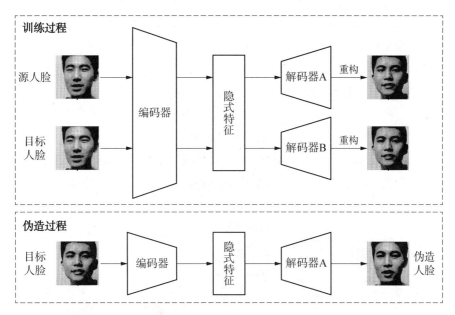

图 10-2 DeepFake 视频生成流程

(资料来源：Xia Z，Qiao T，Xu M，et al. Towards DeepFake video forensics based on facial textural disparities in multi-color channels [J]. Information Sciences，2022，607：654-669.)

(2) 模型训练。一般用变分自编码器(variational auto-encoder，VAE)来训练模型。比如利用编码器分析提取图像的潜在特征信息(latent features)、共享参数信息(shared parameters)，同时不断更新模型参数以获得对应的重构图像(reconstructed image)。如图 10-2 在训练阶段使用两组人脸图像，第一组是原视频中将要被替换的人脸图像(target)，第二组是将要替换到视频中的目标人脸图像(source)。为了能够使两组图像的编码器有效习得共同潜在特征，因此使两组图像在编码阶段共享权重(shared parameters)。再使用含有不同权重的解码器分别对两组图像完成数据重构。

(3) 换脸图像生成。该阶段往往利用变分自编码器来重构目标人脸图像(target image)，以此得到换脸之后的图像(faceswap image)。例如图 10-2，对于将要被替换的人脸图像，用编码器获得其面部特征潜在表示，再通过解码器 A 将目标人脸图像替换到原人脸图像上，以此实现深度伪造。

(4) 后处理。把生成的人脸图像通过仿射变换(affinewarping)还原到原始帧中,此步可用 Opencv 和 MTCNN 实现。上一个过程中往往存在较为明显的拼接边界,因此需要对合成的图像进行锐化、模糊等后处理操作。可以使用泊松图像编辑(Poisson image editing)来实现图像融合以消除明显的拼接边界。泊松图像编辑的本质是修改图像的梯度,然后通过泊松方程解最优化问题,从新的梯度恢复出修改后的图像。其梯度的修改可以包括很多种:改变梯度来源(泊松融合)、对梯度频带截断(去纹理)、调整不同通道梯度比例(改变颜色)等。

(5) 最后把合成的换脸帧转化成伪造视频。

NeuralTexture 这种方法结合光度重建损失和对抗损失,使用包含渲染网络的原始视频数据来学习目标人物的神经纹理,如图 10-3 所示。

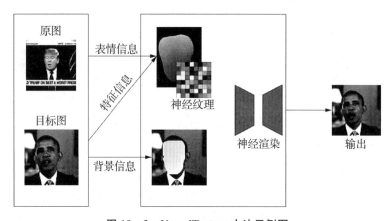

图 10-3 NeuralTexture 方法示例图

(资料来源:Zhou P, Han X, Morariu V I, et al. Two-stream neural networks for tampered face detection [C]//2017 IEEE Conference on Computer Vision and Pattern Recognition Workshops (CVPRW). IEEE, 2017:1831-1839.)

Face2Face 是一种面部重现系统,可在保持目标人物身份的同时将源视频的表情传输到目标视频,实现实时篡改,如图 10-4 所示。最初的实现基于两个视频输入流,并带有手动关键帧选择。这种框架用于生成面部的密集重建,可用于在不同照度和表情下重新合成面部。

FaceSwap 可将面部区域从源视频传输到目标视频。该方法首先基于稀疏检测到的面部标志来提取面部区域,然后根据面部标志使用 blendshapes 拟合 3D 模板模型,并通过输入图像的纹理最小化投影形状和局部地标之间的差异,反投影回目标图像,最后将渲染的模型与图像混合,并应用颜色校正。

目标　　　　　源　　　　　　　　转换

图 10-4　Face2Face 方法示例图

(资料来源:Zhou P, Han X, Morariu V I, et al. Two-stream neural networks for tampered face detection [C]//2017 IEEE Conference on Computer Vision and Pattern Recognition Workshops (CVPRW). IEEE, 2017:1831-1839.)

10.2　GAN 生成

正如前文所述,伴随深度学习的快速发展,大量新型的图像伪造技术以及相应的案例层出不穷,也给数字图像取证带来了全新的挑战。其中,以 GAN 为技术核心的伪造方式使得制作的虚假视频中脸部拼接扭曲的痕迹更加难以察觉,几乎可以达到以假乱真的效果。Goodfellow 等人[4]首次提出 GAN 的概念。GAN 主要由一个生成器(generator)和一个判别器(discriminator)构成,两者通过对抗训练的方式优化网络参数,最终达到判别器无法区分生成器的输出数据和真实数据的状态。

GAN 网络由于对复杂高维数据(如数字图像)分布具有强大的学习和表达能力,因此吸引了大量学者和技术人员的关注,已经在多媒体领域的诸多应用中取得了突破性进展。利用 GAN 能够显著提升传统图像处理和计算机视觉应用的各项性能,如图像超分辨率和图像风格迁移内容生成。利用 GAN 不仅能够在样本稀缺场景下进行数据扩充,增强样本多样性,进而提升模型的迁移能力,还可用于根据文字生成图像等模态转换问题。GAN 的提出及相关研究成果无疑为多媒体领域的发展带来了巨大推动力。

GAN 在内容编辑与内容生成方面的强大性能也引起了多媒体安全领域专家、学者的关注。其中,最具代表性和影响力的事件为 Karras 等人[5]在知名国际会议 ICLR(International Conferenceon Learning Representations)2018 上提出的新型 GAN 结构和网络训练方式,名为 PGGAN(progressive growing GAN)。PGGAN 首次成功地从噪声向量生成分辨率高达 1024×1024 像素并且具有逼真画质的数字图像。该技术解决了早期 GAN 算法生成图像分辨率低且存在明显异常痕迹的缺点。因此,GAN 生成图像生成技术对数字图像完整性与真实性的潜在威胁也日渐凸显。

GAN 生成技术发展到现在,不法分子可以很方便地利用该技术制作虚假新闻或伪造电子证据。例如:DeepFake 等深度伪造视频技术大量用于制作领导人演讲视频和名人色情视频,严重损害社会稳定和公共安全,造成极大的负面影响。其核心算法便是基于深度神经网络(例如 GAN)的图像生成技术。深度网络图像生成技术提供了一种基于数据驱动的智能篡改方式,危害性更强。从图像语义层面来看,GAN 技术已在图像编辑与图像内容生成两方面都获得成功应用,并表现出优于传统方法的视觉效果,如图 10-5 所示。

StyleGAN2

StyleGAN

PGGAN

(a) GAN 生成图像

FFHQ 数据集

FFHQ 数据集

CelebA-HQ 数据集

(b) 真实图像

图 10-5　GAN 生成图像与真实图像对比图

图 10-5 展示了多种 GAN 生成的伪造人脸图像和多个真实人脸图像数据集采集的样本[包括 Flickr-Faces-High Quality(FFHQ)数据集,Celeb Faces

Attributes-High Quality(CelebA-HQ)数据集]。可以明显看到,以人类视觉体验来评价,GAN生成的图像比传统人脸生成技术产生的图像更加真实,也更加难以分辨。同时,从图像信号层面来看,基于GAN的图像编辑或图像内容生成过程与传统方法存在显著差异。研究人员通过分析GAN中生成器特殊结构所留下的异常痕迹,已提出多种取证算法,并且针对简单场景下的GAN生成图像取得了良好检测性能。此外,GAN技术已经成功应用于实现数字图像的反取证。研究者利用GAN强大的图像内容生成能力隐藏图像采集或处理过程的痕迹,例如JPEG压缩痕迹[6]等。

10.3 图像彩色化

色彩作为图像、视频等多媒体数字信息的一种视觉表现形式,能够呈现出比黑白或灰度图像更精美的视觉内容、提供更舒适的感官体验以及更强大的艺术冲击。在多媒体数字信息高速发展以及颜色自身魅力双重作用的背景之下,人们对多媒体数字信息进行色彩添加、修改与删除的强烈意愿被激发了,重着色技术便由此孕育而生。

着色又称为彩色化,作为一种新式的多媒体信息处理手段被人们广泛应用于色彩调整、滤镜渲染、风格迁移等方面的工作中。由于彩色化过程具有极强的人为主观意识感受,因此并不存在唯一确定的上色结果。重着色则是对已经存在的色彩再度进行着色的操作,以满足人们对色彩的变更需求。

伴随着深度着色技术的迅猛发展,视频与图像的色彩伪造效果显得愈发逼真,生成成本变得愈发低廉。一方面,有人利用该技术来修复珍贵的数字资料,例如对老旧的照片和视频进行上色或补色处理;而另一方面,有人利用该技术生成虚假的重着色多媒体信息以混淆机器或人眼的判断,例如利用彩色化技术生成带有噪声的对抗性样本以欺骗基于深度学习的检测系统、利用重着色图像来博人眼球。

事实上,包括重着色图像在内的多媒体信息伪造篡改问题已经存在于各个领域,如时尚杂志、新闻传媒、社交媒体、在线拍卖网站、学术研究等领域。因此,如何区分包括图像、视频在内的色彩信息的真伪性已然成为多媒体数字取证领域中一个重要的研究课题。

10.4 人脸欺骗攻击

随着计算机视觉技术的发展和进步,基于人脸的身份认证系统逐渐普及,被广泛应用于手机解锁、门禁系统、支付系统等场景。由于互联网的飞速发展和广泛使用,非法入侵者很容易获取合法用户的照片或视频,进而冒充合法用户身份,造成合法用户的隐私泄露或者利益受损。在 2013 年的国际生物计量大会上,研究人员现场演示一个化妆后的女性入侵者扮演他人,成功欺骗人脸识别系统。2021 年,RealAI 团队通过特制面具快速破解了当时市面上常见的 19 款主流智能手机的人脸识别系统。

图 10-6 展示了常见的人脸欺骗攻击类型。早期针对人脸识别系统的攻击主要以打印攻击和重放攻击为主。从图中可以看出,打印攻击即使用特定人脸的照片对人脸识别系统进行欺骗攻击,重放攻击即使用显示设备(如显示器、手机等)播放特定人脸的视频对人脸识别系统进行欺骗攻击。

真实人脸　　打印攻击　　重放攻击　　混淆化妆　　仿妆　　浓妆

化妆攻击

滑稽眼镜　　纸眼镜　　硬质面具　　透明面具　　硅胶面具　　纸面具　　假人头

非全脸面具攻击　　　　　　　　　全脸面具攻击

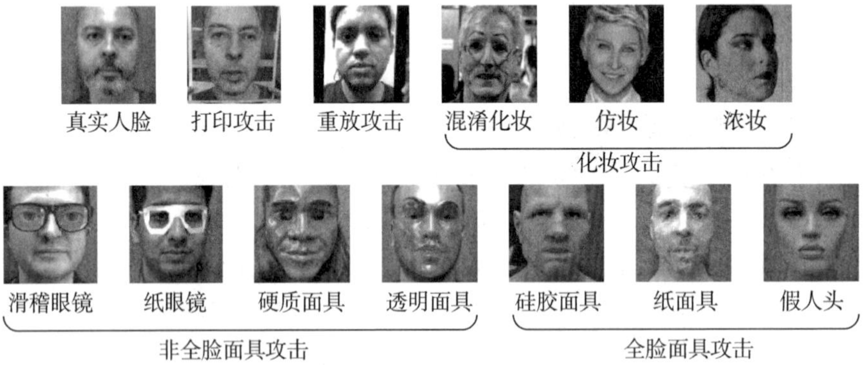

图 10-6　常见人脸欺骗攻击方式

此后随着人脸 3D 重建等技术的普及,人脸欺骗攻击手段开始变得更为复杂,即面具攻击和眼镜攻击。由于现代人脸识别系统常常通过人脸的深度信息作为人脸识别依据,且人脸中的人眼区域是区分人脸身份的重要依据,因此产生了通过伪装眼部区域以达成欺骗目的的眼镜攻击,和构造具有与真实人脸相同深度信息的面具攻击。与打印攻击和重放攻击相比,由于眼镜攻击和面具攻击与真实人脸更为接近,因此对该种攻击的检测相比打印攻击和重放攻击更加困难。

同时随着深度神经网络在人脸识别系统中的广泛应用，由于深度神经网络的天生缺陷，其容易受到对抗样本[7]的干扰，因此针对基于深度神经网络的人脸识别系统，出现了一些将面具攻击或眼镜攻击与对抗样本相结合的攻击方式。基于对抗样本的攻击往往将特定的对抗样本图案打印到面具或眼镜上，然后通过佩戴带有对抗样本图案的面具或眼镜达到欺骗人脸识别系统的目的。

针对以上越来越多的人脸欺骗攻击，在人脸认证之前确保当前人脸的合法性变得十分重要。基于这样的背景，用于区分真实人脸还是欺骗人脸的人脸反欺骗系统成为人脸识别系统不可缺少的安全保证，人脸反欺骗相关的研究也逐渐成为多媒体数字取证领域中一个重要的研究课题。

10.5 小结

本章主要介绍了多媒体取证中的四种新型篡改类型：深度伪造、GAN生成、图像彩色化、人脸欺骗攻击。

研究者对这几种篡改技术已经开展了大量的深入研究。当前，基于深度学习尤其是对抗生成网络的伪造技术已经成为主流。GAN主要由编码器(encoder)和解码器(decoder)构成，编码器用于抽取人脸隐藏空间特征，然后在隐藏空间对人脸特征编码进行交换，最后基于交换后的人脸特征编码，利用解码器对人脸图像进行重构，从而生成伪造图像。对抗生成网络技术快速发展使得深度伪造技术生成的效果愈发真实。

同时，随着对多种新型篡改技术的深入研究，网络上逐渐出现了众多开源软件和商业应用，主要是以人脸伪造、语音伪造以及绕过人脸检测系统为主的篡改手段。这些技术的快速更新迭代，势必会给取证工作带来巨大挑战，这些软件的流行和传播也使得新型多媒体篡改变得更加低门槛、大众化，也进一步加剧了恶意用户带来的负面影响。

因此，为了应对新型多媒体篡改技术滥用所带来的安全威胁，学界及工业界应对这类篡改内容的检测进行深入研究，并提出一系列方法帮助执法机关以及企业识别此类虚假内容。

◆ 注 释 ◆

[1] Juefei-Xu F, Wang R, Huang Y, et al. Countering malicious deepfakes: Survey, battleground, and horizon [J]. International Journal of Computer Vision, 2022:1-57.
[2] Rossler A, Cozzolino D, Verdoliva L, et al. Faceforensics++: Learning to detect manipulated facial images [C]//Proceedings of the IEEE/CVF International Conference on Computer Vision. 2019:1-11.
[3] Xia Z, Qiao T, Xu M, et al. Towards DeepFake video forensics based on facial textural disparities in multi-color channels [J]. Information Sciences, 2022, 607:654-669.
[4] Goodfellow I, Pouget-Abadie J, Mirza M, et al. Generative adversarial networks [J]. Communications of the ACM, 2020, 63(11):139-144.
[5] Karras T, Aila T, Laine S, et al. Progressive growing of GANs for improved quality, stability, and variation [J]. arXiv preprint arXiv:1710.10196, 2017.
[6] Luo Y, Zi H, Zhang Q, et al. Anti-forensics of JPEG compression using generative adversarial networks [C]//2018 26th European Signal Processing Conference (EUSIPCO). IEEE, 2018:952-956.
[7] Goodfellow I J, Shlens J, Szegedy C. Explaining and harnessing adversarial examples [J]. arXiv preprint arXiv:1412.6572, 2014.

第 11 章

深伪视频/图像取证

11.1 深度伪造视频取证

深度伪造工具虽然能起到一定的娱乐作用,有助于影视作品的创新,但也因协议不规范或法律法规不健全等,导致大量的用户隐私信息被泄露,这些信息被不法分子用来进行违法犯罪行为,不仅侵犯了个人的肖像权、隐私权等合法权益,更给社会带来许多不稳定因素。因此既然有伪造生成技术出现,就要有更为深入彻底的伪造取证技术研究。

11.1.1 基于传统图像取证的方法

该方法主要利用图像的频域特征和统计特征进行区分,比如通过局部噪声分析、图像质量评估、设备指纹、光照等差异,解决复制-粘贴、拼接、移除等图像篡改问题。对于深度伪造视频,其本质上也可分割为一系列伪造合成的视频帧图像,因此可将传统图像取证的方法应用到深度伪造检测中。此外,一些基于信号处理的方法,如利用 JPEG 压缩分析篡改痕迹、利用局部噪声方差分析拼接痕迹、利用 CFA 模型进行篡改定位、向 JPEG 压缩图像添加噪声以提升检测性能等[1]。但随着人工智能技术的发展,传统图像取证和深度学习技术融合的方法检测准确率和检测效率也更高,如 Zhou 等人[2]将隐写噪声特征和卷积网络学习边界特征结合,提出了一个双流神经网络的方法,如图 11-1 所示。

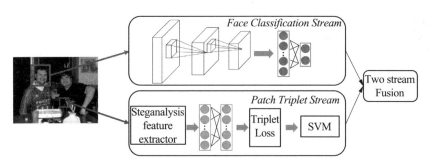

图 11-1 基于双流网络的人脸篡改检测框架

（资料来源：Zhou P，Han X，Morariu V I，et al. Two-stream neural networks for tampered face detection［C］//2017 IEEE Conference on Computer Vision and Pattern Recognition Workshops（CVPRW）. IEEE，2017：1831-1839.）

具体来说，首先通过一个人脸分类流训练一个 GoogleNet 用以检测篡改的人工痕迹，同时利用捕捉的局部噪声特征和拍照特征训练一个基于块的三元组网络，再用这两个网络的得分综合判断图像是否被篡改。这样做的原因是基于同一幅图像的隐藏特征相似且距离小，不同图像的块之间的隐藏特征距离则较大。随后用三元组训练出块的距离编码后，再用一个 SVM 分类得到最终的预测结果。表 11-1 为该方法与其他基于传统图像取证方法的对比实验表，证明了基于双流网络的人脸篡改检测方法的有效性。

表 11-1 对比实验表

方法	AUC
IDC	0.543
CFA pattern	0.618
Steganalysis features+SVM	0.794
Face classification stream	0.854
Patch triplet stream	0.875
Two-stream network	0.927

资料来源：Zhou P, Han X, Morariu V I, et al. Two-stream neural networks for tampered face detection ［C］//2017 IEEE Conference on Computer Vision and Pattern Recognition Workshops（CVPRW）. IEEE，2017：1831-1839.

传统的图像取证技术已经很成熟，但由于深度伪造视频通常会经过不同的后处理,如压缩方式、压缩率、放缩合成等,针对图片级的取证技术更多关注局部的异常特征,因此需要根据新型的深度伪造篡改手段不断升级和改进目前的传统算法。

11.1.2 基于生理信号特征的方法

伪造视频在伪造的过程中往往会忽略人的真实生理特征,比如眨眼频率、头部姿态、眼球转动、脉搏、心率等生理信号,这就为伪造取证提供一些检测证据。如 Yang 等人[3]发现 DeepFake 通常只篡改了脸部中心区域,脸外围关键点的位置仍保持不变,这会导致计算 3D 头部姿态评估的结果不一致,故用脸部中心区域的关键点计算一个头部方向向量,再用完整的脸部计算一个方向向量,两者进行比较。以帧为单位,针对视频计算所有帧的头部姿态差异,训练出一个 SVM 分类器来学习这种差异,图 11-2 为该方法概览图。其中(a)~(h)分别代表原始图像、检测到的人脸面部的图像、检测到的人脸关键点、利用仿射变换 M 将(a)中的裁剪面部变形为标准面部、由深度神经网络合成的深度伪造人脸、利用逆仿射变换转换回深度伪造人脸、合成的脸与原始图像合并、最终伪造的图像。

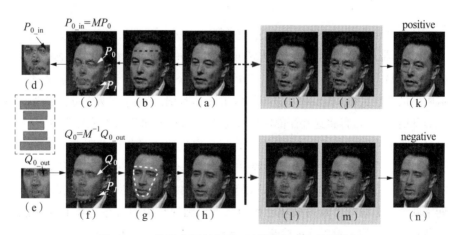

图 11-2 基于头部姿态不一致性取证方法的概览图

(资料来源:Yang X, Li Y, Lyu S. Exposing deep fakes using inconsistent head poses[C]//ICASSP 2019-2019 IEEE International Conference on Acoustics, Speech and Signal Processing (ICASSP). IEEE, 2019:8261-8265.)

同时,Yang 等人也通过对比试验证明了自己该方法的简洁性以及有效性,图 11-3 为部分实验结果图。

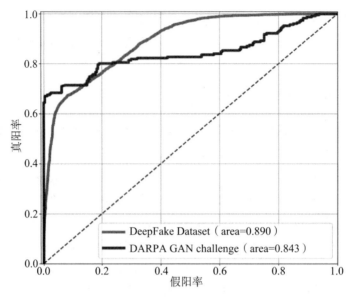

图 11-3 SVM 分类结果的 ROC 曲线图

(资料来源: Yang X, Li Y, Lyu S. Exposing deep fakes using inconsistent head poses [C]//ICASSP 2019 - 2019 IEEE International Conference on Acoustics, Speech and Signal Processing (ICASSP). IEEE, 2019:8261-8265.)

其他基于生理信号特征的方法,还有诸如 Agarwal 等人[4]利用个人独有的"微表情",提取两类视频中面部表情和头部动作的相关特征来对伪造视频进行检测。Matern 等人[5]通过颜色直方图、颜色聚合向量等计算机视觉方法提取眼睛的颜色特征,从而对人脸图像作出真伪鉴别。Yang 等人[6]通过提取人脸面部的关键点,再将这些面部区域标记点作为特征向量来训练分类器,从而检测人脸的真伪。Fernandes 等人[7]利用心率生物信号来区分真实与伪造视频。Li 等人[8]发现正常人的眨眼频率和时间都有一定范围,而深度伪造生成的视频中的人基本没有眨眼或者眨眼频率不自然,故通过将 CNN 和循环神经网络联合一起设计了长期循环卷积网络来识别视频中的状态是否闭眼,从而判断视频的真假。对于这种检测方法来说,大多利用深度伪造技术的局限性,但随着生成技术水平的不断提升,深度伪造内容越发逼真,此类方法的检测效果大打折扣。

11.1.3 基于数据驱动的方法

该方法又可分为图片级学习方法和视频级学习方法。图片级学习方法首先将视频分割为视频帧序列,通过设计的网络学习结构来对每一视频帧进行判别,最终对整个视频帧序列进行综合决策。如 Cozzolino 等人[9]基于自动编码器设计了一个新的神经网络结构,它只需要在一个数据集上训练,在另一个数据集上小规模进行调优,就能够学习在不同的扰动域下的编码能力而达到很好的效果。Nguyen 等人[10]通过抽取人脸,用 VGG-19 提取特征编码,然后输入设计的胶囊网络中进行分类。Li 等人[11]则设计了基于图片块的双流网络框架,其中一条流学习人脸块的微观特征,另一条流学习人脸和背景区域的差异性,通过多任务学习能够较好地提升模型的泛化能力。Li 等人[12]提出了利用"Face X-ray"对伪造视频进行检测,训练数据不依赖特定 DeepFake 生成技术伪造的媒体,可以直接采用普通的人脸图像进行训练,因此该方法更具有普适性和通用性。

该方法使用自监督学习来训练模型(自动生成标签)。输入真实图像,在数据预处理阶段,会自动将一半数据保留为正样本生成纯黑背景的标签,另一半进行拼接换脸处理作为负样本并计算出伪造图像的 X-ray 作为标签(公式计算得到)。然后使用卷积神经网络生成对输入图像的预测 X-ray 图像(模型前向计算得到),再使用神经网络进行分类,最后使用模型预测出的 X-ray 图像与伪造图像的 X-ray 标签的差,并结合图像真假分类标签,两部分加权求和作为损失函数,对网络模型进行训练。

Li 等人也通过与大量的检测方法进行对比实验来证明该方法具有较强的泛化能力。表 11-2 为 Face X-ray 方法的泛化性能评估实验表。

表 11-2 Face X-ray 泛化性能评估实验表

模型	训练数据集	测试数据集								
		DFD			DFDC			Celeb-DF		
		AUC	AP	EER	AUC	AP	EER	AUC	AP	EER
Xception	FF++	87.86	78.82	21.49	48.98	50.83	50.45	36.19	50.07	59.64
Face X-ray	BI	93.47	87.89	12.72	71.15	73.52	32.62	74.76	68.99	31.16
Face X-ray	FF++and BI	95.40	93.34	8.37	80.92	72.65	27.54	80.58	73.33	26.70

资料来源:Li L, Bao J, Zhang T, et al. Face X-ray for more general face forgery detection [C]// Proceedings of the IEEE/CVF Conference on Computer Vision and Pattern Recognition. 2020:5001-5010.

此外，Liu等人[13]提出的GramNet通过分析图像全局纹理来对GAN生成图像进行检测，该网络不仅在不同数据集上表现良好，在面对图像编辑、下采样、JPEG压缩、模糊等后处理攻击条件下，也具有较强的鲁棒性。篡改区域和剩余区域分辨率不一致，导致伪造视频产生伪影，Li等人[14]提出利用图像伪影对伪造视频进行检测。具体地，训练阶段分别使用VGG16、ResNet50、ResNet101、ResNet1524等CNN模型对样本的相关特征进行学习，测试阶段使用标准数据库UADFV、DF-TIMIT和Celeb-DF进行验证。Sabir等人[15]利用循环卷积网络模型学习视频流的时空序列特征，有效捕捉了时空域上的视频篡改痕迹。Dang等人[16]、Zhao等人[17]通过引入注意力机制显著提高了深度神经网络提取图像特征的性能。Hu等人[18]、Fox等人[19]考虑不同应用场景下的视频质量对检测性能的影响。基于图片级的学习方法是现有主流的研究方向，由于深度学习算法的不断改进，数据集的逐渐优化扩大，对篡改图片进行取证实验更加高效可行。

视频级学习的方法则是利用循环神经网络学习视频帧序列的时序特征并对一个视频进行整体判断。该类方法主要通过发现个体之间的面部表情和移动不同，首先追踪面部和头部移动，然后抽取特定动作集合的存在和强度，再将脸部肌肉的移动编码成动作单元，利用皮尔森系数对特征之间的相关性进行扩充，最后在扩充后的特征集合上建立一个新的单分类SVM来区分各类造假视频。该方法的优势在于可以学习到视频的时序特征，对一些篡改视频出现的缺陷，如前后帧不一致、人脸区域不稳定等具有较好的检测能力，但若视频进行过预处理，如压缩、光照变化等，也会对模型的性能提出巨大挑战。

此外，国内外的学者也从不同的深度伪造方法和取证角度出发，对该领域进行了详细描述和总结[20-24]。

11.2 GAN生成图像取证

GAN生成图像作为一种新型的图像生成和编辑技术对数字图像的真实性与完整性带来巨大威胁。由于GAN生成图像采用端到端网络模型生成，因此其取证问题具有诸多不同于传统图像取证的特点。本节将从以下方面介绍GAN生成图像的被动取证技术：GAN生成图像检测算法和GAN模型溯源算法。

11.2.1 GAN 生成图像检测算法

GAN 生成图像检测算法旨在鉴定待测图像是否由 GAN 模型生成，可看作一种二分类问题。其研究重点在于提取对 GAN 生成图像与真实图像具有显著区分度的特征。根据特征提取时使用的信息类别，主要采用的是基于空间域信息的取证方法。

这种方法主要根据 GAN 生成图像在成像原理上与真实图像存在的明显差异，通过研究 GAN 生成器的限制，寻找 GAN 生成图像在空间域上存在的特定的异常痕迹来完成取证。针对 GAN 生成图像检测问题，研究人员围绕空间域信息提出了多种算法。根据特征提取的方式，可将检测算法再分为基于手工特征和基于 CNN 两类。

11.2.1.1 基于手工特征的检测算法

在 GAN 生成图像检测算法研究的早期阶段，研究人员使用在传统图像取证和隐写分析领域已广泛应用的统计特征或其改进版本，结合分类器（如 SVM 等）进行检测。基于手工设计特征的检测算法主要考虑了 GAN 生成图像和自然图像之间纹理与颜色两种信息的统计特性差异。

其一，针对 GAN 生成图像与自然图像在细微纹理信息上的差异，Marra 等人[25]直接使用基于富模型（rich model）的隐写分析特征进行 GAN 生成图像检测。当不进行有损压缩时，隐写分析特征能取得较好的检测性能。然而，当测试图像经过 JPEG 压缩处理后，基于隐写分析特征的检测算法出现明显的性能下降。

其二，针对 GAN 生成图像颜色分量的异常统计特性，Li 等人[26]提出了一种基于颜色分量差异的检测方法。该方法提取不同颜色空间色度分量的高频残差，然后计算基于共生矩阵的检测特征并结合集成分类器得到最终检测结果。该算法在大部分情况下能够取得较好的检测准确率，但当测试样本来自未知 GAN 模型时性能将出现下降。McCloskey 和 Albright[27]通过分析 GAN 生成图像颜色分量生成过程的理论模型，提出一种红绿双变量直方图和一种异常曝光像素比例的取证特征。上述特征结合 SVM 等分类器进行 GAN 生成图像检测。该算法在缺乏训练样本的情况下性能不理想。

11.2.1.2 基于 CNN 的检测算法

CNN 不仅在计算机视觉领域获得广泛应用，也成功应用于多媒体取证相关问题。相关研究成果已证实 CNN 在有监督学习过程中能够表征图像信号层面的细微变化。因此,研究人员很自然地将 CNN 应用于 GAN 生成图像检测问题,其通用检测框架如图 11-4 所示。

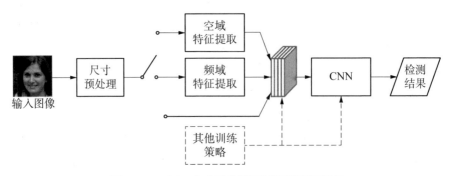

图 11-4　GAN 生成图像检测通用检测框架图

生成与检测的对抗在任何领域都是尤为激烈的。就在 PGGAN 提出的同年,Mo 等人[28]首次将 CNN 用于检测 GAN 生成图像,搭建了一个浅层 CNN 进行检测,并探讨了模型层数和激活函数类型等网络结构对性能的影响。该方法能够有效检测 PGGAN 生成的图像。当引入高通滤波器对生成图像进行预处理再输入 CNN 时,检测准确率得到进一步提升。Mo 等人[28]没有测试对未知 GAN 模型生成图像检测的泛化能力。直接使用 CNN 进行检测存在一定的局限性。同时,CNN 的可解释性仍是研究人员致力攻克的难题。为了进一步提高 CNN 分析空间域信息的能力并提高模型的可解释性,研究人员开始引入取证特征作为预处理操作并采用更先进的神经网络结构。

然而,仅仅通过网络结构的优化还不足以应对层出不穷的新型 GAN 生成技术,正如上文所述,GAN 模型生成器中的上采样操作会使生成图像局部像素之间产生异常相关性。在传统图像取证与隐写分析领域,共生矩阵是一种广泛使用的统计特征,用于表征局部像素之间存在的相关性。受到传统取证算法的启发,研究人员尝试将共生矩阵等取证特征作为 CNN 的输入,而非直接将图像像素值作为网络输入,以提升算法的检测性能。

Nataraj 等人[29]提出一种基于共生矩阵及 CNN 的 GAN 生成图像检测方法,该方法首先分别提取输入图像 RGB 三通道的共生矩阵,再将共生矩阵按通道维度进行堆叠,输入一个浅层 CNN 得到最终检测结果。采用类似的思路,Goebel 等人[30]将图像三通道提取的共生矩阵输入经过网络结构修改的 XceptionNet 中,从而实现对 GAN 生成图像的检测。除此之外,Goebel 等人[30]

还通过改进网络结构中的激活函数及部分结构实现对 GAN 生成图像生成模型的溯源。

上述算法仅考虑在单一颜色通道中提取共生矩阵,而忽略了不同颜色通道之间的相关性对检测 GAN 生成图像也包含有用信息。在 Goebel 等人的基础上,Barni 等人[31]设计了一种跨颜色通道共生矩阵的计算方法,并将其结果作为 CNN 的输入构成 Cross-Net。其中,跨通道共生矩阵的计算会考虑 RG、RB 和 GB 三种跨颜色通道组合形式。相比于仅利用单一颜色通道信息,Cross-Net 能够进一步提升检测算法对常见后处理操作的鲁棒性。

除了共生矩阵,研究人员也考虑将其他传统取证技术中的预处理方法引入 GAN 生成图像检测。Guo 等人[32]受到隐写分析算法的启发,如 SPAM 和 SRM,提出一种高频残差自适应提取的网络结构,能够通过预处理操作抑制图像内容信息的干扰,增强篡改痕迹。总体而言,相较于直接将图像输入 CNN 进行检测,引入取证特征的目的在于:借助取证领域先验知识,增强篡改痕迹的特征表达鉴别力,减少图像内容信息的干扰。

除了研究预处理方法,研究人员还通过修改网络结构,引入新的网络模块,进一步提高对 GAN 生成图像异常痕迹的提取与表征能力。前文提到 GAN 生成图像检测算法已将提取共生矩阵作为一种有效的预处理方法。除此之外,研究人员还根据共生矩阵的原理设计新型网络模块,用于增强 GAN 生成图像的纹理特性表征能力。Liu 等人[33]采用灰度共生矩阵对输入图像的全局纹理统计特征(global texture statistics)进行分析。

但与早期方法不同的是,Liu 等人将 ResNet18 作为骨架网络,在下采样层之前加入 Gram-block 模块,将全局图像纹理信息引入不同的特征层级。其中,Gram-block 模块包含了卷积层和 Gram 矩阵计算层。Gram 矩阵计算层通过忽略特征图中的空间和内容信息,达到提取纹理稳定特征描述的目的。全局纹理统计特征对于部分常见后处理操作具有良好的鲁棒性。同时,引入 Gram-block 模块还能够提升检测模型对未知 GAN 模型生成图像的泛化能力。为了更有效地利用图像不同频率分量之间的互补性,Fu 等人[34]提出一种基于双通道 CNN 的 GAN 生成图像检测算法,分别采用高斯低通滤波器和高通滤波器计算其低频分量与高频残差,将两者分别输入两个浅层卷积神经网络分支,然后进行拼接融合,再输入全连接层得到最终检测结果。使用双通道网络结构进行特征融合能够提升对部分后处理操作的鲁棒性,但仍难以抵抗 JPEG 压缩造成的干扰。

由于 GAN 模型中的生成器缺乏对全局信息的表征能力,某些 GAN 生成图像包含了具有缺陷的全局语义信息。为了更有效地利用全局信息,Mi 等人[35]提出通过引入自注意力机制(self-attention mechanism)来进行 GAN 生成图像的检测。自注意力机制能够有效提升 CNN 的感知野,使其具备更好的全局信息提取和表征能力,能够缓解传统 CNN 存在的空间距离问题。该方法能够有效检测 PGGAN 生成的图像,并且对常见后处理操作具有较好的鲁棒性。

11.2.2 GAN 模型溯源算法

在传统的图像被动取证研究中,PRNU 噪声[36]被用作一种可靠的源设备鉴定信息。GAN 生成图像也具有类似的"指纹"信息。不同模型的 GAN 生成图像"指纹"信息具有不同的统计特性,能够用于鉴别 GAN 生成图像由何种模型生成。GAN 模型溯源算法为分析者提供了 GAN 生成图像可能的生成过程相关信息。

Marra 等人[37]借鉴了 PRNU 噪声的提取方法,设计了一种提取 GAN 生成图像"指纹"信息的算法。该算法首先利用去噪声滤波器提取一组参考图像的噪声残差;然后对这组噪声残差进行逐像素平均消除随机噪声的影响;最终得到具有类周期性(quasi-periodical)的 GAN 生成图像"指纹"。通过计算 GAN 生成图像"指纹"与待测图像的噪声残差的归一化交叉相关性(normalized cross correla-tion),判断待测图像是否使用 GAN 模型。对于常见的 GAN 结构,其 GAN 生成图像均包含鉴别力较强的指纹信息。

针对 GAN 模型溯源问题,Yu 等人[38]提出基于数据驱动的端到端神经网络,对 GAN 生成图像包含的"指纹"信息特性进行分析,并考虑了多种常用的 GAN 模型结构。Yu 等人认为 GAN 生成图像的生成过程会受到 GAN 网络结构等因素的影响。利用预池化(pre-pooling)和后池化(post-pooling)两种 CNN 结构进行 GAN 模型溯源。当不存在后处理操作时,上述两种网络结构均能取得较高的检测准确率。不同网络结构的 GAN 模型生成的图像具有差异明显的"指纹"信息。

为了进一步提升溯源准确性,Goebel 等人[39]考虑将图像不同颜色分量的共生矩阵作为 CNN 的输入进行 GAN 模型溯源。与 GAN 生成图像检测算法类似,GAN 生成图像在频域中频和高频分量存在的异常尖峰也能够用于 GAN 模型溯源任务。据此,Joslin 和 Hao[40]提出一种基于频谱相似性的 GAN 模型溯源算法。利用 GAN 生成图像的 RGB 三个通道分别进行 DFT 变换,得到目标 GAN 模型的频域"指纹"。由于 GAN 模型溯源问题可以看作一种多分类问题,用于 GAN 生成图像检测的方法经过扩展也可以用于 GAN 模型溯源,例如 Frank 等人的成果[41]。

总而言之,GAN 技术的快速发展既为多媒体领域提供了极大推动力,也对数字图像的完整性和真实性造成了新的威胁。通过对 GAN 生成图像生成与自然图像采集的原理进行分析,GAN 生成图像在颜色以及纹理两方面存在异常痕迹,可作为相关取证问题的线索。针对 GAN 生成图像检测问题,现有算法从空间域和频率域通过设计手工特征或利用端到端 CNN 的方式提取检测特征。其中,采用基于取证特征的预处理能够一定程度提高 CNN 的检测鲁棒性。此外,通过优化网络结构或引入新的训练策略能达到提升泛化性的目的。而针对 GAN 模型溯源问题,研究人员已证实 GAN 生成图像具有类似相机采集图像 PRNU 的"指纹"信息,并且该"指纹"信息与 GAN 模型结构和训练集样本均有密切关系。同时,将 GAN 生成图像的像素信息或频域信息输入 CNN 进行多分类,均能取得一定的溯源效果。此外,研究人员也成功利用 GAN 模型进行反取证,包括面向图像生成过程的反取证(设备源鉴定和计算机合成图像检测等)以及图像编辑过程的反取证(JPEG 压缩和中值滤波等),并已取得一定效果。

11.3 图像彩色化取证

基于 AI 的全自动彩色化方法可以轻易产生视觉上难以区分的色彩信息,人们迫切需要更强大的识别工具来鉴别它们。不少学者已经对此展开相应的研究与分析,并取得相应的学术成果。针对采取核心技术方法的不同可以将彩色化取证技术分为两类:基于传统机器学习的检测方法和基于深度神经网络的检测方法。

11.3.1 基于传统机器学习的检测方法

图像彩色化检测技术主要通过分析发现真伪图像在色相、饱和度、暗通道和明通道上存在明显的统计差异,以此为理论依据设计出区分虚假着色图像鉴别器。分别计算色相、饱和度、暗通道和明通道的数值大小与统计量,并提取存在可区分性的特征数据以构成不同维度的特征向量。然后将其输入 SVM

内进行训练和测试。这种方法在检测时需要结合特定类型的算子,这会对检测性能造成较大的影响,使得检测效果不佳。为了弥补传统机器学习检测方法在图像彩色化上取证性能不佳的缺陷,Yu 等人[42]提出一种基于空间域中横向色差不一致性的取证方法。如图 11-5 所示,基于真实图像比彩色化图像具有更少的 LCA,Yu 等人采用二维 LCA 向量模长特征结合三维直方图统计特征,生成五维 LCA 空间域特征,并将其输入 SVM 生成检测模型以进行彩色化图像的鉴别操作。该方法不仅在特征维度、检测性能、后处理攻击鲁棒性等方面优于多数方法,而且仅需 20 对训练样本便能构建出有效的检测模型。

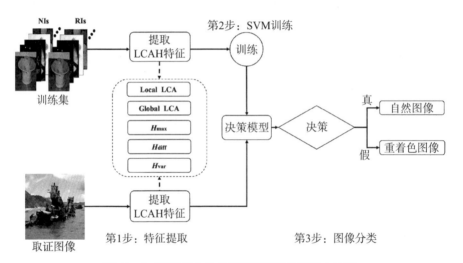

图 11-5 基于横向色差的图像重着色取证方法图

(资料来源:Yu Y, Zheng N, Qiao T, et al. Distinguishing between natural and recolored images via lateral chromatic aberration [J]. Journal of Visual Communication and Image Representation, 2021, 80:103295.)

11.3.2 基于深度神经网络的检测方法

基于深度神经网络的检测技术是当下主流的图像彩色化取证技术。受到隐写分析技术的启发,Zhou 等人[43]尝试采用基于 CNN 的数据驱动方案,提出了 WISERNet 分类网络模型。其网络模型如图 11-6 所示。该网络先对输入的 RGB 三通道分别进行卷积处理,并将卷积特征合并成 256×256×90 大小的特征块,最终输出图像是否经过彩色化的概率值。

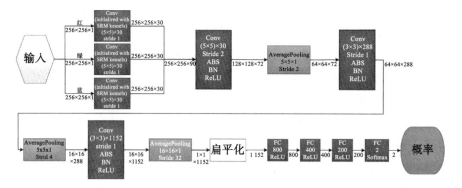

图 11-6 WISERNet 网络模型图

(资料来源:Zhuo L, Tan S, Zeng J, et al. Fake colorized image detection with channel-wise convolution based deep-learning framework [C]//2018 Asia-Pacific Signal and Information Processing Association Annual Summit and Conference (APSIPA ASC). IEEE, 2018:733-736.)

这种方法相比基于传统手工特征提取的分类方法,在分类性能上有着显著的提高,但在模型选取原理、特征提取深度、泛化性能和鲁棒性等方面仍存在改进的空间。

在此基础上,Yan 等人[44]基于 CNN 提出了一种可训练的端对端检测系统,其网络模型图如图 11-7 所示。该方法首先计算出原始图像的差值图像和

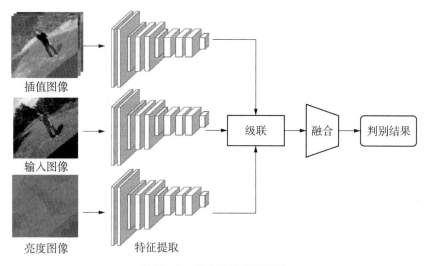

图 11-7 改进后的检测模型

(资料来源:Yan Y, Ren W, Cao X. Recolored image detection via a deep discriminative model [J]. IEEE Transactions on Information Forensics and Security, 2018, 14(1):5-17.)

亮度图像;然后将二者与 RGB 图像分别输入 3 个卷积神经网络内进行特征抽取;最后经过连接、最大池化层、全连接层、softmax 层进行融合操作后输出最终的检测结果。该系统可以处理输入图像的光照一致性与信道相关性,一定程度上保证了模型的泛化性和鲁棒性。

为了进一步提升检测精度,Quan 等人[45]提出了一种新的基于 CNN 的分类模型。他们设计的神经网络的模型结构如图 11-8 所示。该网络由虚线框的 basnet 与 decent 共同组成。输入 RGB 图像,输出为分类分数。Quan 等人在该神经网络的骨干网中通过插入一个新的选择分支网络来分析图像中细小部分的区域特征,并通过线性插值自动构造大量的负样本,推动分类超平面边界的迁移,提高了分类性能。但是该方法仍存在一定的不足,例如:需要大量的训练样本、训练过程不可解释等。

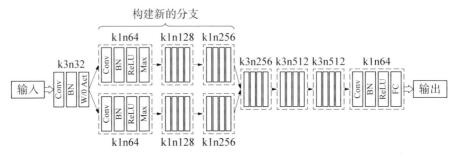

图 11-8　检测模型图

(资料来源:Quan W,Wang K,Yan D M, et al. Distinguishing between natural and computer-generated images using convolutional neural networks [J]. IEEE Transactions on Information Forensics and Security,2018,13(11):2772-2787.)

11.4　人脸欺骗攻击取证

人脸欺骗攻击取证往往也被称为人脸反欺骗检测或人脸活体检测。人脸欺骗攻击对人脸识别系统产生了十分严重的威胁,所以人们需要人脸欺骗攻击检测系统对欺骗攻击进行有效的识别。随着人脸欺骗攻击方式的不断升级,相关研究人员也在对人脸欺骗攻击检测系统进行更新,使其可以有效识别越来越多样的人脸欺骗攻击。当下针对人脸欺骗攻击的检测方法主要分为两类:基于传统手工特征的检测方法和基于深度神经网络的检测方法。

11.4.1 基于传统手工特征的检测方法

基于手工特征的方法需要人们自己设计算法,通过预先定义的模式从人脸中提取出具有区分度的特征。而依据所考虑因素的不同,基于手工特征的检测方法又可以细分为三类:运动信息、图像质量和纹理信息。

基于运动信息的人脸活体检测方法主要是利用显式的生理动作来进行判断。Gang 等人[46]提出可以通过帧序列检测眨眼行为进行人脸活体检测。同年,Kollreider 等人[47]提出一种基于嘴唇运动的检测方法。Wei 等人[48]通过使用光流场对面部区域进行运动分析来完成活体检测。

打印照片和重放视频实际上是对真实图像的翻拍,翻拍过程会造成一定程度的图像质量下降或细节缺失,基于图像质量的人脸活体检测方法就是以此提出的。Galbally 等人[49]从人脸图像中计算 14 个通用图像质量评价指标组成特征空间,并使用 LDA 分类器进行预测,这是首次将图像质量评估的方法沿用到人脸活体检测。Wen 等人[50]提出一种基于图像失真分析的人脸活体检测方法,其中考虑四种欺骗攻击模式:欺骗媒介(纸张、屏幕)引起的镜面反射、图像模糊、色度分布差异和颜色多样性缺失。这四种特征进行融合,就可以构成最终的图像失真分析特征,然后使用基于多个 SVM 的集成分类器进行预测。

图像纹理信息是处理图像时经常被考虑的特征之一,基于纹理信息的人脸活体检测方法考虑的就是真实人脸图像和欺骗攻击图像在纹理特征上的差异。LBP 是一种通用的图像纹理算子,通过将图像块中心点像素值阈值化,再对中心点邻接像素进行二进制变换计算得到。Pereira 等人[51]提出一种基于动态纹理 LBP‐TOP 的检测方法,LBP‐TOP 作为 LBP 的一种拓展,其考虑的是来自三个正交平面的纹理特征。Boulkenafet 等人[52]提出一种基于彩色图像纹理特征的人脸活体检测方法,该方法认为灰度图像只包含亮度信息,而丢弃了颜色信息。他们从不同颜色空间中提取出两种低级纹理特征:共生邻接局部二值模式和局部相位量化,这两种低级特征可以作为互补线索,级联得到最终的联合颜色纹理特征。田等人[53]对人脸图像先提取低层级 LBP 特征,然后在 LBP 特征上进行高层级 DCT 变换得到高级 LBP‐MDCT (LBP and multilayer DCT)算子,取得了较好的性能。

11.4.2 基于深度神经网络的检测方法

同基于传统手工特征的方法相比,基于深度神经网络需要消耗较多的算力,同时需要更多的训练样本进行训练,所以在早期研究中往往落后于基于手工特征的方法。但是随着对深度神经网络研究的逐渐深入,以及人脸欺骗攻击的方式越来越多样,深度神经网络相比传统手工特征的优势也越来越大。

随着 CNN 在计算机视觉领域展现出了优异的性能,相关研究人员也将其引入了人脸欺骗攻击检测领域。基于 CNN 的方法成为深度神经网络中最主流的方法,其在面对各种攻击方式时都表现出了优异的性能以及良好的鲁棒性。检测方法需要兼顾新型的面具攻击、眼镜攻击等人脸欺骗攻击,以及原本的打印攻击、重放攻击等攻击方式,但是不同攻击方式的特征差异较大,如打印攻击为二维图像二次成像,而面具攻击为三维人脸拍摄所得,这就为单一模型检测带来了一定困难,因此,Liu 等人[54]提出一种基于 CNN 的深度树形神经网络,该模型结构如图 11-9 所示。人脸图像经过三个阶段的卷积神经网络提取特征,在每次提取特征之后基于特征空间向量,决定其下一次特征提取的路由方向。以此为基础构成一个四层的树形神经网络结构,不同的人脸欺骗方式被引导到不同的叶子节点进行特征判定,从而实现了在面对多种不同人脸欺骗攻击时,获得优异的准确性与鲁棒性。与之类似,同样基于 CNN 的方法还有 Liu 等人[55]提出的一种卷积循环神经网络结构,他们利用空间和时间特征作为监督的辅助信息进行学习,其中,空间特征是指人脸的深度信息,时间特征是指远程心率(remote photoplethysmography,rPPG)信息。Sun 等

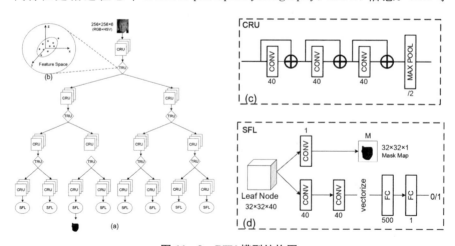

图 11-9 DTN 模型结构图

(资料来源:Liu Y, Stehouwer J, Jourabloo A, et al. Deep tree learning for zero-shot face antispoofing [C]//Proceedings of the IEEE/CVF Conference on Computer Vision and Pattern Recognition, 2019:4680-4689.)

人[56]提出了一种基于深度全卷积网络(fully convolutional network,FCN)的检测方法,全面研究了包括全局和局部标签监督在内的各种监督策略。Tu 等人[57]通过对损失函数的巧妙设计,调整了欺骗人脸与真实人脸在特征空间中的映射分布,降低了不同数据集在特征空间中的离散差异,从而有效提高了模型的鲁棒性。

由于 Transformer 网络[58]在计算机视觉领域取得了显著的成功,相关研究人员也尝试将 Transformer 的思想引入人脸欺骗检测的研究中,Qiao 等人[59]提出的 FGDNet(fine-grained detection network)正是其中之一。因为人脸欺骗检测任务更加关注卷积空间金字塔中下层的特征,所以通过将自注意力机制与卷积操作结合,使卷积更好地获取图像局部特征,再基于自注意力机制进行全局的关联,使网络结构更加契合人脸欺骗检测任务,同时设计了基于风格迁移的数据增广模块,进一步降低了模型对数据集的需求。与之类似的还有 George 等人提出的一种基于纯自注意力机制的人脸欺骗检测模型[60],他们先将图像分块,将每一个图像块视为一个特征点,然后进行全局提取。

11.5 小结

本章主要围绕深度伪造视频、GAN 生成图像、图像彩色化以及人脸欺骗攻击这几种新型多媒体篡改类型,分别介绍针对各自篡改内容的取证方法。

对于深度伪造视频取证,由于人脸属性代表一个人的重要身份信息,针对人脸的伪造在安全与伦理上都具有其特殊性,因此深度伪造和防御是人工智能安全领域中的热点问题。从技术层面出发,解决深度伪造相关的问题是一场攻防博弈,伪造方即为攻击方,取证方即为防守方,随着深度学习技术的持续发展,这场博弈也会一直持续下去。同时对于深度伪造的问题也不应只从技术层面出发,国家的立法、市场的监管、公众安全意识的提高也非常重要,只有从多个角度协同作战,才有可能完全解决深度伪造所带来的危害。在未来的研究方向中有两个主要的前景。一为多维度协同的防御体系。目前的防御多为危害已经发生后进行的补救措施,如何从多维度构建主动防御技术,将大量有危害的深度伪造视频扼杀于摇篮之中,目前关于此方面的研究也较少。二为面向真实场景的防御问题,真实场景下面临着视频质量不佳、人脸提取困难、检测鲁棒性不高等问题,如何提高真实场景下的鲁棒性问题,关系着深度伪造检测的性能,是目前亟待解决的问题,也是未来研究的一大难点。

对于 GAN 生成图像取证，目前 GAN 生成的取证技术还存在着很多问题等待后续的研究者去解决：一是对后处理操作的鲁棒性。若没有充分考虑数据增强策略，则对常见后处理操作和多操作组合的鲁棒性较差。二是对未知 GAN 模型的泛化能力。随着 GAN 技术的不断发展，越来越多种类的 GAN 模型相继被提出，这导致取证分析者难以在检测模型训练集中包括所有潜在的 GAN 模型。

对于图像彩色化取证，研究工作仍存在一定的局限性，主要面临着以下三个技术难点。一是基于手工特征提取的传统取证技术仍存在完善的空间。基于 SVM 分类器的彩色化图像检测技术 FCID-HIST、FCID-FE 是最早应用于彩色化图像的取证工作，因其可视性的特征而广受赞誉，但所提方法在检测性能、数据需求量、特征差异性等方面仍存在提升与完善的空间。因此，分析与提取具有高可区分性特征并提升彩色化信息检测率，是该方向发展的一个重要分支。二是基于自动特征提取的深度学习取证技术发展受限。基于深度学习的新式检测技术在检测性能方面，普遍超越了基于手工特征提取的传统检测技术。但是，前者仍然存在泛化性能差、训练样本规模较大、训练特征维度较高、计算成本较高、特征难解释等局限性。因此，在仅存少量训练样本集的情况下如何设计出一种高效的分类器，是彩色化检测技术发展的一个重要研究方向。三是以 JPEG 压缩、尺度缩放为例的后处理技术对算法的检测性能影响较大。在诸如微信、微博、抖音等现实使用场景中，用户发布的图片或视频均存在一定程度的 JPEG 压缩、尺度缩放等后处理操作。因此，如何在进行相应的后处理操作之后，依然能够进行有效的真实性取证鉴别操作，是当下研究的一大难点。

对于人脸欺骗攻击取证，在面对传统已知的人脸欺骗攻击时，人脸欺骗攻击取证的技术已经可以做到较高的准确度。然而，现有的人脸欺骗攻击取证仍然存在一定的局限性，主要面临着以下两方面技术难点。一是基于手工特征的传统取证技术发展受限。基于手工特征的取证技术具有高效性，十分适合在各种低性能的嵌入式设备上离线部署。但是基于手工特征的取证方法主要针对打印攻击和重放攻击，对面具攻击和眼镜攻击等新型攻击方式往往表现不佳。因此，针对面具攻击等新型攻击方式分析和设计相关特征提取方式，是该方向发展的一个重要分支。二是基于深度神经网络的取证技术仍需完善。目前，基于深度神经网络的检测方式在性能和泛化性上普遍超越了传统手工特征提取的方式。但是基于深度神经网络的方法往往需要较多的训练样本进行训练，同时受限于人脸的敏感特性样本不易获取，且难以快速获取新型人脸欺骗攻击的大量样本。因此，如何在少样本的情况下训练检测模型，以及保证模型在面对新型攻击时的鲁棒性，是人脸欺骗攻击取证技术发展的一个重要研究方向。同时由于深度神经网络天生具有的缺陷，现阶段绝大多数深度神经网络在应对含有对抗样本的欺骗攻击时往往表现不佳。因此，如何保证方法在面对对抗样本时的鲁棒性，也是人脸欺骗攻击取证技术发展的一个重要研究方向。

◆ 注 释 ◆

[1] 李旭嵘,纪守领,吴春明,等. 深度伪造与检测技术综述[J]. 软件学报,2020,32(2):496-518.
[2] Zhou P, Han X, Morariu V I, et al. Two-stream neural networks for tampered face detection [C]//2017 IEEE Conference on Computer Vision and Pattern Recognition Workshops (CVPRW). IEEE, 2017:1831-1839.
[3] Yang X, Li Y, Lyu S. Exposing deep fakes using inconsistent head poses [C]//ICASSP 2019-2019 IEEE International Conference on Acoustics, Speech and Signal Processing (ICASSP). IEEE, 2019:8261-8265.
[4] Agarwal S, Farid H, Gu Y, et al. Protecting world leaders against deep fakes [C]//CVPR Workshops. 2019, 1:38.
[5] Matern F, Riess C, Stamminger M. Exploiting visual artifacts to expose deepfakes and face manipulations [C]//2019 IEEE Winter Applications of Computer Vision Workshops (WACVW). IEEE, 2019:83-92.
[6] Yang X, Li Y, Qi H, et al. Exposing GAN-synthesized faces using landmark locations [C]//Proceedings of the ACM Workshop on Information Hiding and Multimedia Security. 2019:113-118.
[7] Fernandes S, Raj S, Ortiz E, et al. Predicting heart rate variations of deepfake videos using neural ODE [C]//Proceedings of the IEEE/CVF International Conference on Computer Vision Workshops. 2019:1721-1729.
[8] Li Y, Chang M, Lyu S. InIctu Oculi L: Exposing AI created fake videos by detecting eye blinking [C]//2018 IEEE International Workshop on Information Forensics and Security (WIFS). 2018:1-7.
[9] Cozzolino D, Thies J, Rössler A, et al. Forensictransfer: Weakly-supervised domain adaptation for forgery detection [J]. arXiv preprint arXiv:1812.02510, 2018.
[10] Nguyen H H, Fang F, Yamagishi J, et al. Multi-task learning for detecting and segmenting manipulated facial images and videos [C]//2019 IEEE 10th International Conference on Biometrics Theory, Applications and Systems (BTAS). IEEE, 2019:1-8.
[11] Li X, Yu K, Ji S, et al. Fighting against deepfake: Patch & pair convolutional neural networks (PPCNN) [C]//Companion Proceedings of the Web Conference 2020. 2020:88-89.
[12] Li L, Bao J, Zhang T, et al. Face X-ray for more general face forgery detection [C]//Proceedings of the IEEE/CVF Conference on Computer Vision and Pattern Recognition. 2020:5001-5010.
[13] Liu Z, Qi X, Torr P H S. Global texture enhancement for fake face detection in the wild [C]//Proceedings of the IEEE/CVF Conference on Computer Vision and Pattern Recognition. 2020:8060-8069.
[14] Li Y, Lyu S. Exposing deepfake videos by detecting face warping artifacts [J]. arXiv preprint arXiv:1811.00656, 2018.

[15] Sabir E, Cheng J, Jaiswal A, et al. Recurrent convolutional strategies for face manipulation detection in videos [J]. Interfaces (GUI),2019, 3(1):80-87.

[16] Dang H, Liu F, Stehouwer J, et al. On the detection of digital face manipulation [C]// Proceedings of the IEEE/CVF Conference on Computer Vision and Pattern Recognition. 2020:5781-5790.

[17] Zhao H, Zhou W, Chen D, et al. Multi-attentional deepfake detection [C]//Proceedings of the IEEE/CVF Conference on Computer Vision and Pattern Recognition. 2021:2185-2194.

[18] Hu J, Liao X, Wang W, et al. Detecting compressed deepfake videos in social networks using frame-temporality two-stream convolutional network [J]. IEEE Transactions on Circuits and Systems for Video Technology, 2021, 32(3):1089-1102.

[19] Fox G, Liu W, Kim H, et al. VideoForensicsHQ: Detecting high-quality manipulated face videos [C]//2021 IEEE International Conference on Multimedia and Expo (ICME). IEEE, 2021:1-6.

[20] 梁瑞刚,吕培卓,赵月,等.视听觉深度伪造检测技术研究综述[J].信息安全学报,2020, 5(2):1-17.

[21] 暴雨轩,芦天亮,杜彦辉.深度伪造视频检测技术综述[J].计算机科学,2020,47(9): 283-292.

[22] 乔通,姚宏伟,潘彬民,等.基于深度学习的数字图像取证技术研究进展[J].网络与信息安全学报,2021, 7(5):13-28.

[23] Tolosana R, Vera-Rodriguez R, Fierrez J, et al. Deepfakes and beyond: A survey of face manipulation and fake detection [J]. Information Fusion, 2020, 64:131-148.

[24] Juefei-Xu F, Wang R, Huang Y, et al. Countering malicious deepfakes: Survey, battleground, and horizon [J]. International Journal of Computer Vision, 2022:1-57.

[25] Marra F, Gragnaniello D, Cozzolino D, et al. Detection of GAN-generated fake images over social networks [C]//2018 IEEE Conference on Multimedia Information Processing and Retrieval (MIPR). IEEE, 2018:384-389.

[26] Li H, Li B, Tan S, et al. Identification of deep network generated images using disparities in color components [J]. Signal Processing, 2020, 174:107616.

[27] McCloskey S, Albright M. Detecting GAN-generated imagery using saturation cues [C]//2019 IEEE International Conference on Image Processing (ICIP). IEEE, 2019: 4584-4588.

[28] Mo H, Chen B, Luo W. Fake faces identification via convolutional neural network [C]//Proceedings of the 6th ACM Workshop on Information Hiding and Multimedia Security. 2018:43-47.

[29] Nataraj L, Mohammed T M, Manjunath B S, et al. Detecting GAN generated fake images using co-occurrence matrices [J]. Electronic Imaging, 2019(5):532-1-532-7.

[30] Goebel M, Nataraj L, Nanjundaswamy T, et al. Detection, attribution and localization of GAN generated images [J]. Electronic Imaging, 2021(4):276-1-276-11.

[31] Barni M, Kallas K, Nowroozi E, et al. CNN detection of GAN-generated face images based on cross-band co-occurrences analysis [C]//2020 IEEE International Workshop on Information Forensics and Security (WIFS). IEEE, 2020:1-6.

[32] Guo Z, Yang G, Chen J, et al. Fake face detection via adaptive manipulation traces

extraction network [J]. Computer Vision and Image Understanding, 2021, 204: 103170.

[33] Liu Z, Qi X, Torr P H S. Global texture enhancement for fake face detection in the wild [C]//Proceedings of the IEEE/CVF Conference on Computer Vision and Pattern Recognition. 2020:8060-8069.

[34] Fu Y, Sun T, Jiang X, et al. Robust GAN-face detection based on dual-channel CNN network [C]//2019 12th International Congress on Image and Signal Processing, BioMedical Engineering and Informatics (CISP-BMEI). IEEE, 2019:1-5.

[35] Mi Z, Jiang X, Sun T, et al. GAN-generated image detection with self-attention mechanism against GAN generator defect [J]. IEEE Journal of Selected Topics in Signal Processing, 2020, 14(5):969-981.

[36] Lukas J, Fridrich J, Goljan M. Digital camera identification from sensor pattern noise [J]. IEEE Transactions on Information Forensics and Security, 2006, 1(2):205-214.

[37] Marra F, Gragnaniello D, Verdoliva L, et al. Do GANs leave artificial fingerprints? [C]//2019 IEEE Conference on Multimedia Information Processing and Retrieval (MIPR). IEEE, 2019:506-511.

[38] Yu N, Davis L S, Fritz M. Attributing fake images to GANs: Learning and analyzing GAN fingerprints [C]//Proceedings of the IEEE/CVF International Conference on Computer Vision. 2019:7556-7566.

[39] Goebel M, Nataraj L, Nanjundaswamy T, et al. Detection, attribution and localization of gan generated images [J]. Electronic Imaging, 2021, 2021(4):276-1-276-11.

[40] Joslin M, Hao S. Attributing and detecting fake images generated by known GANs [C]//2020 IEEE Security and Privacy Workshops (SPW). IEEE, 2020:8-14.

[41] Frank J, Eisenhofer T, Schönherr L, et al. Leveraging frequency analysis for deep fake image recognition [C]//International Conference on Machine Learning. PMLR, 2020: 3247-3258.

[42] Yu Y, Zheng N, Qiao T, et al. Distinguishing between natural and recolored images via lateral chromatic aberration [J]. Journal of Visual Communication and Image Representation, 2021, 80:103295.

[43] Zhuo L, Tan S, Zeng J, et al. Fake colorized image detection with channel-wise convolution based deep-learning framework [C]//2018 Asia-Pacific Signal and Information Processing Association Annual Summit and Conference (APSIPA ASC). IEEE, 2018:733-736.

[44] Yan Y, Ren W, Cao X. Recolored image detection via a deep discriminative model [J]. IEEE Transactions on Information Forensics and Security, 2018, 14(1):5-17.

[45] Quan W, Wang K, Yan D M, et al. Distinguishing between natural and computer-generated images using convolutional neural networks [J]. IEEE Transactions on Information Forensics and Security, 2018, 13(11):2772-2787.

[46] Pan G, Sun L, Wu Z, et al. Eyeblink-based anti-spoofing in face recognition from a generic webcamera [C]//2007 IEEE 11th International Conference on Computer Vision. IEEE, 2007:1-8.

[47] Kollreider K, Fronthaler H, Faraj M I, et al. Real-time face detection and motion analysis with application in "liveness" assessment [J]. IEEE Transactions on

Information Forensics and Security,2007,2(3):548-558.
[48] Bao W, Li H, Li N, et al. A liveness detection method for face recognition based on optical flow field [C]//2009 International Conference on Image Analysis and Signal Processing. IEEE,2009:233-236.
[49] Galbally J, Marcel S. Face anti-spoofing based on general image quality assessment [C]//2014 22nd International Conference on Pattern Recognition. IEEE,2014:1173-1178.
[50] Wen D, Han H, Jain A K. Face spoof detection with image distortion analysis [J]. IEEE Transactions on Information Forensics and Security,2015,10(4):746-761.
[51] Freitas Pereira T, Komulainen J, Anjos A, et al. Face liveness detection using dynamic texture [J]. EURASIP Journal on Image and Video Processing,2014,2014(1):1-15.
[52] Boulkenafet Z, Komulainen J, Hadid A. Face spoofing detection using colour texture analysis [J]. IEEE Transactions on Information Forensics and Security,2016,11(8):1818-1830.
[53] 田野,项世军. 基于 LBP 和多层 DCT 的人脸活体检测算法[J]. 计算机研究与发展,2018,55(3):643-650.
[54] Liu Y, Stehouwer J, Jourabloo A, et al. Deep tree learning for zero-shot face anti-spoofing [C]//Proceedings of the IEEE/CVF Conference on Computer Vision and Pattern Recognition. 2019:4680-4689.
[55] Liu Y, Jourabloo A, Liu X. Learning deep models for face anti-spoofing: Binary or auxiliary supervision [C]//Proceedings of the IEEE Conference on Computer Vision and Pattern Recognition. 2018:389-398.
[56] Sun W, Song Y, Chen C, et al. Face spoofing detection based on local ternary label supervision in fully convolutional networks [J]. IEEE Transactions on Information Forensics and Security,2020,15:3181-3196.
[57] Tu X, Ma Z, Zhao J, et al. Learning generalizable and identity-discriminative representations for face anti-spoofing [J]. ACM Transactions on Intelligent Systems and Technology (TIST),2020,11(5):1-19.
[58] Dosovitskiy A, Beyer L, Kolesnikov A, et al. An image is worth 16x16 words: Transformers for image recognition at scale [J]. arXiv preprint arXiv:2010.11929,2020.
[59] Qiao T, Wu J, Zheng N, et al. FGDNet: Fine-grained detection network towards face anti-spoofing [J]. IEEE Transactions on Multimedia,2022.
[60] George A, Marcel S. On the effectiveness of vision transformers for zero-shot face anti-spoofing [C]//2021 IEEE International Joint Conference on Biometrics (IJCB). IEEE,2021:1-8.

第 12 章

面向社交媒体取证

12.1 社交身份真伪识别

社交身份真伪识别是指在社交网络中用户虚拟身份与现实社会中行为人的真实身份之间建立关联,以解决社交网络用户虚实身份的同一性判定问题。

社交网络用户通常会将其在现实社会中的身份特征映射到社交网络中,包括性别、年龄、爱好、地址、学校以及工作单位等,这些属性可以看作用户真实身份特征与网络身份之间的关联信息。目前较多用户虚实身份识别技术主要依赖于身份属性值之间的相似计算,也就是计算字符串相似度以及组合各个属性值相似度。根据不同的身份属性在识别过程中的重要程度以及缺失程度来赋予权重,将属性值相似度依权重融合到一起,根据融合结果对身份之间的关联进行判断。

He 等人[1]讨论了用户的哪些属性可以根据用户的交友关系来进行推测,并将社交网络映射成贝叶斯网络来推测用户的私有属性,主要讨论了先验概率、条件概率及用户属性开放程度对用户属性推测正确率的影响,但他们的工作没有考虑社交关系的不同。胡开先等人[2]通过挖掘用户的地址信息、兴趣等特征属性,建立社交网络用户真实身份和虚拟身份之间的映射关系,提出了三种社交网络用户身份特征识别方法,并通过融合这三种方法的识别结果推测用户真实身份,图 12-1 为该用户身份特征识别方法总体流程图。

Lindamood 等人[3]利用朴素的贝叶斯分类器推测网络用户属性。他们利

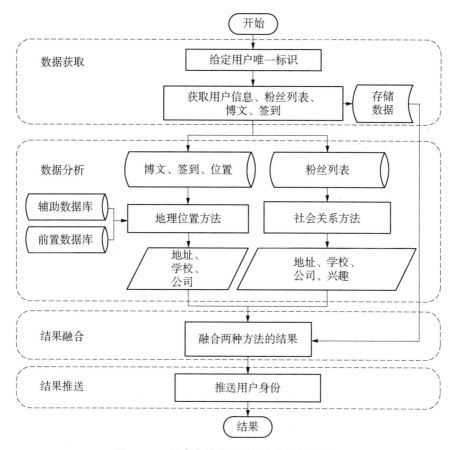

图 12-1　用户身份特征识别方法总体流程图

(资料来源:胡开先,梁英,许洪波,等.一种社会网络用户身份特征识别方法[J].计算机研究与发展,2016,53(11):2630-2644.)

用用户的节点信息和节点间的链接信息推测网络中用户的政治倾向。用户社交关系分析主要是在社交关系网络中拓扑信息的基础上,利用共同相邻节点个数、Adamic-Adar 指数等传统的节点相似性度量方法得到节点之间的跨网络相似性。

在社交网络中,用户通常会关注及被关注于现实社会中的行为人,这些个体与用户之间通常存在着一定的社会关系,如亲属、朋友、同事等。这些关系是实际存在的,并将会以一定的形式映射到社交网络之中[4,5]。因此,社交网络中的交互活动不仅仅是一种虚拟的社会关系,它反映了用户的部分真实活动。Zheleva 等人[6]指出了公共群信息的重要性,并利用交友关系和可见的群关系来推测用户的属性。丁宇新等人[7]利用社交关系,基于图的半监督学习方法推测出用户的兴趣、毕业院校等隐藏属性。Zhou 等人[8]在研究多个社交网络平台中识别属于同一个人的账户时,提出一种新的无监督用户识别算法,以纯粹通过朋友关系识别跨网络的匿名相同用户。张树森等人[9]提出一种基于内容的社交网络用户身份识别方法,通过用户在社交网络中发表的文本内容、多媒体内容以及用户时间序列内容识别出该用户的组织或个人身份,该方法也为社交用户身份真伪识别的进一步研究提供借鉴和帮助。

12.2 社交位置信息真伪识别

社交位置信息伪造是指特定在线通信发生的实际地理位置与报告的实际用于进一步分析或应用的位置信息之间故意存在的位置不一致。位置欺骗主要包括两个方面——位置不一致性和欺骗动机。在这里,位置不一致主要由五种位置欺骗技术造成,包括:

（1）使用"HTML5 地理位置"应用程序编程接口（application programming interface，API）更新网络应用程序的位置参数；

（2）使用假位置应用程序生成假坐标或基于位置的服务签入；

（3）启动虚拟专用网络（virtual private network，VPN）以更新系统的位置信息；

（4）广播模拟 Wi-Fi 基础设施；

（5）在环境中欺骗全球定位系统（global positioning system，GPS）信号以影响定位系统的准确性。

网络用户地理位置信息的推测主要通过用户自身使用 GPS 定位服务在社交网络中发布的位置信息、移动轨迹以及其在网络中提及的地址信息等推测该用户所在的地理位置。而当社交网络与位置结合在一起时,就产生了新的可研究的问题,比如预测用户的地理位置。通过挖掘并分析用户地理位置信息,也可以推测用户频繁出现的地区或者事件发生的相关信息[10]。

Qiao 等人[11]提出利用最初用于研究源相机识别的相机传感器指纹来检测带有欺骗性的地理位置。

如图 12-2 所示,用户 A 在悉尼歌剧院张贴了入住图像（真实,由用户 A 拍摄）。同时,用户 B 窃取用户 A 发布的签到图像（伪造的,不是用户 B 拍摄的）,并配备了与用户 A 相同的伪造地理标签（以非法方式获取）,并再次将其释放到自己的账户上。假设仅依赖于有限信息的地理位置,如地理标记数据

(参见图12-2),当前大多数技术可能无法检测到假的地理位置。作为一种盲取证技术,Qiao提出的方法可以通过测量用户B发布的图像与其独特的相机传感器指纹之间的一致性来有效地解决地理位置欺骗问题。

图 12-2 微信朋友圈界面

(资料来源:Qiao T, Zhao Q, Zheng N, et al. Geographical position spoofing detection based on camera sensor fingerprint [J]. Journal of Visual Communication and Image Representation,2021, 81:103320.)

图12-3为该方法的一般框架。首先,通过精心设计的去噪滤波器计算每幅图像的PRNU噪声。其次,通过平均几幅图像的残余噪声,提取相机传感器指纹,为查询用户提供参考模式。最后,通过用户参考图像与查询图像提取的PRNU噪声的相似度匹配,可以很容易地验证查询图像的来源是否与用户发布的其他图像一致,从而实现地理定位欺骗检测。

同时,Qiao等人还在文章中提到不同的问题场景。

(1) 单设备问题。如图12-4(a)所示,每个用户拥有一个设备。用户B非法窃取用户A发布的图像,并在用户B的微信朋友圈以假地理标签1再次发布未经授权的图像,恶意捏造用户B位于地理位置1的事实。

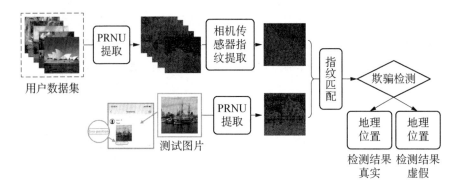

图 12-3 基于相机传感器指纹的地理位置欺骗检测框架图

（资料来源：Qiao T，Zhao Q，Zheng N，et al. Geographical position spoofing detection based on camera sensor fingerprint［J］. Journal of Visual Communication and Image Representation，2021，81：103320.）

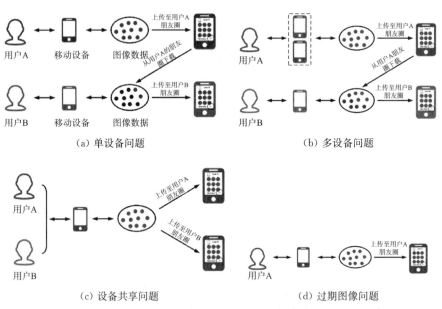

(a) 单设备问题　　　　　　　　　　　(b) 多设备问题

(c) 设备共享问题　　　　　　　　　　(d) 过期图像问题

图 12-4 地理位置欺骗场景

（资料来源：Qiao T，Zhao Q，Zheng N，et al. Geographical position spoofing detection based on camera sensor fingerprint［J］. Journal of Visual Communication and Image Representation，2021，81：103320.）

(2) 多设备问题。如图 12-4(b)所示，用户 A 拥有多个设备。首先，必须有效地对来自同一来源的发布图像进行聚类。其次，通过参考针对第一种情况的方案，可以解决地理欺骗检测的问题。

(3) 设备共享问题。如图 12-4(c)所示,多个用户共享一个设备。假设用户 A 和 B 释放由同一源设备捕获的图像,则用户 A 发布真实地理标签 1,用户 B 发布假地理标签 1。在这种情况下,如何验证地理位置变得很复杂。

(4) 过期图像问题。如图 12-4(d)所示,用户 A 在地理位置 2 中释放一些图像,他/她很久以前最初在地理位置 1 中捕获这些图像。在这种情况下,用户 A 可能会利用自己的设备在微信朋友圈发布图像。

其他的一些方法,诸如 Cheng 等人[12]通过研究推特上用户发布的内容,结合多数投票方法,利用用户粉丝中可定位的人来预测用户的位置。Backstrom 等人[13]根据 Facebook 上用户的好友关系来推测当前用户的地理位置,当用户好友关系中有五种以上可定位用户时,利用社交关系可以有效推测其地理位置,否则应当使用 IP 地址推测其地理位置。Gonzalez 等人[14]、Cho 等人[15]基于网络中用户位置活动,通过观察用户的移动轨迹挖掘他们的行为模式建立了预测用户行为的模型。Liu 等人[16]提取了新浪微博中的位置信息和时间戳,结合可视化技术,来追踪社交网络用户的行动轨迹,并作出预测。李敏[10]等人通过对获取的数据进行处理,获取并分析用户的签到行为特点,同时关注用户发布的签到地评论内容,发现社交网络用户签到的时间和地点存在规律性特征。

除此之外,Carbunar 等人[17]提出了一套面向场地的安全位置验证方案,可有效检测位置欺骗攻击。Papalexakis 等人[18]提出了一种基于张量分析的方法,有效地发现了用户签到行为中的异常情况。但是,该方法不适用于检测从同一兴趣点(point of interest,POI)连续发布的虚假签到。Zhao 等人[19]提出了一种混合方法,包含用于检测位置欺骗的贝叶斯时间地理方法和用于研究伴随的欺骗动机的在线观察,有效地解决了某些类型的位置欺骗。实际上,这种方法不适用于检测从固定地点连续广播的虚假地理位置信息或不违反人类旅行速度限制的虚假地理位置信息。Ding 等人[20]提出了一种基于潜在狄利克雷分配(latent Dirichlet allocation)模型和贝叶斯模型的方法,可以有效地检测某些类型的位置欺骗。然而,该方法仅检测商业中心的目标。这些传统算法通常要求在大规模数据库中事先知道地理位置信息,例如使用数百万条带有地理标签的推文,这仅适用于检测某些类型的位置欺骗。

12.3 在线社交网络环境下图像内容取证

随着互联网的蓬勃发展,在线社交网络平台成为传输篡改图像、传播假新闻、散播谣言等活动的主要渠道,这些篡改图像严重影响了人们对诸如重要文件(证书)、商业产品、政治问题等的看法。针对在线社交网络环境下的图像篡改检测定位、相机源识别等问题的图像取证研究具有重要的意义。

然而,在线社交网络传输中存在多种已知(例如压缩)或未知(例如图像色彩润饰)的有损操作,都给图像内容取证造成了影响,这些有损操作很大概率会抹除图像取证的相关特征。几乎所有的在线社交网络都以一种有损的方式操作上传的图像。这些有损操作所带来的噪声会严重影响取证方法的有效性。多数传统图像取证方法在应用到这一现实场景中时,效果急剧下降。

12.3.1 社交网络场景下的篡改检测与定位

为了提升经过社交网络传输后图像篡改检测模型的鲁棒性,澳门大学周建涛教授研究组提出了一种鲁棒图像篡改定位的训练方案[21]。该方法首先实现了一个不考虑社交网络传输失真的基线图像篡改检测器,然后对社交网络传输引入的噪声以及失真进行了分析,将其分解为可预见失真(比如 JPEG 压缩噪声)和不可预见噪声(比如传输中可能遇到的随机噪声)两部分,并对其分别进行建模。前者在建模的过程中模拟了已知在线社交网络传输操作所引入的失真,而后者的建模设计不仅包括了前者,还考虑了篡改检测模型本身的缺陷,从而进一步将噪声模型引入鲁棒训练框架中,显著提高图像篡改检测模型的鲁棒性。

12.3.1.1 基线图像篡改检测器

篡改检测网络的目的是在像素级精度上检测篡改区域。图 12-5 给出了基线篡改图像检测器的框架图。具体地说,检测器 $f_\theta: \mathbb{R}^{H \times W \times 3} \rightarrow \mathbb{R}^{H \times W \times 1}$ 以分辨率 $H \times W$ 为输入的彩色图像,最终输出的是二值化的检测结果图。

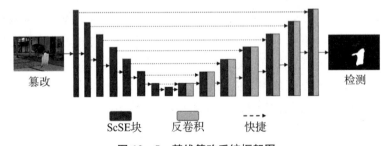

图 12-5 基线篡改系统框架图

(资料来源:Wu H, Zhou J, Tian J, et al. Robust image forgery detection against transmission over online social networks [J]. IEEE Transactions on Information Forensics and Security, 2022, 17:443-456.)

考虑到篡改检测本质上是一个二值化图像分割任务,所以文献[21]设计的篡改检测器采用了 U-NET 作为骨干结构(U-NET 是最常用的图像分割检测结构之一)。它由四个连续的编码器和四个对称的解码器组成,其中每个编码器包含重复的卷积层、ReLU 激活函数和最大池化操作。在编码阶段,为了提取更重要的特征信息,不断降低空间维数。在解码阶段,通过重新调用相应编码器的学习特征作为额外的上下文信息,编码器可以更好地优化各种任务的结果。

值得注意的是,所采用的 U-Net 骨干网的输入输出层还需要进一步微调优化,以获得满意的检测性能。标准卷积层通常学习的是输入图像内容的特征表示,而不是潜在的伪造痕迹。为了提高提取篡改相关特征的能力,网络进一步通过结合"空间通道挤压和激发"(spatial-channel squeeze & excitation,ScSE)模块来增强框架监测能力。如图 12-6 所示,使用的 ScSE 层由两个分支组成,每个分支分别在空间域和通道域中执行特征重新校准。

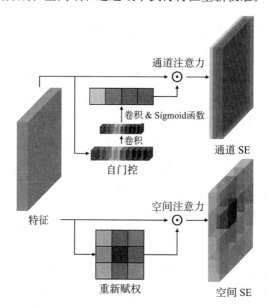

图 12-6 ScSE 通道空间注意力模块结构图

(资料来源:Wu H,Zhou J,Tian J,et al. Robust image forgery detection against transmission over online social networks [J]. IEEE Transactions on Information Forensics and Security,2022,17:443-456.)

对于给定的潜在特征图 $F \in \mathbb{R}^{H \times W \times C}$,空间重新校准模块首先生成一个重新加权矩阵 $S \in \mathbb{R}^{H \times W}$,即

$$S = \text{Sigmoid}(W_1 \otimes F) \quad (12-1)$$

其中 W_1 表示卷积层的权重，$\otimes$ 表示卷积算子。将得到的加权矩阵 S 以空间方式与特征图 F 相乘，实现自适应激励，得到的重校准后的空间特征记为 F_S：

$$F_S = \text{Sigmoid}(W_1 \otimes F) \odot_s F \quad (12-2)$$

其中 $\odot_s$ 表示空间乘法。通过引入全局平均池化层，通道重新校准，首先产生一个中间向量 $v \in \mathbb{R}^{1 \times 1 \times C}$。通过使用基于通道依赖自门限操作进一步改进向量 v 得到 v^*，即

$$v^* = \text{Sigmoid}(W_2 \otimes \text{ReLU}(W_3 \otimes v)) \quad (12-3)$$

其中 W_2 和 W_3 表示两个全连接层的权重。最终，通过 F 和 v^* 之间的通道相乘获得通道重新校准的特征 F_C。即如式(12-4)所示，其中 $\odot_c$ 表示通道乘法。

$$F_C = v^* \odot_c F \quad (12-4)$$

12.3.1.2 针对社交网络传输的鲁棒图像篡改检测方案

文献[21]设计的针对社交网络传输的鲁棒图像篡改检测方案，其关键技术在于有效模拟传输过程引入的噪声及失真。该工作将可能出现的噪声分为两类：可预测噪声和不可预测噪声。前者对应于退化源已知的情况，而后者是由多种因素引起的各种噪声不确定性的综合，包括未知的建模/参数、训练和测试之间的差异，甚至一些完全未知的退化源。通过在训练阶段加入模拟的社交网络传输噪声，篡改检测器可以学习到更多基于社交网络传输的广泛特征，使得篡改检测的整体性能得到显著提高。令 τ 和 ξ 分别表示可预测噪声和不可预测噪声，因此，鲁棒训练阶段考虑的复合噪声即为

$$\delta = \tau + \xi \quad (12-5)$$

（1）模拟分布 $P(\tau)$。为了模拟可预测噪声的分布 $P(\tau)$，首先需要分析社交网络传输引起的有损操作。由先验知识，τ 的退化来源主要是 JPEG 压缩、后处理操作（例如增强滤波）以及下采样操作。对于图像 x_i 和固定的在线社交网络平台，产生的噪声可以通过式(12-6)表示：

$$\tau_i = \text{OSN}(x_i) - x_i \quad (12-6)$$

其中函数 $\text{OSN}(\cdot)$ 反映给定在线社交网络平台执行的所有操作，文献[21]通过一个神经网络来模拟这些操作。对于输入图像 x_i，目标是学习一个映射 g_ϕ：

$\mathbb{R}^d \to \mathbb{R}^d$，其中 $g_\phi(\cdot)$ 是一个可训练的网络，其结构是一个 U-Net 框架。训练时的目标是最小化 $g_\phi(x_i)$ 和 $\mathrm{OSN}(x_i)$ 的重构损失，即

$$\min_\phi \{\mathcal{L}_r[g_\phi(x_i), \mathrm{OSN}(x_i)]\} \tag{12-7}$$

（2）模拟 ξ 的条件分布。不同的 OSN 平台可能采用不同的处理过程，如动态调整质量因子、自适应地调整图像大小，甚至是完全未知的操作。可预测的噪声 τ 不能完全刻画实际传输中遇到的噪声行为，因此该工作把除噪声 τ 以外的噪声刻画为不可预测的噪声 ξ。然而，从信号本身的特征中对不可预测的噪声 ξ 进行建模是不现实的，为了解决这一问题，该工作通过研究噪声对检测性能的影响，将模拟噪声 ξ 的分布的任务转移到优化检测器 f_θ 上。在各种潜在的不可预测的噪声 ξ 中，实际上只需要关注那些会降低检测性能的噪声即可。对抗噪声原是指人类感官通常无法察觉的，但会严重导致模型输出错误的噪声。这里通过有针对性地生成对抗噪声，以提升检测器的性能。具体一点，对于给定的输入 x_i、可预测的噪声 τ_i 和目标输出 y_i，不可预测的噪声 ξ_i 如式（12-8）定义：

$$\xi_i = \mathcal{S}\{\nabla_{x_i} \mathcal{L}_b[f_\theta(x_i + \tau_i), y_i]\} \tag{12-8}$$

其中

$$\nabla_{x_i} \mathcal{L}_b[f_\theta(x_i + \tau_i), y_i] = \frac{\partial \mathcal{L}_b[f_\theta(x_i + \tau_i), y_i]}{\partial x_i} \tag{12-9}$$

$\mathcal{S}$ 代表梯度的符号，在计算代价函数 $\mathcal{L}_b$ 相对于输入 x_i 的梯度时，通过在训练过程中加入这样的对抗噪声，可以使学习篡改检测模型不仅对特定的对抗噪声具有鲁棒性，而且对更一般的未知噪声具有鲁棒性。

表 12-1 给出了像素级的 AUC、F_1 分数和 IoU 的定量比较。当篡改图像不经过社交网络传输时，其他部分网络模型和文献[21]的检测方法取得相似结果；而当篡改图像经过社交网络传输后，该工作检测效果明显优于其他方法。

图 12-7 给出了几个具体可视化示例。可以看出，文献[21]提出的方法可以学习更多的鲁棒伪造特征，从而在这些具有挑战性的情况下产生更精确的检测结果。这种鲁棒性主要归功于具有复合噪声模型的鲁棒噪声训练方案。

Singh 等人[22]提出了一种 CNN 来检测社交网络平台上的篡改图像。该模型使用公开的 CASIA 数据集进行验证，精度达到 92.3%，CNN 在社交媒体平台上检测伪造图像时表现良好。图 12-8 是该网络的具体流程图。输入图像

表 12-1　不同方法的篡改检测性能比较

方法	OSNS	DSO			Columbia			NIST			CASIA		
		AUC	F_1	IoU	AUC	F_1	IoU	AUC	F_1	IoU	AUC	F_1	IoU
MT-Net	—	.795	.344	.253	.747	.357	.258	.634	.088	.054	.776	.130	.086
NoiPri	—	.902	.339	.253	.840	.362	.260	.672	.119	.078	—	—	—
ForSim	—	.796	.487	.371	.731	.604	.474	.642	.188	.123	.554	.169	.102
DFCN	—	.724	.303	.227	.789	.541	.395	.778	.250	.204	.654	.192	.119
Baseline	—	.761	.312	.194	.763	.616	.501	.682	.221	.139	.774	.402	.342
Ours	—	.854	.436	.308	**.862**	**.707**	**.608**	**.783**	**.332**	**.255**	**.873**	**.509**	**.465**
MT-Net	Facebook	.638	.109	.071	.626	.103	.056	.652	.095	.057	.763	.102	.065
NoiPri	Facebook	.777	.150	.097	.722	.223	.143	.583	.057	.034	—	—	—
ForSim	Facebook	.689	.356	.238	.607	.450	.304	.580	.140	.085	.537	.157	.094
DFCN	Facebook	.673	.238	.184	.687	.479	.338	.705	.207	.138	.654	.190	.116
Baseline	Facebook	.714	.180	.105	.689	.594	.497	.646	.200	.136	.728	.350	.298
Ours	Facebook	**.859**	**.447**	**.320**	**.883**	**.714**	**.611**	**.783**	**.329**	**.253**	**.862**	**.462**	**.417**

资料来源：Wu H, Zhou J, Tian J, et al. Robust image forgery detection against transmission over online social networks [J]. IEEE Transactions on Information Forensics and Security, 2022, 17: 443-456.

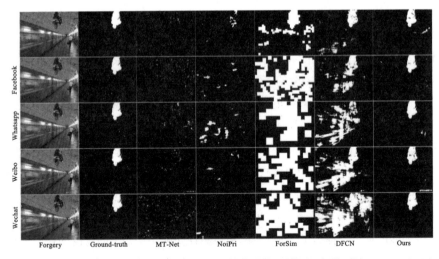

图 12-7　基于社交网络传输图像的篡改检测可视化对比

（资料来源：Wu H, Zhou J, Tian J, et al. Robust image forgery detection against transmission over online social networks [J]. IEEE Transactions on Information Forensics and Security, 2022, 17: 443-456.）

首先经过预处理和标准化,然后再通过 CNN 学习图像的内在特征。为了进一步放大图像中的各种噪声,在提出的 CNN 模型的初始层中使用了 16 个高通滤波器,这些高通滤波器可以对图像进行膨胀处理。这种预设高通滤波器的处理方式有助于 CNN 模型更快地收敛。此外,该方法应用了梯度加权类激活映射技术来定位篡改区域,该技术使用来自最后一个卷积层的梯度信息来生成热图,并突出显示最后一层的积极特征以定位改变的区域。

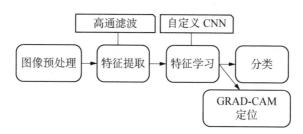

图 12 - 8　模型流程图

(资料来源:Singh B, Sharma D K. Image forgery over social media platforms - A deep learning approach for its detection and localization [C]//2021 8th International Conference on Computing for Sustainable Global Development (INDIACom). IEEE, 2021:705 - 709.)

(1) 高通滤波器可以仅保留图像高频部分,突出一些微小的图像细节,从而放大噪声的特征。Singh 等人在网络的第一层使用 16 个高通滤波器初始化卷积核的权值。其想法来自空域富隐写模型(steganalysis rich model),空域富隐写模型滤波器可以提取图像中的噪声特征来判别真实区域和篡改区域之间的噪声不一致。如下所示是其中的三个滤波器模板,其可以通过获取像素值与相邻像素的差值估计来实现图片添加噪声的功能。

$$\frac{1}{4}\begin{bmatrix} 0 & 0 & 0 & 0 & 0 \\ 0 & -1 & 2 & -1 & 0 \\ 0 & 2 & -4 & 2 & 0 \\ 0 & -1 & 2 & -1 & 0 \\ 0 & 0 & 0 & 0 & 0 \end{bmatrix}, \frac{1}{12}\begin{bmatrix} -1 & 2 & -2 & 2 & -1 \\ 2 & -6 & 8 & -6 & 2 \\ -2 & 8 & -12 & 8 & -2 \\ 2 & -6 & 8 & -6 & 2 \\ -1 & 2 & -2 & 2 & -1 \end{bmatrix}$$

$$\frac{1}{2}\begin{bmatrix} 0 & 0 & 0 & 0 & 0 \\ 0 & 0 & 0 & 0 & 0 \\ 0 & 1 & -2 & 1 & 0 \\ 0 & 0 & 0 & 0 & 0 \\ 0 & 0 & 0 & 0 & 0 \end{bmatrix} \qquad (12-10)$$

(2) CNN 在图像分类问题中得到了广泛的应用。在 Singh 等人提出的模型中创建了一个自定义的卷积网络。

该网络由三层自定义层和三层完全连接的密集层组成。在第一层,使用 16 个高通滤波器进行权值初始化。滤波器的大小是 3×3,小尺寸的滤波器可用来提取最大的潜在特征。在第三层,应用平均池化,以便收集梯度加权类激活映射(GradCAM)信息。该 CNN 学习输入图像的噪声特征,利用这些噪声特征,网络可以检测图像是否被篡改。

(3) GradCAM 是指利用最后一个卷积层的梯度产生一个较为粗略的定位图,该粗略定位图聚焦于图像中的关键区域来预测篡改区域。首先,需要对网络的最后一个卷积层计算其梯度的一个函数映射,从而得到每个类的类别定位映射。在计算类的梯度之后,执行激活映射的加权组合,然后使用 ReLU 激活函数生成与卷积特征相同大小的粗糙热力图。

表 12-2 显示了对 CASIA 2.0 数据集的实验评估结果。表 12-3 说明了与其他先前模型 C2R-Net、RRU-Net 的比较结果。总体而言,Singh 等人所设计的模型在 CASIA 2.0 的准确率达到了 92.3%,在其自制的基于推特平台的数据集上达到了 81.3%准确率,这表明模型的性能具备一定优越性。

表 12-2 模型的性能结果

模型	准确率	精度	召回率	F_1
CASIA 2.0	92.3	0.91	0.92	0.914
Twitter India dataset	81.3	0.809	0.815	0.811

资料来源:Singh B, Sharma D K. Image forgery over social media platforms-A deep learning approach for its detection and localization [C]//2021 8th International Conference on Computing for Sustainable Global Development (INDIACom). IEEE, 2021:705-709.

表 12-3 CASIA 数据集的性能比较

模型	准确率	精度	召回率	F_1
C2R-Net	46.53	0.417	0.424	0.420
RRU-Net	76	0.848	0.834	0.841
CNN-HPF (Proposed)	**92.3**	0.91	0.92	0.92

资料来源:Singh B, Sharma D K. Image forgery over social media platforms-A deep learning approach for its detection and localization [C]//2021 8th International Conference on Computing for Sustainable Global Development (INDIACom). IEEE, 2021:705-709.

12.3.2 社交网络场景下的来源检测

各种在线社交网络的迅速发展,使得在线分享照片空前流行。这使得社交网络平台成为网络图片的主要来源之一。然而,网络内容的非法使用、传播等现象普遍存在。在这种情况下,识别在线图像的来源和传播路径是许多取证应用的关键。然而,许多图像来源识别技术并不适合处理从在线社交网络下载的图像。这是因为存储和传输的过程会使图像压缩,产生图像失真,这会妨碍准确的来源识别取证。因此,在当今社会网络图像传输应用广泛的情况下,对从在线社交网络下载的图像进行源相机识别已经成为一个亟待解决的问题。本节将对两个具有代表性的工作进行介绍。

Sameer等人[23]提出了一种基于深度学习的数字取证技术,该方法可识别从脸书平台下载图像的源相机设备。该方法优于传统的源相机识别方法,且对于常见的图像处理操作,例如压缩、旋转和噪声具有一定的鲁棒性。图12-9是该算法的工作流程。其首先使用N个相机模型($C_1, C_2, \cdots, C_N$)捕获足够

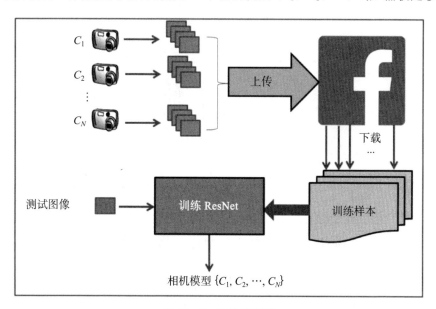

图 12-9 工作流程图

(资料来源:Sameer V U, Dali I, Naskar R. A deep learning based digital forensic solution to blind source identification of Facebook images [C]//Information Systems Security: 14th International Conference,ICISS 2018,Bangalore,India,December 17-19,2018,Proceedings 14. Springer International Publishing,2018:291-303.)

数量的图像,再将这些图像上传到脸书平台并下载下来,作为训练样本。将训练样本输入模型中进行训练,以预测脸书平台图像的未知来源。

该工作提出的深度学习技术基于 ResNet‑50 网络,共有 50 层,其中包括卷积函数和一些汇聚函数。网络结构如图 12‑10 所示。

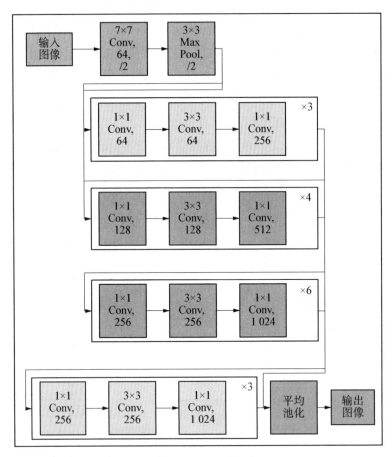

图 12‑10　基于 ResNet‑50 的来源取证网络结构

(资料来源:Sameer V U, Dali I, Naskar R. A deep learning based digital forensic solution to blind source identification of Facebook images [C]//Information Systems Security: 14th International Conference, ICISS 2018, Bangalore, India, December 17‑19, 2018, Proceedings 14. Springer International Publishing, 2018:291‑303.)

Sameer 等人[23]比较了所提出的深度学习模型在脸书图像源相机识别中的性能,并与现有的技术进行了比较,其结果见表 12‑4。

表 12-4 与最新技术的性能比较

相机识别方法	准确度(%)
Co-occurrence based features(SRM features)	75.00
Residual based local features(Spam features)	76.40
PRNU based technique	78.84
IQM and HOWS features	82.20
Proposed deep learning technique	96.00

资料来源：Sameer V U, Dali I, Naskar R. A deep learning based digital forensic solution to blind source identification of Facebook images[C]//Information Systems Security：14th International Conference, ICISS 2018, Bangalore, India, December 17-19, 2018, Proceedings 14. Springer International Publishing, 2018：291-303.

如表 12-4 所示，基于共现(co-occurrence)的特征(如 SRM 特征)和基于残差的局部特征不能很好地识别图像的源相机，其准确率分别为 75% 和 76.4%，而基于 PRNU 指纹技术也受到社交网络平台上传引起的图像压缩的影响，其源相机识别准确率仅为 78.84%。Sameer 等人提出的方法的准确率则达到了 96%。

Sameer 等人[23]证明了提出的方法优于其他的基于噪声残差和特征的源相机识别技术。此外，该工作还测试了所提出的源相机识别技术对常见图像操作的鲁棒性，即 JPEG 压缩、旋转和噪声等操作。如表 12-5 所示，JPEG 压缩对相机源识别模型的影响比其他形式的图像处理(旋转和添加噪声)更为突

表 12-5 在不同的图像处理操作下的分类精度

方法	图像处理操作							
	JPEG 压缩(质量因子)			旋转(角度)			附加噪声	
	90	75	50	90	60	30	加盐	高斯
Co-occurrence features	62.7	60.8	57.9	74.3	74.2	75.8	73.4	74.3
Residual local features	63.1	61.8	59.6	75.2	74.6	74.2	75.8	74.9
PRNU based technique	75.3	74.6	74.2	76.8	76.2	75.9	77.6	77.2
IQM, HOWS features	78.5	77.4	76.2	79.5	78.6	78.8	81.5	80.9
Proposed technique	91.8	88.4	86.4	93.2	94.3	93.2	94.3	93.2

资料来源：Sameer V U, Dali I, Naskar R. A deep learning based digital forensic solution to blind source identification of Facebook images[C]//Information Systems Security：14th International Conference, ICISS 2018, Bangalore, India, December 17-19, 2018, Proceedings 14. Springer International Publishing, 2018：291-303.

出。对于所提出的技术,没有任何其他图像处理的分类准确率为 96%。在压缩因子为 90、75 和 50 的情况下,该方法的分类准确率分别为 91.8%、88.4% 和 86.4%。90 度、60 度和 30 度旋转的分类准确率分别为 93.2%、94.3% 和 93.2%。在附加噪声情况下,附加盐噪声的分类准确率为 94.3%,附加高斯噪声的分类准确率为 93.2%。

Sun 等人[24]提出利用不同社交网络平台操作时留下的独特痕迹来确定图像的来源。该工作首先对各种社交网络对上传图像的操作进行了详细探究。基于这些操作的研究,设计了一个特征向量,并最终训练了一个 SVM 分类器来识别这些在线图像的来源。

图 12-11 是 Sun 等人提出的方法流程示意图。该方法可以有效地识别图像在社交网络上的原始平台。首先,在训练阶段从四个社交网络平台(脸书、推特、Flickr 和微信朋友圈)收集了大量的图像,然后使用文献[23]的算法提取特征向量。使用这些特征向量训练一个 SVM 分类器来识别图像的起源。而在测试阶段,提取待测图像的特征向量,将其传递给预先训练好的 SVM 分类器,得到识别结果。

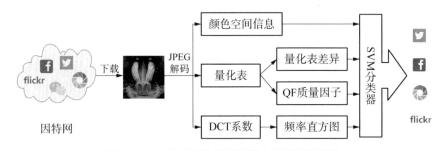

图 12-11 社交网络传播图像来源取证流程图

(资料来源:Sun W, Zhou J. Image origin identification for online social networks (OSNs) [C]//2017 Asia-Pacific Signal and Information Processing Association Annual Summit and Conference (APSIPA ASC). IEEE, 2017:1512-1515.)

(1) 特征提取。Sun 等人设计了一个特征向量 $\rho = (S, D, Q, V)^T$。这里,S 是 YUV 颜色空间子采样模式;D 表示提取的量化表与相应的标准表之间的距离;Q 代表 JPEG 压缩质量因子值;V 是根据 Caldelli 方法[25]改进的 DCT 域特征。

虽然在前面提到的四个社交网络平台中,只使用了两个 YUV 子采样模式 (4:4:4 模式和 4:2:0 模式),但为了提高该技术的可扩展性,Caldelli 等人[25]还考虑了其他常用的子采样模式和 RGB 颜色空间。因此,可进一步将颜色空间

指示器设计为一个介于 0 和 1 之间的规范化标量值，该值可表示为

$$S = \begin{cases} 1, & \text{YUV 4:4:4 模式} \\ 0.8, & \text{YUV 4:2:2 模式} \\ 0.6, & \text{YUV 4:1:1 模式} \\ 0.4, & \text{YUV 4:2:0 模式} \\ 0.2, & \text{RGB 空间} \\ 0, & \text{其他} \end{cases} \quad (12-11)$$

(2) SVM 分类器设计。在确定特征向量 $\rho = (S, D, Q, V)^T$ 的基础上，训练一个 RBF 核的多类 SVM 分类器，即

$$\kappa(x, y) = e^{-\gamma \|x-y\|^2} \quad (12-12)$$

其中，

$$\gamma = \frac{1}{2\sigma^2} \quad (12-13)$$

该多类 SVM 分类器设计为一对一模式，并将多分类问题视作二分类问题的集合。每两个社交网络平台构造 $N(N-1)/2$ 个二分类器，在 Sun 等人[24]的实验中 $N=4$。在实验中，他们上传了 80 幅未压缩的图像和 800 幅 JPEG 压缩的图像，这些图像的内容主要包括肖像、风景、动物和建筑物等日常生活中的事物。其中的 JPEG 压缩质量因子值从 55 到 100 不等。将这些从社交网络平台下载的图像连同它们的社交网络标签作为训练图像，最后应用投票方案作出最后的分类。

表 12-6 给出了分类准确性的整体结果。显然，Sun 等人[24]设计的 SVM 分类器是有效的，对于大部分验证集，其分类准确率达到了 100%。

表 12-6 分类准确率结果

社交网络	Facebook	Twitter	Flickr	Wechat
Facebook	99.85%	0.15%	0%	0%
Twitter	0%	100%	0%	0%
Flickr	0%	0%	100%	0%
WeChat	0%	0%	0%	100%

资料来源：Sun W, Zhou J. Image origin identification for online social networks (OSNs)[C]//2017 Asia-Pacific Signal and Information Processing Association Annual Summit and Conference (APSIPA ASC). IEEE, 2017: 1512-1515.

12.4 小结

本章围绕社交媒体取证的问题，分别介绍了社交身份真伪识别、社交位置信息真伪识别、在线社交网络环境下图像内容取证三大部分。社交媒体取证面临着取证场景复杂、不可控因素较多等诸多困难，在未来的发展中主要存在以下两个研究方向。

（1）在新计算成像技术下的源取证方法。计算成像技术的快速发展给图像视频源取证领域带来全新的挑战。为了获得更高质量的视觉媒体数据，数字相机（特别是智能手机）使用了复杂的后处理技术，最终的成像结果是由传感器捕获的原始信号的集成。例如双摄设备、多摄设备是对不同传感器获得的原始信号的融合得到的数字图像视频。

（2）对于网络图像视频的源取证的鲁棒性研究。图像视频源取证技术允许我们在具有多媒体数据获取流程的先验知识情况下，对图像视频的真实性和完整性进行分析、验证。但是，多媒体数据获取过程的指纹特性经常在网络传播中（经历后处理或者重压缩操作）被严重破坏，如何解决这种实际场景下的问题是未来研究的主要趋势。

◆ 注 释 ◆

[1] He J, Chu W W, Liu Z V. Inferring privacy information from social networks [C]// International Conference on Intelligence and Security Informatics. Springer, Berlin, Heidelberg, 2006:154-165.

[2] 胡开先,梁英,许洪波,等.一种社会网络用户身份特征识别方法[J].计算机研究与发展,2016, 53(11):2630-2644.

[3] Lindamood J, Heatherly R, Kantarcioglu M, et al. Inferring private information using social network data [C]//Proceedings of the 18th International Conference on World Wide Web. Madrid, Spain: ACM, 2009:1145-1146.

[4] Krause J, Croft D P, James R. Social network theory in the behavioural sciences: Potential applications [J]. Behavioral Ecology & Sociobiology, 2007, 62(1):15-27.

[5] Vosecky J, Hong D, Shen V Y. User identification across multiple social networks [C]//International Conference on Networked Digital Technologies. Ostrava, Czech Republic: IEEE, 2009:360-365.

[6] Zheleva E, Getoor L. To join or not to join: The illusion of privacy in social networks with mixed public and private user profiles [C]//Proceedings of the 18th International Conference on World Wide Web. 2009:531-540.

[7] 丁宇新,肖骁,吴美晶,等.基于半监督学习的社交网络用户属性预测[J].通信学报, 2014, 35(8):15-22.

[8] Zhou X, Xun L, Du X, et al. Structure based user identification across social networks [J]. IEEE Transactions on Knowledge and Data Engineering, 2018, 30(6):1178-1191.

[9] 张树森,梁循,弭宝瞳,等.基于内容的社交网络用户身份识别方法[J].计算机学报, 2019, 42(8):1739-1754.

[10] 李敏,王晓聪,张军,等.基于位置的社交网络用户签到及相关行为研究[J].计算机科学,2013, 40(10):72-76.

[11] Qiao T, Zhao Q, Zheng N, et al. Geographical position spoofing detection based on camera sensor fingerprint [J]. Journal of Visual Communication and Image Representation, 2021, 81:103320.

[12] Cheng Z, Caverlee J, Lee K. You are where you tweet: A content-based approach to geo-locating twitter users [J]. CIKM'10: International Conference on Information and Knowledge Management. Toronto, Canada: 2010, 19(4):759-768.

[13] L. Backstrom, E. Sun, C. Marlow. Find me if you can: Improving geographical prediction with social and spatial proximity [C]//Proceedings of the 19th International Conference on World Wide Web. Raleigh, North Carolina, USA: ACM, 2010:61-70.

[14] González C M, Hidalgo C A, Barabási A L. Understanding individual human mobility patterns [J]. Nature, 2008, 453(7196):779-782.

[15] Cho E, Myers S A, Leskovec J. Friendship and mobility: User movement in location-based social networks [C]//ACM SIGKDD International Conference on Knowledge Discovery and Data Mining, San Diego, CA, USA, August: DBLP, 2011:1082-1090.

[16] Liu J. A framework to extract keywords from Sina Weibo data for tracking user trail [J]. Journal of Information & Computational Science, 2015, 12(1):51-58.

[17] Carbunar B, Potharaju R. You unlocked the MT. Everest badge on foursquare! Countering location fraud in geosocial networks [C]//2012 IEEE 9th International Conference on Mobile Ad-Hoc and Sensor Systems (MASS 2012). IEEE, 2012: 182-190.

[18] Papalexakis E, Pelechrinis K, Faloutsos C. Spotting misbehaviors in location-based social networks using tensors [C]//Proceedings of the 23rd International Conference on World Wide Web. 2014:551-552.

[19] Zhao B, Sui D Z. True lies in geospatial big data: Detecting location spoofing in social media [J]. Annals of GIS, 2017, 23(1):1-14.

[20] Ding C, Wu T, Qiao T, et al. A location spoofing detection method for social networks (short paper) [C]//Collaborative Computing: Networking, Applications and Worksharing: 14th EAI International Conference, CollaborateCom 2018, Shanghai, China, December 1-3, 2018, Proceedings 14. Springer International Publishing, 2019: 138-150.

[21] Wu H, Zhou J, Tian J, et al. Robust image forgery detection against transmission over online social networks [J]. IEEE Transactions on Information Forensics and Security, 2022, 17:443-456.

[22] Singh B, Sharma D K. Image forgery over social media platforms-A deep learning approach for its detection and localization [C]//2021 8th International Conference on Computing for Sustainable Global Development (INDIACom). IEEE, 2021:705-709.

[23] Sameer V U, Dali I, Naskar R. A deep learning based digital forensic solution to blind source identification of Facebook images [C]//Information Systems Security: 14th International Conference, ICISS 2018, Bangalore, India, December 17-19, 2018, Proceedings 14. Springer International Publishing, 2018:291-303.

[24] Sun W, Zhou J. Image origin identification for online social networks (OSNs)[C]// 2017 Asia-Pacific Signal and Information Processing Association Annual Summit and Conference (APSIPA ASC). IEEE, 2017:1512-1515.

[25] Caldelli R, Becarelli R, Amerini I. Image origin classification based on social network provenance [J]. IEEE Transactions on Information Forensics and Security, 2017, 12(6):1299-1308.

第13章

图像操作链取证

现有的图像取证方法大多数是针对某种或某个操作展开针对性的检测取证。实际的图像篡改伪造通常较为复杂,很可能包含多种操作,这些操作按照一定的先后顺序,共同组成一个完整的操作链。为了完整揭示图像可能经历的编辑处理过程,取证时需要确定图像经历的操作类型、应用拓扑顺序、操作关键参数及图像篡改区域,也就是所谓的图像操作链取证。

明确图像操作链包含了哪些类型的操作,是图像操作链取证的首要环节。在确定图像操作链包含的操作类型后,还需进一步确定多个操作的拓扑顺序,这是估计图像操作处理历史的必备条件。对于已确定拓扑顺序的图像操作链,如果能够进一步估计各个操作,特别是关键操作的重要参数的取值范围,可以得到更为精细的图像操作处理历史。对于图像篡改操作,由于修改了图像内容,取证时需要定位出伪造图像中的篡改区域,从而有可能逆向近似恢复出原始图像。本章主要从操作类型识别、操作顺序鉴定、操作参数估计和篡改区域定位四个方面展开介绍图像操作链取证。

13.1 操作类型识别

针对JPEG压缩-图像缩放-JPEG压缩的取证,Kirchner等人[1]分析JPEG压缩的块效应对缩放操作的影响,Bianchi等人[2]则进一步利用JPEG压缩块效应的网格属性,实现双重JPEG压缩之间存在缩放篡改操作的检测。针对JPEG压缩-图像滤波-JPEG压缩的取证,Conotter等人[3]采用广义高斯分布模型,从理论上分析了图像 DCT 域系数的概率分布在滤波前后的变化,从而判别双重 JPEG 压缩之间是否存在滤波操作。上述研究虽然考虑了多个操作的取证,但仍然只是判别假定的操作链是否存在某个特定的操作,并未涉及广泛意义上的操作类型识别。事实上,操作类型识别是图像操作链取证必须涉及的本质问题,也是图像操作链取证的首要环节。操作链取证的概念是由西班牙维戈大学的 Comesaña 于 2012 年最先提出的[4]。他从理论上分析了利用已有的单操作篡改取证算法检测图像操作链的可能性,并以量化和 AWGN 组成的三种操作链为例进行了实验验证。

通过逐个使用单个操作的取证算法,可能判别图像经历的多个操作的类型。然而这种逐一检测的方式也带来了取证效率低的问题。此外,使用多个操作篡改图像容易产生混淆处理效应,即后一个操作可能弱化前一个操作遗留在图像中的痕迹,此时,将有可能导致前一个单操作的检测失效。Chen 等人[5]从多重篡改的混淆处理效应出发,借助盲源分离理论,将图像操作链的类型识别问题转换为从混淆处理效应分离得到各个单操作源信号(独特痕迹)的问题,从而得到各个单操作的类型识别结果。

基于盲源分离的图像操作链操作类型识别流程如图 13-1 所示。盲源分离是指在未知系统的输入源信号完全未知或仅有少量先验知识的情况下,仅由系统的输出信号即混合信号来恢复输入源信号的过程。类似地,在对数字图像进行多重篡改的过程中,各篡改操作独立执行,具有独立的源特征。图像经过多重操作处理的过程,可以大致视为图像与多个噪声信号混合叠加的过

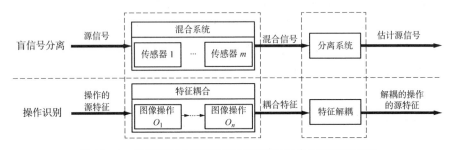

图 13-1 基于盲源分离的图像操作链操作类型识别流程图

(资料来源:Chen J, Liao X, Wang W, et al. A features decoupling method for multiple manipulations identification in image operation chains [C]//ICASSP 2021 - 2021 IEEE International Conference on Acoustics, Speech and Signal Processing (ICASSP). IEEE, 2021: 2505 - 2509.)

程。图像操作链的操作类型识别在一定程度上也可以视为对图像篡改过程添加的多个噪声信号的分离识别。因此,Chen 等人[5]利用盲源分离思想,设计并实现了一种基于图像特征解耦的图像操作链中操作类型识别方法,其基本思路是:首先,通过分析经受多重篡改的图像的统计特性,提取通用特征 SPAM[6];其次,基于 TanH 非线性解耦函数和解混矩阵,对提取的图像混合特征进行解耦变换,从而分离得到操作链中各操作的解耦特征;最后,将各操作解耦特征级联为一个新特征,并训练一个 SVM 分类器,利用分类器实现操作链中的操作类型识别。

以双操作(中值滤波-缩放、中值滤波-锐化)组成的操作链为例验证 Chen 等人方法[5]的有效性,图像可能经历的处理历史过程如式(13-1)所示,A 和 B 表示图像修饰操作:

$$\begin{cases} H_0: \text{It is double compressed with quality factors QF}_1 \text{ then QF}_2, \\ H_1: \text{It is double compressed with quality factors QF}_1 \text{ then QF}_2 \\ \quad \text{intrleaved by A}, \\ H_2: \text{It is double compressed with quality factors QF}_1 \text{ then QF}_2 \\ \quad \text{intrleaved by B}, \\ H_3: \text{It is double compressed with quality factors QF}_1 \text{ then QF}_2 \\ \quad \text{intrleaved by A then B}, \\ H_4: \text{It is double compressed with quality factors QF}_1 \text{ then QF}_2 \\ \quad \text{intrleaved by B then A}, \end{cases}$$

(13-1)

表 13-1 和表 13-2 分别展示了不同操作参数下,由中值滤波和缩放组成的操作链以及由中值滤波和锐化组成的操作链中操作类型识别的准确率。"w/out fd"表示未使用特征解耦方法。为了证明 Chen 等人方法[5]的有效性缘于特征解耦而不是通用特征 SPAM 有效,或者特征维度增加有效,将所提方法与 SPAM w/out fd 和 Cascade w/out fd 进行消融对比,可以发现使用特征解耦的操作类型识别准确率远高于两组消融方法。与其他工作 Cons-N[7]、InT[8] 和 DLPH[9]相比,可以发现 Chen 等人方法[5]的平均准确率优于其他工作的准确率。

表 13-1 由中值滤波和缩放组成的操作链中操作类型识别准确率

参数	方法	H_0	H_1	H_2	H_3	H_4	均值
$\omega=3$ $s=1.4$ $QF_1=80$ $QF_2=95$	Method in Cons-N	75.10	22.20	54.10	82.20	93.50	65.42
	Method in InT	12.00	8.40	11.60	10.50	60.40	20.58
	Method in DLPH	**99.90**	85.90	99.20	96.70	**99.70**	96.28
	SPAM w/out fd	50.10	93.40	34.10	13.20	3.30	38.82
	Cascade w/out fd	82.80	81.30	73.10	65.90	33.20	67.26
	Our method	99.00	**96.80**	**99.30**	**97.70**	98.40	**98.24**
$\omega=5$ $s=0.7$ $QF_1=70$ $QF_2=85$	Method in Cons-N	44.50	51.80	37.00	91.90	51.10	55.26
	Method in InT	69.10	8.80	9.90	10.60	9.10	21.50
	Method in DLPH	96.80	47.00	90.60	**97.50**	72.80	80.94
	SPAM w/out fd	15.20	14.20	64.10	81.60	29.10	40.84
	Cascade w/out fd	5.20	0.00	**99.90**	83.00	**99.00**	57.42
	Our method	**97.70**	**91.70**	97.80	93.70	97.90	**95.76**

资料来源:Chen J, Liao X, Wang W, et al. A features decoupling method for multiple manipulations identification in image operation chains [C]//ICASSP 2021 - 2021 IEEE International Conference on Acoustics, Speech and Signal Processing (ICASSP). IEEE, 2021:2505 - 2509.

表 13-2 由中值滤波和锐化组成的操作链中操作类型识别准确率

参数	方法	H_0	H_1	H_2	H_3	H_4	均值
$\omega=5$ $\sigma=0.8$ $\lambda=1.5$ $QF_1=70$ $QF_2=85$	Method in Cons-N	96.10	98.50	96.90	82.60	42.90	83.40
	Method in InT	48.50	23.90	86.30	70.00	37.60	53.26
	Method in DLPH	**98.60**	**99.00**	**98.50**	92.40	53.80	88.46
	SPAM w/out fd	34.50	25.80	69.40	83.90	11.10	44.94
	Cascade w/out fd	73.60	84.10	73.90	89.20	62.10	76.58
	Our method	98.20	88.20	97.70	**97.90**	**89.20**	**94.24**
$\omega=5$ $\sigma=1.3$ $\lambda=1$ $QF_1=85$ $QF_2=80$	Method in Cons-N	83.90	88.70	96.00	84.40	67.50	84.10
	Method in InT	13.90	29.80	74.20	39.40	24.00	36.26
	Method in DLPH	**98.90**	**98.30**	90.40	93.30	66.60	89.50
	SPAM w/out fd	42.10	29.40	46.30	91.70	1.60	42.22
	Cascade w/out fd	75.70	77.60	74.50	81.40	53.50	72.54
	Our method	97.20	85.60	**96.80**	95.30	**82.00**	**91.38**

资料来源:Chen J, Liao X, Wang W, et al. A features decoupling method for multiple manipulations identification in image operation chains [C]//ICASSP 2021 - 2021 IEEE International Conference on Acoustics, Speech and Signal Processing (ICASSP). IEEE, 2021:2505 - 2509.

13.2 操作顺序鉴定

事实上,复合图像处理操作是由伪造者将多个单操作按照一定的先后顺序实施的。不同的操作顺序很可能会产生不同的结果图像,遗留的篡改痕迹也会有所不同,这种差异性为确定多个操作的先后顺序提供了可能。针对对比度增强与缩放组成的二元操作链取证,Stamm 等人[10]提出采用直方图缺值特征和图像预测误差评价,分别进行对比度增强和图像缩放的检测,并引入了条件指纹的概念,用以单独识别对比度增强先于缩放操作的操作顺序。Chu 等人[11]从信息论的角度分析了操作顺序检测的可能性以及最优检测阈值的选取问题,并且以缩放-对比增强、缩放-模糊等操作链为例进行了初步的实验验证。Bayar 等人[12]基于设计的 CNN 约束分类器,通过联合提取与操作序列相关的条件指纹特征,实现了对特定二元操作序列的种类识别和顺序鉴定。与上述研究不同的是,Liao 等人[13]针对数字图像双操作篡改的顺序取证问题,设计了一种通用的基于 CNN 的操作顺序取证框架,对图像可视篡改特征和篡改取证特征进行提取以及融合,进而实现图像操作链的顺序鉴定。

操作顺序取证框架如图 13-2 所示。该框架包含一个双分支 CNN 网络结构和一个精心设计的预处理。预处理通过考虑操作链中的两个操作自身的取证特征以及两个操作痕迹之间可能存在的相互影响精心设计而成。双分支

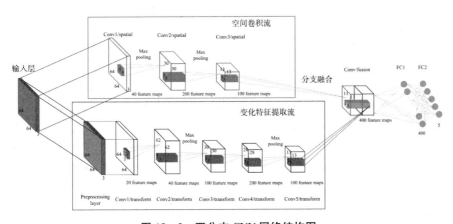

图 13-2 双分支 CNN 网络结构图

(资料来源:Liao X, Li K, Zhu X, et al. Robust detection of image operator chain with two-stream convolutional neural network [J]. IEEE Journal of Selected Topics in Signal Processing, 2020, 14(5): 955-968.)

CNN 网络包含空域卷积流、变换特征提取流两个子分支。其中,空域卷积流直接对输入图像进行卷积、激活、池化等操作,从图像的空域中提取可视篡改特征;而变换特征提取流则采用精心设计的预处理来暴露图像双操作篡改的特征痕迹,然后在此基础上对预处理后的篡改特征图进行卷积、激活、池化等操作,实现图像变换域残差特征的提取。在网络的后续部分,则对两个子分支分别提取到的可视篡改特征和变换域残差特征进行特征的跨域整合学习,最后通过全连接层以及 softmax 层实现对双操作篡改的顺序取证。

为了获取图像的变换域残差痕迹,用于准确判断图像操作链的顺序,根据操作链包含的操作种类的不同,Liao 等人设计针对性的预处理,用以提取特定图像篡改操作链的变换域残差痕迹。以四种典型的图像修饰/润饰操作为例,即图像缩放、高斯模糊、中值滤波和 USM 锐化,将组成六种双操作篡改操作链,表 13-3 为针对性构建的预处理。

表 13-3　六种不同操作链组合对应的预处理类型

操作链组合	预处理类型
图像缩放-高斯模糊	基于 DFT 的预处理
图像缩放-中值滤波	预测卷积核的滤波处理
高斯模糊-中值滤波	基于高斯滤波的差分
图像缩放-USM 锐化	基于差值和 DFT 的预处理
高斯模糊-USM 锐化	拉普拉斯算子
中值滤波-USM 锐化	LBP 算子

(1) 图像缩放和高斯模糊组成的图像操作链。缩放篡改中的线性插值处理会使图像的 p-map 图存在一定的周期性,高斯模糊的卷积操作也会使得图像相邻像素之间存在一定的线性联系。当缩放篡改先于模糊处理时,图像 p-map 图的周期性遭到削弱,形成缩放-高斯模糊的条件指纹。而 DFT 变换可以明显化图像 p-map 图的周期性,揭示图像的周期性变化。因此,将待检测图像进行 DFT 变换并取模,以此作为预处理操作,用于提取图像缩放-高斯模糊操作链的变换域特征:

$$I' = |\text{DFT}(I)| \tag{13-2}$$

其中,I 表示原始图像,$\text{DFT}(I)$ 表示对图像 I 进行 DFT 变换,$|\cdot|$ 为取模操

作，I' 为经过预处理之后得到的图像。

(2) 图像缩放和中值滤波组成的图像操作链。已知缩放操作会导致图像中存在一定的周期特性，增强像素之间的相关性。而中值滤波作为一种典型的非线性滤波操作，采用滤波窗口内像素的中值代替原始像素，在去除噪声的同时对图像的边缘信息进行一定程度的保留，但仍会削弱相邻像素之间的相关性。因此，当两个操作顺序应用于图像时，不同顺序操作链生成的篡改图像的相邻像素之间相关性也会有所不同。卷积核 K_S 最初被应用于图像隐写分析，能够根据相邻相关像素对原始图像的像素值进行预测以及揭示图像像素的变化。因此，采用基于预测卷积核 K_S 的滤波操作为预处理：

$$K_S = \begin{bmatrix} -0.25 & 0.5 & -0.25 \\ 0.5 & 0 & 0.5 \\ -0.25 & 0.5 & -0.25 \end{bmatrix} \tag{13-3}$$

(3) 高斯模糊和中值滤波组成的图像操作链。高斯模糊的卷积操作在去除图像的噪声的同时可以较好地保留图像的纹理特征，而中值滤波去噪通过对窗口像素进行取中值操作得到新的像素值，对图像纹理修改幅度相对较大，会削弱相邻像素之间的相关性。因此，当操作的顺序不同时，篡改图像的残差特征可能存在较为明显的不同，形成特定操作顺序的条件指纹。基于高斯滤波的差分操作可以精细地获取图像的高斯残差，凸显不同操作顺序残差特征的差异。因此，将基于高斯滤波的差分操作作为预处理，具体如下：

$$I' = \text{Gaussian}(I) - I \tag{13-4}$$

其中，I 表示原始图像，$\text{Gaussian}(I)$ 为图像经过高斯滤波处理之后的结构，高斯滤波的方差 $v=5$，窗口大小为 5×5。I' 为图像的高斯残差，为 $\text{Gaussian}(I)$ 和 I 之间的差值。

(4) 图像缩放和 USM 锐化组成的图像操作链。已知缩放篡改会导致图像存在一定的周期性，而 USM 锐化操作会增强图像的高频纹理。差分操作可以提取图像的高频纹理特征，DFT 操作则可以有效地帮助暴露图像的周期特性。因此，结合两种处理方法，用来有效地提取图像的篡改特征，具体的处理方法如下：

$$I' = |\text{DFT}[\text{Gaussian}(I) - I]| \tag{13-5}$$

其中，I 表示原始图像，$\text{Gaussian}(I)$ 为图像经过高斯滤波处理之后的结构，高斯滤波的方差 $v=0.5$，窗口大小为 3×3。$\text{DFT}(\cdot)$ 表示对图像进行 DFT 变换，

|·|为取模操作，I'为经过预处理之后得到的图像。此处，采用小方差以及小窗口的高斯滤波，意在更加明显地揭示图像的微小残差变化，以获得更好的检测性能。

（5）高斯模糊和USM锐化组成的图像操作链。高斯模糊操作会使得图像相邻像素之间存在一定的关联性，而USM锐化会对图像的高频纹理部分进行增强。当这两个操作被顺序应用到图像上时，由于两个操作的对立的篡改效果，因此不同顺序操作链生成的篡改图像的高频纹理也会具有差异性的特征。拉普拉斯算子（Laplacian operator）可以获取图像的二阶导数，暴露图像的高频纹理特征，并揭示篡改图像纹理特征的变化。因此，采用基于拉普拉斯算子的滤波操作作为预处理。拉普拉斯滤波核如下：

$$K_L = \begin{bmatrix} 1 & 1 & 1 \\ 1 & -8 & 1 \\ 1 & 1 & 1 \end{bmatrix} \tag{13-6}$$

（6）中值滤波和USM锐化组成的图像操作链。USM锐化可以增强图像的高频纹理信息，而中值滤波会去除图像中的噪声信息，擦除图像的某些细节信息，同时可能降低像素之间的相关性。因此，不同顺序操作链生成的图像的像素之间的相关性也会有所不同。LBP作为一个非常有效的图像纹理描述算子，可以用于描述图像像素与周围像素之间的关联程度。采用LBP作为预处理，用于揭示图像纹理特征的变化。已知图像中的某一个像素为I_c，其半径$R(R>0)$上的周围像素为$I_p(p \in \{0, 1, \cdots, P-1\})$，则

$$\text{LBP} = \sum_{p=0}^{P-1} s(I_p - I_c) \cdot 2^p \tag{13-7}$$

其中，$s(x)$为指示函数，如下：

$$s(x) = \begin{cases} 1, & x \geq 0 \\ 0, & x < 0 \end{cases} \tag{13-8}$$

在实验中，我们选取相邻像素数量$P=4$，半径$R=1$。

通过结合这些预处理方式与双分支CNN网络，可以实现对多种不同篡改组合的操作链的顺序鉴定。表13-4展示了不同操作链中顺序鉴定的准确率，相比于Constrained CNN网络[12]以及ERT-based Constrained CNN网络[12]，Liao等人的双分支CNN网络[13]可以更高精度地实现篡改操作链的顺序检测。

表 13-4 不同操作链中顺序鉴定准确率

操作链中的参数	Constrained CNN	ERT-based Constrained CNN	双分支 CNN
Upsampling factor $s=1.5$, Gaussian blurring variance $v=1.0$	93.00%	94.17%	96.23%
Upsampling factor $s=1.2$, Gaussian blurring variance $v=0.7$	85.50%	90.90%	93.77%
Gaussian blurring variance $v=1.0$, USM sharpening radius $\gamma=3$	81.18%	81.21%	88.51%
Gaussian blurring variance $v=0.7$, USM sharpening radius $\gamma=2$	82.02%	84.40%	86.69%
Median filtering window size $\omega=5\times5$, USM sharpening radius $\gamma=3$	76.05%	76.33%	84.51%
Median filtering window size $\omega=3\times3$, USM sharpening radius $\gamma=2$	70.23%	70.93%	85.76%
Upsamping factor $s=1.5$, USM sharpening radius $\gamma=3$	76.44%	77.55%	89.16%
Upsamping factor $s=1.2$, USM sharpening radius $\gamma=2$	77.42%	77.96%	85.06%
Upsamping factor $s\in(1.5,1.8)$, Gaussian blurring variance $v\in(0.7,1.0)$, without knowledge	91.74%	94.52%	95.13%
$QF_1=75$, $QF_2=85$, Upsamping factor $s=1.5$, Gaussian blurring variance $v=1.0$	78.85%	81.87%	90.02%
$QF_1=85$, $QF_2=75$, Median filtering window size $\omega=5\times5$	69.45%	72.78%	78.25%
$QF_1=90$, $QF_2=70$, Gaussian blurring variance $v=1.0$, Median filtering window size	72.10%	78.91%	83.65%

资料来源:Liao X, Li K, Zhu X, et al. Robust detection of image operator chain with two-stream convolutional neural network[J]. IEEE Journal of Selected Topics in Signal Processing, 2020, 14(5):955-968.

13.3 操作参数估计

除了对操作的种类进行鉴别,对操作强度的估计也很重要,原因在于:通过估计操作的强度,将有可能反向撤销数字图像所遭受的操作,从而至少部分还原伪造前的原始图像信息。目前操作强度的估计方法大多数是针对某种特定单操作。针对操作链中操作参数估计问题,Liao 等人[14]从操作链的拓扑顺序对篡改图像的影响以及取证特征受复合操作的影响程度入手,将图像相关性程度分为相关与非相关。在此基础上,他们分析特定操作链所包含操作间的相关性,以此在估计操作参数前,对操作链中的各操作进行预先判断,提高检测效率。

图像操作链中篡改操作相关性判别流程如图13-3所示。当原始图像经历多个操作篡改时,首先使用基于操作拓扑的相关性判别条件,对不同操作顺序下的生成图像进行判断。如果待测操作链符合该判别条件,则操作链中的操作均属于非相关操作,否则需要使用基于取证特征的相关性判别条件进行相关性判断。当某操作的取证特征不会受其余操作较大影响时,不同参数情况下特征的区分度减小,从而可以判断该操作与其他操作非相关。否则,操作链中存在与待测操作相关的篡改操作。根据相关性判别方式及依据,对于非相关操作,可以使用单操作取证特征进行参数估计。同时,对于符合基于操作拓扑的相关性判别条件的操作,由于不同操作顺序下所生成的篡改图像相同,因此在进行参数估计时可以不考虑操作顺序问题。对于相关操作,由于取证特征受到掩盖,传统的单操作检测算法的效果会受到影响。因此,在进行参数估计时,需要改进甚至重新设计取证特征,以此提高参数估计的准确率。

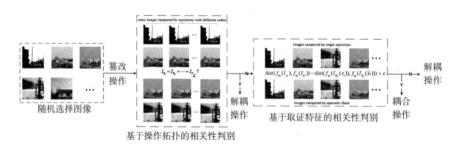

图13-3 篡改操作相关性判别流程示意图

(资料来源:Liao X, Huang Z, Peng L, et al. First step towards parameters estimation of image operator chain [J]. Information Sciences,2021,575:231-247.)

基于操作拓扑的相关性判别如图13-4所示。首先将所有需要分析的篡改操作乱序组合,排列出所有可能的操作链类型。其次生成与操作链类型数量相同的原始图像,并使用不同的操作链对相应原始图像分别进行篡改。最后将不同操作顺序下的篡改图像进行比对,在篡改操作参数不变的情况下,改变操作顺序,最后生成的篡改图像不会受到任何影响,即生成的各图像相同。如果待测篡改操作符合上述判别条件,则可以直接将这些操作的相关性程度划分为非相关,在参数估计时可以不考虑操作间的相关性影响。否则,操作间的相关性程度则需要进一步判断。

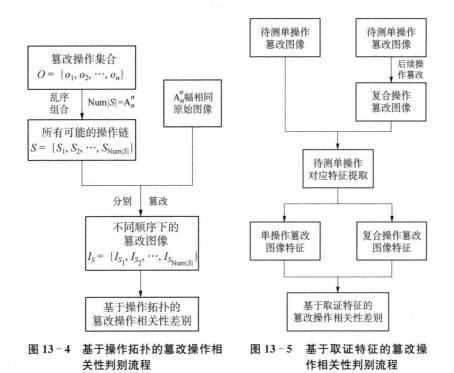

图 13-4 基于操作拓扑的篡改操作相关性判别流程

图 13-5 基于取证特征的篡改操作相关性判别流程

基于取证特征的篡改操作相关性判别如图 13-5 所示。首先将相同的原始图像使用待测单操作进行篡改,其中一幅图像在经历单一操作后继续使用后续操作进行篡改。其次使用针对待测单操作的取证特征对两幅图像进行特征提取。最后使用基于取证特征的篡改操作相关性判别方法,对得到的特征进行分析,即根据所采取的具体特征设定一个阈值,当计算结果小于该阈值时,取证特征不受后续操作的较大影响,操作不相关,仍可使用单操作检测算法进行操作参数估计。否则,当计算结果大于该阈值时,表示取证特征的检测结果会受到其他操作的较大影响,不同操作参数所对应结果的区分度将会减小,以至于影响取证效果。在进行参数估计时需要考虑后续操作对特征的削弱情况,制定对应策略。

Liao 等人[14]以中值滤波和缩放组成的图像操作链为例,证明了中值滤波操作和缩放操作是相关操作,并设计了一个基于图像差分的归一化能量密度特征,实现操作链中的操作参数估计。图 13-6 展示了与 Feng 等人[15]提出的取证方法进行参数估计性能对比的结果,从曲线图中同样可以看出,Liao 等人[14]的算法在图像经历 JPEG 压缩的条件下,仍然能够对操作链中的操作参数进行准确估计,且相较于对比的方法,估计精度更高。

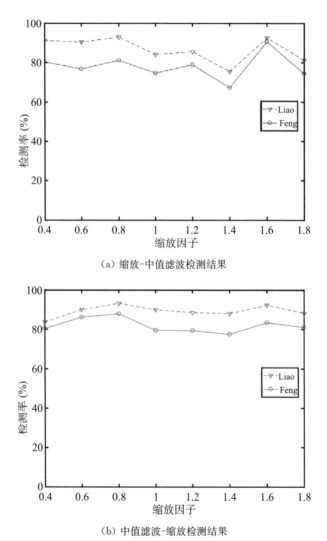

(a) 缩放-中值滤波检测结果

(b) 中值滤波-缩放检测结果

图 13-6　JPEG 图像缩放及中值滤波操作参数估计对比实验结果

(资料来源:Liao X, Huang Z, Peng L, et al. First step towards parameters estimation of image operator chain [J]. Information Sciences,2021,575:231-247.)

13.4 篡改区域定位

针对图像篡改操作，如果能定位出伪造图像中的篡改区域，分析人员就有可能逆向近似恢复出原始图像，从而完整揭示图像篡改历史。显然，对于图像操作链取证来说，这将是最深层次的、极具说服力的证据。针对未经历多重后处理操作的伪造图像，现有的伪造检测方法可以通过观察图像统计特征的变化实现篡改区域定位。但是，在实际图像篡改场景中，伪造的图像可能经过多种后处理修饰操作，例如高斯模糊、中值模糊等，以隐藏图像内容伪造痕迹，导致现有检测方法取证性能下降。针对复杂操作链场景下的篡改区域定位，Chen 等人[16]提出一个基于信噪分离的伪造图像检测方法。

Chen 等人首先对图像伪造检测和盲源分离进行了类比分析，将伪造检测问题转化为盲源分离问题，并依据盲源分离理论，设计信噪分离方法，从一个全新的角度进行图像伪造定位。图 13-7 展示了图像伪造检测和盲源分离的关系图，在盲源分离中，假设有 m 个传感器同时接收 n 个独立源信号，从传感器输出的是 m 个混合了 n 个源信号的混合信号，其中混合方式未知。相似地，在图像伪造检测中，伪造者使用 m 个篡改操作将 n 幅图像合成为一幅伪造图像，使用的篡改操作未知，可能包含语义篡改操作和多重后处理修饰操作。通过盲源分离可以将源信号从混合信号中恢复出来，Chen 等人利用基于盲源分离的信噪分离，将源图像从伪造图像中分离出来，即将篡改区域和带后处理噪声的背景区域进行分离，削弱复杂背景图像和后处理噪声对伪造定位的负面

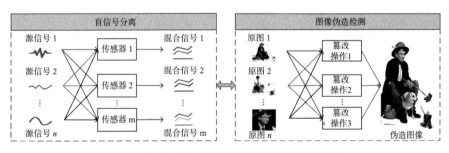

图 13-7　图像伪造检测与盲源分离关系示意图

（资料来源：Chen J, Liao X, Wang W, et al. SNIS: A signal noise separation-based network for post-processed image forgery detection [J]. IEEE Transactions on Circuits and Systems for Video Technology, 2022.）

影响,从而提高后处理图像篡改区域定位性能。

其次,Chen等人设计了一个基于信噪分离的图像伪造检测网络框架。该方法先利用信噪分离模块将篡改区域与具有后处理噪声的复杂背景区域分离,学习局部不一致性。其次利用基于并行空洞卷积架构的多尺度特征学习模块,挖掘图像多尺度信息,增强全局特征表示,从而提高检测模型的泛化能力。再次,利用特征融合模块强化边界信息,从而增强篡改区域和真实区域的可辨别性。最后通过预测模块,对篡改区域进行预测,并对篡改操作类型进行分类。

表13-5为不同模型对复杂后处理操作链的跨库检测性能对比。大量实验表明,Chen等人所提出的方法可以有效定位伪造图像的篡改区域,识别语义篡改操作类型,且在对抗多种后处理攻击和跨库检测方面也有较好的鲁棒性。

表13-5 后处理图像跨库检测性能对比

指标	方法	后处理图像(MB+JPEG)					后处理图像(GB+JPEG)				
		3	5	7	9	11	3	5	7	9	11
F_1 comparisons on Columbia	RGB-N	0.470	0.479	0.476	0.479	0.472	0.473	0.482	0.470	0.473	0.473
	Cons-N	0.542	0.553	0.538	0.549	0.571	0.560	0.547	0.543	0.552	0.537
	DFCN	0.024	0.036	0.044	0.046	0.047	0.022	0.023	0.023	0.023	0.023
	Noiseprint	0.436	0.430	0.424	0.422	0.421	0.436	0.430	0.424	0.423	0.421
	ManTra-Net	0.442	0.440	0.439	0.436	0.436	0.439	0.438	0.436	0.434	0.433
	OSN	0.629	0.615	0.608	0.606	0.600	0.610	0.606	0.589	0.567	0.514
	SNIS	**0.643**	**0.650**	**0.658**	**0.645**	**0.652**	**0.625**	**0.627**	**0.640**	**0.650**	**0.630**
AUC comparisons on Columbia	RGB-N	0.575	0.576	0.579	0.589	0.567	0.584	0.591	0.562	0.586	0.575
	Cons-N	0.638	0.649	0.626	0.626	0.669	0.642	0.647	0.625	0.637	0.622
	DFCN	0.500	0.501	0.502	0.503	0.503	0.500	0.500	0.500	0.499	0.499
	Noiseprint	0.529	0.525	0.525	0.527	0.524	0.525	0.521	0.527	0.527	0.525
	ManTra-Net	0.520	0.518	0.516	0.511	0.510	0.517	0.515	0.511	0.509	0.507
	OSN	**0.751**	0.742	0.740	0.736	0.733	**0.745**	**0.745**	**0.742**	0.728	0.703
	SNIS	**0.751**	**0.761**	**0.767**	**0.742**	**0.740**	0.724	0.720	0.737	**0.762**	**0.736**

续表

指标	方法	后处理图像(MB+JPEG)					后处理图像(GB+JPEG)				
		3	5	7	9	11	3	5	7	9	11
F_1 comparisons on CASIA	RGB-N	0.199	0.202	0.200	0.200	0.199	0.200	0.198	0.200	0.199	0.199
	Cons-N	0.283	0.263	0.265	0.262	0.264	0.273	0.271	0.251	0.232	0.222
	DFCN	0.031	0.032	0.033	0.034	0.032	0.031	0.031	0.032	0.032	0.032
	Noiseprint	0.181	0.171	0.161	0.158	0.156	0.180	0.171	0.166	0.158	0.156
	ManTra-Net	0.198	0.198	0.197	0.197	0.197	0.198	0.198	0.197	0.197	0.197
	OSN	0.242	0.165	0.121	0.091	0.078	0.078	0.156	0.093	0.064	0.050
	SNIS	**0.338**	**0.303**	**0.309**	**0.299**	**0.289**	**0.289**	**0.294**	**0.287**	**0.279**	**0.270**
AUC comparisons on CASIA	RGB-N	0.594	0.608	0.600	0.598	0.597	0.591	0.595	0.592	0.597	0.597
	Cons-N	0.619	0.608	0.616	0.605	0.616	0.611	0.613	0.593	0.578	0.581
	DFCN	0.501	0.500	0.501	0.501	0.500	0.501	0.500	0.500	0.501	0.501
	Noiseprint	0.534	0.529	0.524	0.522	0.526	0.533	0.528	0.530	0.528	0.535
	ManTra-Net	0.503	0.503	0.502	0.502	0.502	0.503	0.502	0.502	0.502	0.501
	OSN	0.617	0.579	0.557	0.539	0.531	0.596	0.572	0.541	0.527	0.520
	SNIS	**0.674**	**0.659**	**0.684**	**0.674**	**0.681**	**0.656**	**0.656**	**0.668**	**0.676**	**0.674**

资料来源：Chen J，Liao X，Wang W，et al. SNIS：A signal noise separation-based network for post-processed image forgery detection [J]. IEEE Transactions on Circuits and Systems for Video Technology，2022.

13.5 小结

当图像经历多种不同的修饰/润饰操作以及篡改操作时，如果操作的使用顺序、关键参数以及篡改区域不同，那么最终得到的结果图像也会有所不同。通过分析图像中遗留的各种篡改痕迹的类型及其程度，实现操作类型识别、操作顺序鉴定、操作参数估计和篡改区域定位，进而揭示完整的篡改处理过程，即图像操作链取证。图像操作链取证仍存在一些亟待解决的问题，主要表现在以下两方面。

（1）图像修饰/润饰操作、篡改操作类型多样，如何提高操作链取证模型对未知操作的鲁棒性。

（2）目前图像操作链取证技术大多数针对的是由少量操作组成的操作链进行检测，如何提高对由大量不同操作组成的操作链的取证性能。

◆ 注　释 ◆

[1] Kirchner M, Gloe T. On resampling detection in re-compressed images [C]//2009 First IEEE International Workshop on Information Forensics and Security (WIFS). IEEE, 2009:21-25.

[2] Bianchi T, Piva A. Reverse engineering of double JPEG compression in the presence of image resizing [C]//2012 IEEE International Workshop on Information Forensics and Security (WIFS). IEEE, 2012:127-132.

[3] Conotter V, Comesaña P, Pérez-González F. Forensic analysis of full-frame linearly filtered JPEG images [C]//2013 IEEE International Conference on Image Processing. IEEE, 2013:4517-4521.

[4] Comesaña P. Detection and information theoretic measures for quantifying the distinguishability between multimedia operator chains [C]//2012 IEEE International Workshop on Information Forensics and Security (WIFS). IEEE, 2012:211-216.

[5] Chen J, Liao X, Wang W, et al. A features decoupling method for multiple manipulations identification in image operation chains [C]//ICASSP 2021-2021 IEEE International Conference on Acoustics, Speech and Signal Processing (ICASSP). IEEE, 2021:2505-2509.

[6] Pevný T, Bas P, Fridrich J. Steganalysis by subtractive pixel adjacency matrix [J]. IEEE Transactions on Information Forensics and Security, 2010, 5(2):215-224.

[7] Bayar B, Stamm M C. Constrained convolutional neural networks: A new approach towards general purpose image manipulation detection [J]. IEEE Transactions on Information Forensics and Security, 2018, 13(11):2691-2706.

[8] Gao S, Liao X, Liu X. Real-time detecting one specific tampering operation in multiple operator chains [J]. Journal of Real-Time Image Processing, 2019, 16:741-750.

[9] Boroumand M, Fridrich J. Deep learning for detecting processing history of images [J]. Electronic Imaging, 2018, 30:1-9.

[10] Stamm M C, Chu X, Liu K J R. Forensically determining the order of signal processing operations [C]//2013 IEEE International Workshop on Information Forensics and Security (WIFS). IEEE, 2013:162-167.

[11] Chu X, Chen Y, Liu K J R. Detectability of the order of operations: An information theoretic approach [J]. IEEE Transactions on Information Forensics and Security, 2015, 11(4):823-836.

[12] Bayar B, Stamm M C. Towards order of processing operations detection in JPEG-compressed images with convolutional neural networks [J]. Electronic Imaging, 2018, 30:1-9.

[13] Liao X, Li K, Zhu X, et al. Robust detection of image operator chain with two-stream convolutional neural network [J]. IEEE Journal of Selected Topics in Signal Processing, 2020, 14(5):955-968.

[14] Liao X, Huang Z, Peng L, et al. First step towards parameters estimation of image operator chain [J]. Information Sciences, 2021, 575:231-247.

[15] Feng X, Cox I J, Doerr G. Normalized energy density-based forensic detection of resampled images [J]. IEEE Transactions on Multimedia, 2012, 14(3):536-545.
[16] Chen J, Liao X, Wang W, et al. SNIS: A signal noise separation-based network for post-processed image forgery detection [J]. IEEE Transactions on Circuits and Systems for Video Technology, 2022, 33(2):935-951.

图书在版编目(CIP)数据

数字图像取证/廖鑫等编著.—上海：复旦大学出版社，2024.3
(隐者联盟丛书)
ISBN 978-7-309-16759-7

Ⅰ.①数… Ⅱ.①廖… Ⅲ.①数字图像处理-计算机犯罪-证据-调查-研究 Ⅳ.①D918

中国国家版本馆CIP数据核字(2023)第032461号

数字图像取证
SHUZI TUXIANG QUZHENG
廖鑫 乔通 董理 陈艳利 陈嘉欣 秦拯 编著
责任编辑/张 鑫

复旦大学出版社有限公司出版发行
上海市国权路579号 邮编：200433
网址：fupnet@fudanpress.com http://www.fudanpress.com
门市零售：86-21-65102580 团体订购：86-21-65104505
出版部电话：86-21-65642845
常熟市华顺印刷有限公司

开本 787毫米×1092毫米 1/16 印张 27.5 字数 465千字
2024年3月第1版第1次印刷

ISBN 978-7-309-16759-7/D·1155
定价：78.00元

如有印装质量问题,请向复旦大学出版社有限公司出版部调换。
版权所有 侵权必究